Adolescence (10th edition)

青少年心理学

原书第 10 版

［美］ 劳伦斯·斯坦伯格（Laurence Steinberg） 著

梁君英 董策 王宇 译

图书在版编目（CIP）数据

青少年心理学（原书第10版）/（美）斯坦伯格（Steinberg, L.）著；梁君英，董策，王宇译．—北京：机械工业出版社，2015.7（2025.5重印）

书名原文：Adolescence

ISBN 978-7-111-50493-1

I. 青… II. ①斯… ②梁… ③董… ④王… III. 青少年心理学 IV. B844.2

中国版本图书馆CIP数据核字（2015）第128822号

北京市版权局著作权合同登记　图字：01-2014-7546号。

Laurence Steinberg. Adolescence, 10th Edition.
ISBN 978-0-07-353211-0
Copyright © 2015 by McGraw-Hill Education.

All Rights reserved. No part of this publication may be reproduced or transmitted in any form or by any means, electronic or mechanical, including without limitation photocopying, recording, taping, or any database, information or retrieval system, without the prior written permission of the publisher.

This authorized Chinese translation edition is jointly published by McGraw-Hill Education and China Machine Press. This edition is authorized for sale in the Chinese mainland (excluding Hong Kong SAR, Macao SAR and Taiwan).

Copyright © 2015 by McGraw-Hill Education and China Machine Press.

版权所有。未经出版人事先书面许可，对本出版物的任何部分不得以任何方式或途径复制或传播，包括但不限于复印、录制、录音，或通过任何数据库、信息或可检索的系统。

本授权中文简体字翻译版由麦格劳-希尔教育出版公司和机械工业出版社合作出版。此版本经授权仅限在中国大陆地区（不包括中国香港、澳门特别行政区及中国台湾地区）销售。

版权 © 2014 由麦格劳-希尔教育出版公司与机械工业出版社所有。

本书封面贴有McGraw-Hill Education公司防伪标签，无标签者不得销售。

青少年心理学（原书第10版）

出版发行：机械工业出版社（北京市西城区百万庄大街22号　邮政编码：100037）

责任编辑：左　萌　　　　　　　　　　责任校对：殷　虹

印　　刷：北京建宏印刷有限公司　　　版　　次：2025年5月第1版第13次印刷

开　　本：185mm×260mm　1/16　　　印　　张：20.75

书　　号：ISBN 978-7-111-50493-1　　定　　价：79.00元

客服电话：(010) 88361066　68326294

版权所有·侵权必究
封底无防伪标均为盗版

PREFACE | 前言

在特定环境中研究青春期

本书的主要目的是帮助读者明白青少年生活的环境如何影响他们的发展。青少年发展的研究离不开他们生活、成长的环境,包括他们的家庭、同龄人、学校、街坊邻居以及工作和放松的环境。过去20年间,青春期研究最重要的就是研究对象的延伸:研究对象从北美本土的青少年延伸到了其他家庭,他们可能来自少数族裔,可能来自不同文化的新移民家庭,也可能来自世界各地。在本书中,每章都会有关于民族和文化的讨论。我们将不仅关注不同民族的青少年在发育过程中的差异,还会关注不同社会、经济和文化背景下的青少年的相似性。

最新研究

本书尽量为读者提供青少年发展方面最新、最全面的科学文献。本书涵盖了60多本学术期刊中的800多项学术研究,内容涉及心理学、教育学、神经科学、社会学、精神病学、犯罪学、经济学、法学、医学、公共卫生等诸多领域。在这些研究中,有些取得了新的突破(比如关于大脑发育的研究),有些改变了该领域的思维方式(比如关于为什么好斗的青少年常常是更受欢迎的研究),有些为现有研究成果提供了新的例证或方法(比如关于互联网应用的研究)。通过学习这些研究,读者能够了解并分析青春期研究领域的最新信息。

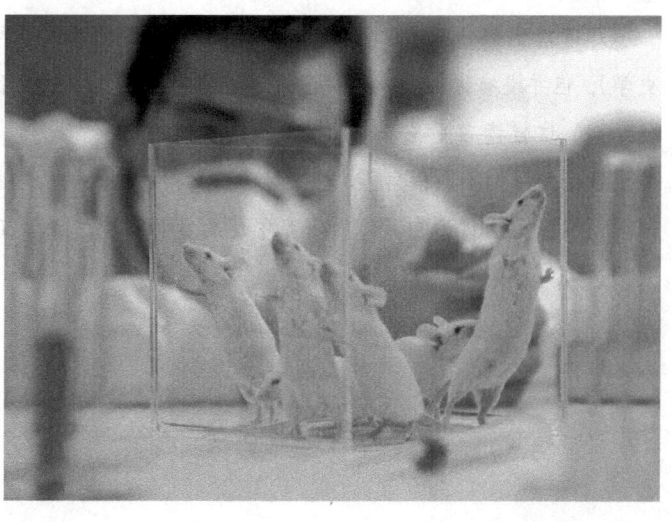

关于第 10 版

本书中每一章的材料都已全部更新。几年前,我发现把重要的材料放在内嵌专栏中是非常不明智的,因为阅读本书的读者通常会跳过这部分内容。我至今也没找到足够的理由让我重新使用内嵌专栏,相反,我倒是听到读者比过去更反对使用内嵌专栏了。此外,由于读者反映良好,我保留了临时总结的板块,即"要点重述"。

组织结构与学习辅助

自上一版开始,本书的整体结构未发生改变。细节上,我们把有关青春期心理社会发育的章节从有关青春期特定环境的章节中独立出来。这样一来,青春期的心理社会问题——身份、自主性、亲密性、性和成就,就被作为发育过程中的中心问题而呈现出来,这些问题会受到不同环境的影响。

本书包括前言和 13 章正文,可归纳为三大部分。第一部分:青春期基本的生物性、认知、社会性过渡;第二部分:青春期的特定环境;第三部分:青春期的心理社会发展。前言部分起到承担全书的组织框架和概述全书学科视角的作用。书中每一章都自成体系,因此读者不必按照本书安排的顺序进行阅读。大部分读者都按照章节顺序来阅读本书,有些读者则把其中一章与心理社会发展的某一方面结合起来阅读(比如将"学校"与"成就"结合,将"同龄人群体"与"亲密性"结合),效果很不错。

理论和方法

尽管前言部分概述了如何在青春期研究中运用不同学科的方法(如心理学、社会学、人类学、历史学),但并没有详细介绍某一理论或者研究的操作方法。我个人偏向于将材料与最相关的理论、方法相结合,这样读者便能了解研究与理论之间的关系。比如,在介绍亲密那一章开篇,我向大家展示了关于亲密关系的不同视角(如"依附理论"和沙利文的心理社会发展视角),然后才是相关研究的介绍。同理,我们也会讨论在具体的研究中运用各种研究方法和工具,以此来向大家阐明研究策略的优势和缺陷。

CONTENTS 目录

前 言

第1章 生物性过渡 // 1
青春期发育概述 // 2
身体发育 // 5
青春期发育的时间和节奏 // 10
青春期发育对心理和社会关系的影响 // 13
肥胖和饮食失调 // 22
青春期的生理健康和卫生保健 // 27

第2章 认知转变 // 29
认知的变化 // 30
青少年的大脑 // 34
青春期智力的个体差异 // 41
环境中的青少年思维 // 43

第3章 社会性过渡 // 50
社会再定义与心理社会性发展 // 51
青春期的延长 // 52
青春期是社会发展所创造的 // 53
青春期的身份变化 // 59
社会再定义的过程 // 61
社会过渡的多样性 // 62
当代社会中向成人期的过渡 // 70
邻里环境对青少年成长的影响 // 71

第4章 家庭 // 76
青少年和父母之间的冲突是否不可避免 // 77
青春期的家庭关系 // 79
家庭关系和青少年发展 // 84

社会变化中的青少年家庭　// 89
家庭在青少年成长中的重要性　// 99

第 5 章　同龄人群体　// 101
当代社会中青少年同龄人群体的起源　// 103
青少年同龄人群体：是问题还是必需　// 103
青春期同龄人群体的本质　// 105
青少年与大群体　// 111
青少年和他们的小团体　// 112
青少年同龄人团体中的受欢迎和受排斥　// 118
同龄人群体和心理发展　// 126

第 6 章　学校　// 128
广义上的美国高中教育　// 130
学校的社会组织　// 134
班级氛围　// 142
高中毕业之后　// 147
学校与青少年发展　// 150

第 7 章　工作、休闲与媒体　// 153
当代社会中青少年的空余时间　// 154
青少年与工作　// 156
青少年与休闲　// 163
青少年、媒体与互联网　// 169
空余时间与青少年发展　// 180

第 8 章　认同　// 182
青少年的认同　// 183
自我概念的变化　// 184
自尊的改变　// 187
青少年认同危机　// 191

第 9 章　自主　// 198
自主：青少年问题　// 200
情感自主的发展　// 201
行为自主的发展　// 206
认知自主的发展　// 212

第 10 章　亲密　// 219

　　青少年之亲密问题　// 221
　　青春期亲密关系的发展　// 222
　　约会和恋爱关系　// 232
　　亲密和社会心理发展　// 241

第 11 章　性　// 243

　　青春期的性问题　// 244
　　青春期性行为　// 245
　　性活跃的青少年　// 250
　　危险性行为及其预防　// 260
　　艾滋病与其他性传播疾病　// 262

第 12 章　成就　// 270

　　青春期的成就　// 271
　　成就动机和信念　// 273
　　环境对成就的影响　// 278
　　教育成就　// 282
　　职业成就　// 286

第 13 章　青春期心理问题　// 292

　　青春期心理问题的一般原则　// 293
　　心理问题：本质与相关变异　// 295
　　物质的使用和滥用　// 297
　　外化性障碍　// 305
　　内化性障碍　// 314
　　压力及其应对　// 320

第 **1** 章

生物性过渡

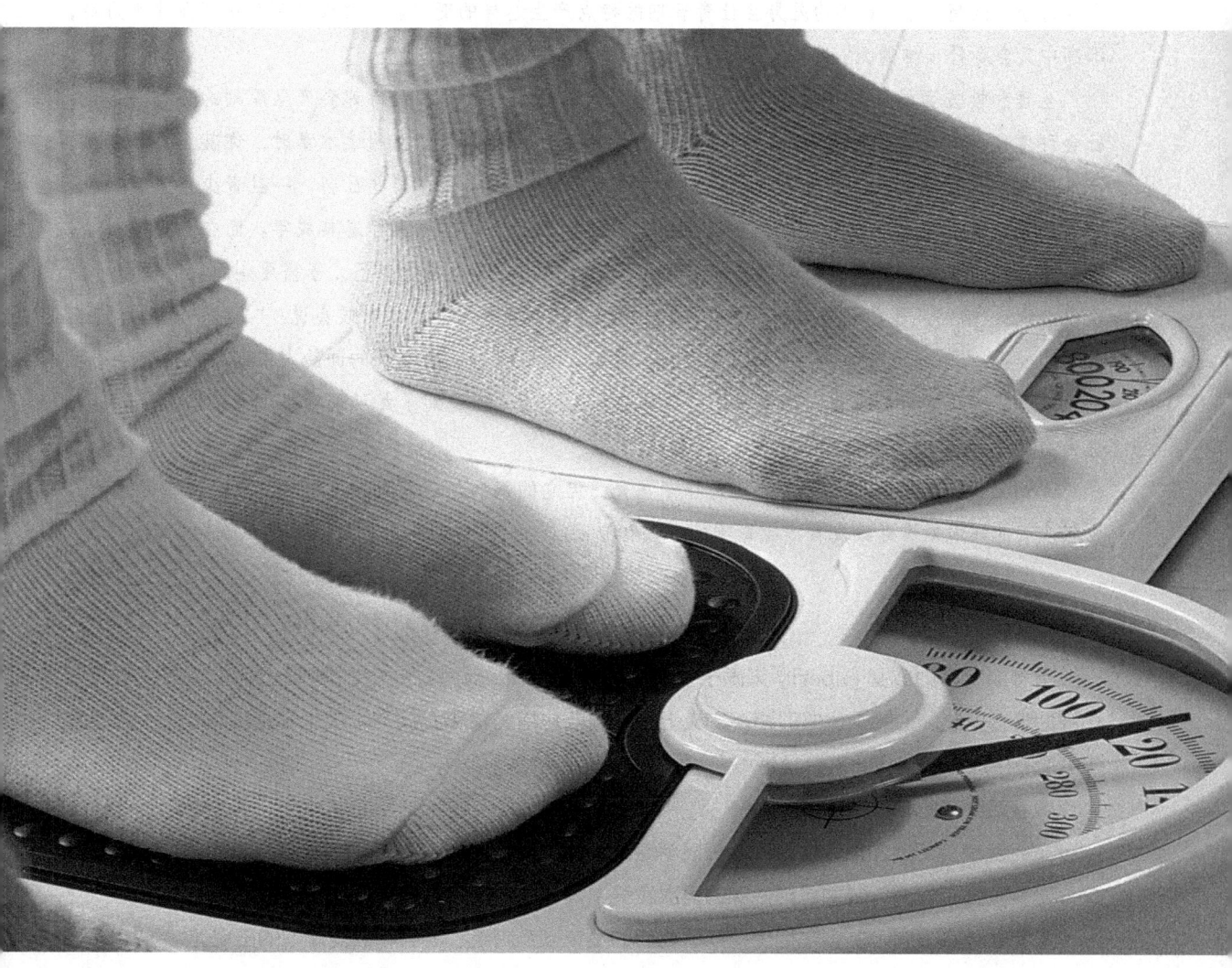

有句老话说，人的一生只有两件事是一定要经历的——死亡和缴税。除这两件事之外，其实还有青春期。因为每个人在10～20岁时期生理成熟这个过程是绝对无法避免的。不是所有的青少年都会有认同危机、逆反父母或者深陷情网等经历，但几乎都得经历生理上的转变，从而发育成性成熟的个体。

不过，青春期在很大程度上也会受到周围环境的影响。许多环境因素都会影响身体发育，不同地区、不同社会经济阶层、不同种族和历史时期的青少年在发育的时间和速率上都会有所差异。在当代美国，女孩经历月经初潮的年龄大约是12岁。但是，在新几内亚的卢米人中，女孩一般要到18岁才会来月经。试想一下，6年的差异会让青春期的特点产生怎样的变化。假如女孩到高中毕业才来月经，那高中又会是什么样的呢？

生理和性方面的成熟对于青少年如何看待自己以及如何被别人看待都会产生深刻的影响。不过，社会环境也会对青春期的发育、心理和社会关系产生巨大的影响。在阅读本章时，你甚至会了解到，不论早熟还是晚熟的人，社会环境都会对其发育时间产生影响。在某些社会，一旦青少年发育成熟，一系列复杂而且公开的成人仪式便会随之而来，从而在社会和生理上标志其成年。而在另一些社会，对于从儿童向成人转变的过程会有更加微妙的认知方式。当父母感觉自己儿子需要剃须的时候，可能仅仅会说："咱们儿子已经是男子汉了。"或者知道自己女儿要来月经的时候会说："我们的女儿已经长大了。"早熟或晚熟也许会让人高兴或者担忧，不过，这还得看在什么样的同龄人中以及在什么样的时期。假如在五年级时胸部就开始发育，这也许会让人烦恼，但是到了九年级胸部还不发育的话，也会让人有同样的感觉。

总的来说，虽然每个人都会经历青春期发育，但它的影响却因人而异。在本章中，我们将探讨青少年生长的环境对青春期发育产生影响的方式和原因。

青春期发育概述

青春期发育的英文puberty来源于拉丁文单词pubertas，意为成人。理论上，它是指一个人变化成为具有生殖能力的个体的时期。广义上，青春期包括男孩和女孩个体从儿童成长为成年人期间发生的所有生理上的变化。

青春期发育主要有三种生理现象：

1. 生长速度明显加快，体重和身高显著增长。
2. 第一性征发育，其中包括性腺的再次发育，体内激素发生变化最终促进生殖能力的产生。
3. 第二性征发育，其中包括生殖器、乳房的发育以及阴毛、胡须和其他体毛的出现。

上面的每一种变化都是内分泌和中枢神经系统发育的结果，这两个系统有许多部分在青春期发育的外部特征还不明显时就已经开始发育，甚至有些在出生前就已经开始。青春期发育有可能会因出现外部特征而突然被发现，其实，这样一个渐变的过程从受精卵的时候就已经开始。或许会令你惊讶的是：青春期发育并没有产生任何新的激素或长出新的器官。这些激素在出生前就已经在体内出现，只不过在青春期时其含量发生了变化。

内分泌系统

内分泌系统可以生成激素，促使激素在体内循环并控制其在体内的含量。激素是一种非常特殊的物质，它们由一种或者多种腺体分泌，然后进入人体的血循环流经体内各处。腺体是一类人体器官，它们能激发人体的特定部位产生特殊的反应。激素能将"信息"传递给身体的某些细胞，这些细胞也能够自发地有选择性地接受激素的信息。很多在青春期发育中起着重要作用的激素通过激发脑部神经中的某些特殊的神经元来传递指令，这种神经元叫作促性腺激素释放激素（GnRH）神经元（见图1-1）。

激素反馈回路 中枢神经能够发出指令，让内分泌系统增加或降低某种激素的水平，其中主要依靠的是促性腺激素释放激素（GnRH）神经元的激发作用。这个系统的工作原理与电暖气类似。激素的水平会被"设定"在某个值，在发育的不同阶段这个值也会不一样。这就好比你会给电暖气设置温度，而且在不同的月份，或者在一天中不同的时间，设置的温度也会不一样。假如你将温度设置在15℃，当室温低于这个水平时电暖气便开始工作。同样，当你体内某种激素水平低于内分泌系统设定值时，这种激素的分泌量便会增加。而当激素的水平达到设定的值时，激素的分泌便会暂时停止。和电暖气的原理一样，激素水平的设定值可以根据环境以及身体内部情况进行高低调节。

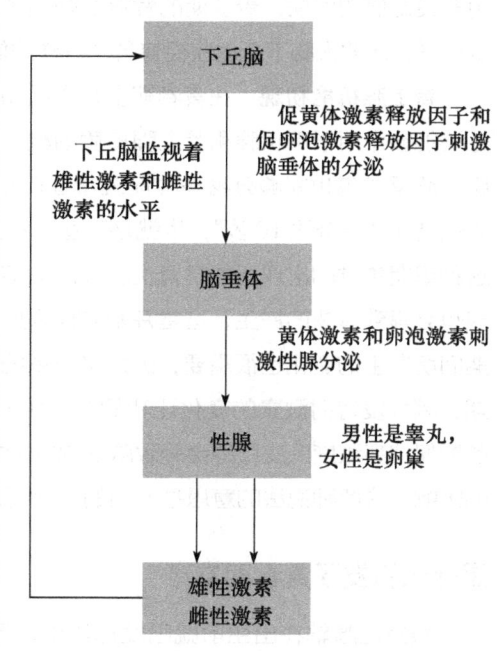

图1-1 性激素水平是由反馈系统（HPG轴）调节，该系统由下丘脑、脑垂体和性腺组成

资料来源：Grumbach, Roth, Kaplan, & Kelch, 1974

这样一个反馈回路在青春期发育开始时期尤为重要。事实上，早在出生前这个反馈回路就已生成，其中包括脑垂体（从整体上控制人体激素水平的腺体），下丘脑（人脑中控制脑垂体的部分，也是GnRH神经元的聚集处），以及能够分泌性激素的性腺（男性是睾丸，可以分泌雄性激素；女性是卵巢，可以分泌雌性激素）。这个反馈回路被称为性腺轴。你也许会认为雄性激素只有男性才有，或者雌性激素只有女性才有，其实，这两种激素在两性的体内都有分泌，而且在刚出生时都具有较高的水平。当然，在青春期时，男性一般分泌的雄性激素要比雌性激素多，同样，女性一般分泌的雌性激素要比雄性激素多。

下丘脑能够对性激素在体内的循环做出反应。你的性腺轴能够将雄性和雌性激素维持在某种水平。当激素水平低于设定值时，下丘脑就不再抑制脑垂体，并让脑垂体刺激性腺分

早期向他人展现性吸引力的欲望是由肾上腺机能的刺激产生的，这也意味着肾上腺的成熟，时间是在青春期发育出现外部特征以前。

泌性激素，以及刺激肾上腺分泌其他与青春期发育相关的激素。当性激素水平达到设定值时，下丘脑便开始抑制脑垂体的刺激作用。正如你将了解的那样，当来自遗传基因和环境等方面的信号指示大脑更改设定值的时候，青春期的发育便开始了。就像冬天来临或者电费过高时你会主动调整电暖气的温度一样，你的大脑不断地监视着各种各样的信号，并做出反应，调整激素的预设值。

肾上腺机能初现 在青春期发育之前和发育期间，脑垂体在分泌能够刺激全身生长的激素同时也分泌能够作用于甲状腺和肾上腺皮质的激素。这些激素的分泌也在下丘脑的控制之下。甲状腺和肾上腺皮质反过来也能够分泌多种促进青春期发育时多种身体变化的激素。在美国以及世界的其他地方，人们会在"神奇的10岁"，也就是青春期发育开始的前夕，第一次感受到异性的性吸引力。研究表明，这种早期感觉的出现可能是肾上腺成熟的结果，所以这种现象也叫作肾上腺机能初现。肾上腺机能初现也会导致体味的产生，这是开始向他人展现性成熟的标志。人脑中控制肾上腺的系统在青春期发育期间所发生的变化也很重要，因为这个系统控制了我们面对压力时的反应。青春期是精神疾病多发时期，因为发育时激素的变化让我们对于压力更加敏感，这也会导致压力激素——皮质醇的过度分泌。长期保持高浓度的皮质醇会导致脑细胞的死亡。要记住，"青春期本来就压力大"和"青春期易受压力的影响"这两种说法的意思是不同的。前者是错误的说法，后者才是正确的。

是什么引发了青春期发育

虽然性腺轴在出生前就已发挥作用，但它在儿童时期保持相对沉寂的状态。不过，在童年的中期，某些事情的发生能够唤起性腺轴，并能给出信号以表明身体已经为青春期发育做好准备。这个过程的产生部分是基因的作用，基因在生命很早的时候就为青春期发育的开始设定了时间。（后面你会读到，青春期开始的时间在很大程度上是由基因决定的）。性腺轴在青春期被唤起的另一部分原因则是各种各样的信号告诉大脑：现在要开始为生育下一代做准备了。这些信号包括：周围环境中是否有性成熟的交往对象，是否有足够的营养来为怀孕做保障，以及个体在生理上是否足够成熟和健康以便开始繁育的过程（见图1-2）。

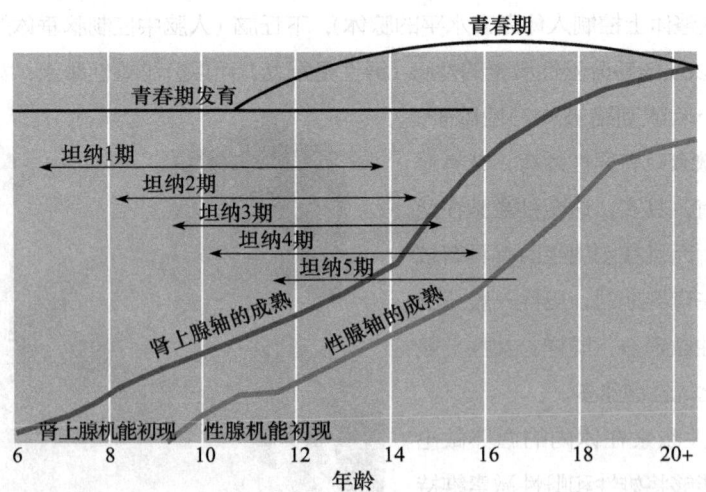

图1-2 青春期生理变化的开始是一个很长的时期，它始于儿童时期肾上腺轴的成熟，止于20岁左右性腺的成熟。坦纳1～5期指的是青春期发育的不同时期

资料来源：Adapted from Dorn et al., 2006

比如，一些证据表明，至少对于女性而言，瘦素（一种由脂肪细胞产生的蛋白质）的升高是青春期开始最重要的信号。也有些观察得出结论：个体在没有足够脂肪积累的情况下不会进入青春期。这与前面的观点不谋而合。研究还表明，压力、疾病、营养不良、过度运动以及体重过轻等都会使得青春期延迟。不断升高的瘦素给下丘脑释放信号，指示其停止对青春期发育的抑制。在这些基因和信息的作用下，GnRH神经元变得非常兴奋，然后下丘脑开始启动大量激素分泌，最终促使个体的性成熟。

激素是如何影响青春期发育的

激素在青春期的发展过程中有两种作用：组织作用和激发作用。许多人想当然地认为，人在青春期行为的变化是由激素水平的变化所导致的。这并不完全正确。激素很早就已开始塑造或组织脑部的结构，甚至早于出生之前。不过，这个过程在人进入儿童期甚至青春期以前并不通过人的行为表现出来。一般来说，人在成为受精卵后的八周内，脑部的性别都是女性，除非其后来受到某种雄性激素的影响，比如睾酮。在脑部发育时，男性胎儿睾酮的水平要比女性高，所以男性胎儿往往会发育出比女性更加"男性化"的脑部。脑组织的这种性别差异预先决定了人行为的某些特征，其中很多特征在后来相当长的一段时间内并不显现。比如，对于攻击性性别差异的研究表明，这些差异可能是出生前激素水平影响的结果，而青春期发育时的激素变化对其影响却相对不大，即使这些差异要在青春期开始后才得以显现。

换句话说，胎儿时期某种激素的出现或者消失可能会给脑部和中枢神经系统"编入程序"，并让它们接下来按照某种模式和时间表发育。由于我们在青春期开始后才看到这种变化，所以就很容易错误地认为"行为的变化是由青春期发育时激素水平的变化所导致的"。这种出生前就受到的影响就像是被定了时的闹钟，响铃的时间是在青春期开始后，但铃声在青春期响起不代表就是由青春期引发的。

处于青春期，体内激素水平的变化会导致多种行为的变化。这些行为被认为是因激素的变化而被"激活"。比如，青春期时某些激素的升高会刺激第二性征的发育（比如阴毛的生长）。而且，肾上腺控制下的某些激素的变化也会激发个体性驱力的增长。越来越多的证据表明，青春期激素的变化会增加青少年对高回报、高刺激行为的欲望，从而对其脑部产生影响，这也可能使得一些青少年尝试危险行为。

此外，青春期的其他变化也可能是由激素的组织和激活效应相互作用而产生的。在胎儿发育期，某种激素可能促使个体形成一整套的行为（比如，我们的脑部会被设置成某种状态，让我们在以后进行性行为）。但是，如果没有青春期激素变化的影响，这些行为可能无法被激活。比如，人不到青春发育期就不会有性行为的动力。

身体发育

身体发育时青春期的激素变化对青少年身体的影响是非常显著的。可以想象一下，青春期初期身体发生的巨大变化。一个人在刚进入青春期时还像个孩子，但差不多四年之后便会有成人的模样。在这么短的时间里，人的身高平均增长25厘米，性器官会发育成熟，身材会具有成人的比例。大脑也和其他器官一样，在大小、结构和功能上也会发生变化，我们将在第 2 章中讨论这一系列的发展过程。

身体形态和大小的变化

青春期的快速生长 在生长激素、甲状腺激素和雄性激素的共同刺激下，青少年的身高和体重的增长会迅速加快。这在形态上的急剧变化被称作青春期的快速生长。在这个时期，最令人惊讶的并不是增长的幅度，而是增长的速度。这个时期是青少年生长最快的时期，叫作生长速度高峰。这时期的男女青少年生长的速度不亚于蹒跚学步时的幼童。男孩在生长速度高峰时大约平均每年长高 10.3 厘米，而女孩大约每年长高 9 厘米。青春期发育结束的标志之一就是长骨两端的闭合，这个过程叫作骨骺线闭合，随后，人体的增高也就停止。人的体重也会在青春期时明显增长。成人有将近一半的体重是在青春期时获得的（见图 1-3）。

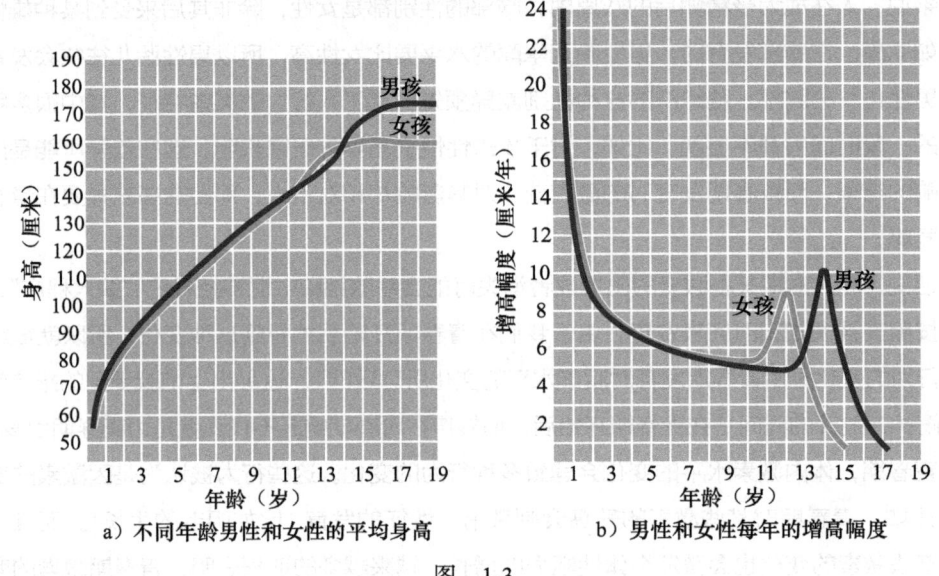

a）不同年龄男性和女性的平均身高　　b）男性和女性每年的增高幅度

图　1-3

注意青少年的快速增长期。
资料来源：Adapted from Marshall, 1978

图 1-3 显示了在快速生长期身高增长的显著程度。图 1-3a 显示的是各个年龄的平均身高。你能看出来，人在婴儿、儿童和青春期都在长高，而且 18 岁以后便很少增长。再来看图 1-3b，它展示了每个年龄段身高增长的幅度。你可以看到，在生长速度高峰期身高是在加速生长。

图 1-3 也表明，女孩的快速生长期平均要比男孩早两年到来。通过对比两个图表也可看到，总的来说，11 岁前男孩要比女孩高一些。在 11～13 岁，女孩要比男孩高一些。到了 14 岁以后，男孩又开始比女孩高。你应该会记得 5 年级和 6 年级时男女生身高差异情况。许多青少年开始和异性交往时会很在意身高差异问题，尤其是那些发育较早、身高较高的女孩和发育较晚、身高较矮的男孩。

青春期身高的增长主要是靠躯干而非腿部的增长。身体各个部分增长的顺序是非常有规律的。身体的末端,也就是头、手、足等部位最先开始加快生长。然后胳膊和双腿开始加快生长,再然后就是躯干和双肩。

刚进入青春期的少年往往呈现出身体比例的不协调,比如他们的鼻子和双腿看起来比其他部位生长得更快。这是因为青春期时身体不同的部位并不是同步或者按照同样的速率生长的。这也就使得刚进入青春期的青少年看上去比较奇怪或者笨拙,他们自己也许也会因此而烦恼。为了安慰他们,可以告诉他们再过几年身体便会重新恢复协调。值得庆幸的是,实际情况也的确如此。

肌肉和脂肪的性别差异 身高的快速生长也伴随着体重的增长,其中主要是肌肉和脂肪的增长。不过,在身体成分上,性别之间的差异还是比较显著的。青春期之前,男女肌肉增长的差异相对较小,身体脂肪的差异也微乎其微。青春期时,男女的肌肉都会快速增长,但是男孩肌肉组织增长的速度要比女孩快。与之相反,尽管青春期时男女的脂肪都会增长,但是女孩的增长要多于男孩,尤其是在青春期开始前的那几年。青春期结束后,男孩的肌肉脂肪比大约为3∶1,而女孩大约为5∶4。这对理解青春期时男女在力量和运动能力方面的差异有着重要的意义。据估计,在青春期初期,男女运动能力的差异大约有一半是由体脂差异所导致的(见图1-4)。

将运动能力的性别差异归咎于体脂和激素的差异是有道理的,因为雄性激素与身体运动能力的增长有着密切的关系,而男性在青春期受到雄性激素的刺激更多。但是随着年龄的增长,外部环境因素对男女运动能力差异的影响越来越重要,比如饮食和锻炼。青春期时,迫于社会压力,女孩会放弃比较"男性化"的运动。研究表明,在青春期即将来临时,女孩比男孩更容易减少运动,这时有相当一部分女孩体育不合格。而且,青春期女孩的饮食,尤其是黑人,总体上没有男孩的饮食有营养,特别是在一些重要的矿物质方面(比如铁)比男孩摄入得少。以上两方面的因素都会让两性在对锻炼的接受程度上产生差异。换句话说,在身体素质方面的性别差异是受多种因素影响的,其中,激素的影响仅仅是其中的一部分。

青春期女孩对体形的不满 在青春期的初期,女性身体脂肪的快速增长会让她

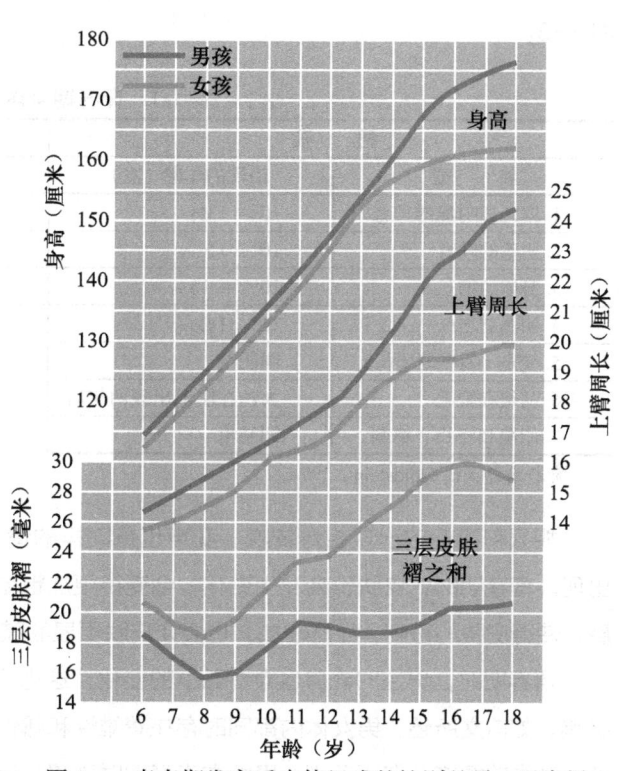

图1-4 青春期发育后身体组成的性别差异。通常男性会变得比女性更高、精干和强壮

资料来源:Bogin, 2011

们始终对体重过于在意,即便按照年龄,她们的身高和体重其实是在正常范围内。你会在本章中读到,许多研究认为青春期是食欲紊乱(比如厌食症和暴食症)的多发期。

这时期大部分女孩不必因脂肪增长而节食,最容易在这个阶段对体形不满的女孩往往是早熟、早

恋且家境富裕的女孩。尤其是那些喜欢和朋友谈论自己外貌的女孩，最容易对自己的体形感到不满。事实上，女孩的这种不满往往来自与朋友的比较，而不是媒体上那些苗条的女性形象。与之相反，男孩对自己外貌的感觉主要和肌肉发达程度有关，而且似乎受周围男孩的影响不大。青春期女孩对自己身体变化的感觉因种族和文化而不同。世界上很多地方，包括北美、南美、欧洲和亚洲，都强调女孩要保持苗条体形。而黑人女孩和其他种族相比不太容易对自己的体形感到不满，所以她们节食的可能性相对较小，这也部分说明女孩理想中的体形存在着种族差异。

性成熟

青春期发育往往伴随着一系列与性成熟有关的发育过程。男性和女性第二性征的发育都可分为五个阶段，这种分类体系是由英国儿科医生坦纳发明，所以被称为坦纳分期。

男性的性成熟 男性第二性征的发育大致是按照顺序来的（见表1-1）。总的来说，第一阶段是睾丸和阴囊的发育，还有阴毛的初现。约一年后，身高的快速增长便开始了，同时还伴随阴茎的发育和阴毛的进一步生长。此时阴毛会变粗，颜色变深。坦纳分期中，阴茎和阴毛生长的情况可参见图1-5。

表1-1 青春期身体变化顺序表

男孩		女孩	
特征	出现的年龄（岁）	特征	出现的年龄（岁）
1. 睾丸和阴囊的发育	10 ~ 13½	1. 乳房的发育	7 ~ 13
2. 阴毛的发育	10 ~ 15	2. 阴毛的发育	7 ~ 14
3. 身体的增长	10½ ~ 16	3. 身体的增长	9½ ~ 14½
4. 阴茎的增长	11 ~ 14½	4. 初潮	10 ~ 16½
5. 变声（咽喉的增长）	同阴茎	5. 腋毛	阴毛出现两年后
6. 胡须和腋毛	大约在阴毛出现两年后	6. 脂腺和汗腺	同腋毛
7. 脂腺和汗线、粉刺	同腋毛		

资料来源：B. Goldstein, 1976.

胡须和体毛的出现相对较晚。变声也是同样的情况，变化得十分缓慢，一般到青春期末期才会出现。青春期时，皮肤也会发生变化，会变得更加粗糙，尤其是上臂和大腿部位。汗腺也会进一步发展，使得皮肤的粉刺、丘疹增加，也会让皮肤更显油腻。

青春期时，男性的乳房也会有微小的变化，这也让一些男孩困扰。乳房发育主要是受雌性激素的影响。如前文所述，男女体内都同时存在着雄性和雌性两种激素，青春期时两者的水平都会升高，当然，升高的幅度会有所差别。男性在青春期时乳晕会增大，乳头也会突出。有些男孩乳房会也会略微增大。不用担心，一般这只是暂时的现象。

此外，一些对性的成熟非常重要的内部变化也开始出现。此时，阴茎开始发育，精囊腺、前列腺和尿道球腺也开始增大和发育。初次射精普遍发生在阴茎开始加速发育一年后，其受文化的影响要比生理方面大，许多男性初次射精是通过自慰完成的。有一个有趣的发现：男性在具有成人外形以前就普遍具有生育能力。女性则相反，下一部分会介绍。

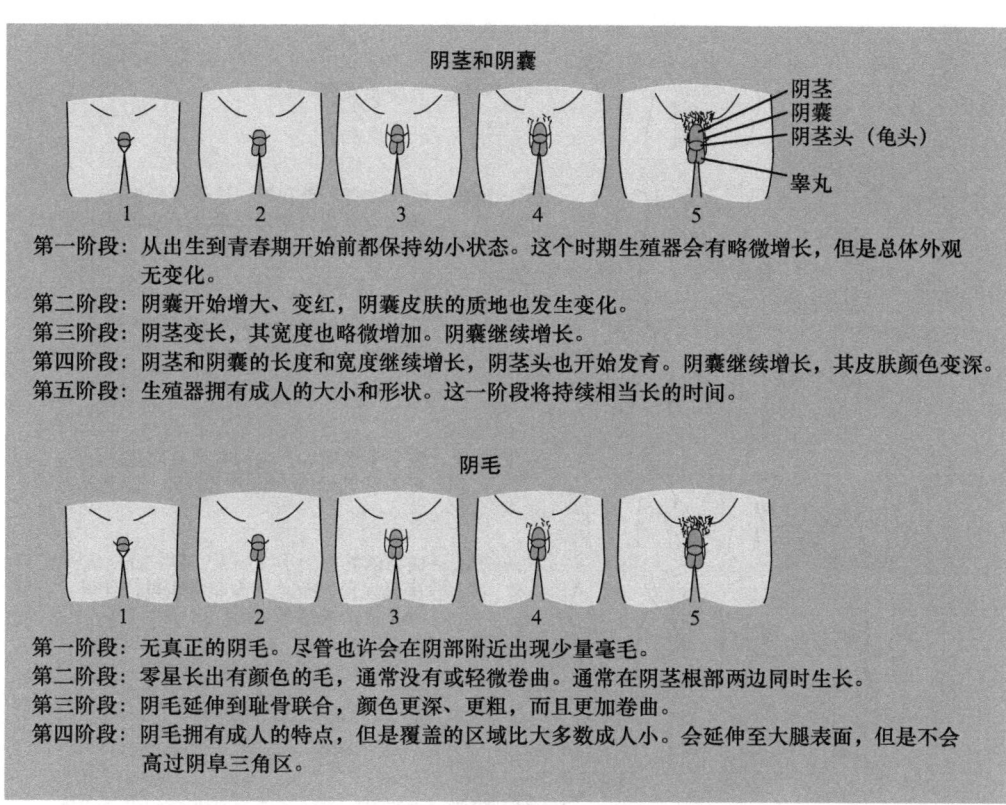

图 1-5 外生殖器和阴毛发育的五个阶段

资料来源：From Morris & Udry, 1980

女性的性成熟 女性第二性征发育没有男性那么有规律（见表 1-1）。总的来说，女性性成熟的第一个标志就是胸部的隆起，也叫作乳蕾发育。不过，也有大约 1/3 女孩阴毛的出现比乳房发育早。女性阴毛的发育和男性有着类似的顺序，大致上先是稀疏的，然后变得毛茸茸的，再变得更密，不过颜色较浅，然后变得弯曲，变粗，最后颜色变深。乳房发育一般和其他发育同时进行，大致要经过好几个阶段。在乳蕾发育阶段，乳晕开始变大，乳房和乳头开始隆起，形似小土堆。在发育的中期，乳晕和乳头变得更加明显，在乳房的轮廓线上显得较为突出。在最后的阶段，乳晕开始在乳房轮廓线上凹下去，只有乳头变得更长。无论乳房大小如何，所有女性都会经过这些变化过程。因此，乳晕和乳头的形状和明显程度比乳房大小更能反映性成熟的程度。坦纳分期中女孩乳房的发育和阴毛的生长见图 1-6。

和男性一样，青春期女性也会发生与生育能力发育有关的体内变化。对于女性来说，这些变化包括生殖系统中的子宫、阴道以及其他部分的发育和生长。此外，阴唇和阴蒂也会增大。

通过表 1-1 可以明显看出，快速生长期很可能发生在乳房和阴毛生长的早期和中期。月经初潮是相对较晚的阶段，它的到来标志着一系列激素变化的高潮。总的来说，完全的生殖功能至少要等月经初潮几年后才会具备，规律的排卵要等初潮来临两年后才有。所以，女性与男性不同，她们要等生理完全成熟才具备生殖能力。

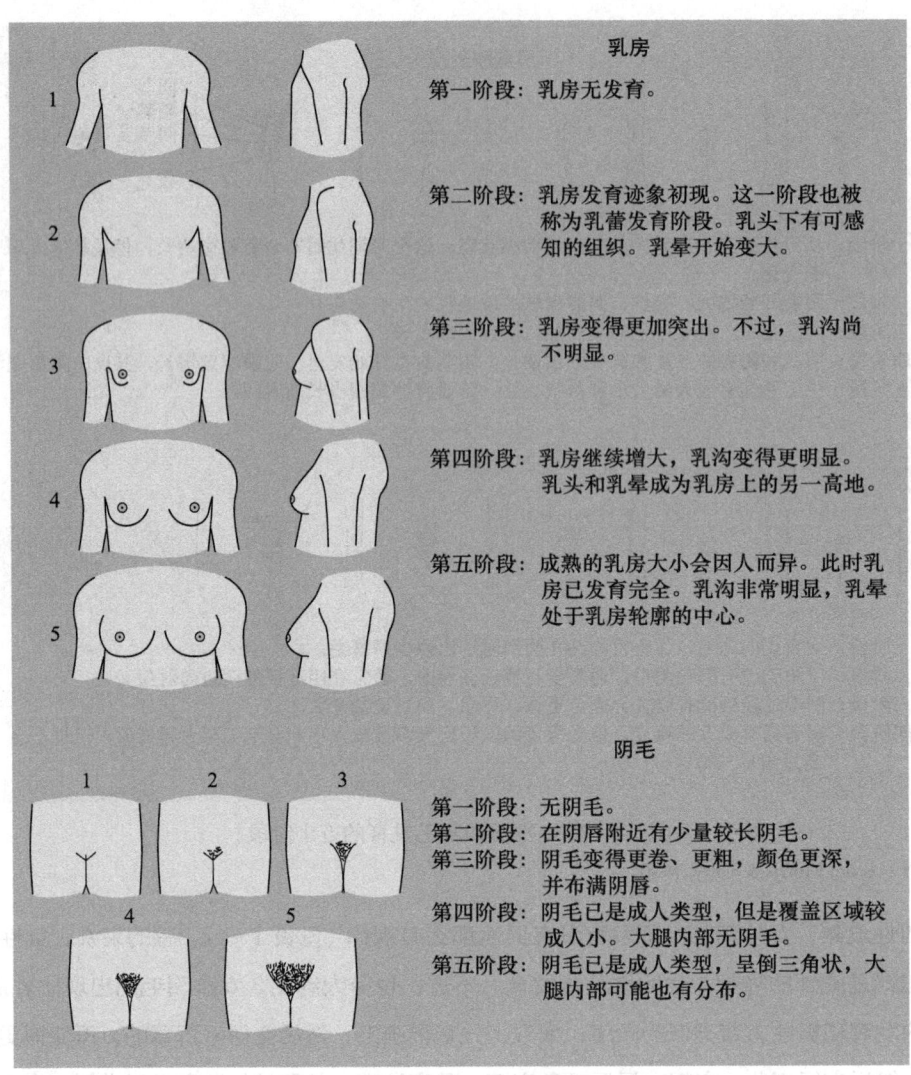

图 1-6 乳房和阴毛发育的五个阶段

资料来源：From Marshall & Tanner, 1969

青春期发育的时间和节奏

也许你已经注意到了，至今未提各种变化开始的所谓"平均"时间。这是因为，青春期发育的时间和节奏（也就是发育成熟的速率）差别非常大，如果提到所谓"平均年龄"，会产生误导效果。

青春期发育时间和节奏的差异

女性青春期发育的开始可以早至 7 岁，晚至 13 岁。而男性则早至 9 岁半，晚至 13 岁半。女性从青春期发育的标志开始出现一直到生理完全成熟，之间的间隔可以短至 1 年半，长至 6 年。对于男孩来说，类似的间隔大约为 2～5 年。试想一下，在一个正常的青少年群体中，有些人已经完成了青春期发育的过程，而有些人可能还未开始。具体地说，发育较早、较快的年轻人很可能在 10～11 岁时就完成了发育成熟的过程，比那些晚熟者青春期开始的时间还早2年，比晚熟以及发育较慢者完成发育要早7年。

青春期开始的年龄与青春期发育的快慢没有关系。青春期发育的时间可能与一个人最终的身高和体重有较小的影响。平均来说，晚熟者要比早熟者的身高要高，在体重方面，至少在女性中，晚熟者比早熟者要重。相比青春期开始时，成年的身高和体重与童年时的身高和体重有更加密切的关系。

基因和环境对青春期发育时间的影响

为什么有人早熟，有人晚熟？研究者们通过两种方法来研究这个问题。一种方法是研究个体之间的差异，比如研究某个个体比另一个个体又早又快地发育成熟的原因。另一种方法是研究不同群体间的差异（比如，研究为什么某些人群的青春期来得比其他人群早）。两种研究方法都与基因和环境因素有关。

青春期发育成熟的个体差异　相同大环境下成长的青少年，在青春期发育的时间和速率上会存在差异，基因差异是原因之一。对那些基因相同（同卵双胞胎）和基因不同的人进行比较后得知，一个人青春期发育成熟的时间和节奏在很大程度上是天生的。现已证明，第六号染色体的某些特定区域是决定男、女性青春期时间的标志之一。

基因的影响非常大，但环境也起着重要的作用。每个人的先天因素很可能决定了发育的速率以及性成熟的开始时间。这个先天因素所能决定的是一个年龄范围，而不是一个固定的绝对的时间点。人们是否能意识到基因决定了某一个体在某一给定年龄附近发育成熟，以及个体究竟在这个年龄范围的何时开始发育，是由许多外部因素所决定的。从这方面来看，青春期发育成熟的时间和速率是先天条件和后天营养以及遗传基因和生存环境之间相互作用的产物。

目前，对青春期发育成熟影响最大的两个环境因素应该是营养和健康。营养好的青少年青春期来得早，而且在他们胎儿期、婴儿期和儿童期生长得更好。毋庸置疑，那些个子更高、体重更重的女孩成熟得也更早，而那些缺乏蛋白质或热量的女孩发育得较晚。慢性病和过度运动也与发育推迟有关。不过，总的来说，除基因以外，决定发育时间最重要的因素就是青春期之前的总体生理状况。

家庭对青春期时间的影响　有趣的是，许多研究表明，家庭关系可能会对成熟期开始的早晚产生影响，尤其是对女孩。相反，男孩的成熟期和家庭的作用没有一贯的联系。在缺乏父爱、家庭关系不和、家庭冲突较多或者父亲是继父的家庭中，女孩的青春期会较早来临。曾在童年遭受肉体或者性虐待的女孩，其青春期也普遍较早。家庭冲突可能会加速青春期发育，对此的一个解释是，家庭气氛紧张可能会引发青少年精神紧张，继而影响青春期激素的分泌，尤其是对于天生敏感的女孩。此外，继父的出现可能会让女孩受到信息素（一类由动物分泌的，能够刺激其他同类生物做出某种行为的化学物质）的刺激。一般来说，人类以及其他哺乳动物跟生物学上的近亲一起生活似乎能够减慢青春期发育，而和没有亲缘关系的异性在一起时可能会加速发育的过程。

青春期发育等生理过程会受到社会环境的影响。虽然听起来很惊讶，但是科学家早就知道社会关系确实能够影响生理功能。最好的例子是同居的女性室友，她们的月经会随着时间变得越来越同步。

青春期发育成熟的群体差异　通过比较不同地区女性月经初潮年龄，可以研究青春期发育的群体差异性。大多数研究表明，基因对群体青春期发育成熟过程所起的作用是微不足道的。各国青少年青春期发育速率和时间的差异更能反映的是环境的差异,而不是基因差异。

有两个科学发现可以让我们具体了解大环境对青春期发育的时间和节奏的影响:①各国女性月经初潮平均年龄的对比;②一段时期内月经初潮平均年龄的变化。(虽然月经初潮并非青春期开始的标志,但是研究者常常以月经初潮的年龄来比较不同群体或者地区青春期时间的差异,因为这个标志的测定更加可靠)。

首先,考虑一下月经初潮年龄在世界不同地区的差异。在那些营养充足或者慢性病较少的地区,月经初潮来得会相对较早。比如,西欧和美国,月经初潮的中位年龄大约是12.5~13.5岁。而在非洲,这个中位年龄是在14~17岁之间。非洲的中位年龄跨度较大是因为该洲各地条件的巨大差异。

长期趋势 通过观察过去两个世纪内月经初潮时间的变化,我们可以检验环境对于青春期发育的影响。过去150年中,营养条件不断提高,所以可以预计,月经初潮的平均年龄会越来越小。通过图1-7就可以看出事实也是如此。这样一个特点,或者叫作长期趋势,不仅归于营养的改善,也归于卫生条件和传染病防治条件的提高。在大多数欧洲国家,每十年,青少年成熟的时间就要提前3~4个月。比如,在150年前的挪威,月经初潮的平均年龄大约是17岁,现在则是12~13岁。在其他发达国家,成熟年龄也有类似的提前,如今的发展中国家也存在同样的情况。这种长期趋势对于男性的记录没有如此翔实,部分原因是男性的青春期发育缺乏像女性的月经初潮一样简易的测量标志。不过流传着这样一个不知真假的说法,那就是随着男性青春期发育年龄在几个世纪内的逐渐提前,在欧洲唱诗班里,男孩的变声期(男性青春期发育的一个标志)开始的平均年龄从18世纪中叶的18岁降到了如今的10.5岁。男性青春期发育年龄在过去的30年里不断提前,这一趋势似乎还在继续。

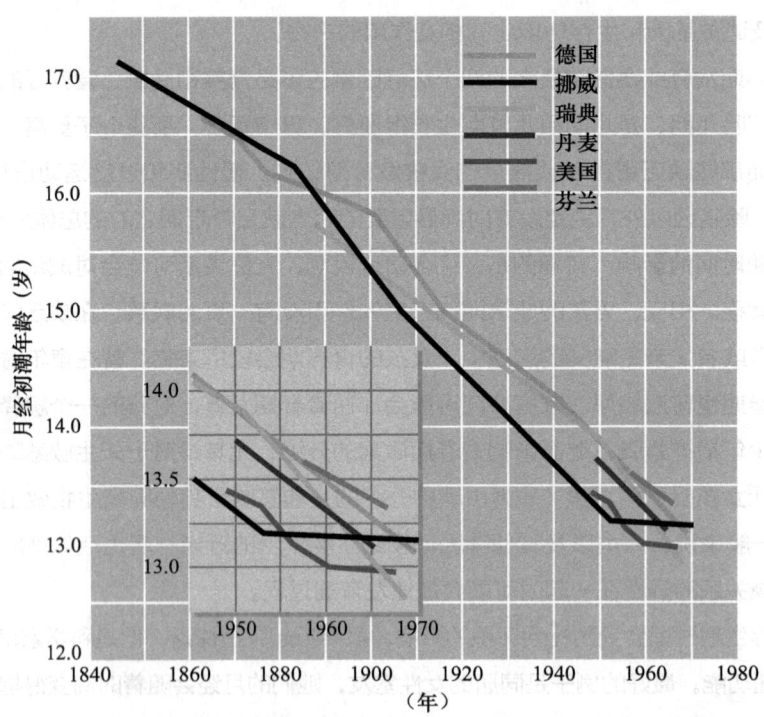

图1-7 在过去的150年中,月经初潮年龄显著下降,这是一个长期的趋势

资料来源:Adapted from Eveleth & Tanner, 1990

20世纪60~90年代，美国女性月经初潮平均年龄大约提前了2.5个月，可能性最大的原因是肥胖率的增加，加之化妆品、食物以及环境中的人造化学物质对于激素水平的影响，还有就是饮食的改变。黑人女性提前的趋势尤为明显。科学家不同意美国女性青春期发育时间在近年内持续提前这一说法。青春期发育年龄提前趋势的证据仅来自乳房发育和月经初潮的记录，并没有生殖器发育和阴毛外观等记录的支持。不一致的结论出现的原因之一是测量青春期发育方式的多样性，而且青春期发育平均年龄的测定值会因指示物不同而不同。因为阴毛的发育（受雄性激素的驱动）会受到多重因素的影响，而不单单是月经初潮（主要受到雌性激素和孕激素的驱动），每一种现象变化的特征并非都可以被识别，特别在是周围环境中有化学物质会刺激这种变化，而同一种化学物质对不同激素的影响也不同。不过，总的来说，大多数的科学家同意，青春期发育平均年龄在最近几十年中的变化和20世纪早期相比并不显著，那时，月经初潮的平均年龄大约每10年就要提前4个月。

青春期发育对心理和社会关系的影响

青春期发育通过许多方式影响青少年的行为和心理功能。首先，青春期生理的改变对行为有直接影响。青春期男性睾酮的升高与一些行为，比如性欲和性行为的增加等，有着直接的关系。（激素变化对于女孩性欲和性行为的影响则更加复杂，在第11章中将会提到。）

其次，青春期的生理变化能够引起青少年自我形象的变化，这种变化反过来也会影响青少年的行为。比如，刚刚完成青春期发育的男孩可能会因为看到自己更接近成人的形象而感觉到自己又成长了很多。这反过来会让他独立于自己父母的意愿更加强烈。他也许会想在晚上玩得更晚，做更多的事情，或者从父母那里获得更多的自主决定权。我们将在本章中看到，青春期的生理变化常常会引发青少年和父母之间的冲突，部分原因是青春期发育导致青少年独立的欲望更强。

最后，青春期生理上的变化会改变一个人的外貌，而外貌反过来也会让其他人改变对这个人的看法。作为一种回应，这些改变也可能会激发青少年行为的改变。刚发育成熟的女孩也许会突然发现年长的男孩在注意自己，而此前这些男孩却无动于衷。面对更多的关注，女孩也许会感到紧张、困惑、不知所措。除此之外，她还得考虑花多少时间在约会上，以及约会时她该如何表现。

年轻人对青春期变化做出的反应，以及其他人对年轻人做出的反应都会受到社会大环境的影响。在各个时代，这种反应大多与外形魅力、性行为以及性发育有关。很难想象，青少年尤其是女孩们不为身材、衣服尺寸和性感程度而困扰。但是青少年女性对体形如此在意的确是近些年才有的现象。许多服装、内衣、化妆品、减肥产品以及女性用品的营销者对此功不可没。当代社会对于青春期和生理成熟的看法通过各种媒体对少女形象的描绘表达出来。人们无法避免这些宣传影响。这种影响改变了人们对青春期的期望和赋予青春期的意义，这也决定了青春期对青少年的影响（见图1-8）。

研究者大致采用两种方法研究青春期发育的心理和社会影响。一种是观察处于不同青春期发育阶段的个体，进行横向研究（将不同的群体按照不同的发育阶段进行比较）或纵向研究（对同一群个体所经历不同青春期发育阶段的过程进行长期追踪）。这些研究会检测青春期发育对青少年心理发育和社会关系的影响。比如，研究者可能会问及青春期时的自尊心与发育前后对比的情况。

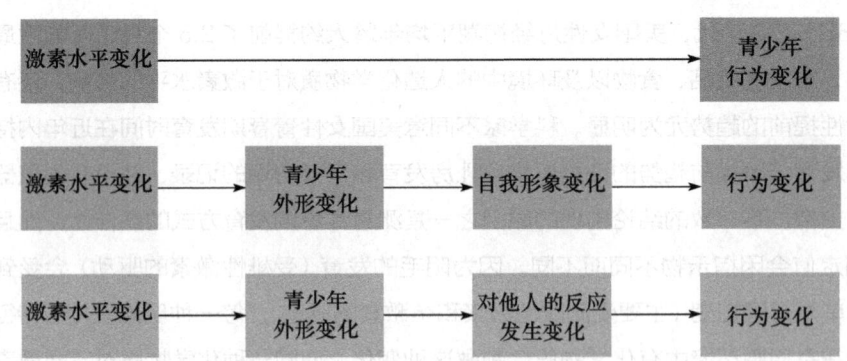

图 1-8 青春期发育的生理变化至少会通过三种方式影响青少年的行为发生变化

第二种方法是比较早熟和晚熟者的心理发育。和前者一样，个体发育的时间有着很大的不同，相同年级、相同年龄的不同个体可能处于完全不同的发育阶段。这些研究注重的是青春期所产生的相对影响，比如，早熟者是否比晚熟者更受同龄人群体的欢迎，而并非绝对影响。

青春期的直接影响

对青春期的心理和社会影响的研究表明，生理成熟，无论是早是晚，对青少年的自我形象、情绪以及和父母之间的关系都有影响。不过，你也将会了解，青春期发育的短期影响带给父母的负担要比带给青少年自身的更多。

青春期发育和自尊心　尽管研究表明，青春期发育能够产生暂时的不良心理状况，但这也只有与其他变化同时发生时才会产生作用。从这方面来说，青春期发育对于青少年生理功能的影响很大程度上取决于社会环境。青春期发育对心理健康的影响具有性别和种族的差异，女孩较男孩更容易受到负面影响，尤其是白人女孩，最容易对自己的体形感到不满。白人女孩对于自己身材的不满主要集中在臀部、大腿、腰部和体重。由于当代美国社会对苗条身材狂热追捧，这并不出乎意料。有趣的是，青少年对自身外形的看法从青春期一开始就相当稳固，不论他们的外形魅力是否发生变化。

青春期发育和青少年情绪化　虽然青少年的自我形象能够随着身体发育而发生变化（在第 8 章会详述），他们的自尊心和自我印象却能保持持久不变，这种情况形成的根源在儿童时期。由此，一些聚焦于青春期影响的学者将他们的注意力转移到更加短暂的状态上，比如青少年的情绪。他们关心此问题的一个重要原因就是相对于儿童和成年人，青少年被认为更加情绪化。比如，在一项研究中，科学家用电子屏反复地记录青少年的情绪。结果显示，青少年在一天中的情绪浮动要比成年人多。许多人认为青少年的情绪化与激素水平的变化有关。那么，有没有证据表明激素水平的变化是"罪魁祸首"，或者说，青少年的心理和行为完全受制于激素的变化呢？

在全面分析一些研究后发现，激素水平和情绪之间并不存在显著的因果关系。不过，研究发现它们之间的确存在联系，在青春期初期这种联系最为强烈，激素的变化在这时非常剧烈，对情绪的影响也是从这时开始。我们将在第 2 章中看到，越来越多的证据表明，青春期的激素影响脑部系统负责情绪唤起的部分，从而让青少年开始对身边的事情敏感。

比如，研究表明，许多与青春期发育有关的激素，例如睾酮、雌性激素以及多种肾上腺雄激素，它们的快速增长与青少年的易怒、易冲动、男孩的攻击性及女孩的忧郁性可能有关系，尤其是在青春期刚开始的时候。对此的一种解释是，这些激素在青春期初期虽增长不多，但是它们剧烈的波动影响了青少年的情绪。一旦激素在较高的水平上保持稳定，这些负面作用就开始减弱了。

大多数的研究者都同意，激素变化对情绪和行为的影响很大程度上受环境因素的制约。比如，虽然在青春期发育初期激素水平的迅速提高会让女孩变得忧郁，但是生活中的压力，比如家庭、学校以及朋友间的问题更容易激发忧郁的情绪。同样，虽然高水平的睾酮导致易怒和具有攻击性，低水平的睾酮导致忧郁，但是，如果青少年拥有良好的家庭关系，这些因素的影响是有限的。

换句话说，没有多少证据能够证明青少年的情绪化是激素水平"暴风骤雨"般的变化所导致的。一天之内，青少年可能会从高兴到抑郁，再由欢乐到愤怒。但是相对于生理变化，这些情绪变化与行为活动变化的关系更大，比如见到女朋友而高兴，对课程厌倦而抑郁，和朋友共进午餐而欢乐，打工时被加任务而发怒。

与普遍的看法不同，很少有证据表明青少年的情绪化是由激素水平变化所导致的。

青春期发育与睡眠类型的变化 在青少年激素水平和行为关系的研究中，有一项关于青少年睡眠偏好的发现。许多家长抱怨，他们家处于青春期的孩子晚上睡得很晚，早上起来也晚，这种现象大约在青春期早期出现（见图1-9），叫作相位后移偏好。现在发现，这种现象是由青春期的生理变化所导致，不仅人类有，其他哺乳动物也有。

睡眠是由许多生理和环境因素综合作用下产生的。最重要的因素之一就是一种由脑部生成的激素——褪黑素。褪黑素的水平从早到晚都在自然变化，主要是受环境中光的影响。睡眠欲望大小与褪黑素水平多少有关，褪黑素越多我们就越想睡觉，褪黑素越少我们就越不想睡。一天当中，在光的变化以及褪黑素分泌的调节下，我们的睡眠与清醒发生着周期变化。

青春期，随着个体成熟，褪黑素在夜晚升高的时间会越来越晚。事实上，青春期后的成年人，其褪黑素在晚间开始升高的时间要比青春期前的儿童要晚2小时。因为这个原因，人们才睡得更晚。事实上，

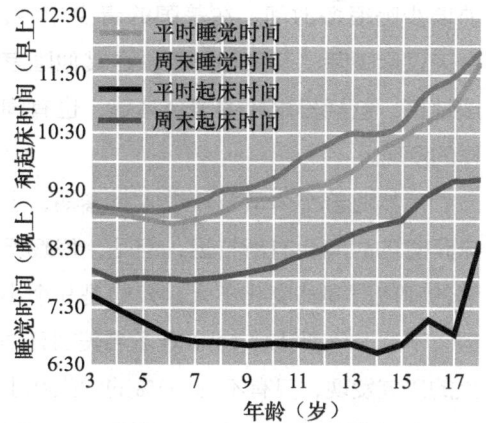

图1-9 平时和周末的睡觉时间和起床时间随年龄的变化

资料来源：Adapted from Snell et al., 2007

如果允许青少年自我控制睡眠时间（比如在周末），他们大多数都可以到夜里1点才睡，到第二天早上10点才起。因为在青春期发育时，褪黑素分泌的周期会被推迟，这也就意味着，与青春期之前相比，人在早上会变得更加困倦。

睡眠也同样会受环境的影响，比如，在黑暗的房间比在明亮的房间更容易睡着。青春期前的儿童在夜晚能很快入睡，即使他们不情愿，因为他们体内褪黑素的水平已经非常高了。不过，青春期后，由于体内褪黑素分泌周期的推迟，人们可以在晚上睡得更晚，所以如果有好玩的事情，比如上网、看视频、煲电话粥等，人们很容易在晚上保持清醒。有些科学家认为青少年的失眠现象就是由于过度沉迷电脑、煲电话粥等行为所造成的，尽管认为青少年失眠是由于受到惊吓的观点已经存在上百年。所以，青少年晚睡的趋势是由生理反应（睡意产生的推迟）以及环境因素（熬夜动力的增加）共同造成的。这种晚睡晚起的习惯会在20岁左右有所改善，女性改善的时间比男性更早。

如果第二天不需要早起，当天晚睡并不是问题。不过，大多数青少年需要在上学的日子早起，这种晚睡早起的结合导致了夜晚失眠和白天嗜睡的现象。这种现象的产生与褪黑素分泌周期变化有关，因为到了青春期，褪黑素在夜晚分泌减少的现象发生得更迟。这就意味着，当青少年从早上起床的时候，他们体内褪黑素的水平要比进入青春期前更高。有项研究发现，青少年在8～9点的时候最不易被叫醒（这也是大多数学校开始上课的时间），而青少年在下午3点时又最为清醒（这又是学校放学的时候）。睡眠研究者估计，由于学校较早的上课时间，青少年上学时要比暑假少两个小时的睡眠时间。这个现象也促使一些社区推迟青少年早上上学的时间。

有趣的是，青少年晚睡的趋势在过去的30年中变得越来越明显，也许是因为电视、网络以及其他大众媒体的普及。这就说明，某种程度上，一些青少年的熬夜是主动的，脑部控制睡眠的中心更容易对此做出变化。（也有证据表明，暴露在光照下也会减少褪黑素的分泌，所以开着灯，或者盯着屏幕熬夜会让褪黑素减少得更多。）无论如何解释，由于青少年起床的时间没有改变，而且他们上床睡觉的时间变得更晚，如今的青少年相比几十年前要少睡很多时间。在美国的青少年中，白天过度嗜睡的现象很严重，在其他国家或地区，包括日本、中国台湾等，也有同样的发现。

虽然随着个体从童年进入青春期，上床睡觉的时间会有所推迟，但是，每晚所需的睡眠时间却变化不大，大约是9个小时。不过，一项针对14 000多名美国高中生的研究发现，只有不到10%的学生在上学的时候能睡足9个小时。而且，有超过

进入青春期后，睡眠循环发生显著变化。"相位后移偏好"导致青少年睡得更晚，以致第二天早起更疲倦。

2/3的学生只能睡7个小时或者更少（见图1-10）。科学家们都认为，大多数青少年都得不到充足的睡眠，而睡眠不足会导致精神状况不佳、违法犯罪增多、伤害增加、体重超标以及学习成绩差等方面问题。在一项研究中，成绩C或者C以下的学生要比平均成绩在B或者B以上的学生晚上床40分

钟，整个睡眠时间要少 25 分钟。也有报告表明，成绩不好的学生在周末要比上学期间睡得晚很多。其他的研究也表明，在喜欢晚睡的青少年中，有行为问题的比例也更高。

尽管许多青少年相信在周末多睡能够弥补平时睡眠的不足，但是研究表明，在周末较大程度地改变睡眠时间反而会导致睡眠问题更加严重。事实上，防止平时睡眠问题最好的办法就是强迫自己在周末和平时同时起床，不论睡得多晚。不出意料的是，青少年的睡眠问题与咖啡因、烟草的摄入与使用有关，这两种都是刺激物。据调查，大约有 10% 的青少年有失眠症，这会增加他们出现心理问题以及在成年时的睡眠问题的风险。

青春期发育和家庭关系　关于青春期发育对家庭关系影响的研究发现了一个相当普遍的现象：青春期发育似乎增加了父母和孩子之间的矛盾与隔阂。不过，你应当知道，这种由青春期发育所造成的父母与孩子之间的隔阂效应在少数族裔的家庭里并不那么普遍。一些研究表明，在白人家庭里，随着孩子从儿童向青春期中期发展，他们与父母之间情感上的隔阂会增大，冲突会变得更加激烈，尤其是他们与母亲之间。这种

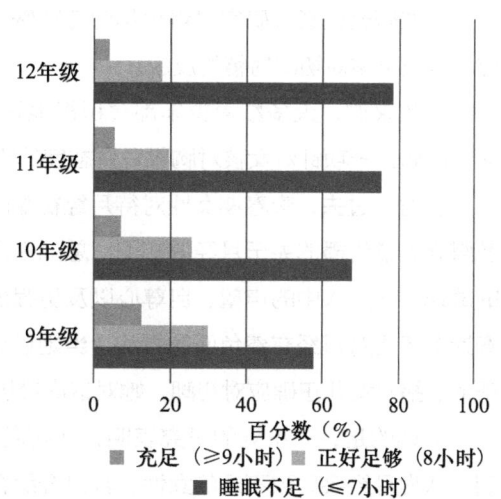

图 1-10　美国高中生很少能保证充足的睡眠
资料来源：Eaton et al., 2010

变化的发生可以从"负能量"的增加（比如冲突、抱怨、愤怒等）以及"正能量"的减少（比如支持、微笑、大笑等）反映出来。虽然负面的关系也许会在青春期的快速成长期之后减少，但是青少年和父母之间并不会立即变得像青春期之前那样亲密。有趣的是，在大多数的猴类和猿类中，也存在着这样的情况。有些研究者认为，人类的这种现象也许有某些进化的因素，这样的现象能够保证一旦青少年发育成熟，他们便能够离开父母并与他人成功组建家庭。

青春期发育与亲子隔阂的关系并不受青少年发育时间早晚的影响，也就是说，早熟和晚熟的青少年家庭都会出现这样的现象。所以也就表明，青春期发育改变了亲子之间的关系。现在，我们并不知道这种效应是否是激素变化的结果（激素的变化使孩子易怒），也不知是否是生理变化的结果（生理变化会让父母改变对孩子的态度），或者是否是青春期心理功能变化的结果，这种变化反过来能影响到家庭关系。而且，因为针对这种现象的研究很少同时涵盖青春期发展的多个方面，使得很难断定这种现象发生的原因是否真的是青春期发育，而不是与青春期同时发生的其他事情。

不论是否存在潜在的机制，对此有个解释就是青春期前后产生的变化扰乱了儿童时期平衡的人际关系，从而导致家庭体系在某些时期被暂时破坏。在孩子的儿童时期，父母会营造出和谐、有效的关系模式，但是他们也许会发现，青春期发育会打破这种他们已经习以为常的模式。父母有讨论事情的机制，也会让子女参议讨论。但是，当子女进入青春期后，他们渴望成人的待遇，并希望在家庭决议中有更大的话语权。因此，当子女刚进入青春期时，他们的家庭可能会经历一段暂时的冲突或者紧张气氛。一段时间后，孩子和家庭之间可能就适应了这种变化，建立起新的平衡的关系。

青春期发育成熟和同龄人的关系　青春期发育可能也会对同龄人之间的关系产生影响。相对生理上晚熟的某些同龄人，早熟的青少年进行异性交往、恋爱的可能性更大。当然，这也要考虑社会对

青少年行为的规范以及允许青少年约会的年龄。不论怎样,青春期发育成熟与是否拥有精神上的爱恋无关。

青春期特殊事件所产生的影响

有些研究已经开研究对青少年对待特殊事件的态度和反应,比如女孩对月经初潮和胸部发育的反应,以及男孩对初次射精的反应。

总的来说,大多数青少年都会积极地看待青春期的生理变化,特别是与第二性征发育有关的变化。比如,一项针对女孩对胸部发育态度的研究发现,大多数女孩对这种变化持积极的态度。

相对于过去,青春期女性对待月经初潮的负面态度已经减少很多,这种变化可能要归功于学校以及媒介大量传播的关于月经的知识。总的来说,在如今的青春期女性中,初潮的到来已经与社会交往的成熟、同龄人中的声望、自尊心以及更强烈的自我意识等紧密地联系在一起。不过,许多女孩在青春期前还是对月经有着负面的看法,当她们进入青春期时,看法变得复杂,既兴奋又害怕。如果母亲帮助、指导女儿正确应对初潮,她对这次经历的回忆将会更加正面、积极。

有趣的是,一系列的研究表明,在初潮来临前对月经的厌恶与月经的疼痛是相关的。有调查表明,认为月经会导致不适的女性,其月经综合症会比别人严重。这些女孩在母亲的影响下认为月经是痛苦难受的体验,她们的文化把月经看得很重。比如在墨西哥,人们对待月经初潮的态度就相当矛盾,这使得初潮可能对女性的心理造成伤害。而在美国,这样的影响却不多见。此外,那些初潮来得较早,准备更加不足的女孩面对初潮的负面反应可能更多。

关于男孩面对初次射精的反应的资料要少得多。这种经历也许会被认为与女孩的月经初潮相类似。由于大多数男孩在家长或者其他成年人的指导下已经准备充足,所以初次射精并不会导致过度的焦虑、烦恼或者害怕。不过,有趣的是,女孩在初潮后会告诉自己的妈妈和女伴,但是男孩却不和父母、朋友讨论自己的初次射精,至少在美国是这样。

在其他地区的文化中,对待初次射精的看法也许会不同。比如,一项针对尼日利亚青春期男性初次射精的研究发现,男孩不仅不会为

由于个体间青春期发育时间和节奏的巨大差异,相同年龄的青少年在外形上可能会有较大的差别。

这种现象烦恼,反而会很快告诉他们的朋友。不同文化中,男孩对待初次射精反应的差异可能与这些文化对待自慰的看法有关。就像女孩对待初潮那样,准备充足的男孩对待初次射精的反应会更加积极。

早熟和晚熟所产生的影响

早熟或晚熟的青少年不仅在生理上与同龄人有差异,也会让周围的人对其产生不同的看法和期

待。此外,青少年可能都过度关注自己是否比同龄人早熟或晚熟,而且,他们的感觉很可能会受同伴的影响。一项研究发现,早熟的青少年更加"伪成熟",也就是希望自己年纪更大,能与大龄的同伴玩,更不喜欢学校,更在意周围人的看法。

事实上,青少年对于自己是否为早熟或晚熟的认知,更多根据的是心理上感觉的成熟,而非真正生理上的成熟。而且,青少年的行为与他们自我感觉的年龄有关,而不是简单地与生理成熟的程度有关。不管怎样,早熟和晚熟的人受到别人的对待以及自我的看法是不同的,而且,这也可能导致行为差异。我们将会了解,早熟和晚熟在近期和远期的影响和在不同环境下的影响都不同,而且最重要的是,对男孩和女孩的影响也不同。

早熟男性对晚熟男性的挑战　在过去的60多年中,针对男性青春期的研究发现,早熟男性自我感觉更好,而且比晚熟的同龄人更加受欢迎。不过,也有一小部分研究发现,早熟男性忧郁和焦虑的比例相对于普通发育时间的同龄人呈上升的趋势,尤其是那些青春期发育非常迅速的男性。有趣的是,尽管所有的青少年都会受到同龄人的欺凌,但其影响对于早熟者来说似乎更加严重,也许是因为体格上的与众不同是最让人烦心的事情。

虽然关于早熟对心理影响的研究结果并不一致,但可以明确的是,早熟的男孩比同龄人更容易参与扰乱社会的或者不正常的活动,比如旷课、违法以及成为问题少年。早熟的男孩更容易吸毒、酗酒以及参与其他危险行为,成年以后也是如此。对这种现象的一种解释就是,生理上更成熟的男孩更容易与年长的伙伴交朋友,并在这些人引导下去做与年龄不相称的事情。一旦加入这些年长伙伴的群体,违法犯罪和吸食毒品的比率会随着社交关系的扩大而增加。

显而易见,早熟的男性因在青春期早期自尊心得到满足,所以也能得到同伴的仰慕,在心理上比晚熟的男孩拥有优势。但是,那些晚熟的青少年又是怎样呢?至少有一项研究发现了晚熟男性一些有意思的优点,尽管他们一开始不如早熟的受欢迎。尽管早熟和晚熟者在青春期前表现出相似的心理特征,但是,在青春期开始到一年后,晚熟者显示出更多的好奇心、探索能力和社交主动性。当他们到了青春期中期的时候,早熟者会有更频繁的愤怒和抑郁的情绪。

早熟女性对晚熟女性的挑战　与早熟对男性心理健康的多重影响相比,相较于同龄人早熟女性的情绪问题更多,包括更低的自我形象与更严重的抑郁、焦虑、饮食障碍和惊恐。这些障碍似乎与激素没有直接的关系,而更可能与早熟者和其他人身体上的差异有关,这种差异影响了她们对自我体形的看法以及与其他青少年之间的关系。比如,一项最新的研究发现,早熟使得女孩较同龄人更胖,这会对她们产生负面的影响。也有证据表明,女孩的早熟与高度的情绪唤起有关。

社会已经将早熟和女孩的心理问题联系在一起,所以毫不奇怪早熟对女孩自我形象的最终影响由其身处的大环境所决定。比如,对美

尽管早熟的女孩比同龄人更加受欢迎,但是,她们产生各种情感和行为问题的风险也比较大。

国女孩的研究发现，早熟女孩自尊心较低，自我形象较差，因为美国文化更加青睐苗条身材，而且美国人对青少年性感的看法较为矛盾。早熟对青春期女孩精神上的负面效应因族裔而不同。白人女孩受到的负面影响比黑人和西班牙裔更多，可能是因为白人女性更容易对自己的体形不满。

生理成熟产生的影响也取决于青少年生活的社会环境。比如，一项针对芝加哥郊区青少年的研究发现，尽管两个社区的生理成熟程度相近，不同社区的身体意象差距却较大。造成差异的因素之一就是"小团体"：在小团体更普遍的高中，女孩对自己外形的满意度更低，也许是因为小团体往往更加注重外形受欢迎度的影响。一项针对男女青少年的研究发现，早熟的负面影响仅仅局限于高风险家庭的青少年。

虽然一些早熟的女孩会有自我形象障碍，但她们在同龄人中的受欢迎度并未受到影响。而且，一些研究发现，早熟女孩的受欢迎度比其他女孩更高，尤其在男孩中间。不过，早熟女孩并不因此受益，她们反而会成为流言蜚语的受害者，而且更容易有社交恐惧。讽刺的是，也许是因为早熟女孩受男孩欢迎度更高，所以她会拥有更多的思想压力：她会有早恋的压力，也许会更早涉及性行为，这会对她的心理健康产生危害。与此相同，研究发现，早熟女孩的异性大龄伙伴越多（比如，六年级的和七八年级的在一起），她们就越容易遭受情绪问题的影响。

相对于男性，早熟给女性带来的问题更多，心理学家对此现象提供了一些解释。其中一种是"成熟异常"假说。简而言之，在身体上异于常人的青少年相对易于融入群体的普通人，他们的心理问题更多。因为通常女性比男性早熟，所以早熟女孩比男孩以及其他女孩成熟得都早。这就让她们在一定时期内与众不同，在融入群体的过程中会遭受更多情绪问题的困扰。这也能解释为何晚熟的男性自尊心较低，他们其实是另一个极端。

对此种性别差异的第二种解释就是"发育准备"论。如果青春期发育是一场需要心理适应的挑战，那么，年纪较轻的青少年相比年纪较长的就准备不足。因为早熟女性发育开始的时间相当早，这会让她们心理有沉重的负担。男性早熟发生得较晚，所以问题也较轻。这也帮助我们解释了为什么晚熟男性比早熟男性在青春期里更能控制好情绪和冲动，因为他们相对较年长，心理也更加成熟。如果"发育准备"假说是正确的，那么早熟的男孩和女孩相对于普通或晚熟者都会遇到更多的问题，但这只是暂时的。这种假说似乎对男性有效，早熟负面影响对他们的影响仅限于青春期，女性却并非如此，早熟对她们的负面影响在青春期后也将持续。

早熟给女性带来更多困扰的最后一种解释是文化对体形的需求。早熟女孩过早地远离文化所崇尚的苗条身材。前面提过，青春期的女孩脂肪肌肉比例会发生巨大的变化，她们会因体重上升而讨厌发育。早熟者要比其他同龄人多经历一段时间的体重增长。一项有趣的研究发现，在对体形要求更高的芭蕾舞团中，保持瘦削身材更久的晚熟者比早熟者甚至普通时间发育者的心理问题更少。相比之下，青春期的男性则是从一种不受文化上需求的状态（矮小、瘦弱）转变至一种文化上所崇尚的状态（高大、强壮）。和同龄人相比，早熟者享受着身高和肌肉上特殊的优势，这是一个崇尚男性运动能力的社会，所以，他们对待青春期发育的心理也更加健康。早熟对女性自尊心的影响因文化而不同，所以文化环境因素也是造成这种性别差异的原因之一。

不论原因是怎样的，父母和老师都应该记住，早熟女孩是出现心理问题的高危人群，至少在美国如此。不幸的是，只要社会还过度追捧苗条身材并鼓励用身材而不是能力、价值观或者个性来评价女性，早熟可能产生的风险就会一直存在。成年人可以帮助早熟女孩认识到她们的力量和积极的特点，包括生理上和非生理上的，也可以在女性青春期到来前帮助她们做好准备。

与许多男性早熟者一样，女性早熟者也更容易出现行为问题，包括违法犯罪、吸毒、酗酒等，而且也更容易遇到学习上的问题和出现较早的性行为。在欧洲、美国包括美国所有少数族裔中都是这样。这种现象有上升的趋势，因为早熟女性更可能与年长的青少年待在一起，尤其是年长的男孩，这让她们过早地参与到一些行为当中。最近一项发现表明，女性早熟与行为问题之间的联系源于共同基因的影响（也就是说，这些基因既能够影响青春期发育的时间，也能够影响违法行为的产生）。另一项研究发现，早熟导致较早的性行为，这又会导致违法行为（见图1-11）。

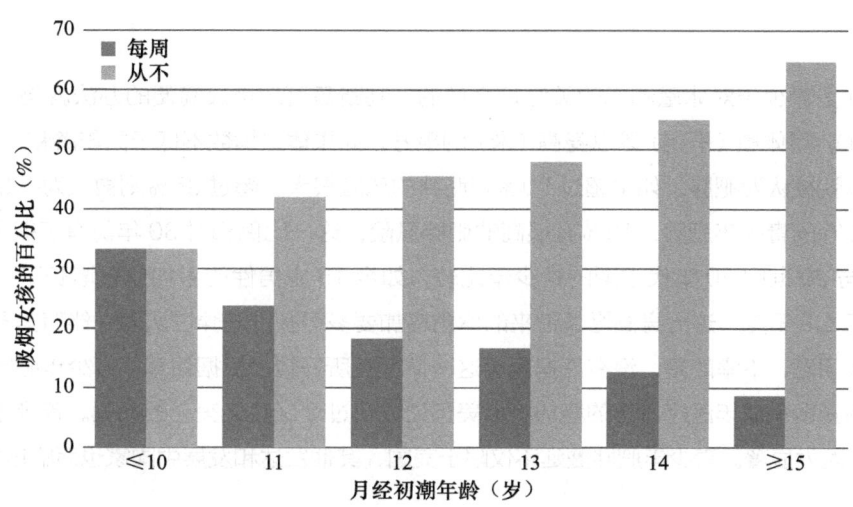

图1-11　早熟的女孩比其他女孩更容易去抽烟、喝酒和吸毒

资料来源：From Dick et al., 2000

有必要再考虑一下环境对发育期的变化所起的作用。虽然与晚熟的人相比，早熟女孩更可能参与到违法行为中来，但是针对新西兰青少年的一项研究指出，这一现象仅存在于男女混合的学校。在女校中，早熟女孩并不比晚熟者更容易参与违法行为，估计是因为在同性学校进行违法的机会比较少。所以，当早熟使得女孩处于更加频繁和提前的特殊状态时，这种倾向也只有在允许这种行为发生的环境中才能被意识到，比如，那些让早熟女孩能够和年长者近距离接触的学校或校外的环境。同样，无论对于男孩还是女孩，早熟带来的障碍或抑郁情绪都会由于很多生活中的困难而变得更加严重，比如严厉而又矛盾的父母或者居住在较差的城市社区。这有助于解释为何早熟对行为障碍的影响在少数族裔中更加严重，这些族裔大多居住在较差的社区。研究也发现，早熟对黑人女性没有负面影响。

早熟女孩较早地拥有行为问题可能会对她们长期的学业水平和精神健康产生负面影响。在一项针对瑞典女孩的研究中，研究者发现早熟女孩的学业问题会长期存在，使得她们产生对学校的负面情绪和更低的学业期望。在刚刚成年的人中，早熟和晚熟女孩的学业水平有着显著的差异。比如，早熟比晚熟女孩接受高中教育超过强制年限的可能性要高一倍。在针对美国女孩的研究中，研究者发现，早熟的女孩心理困扰更多，更容易在青春期或刚成年时经历严重的心理紊乱。

肥胖和饮食失调

虽然，各种营养和行为因素能够导致青春期体重增加，不过，青春期发育的生理变化也会直接导致体重增加。不仅发育时脂肪肌肉比例会显著增加，身体的基础代谢率，也就是人在休息时最低的能量消耗，也会降低15%。一个人的体重跟这个数值有着一定的关系。

青春期是一个身体外形显著变化的时期，所以青少年的自我形象与他们的体形有着很大关系。由于当今社会极度重视身材的苗条，尤其对于女性，青春期正常的体重增加和身体的变化让许多青少年，特别是女孩，过度地关注体重。

肥胖

当然，许多青少年对体重超标的关注是合理的。判断是否超重最简便的办法就是计算自己的体重指数（BMI），用体重（千克）除以身高（米）的平方。如果体重指数不低于同年龄和性别中95%的人，那么个体就被认为肥胖，如果超过90%则肥胖的风险很大，超过85%则被认为是超重。据此划分，美国有1/6的青少年肥胖，15%有很高的肥胖风险，这一比例相对30年前有了很大的上升（见图1-12）。与20世纪60年代中期的青少年比较，如今15岁男性的平均体重增长了6.8千克，15岁女性增长了4.5千克，这比身高增长带来的体重增加要多得多。肥胖被认为是伴随美国青少年最严重的公共健康问题，不幸的是，没有证据表明这一情况有所好转。根据估算，青少年肥胖的蔓延造成个体生产力的减弱和成年医疗付出的增加将给美国造成超过2 500亿美元的损失。青少年肥胖的增加在黑人女性中尤为显著。青少年肥胖蔓延不仅限于美国，其他发达和发展中国家也面临这样的情况。

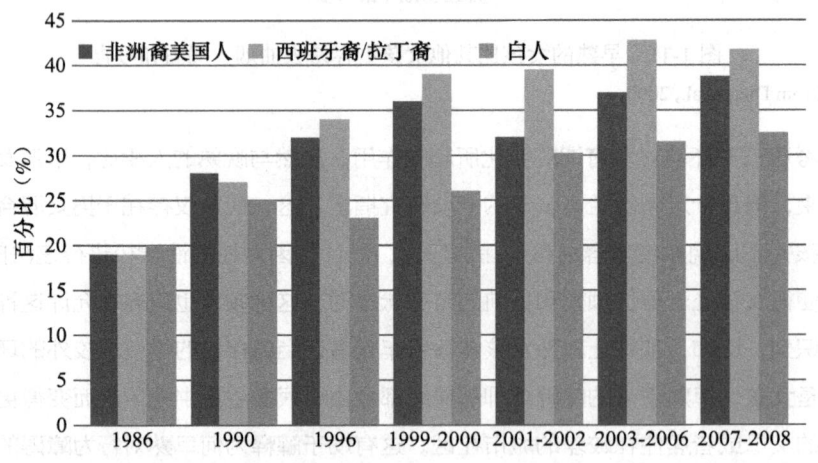

图1-12　美国青少年肥胖比例在过去的几十年中持续上升

资料来源：Spruijt-Metz, 2011

肥胖的关联和后果　现在的研究指出，肥胖是基因与环境相互作用的结果。近期的神经影像学研究发现，面临肥胖风险的个体，总的来说，其大脑的"奖励中心"显示出相对更强的活跃度，对事物的形象有更强烈的反应，冲动控制力也更差。

对肥胖造成的心理影响的研究并未有一致的结论，部分原因是超重与心理的关系在不同族裔间差别很大，白人和西班牙裔中的负面关系比黑人青少年更多。一些研究显示肥胖个体有更高程度的心理困扰（比如抑郁和自尊心低），也有研究显示抑郁会导致肥胖。而且，肥胖造成的长期心理后果在女性中更为严重，也许是因为胖女孩遭到的取笑更多。这种骚扰就像其他形式的欺凌一样，能够影响青少年的学习成绩。比如，一项研究发现，肥胖女性进入大学的可能性更低，但是男性却没有这种现象。尽管如此，还是有将近 80% 的肥胖青少年会成为肥胖成年人，青春期时的肥胖会给个人带来更高风险的健康问题，包括高血压、高胆固醇、糖尿病和过早死。有个好消息就是，青春期肥胖造成的长期健康后果会在成年减肥后消失。

虽然基因起着重要的作用，但是在较短的阶段内肥胖的普遍程度增长得如此之快，问题背后有着强烈的环境原因。确实，要了解如今为何这么多美国青少年会超重并不十分困难。研究表明，有太多的青少年摄入过量的高卡路里①、低纤维的食物（喝过多的糖类饮料，吃太多的垃圾食品），身体运动太少，看电视、玩游戏和用电脑的时间过多，没时间做运动。最近一项针对美国年轻人的研究发现，15 岁青少年花在中强度身体运动的时间从 9 岁时的 3 个小时降低到平时的 49 分钟和周末的 35 分钟（见图 1-13）。而且，前面也强调过，睡眠不足也是造成体重增加的原因，夜晚使用电子设备会导致青少年失眠人数的增加（将在第 7 章详述）。营养不足、运动不足和睡眠不足的结合最终导致了肥胖。因为青少年往往交往那些有着相同兴趣爱好的同龄人，肥胖青少年相对更容易和肥胖的人交朋友，这可能会强化那些不好的行为。确实，一项最近的研究发现，高中高年级学生的肥胖比例较高也会增加低年级学生肥胖的可能性。

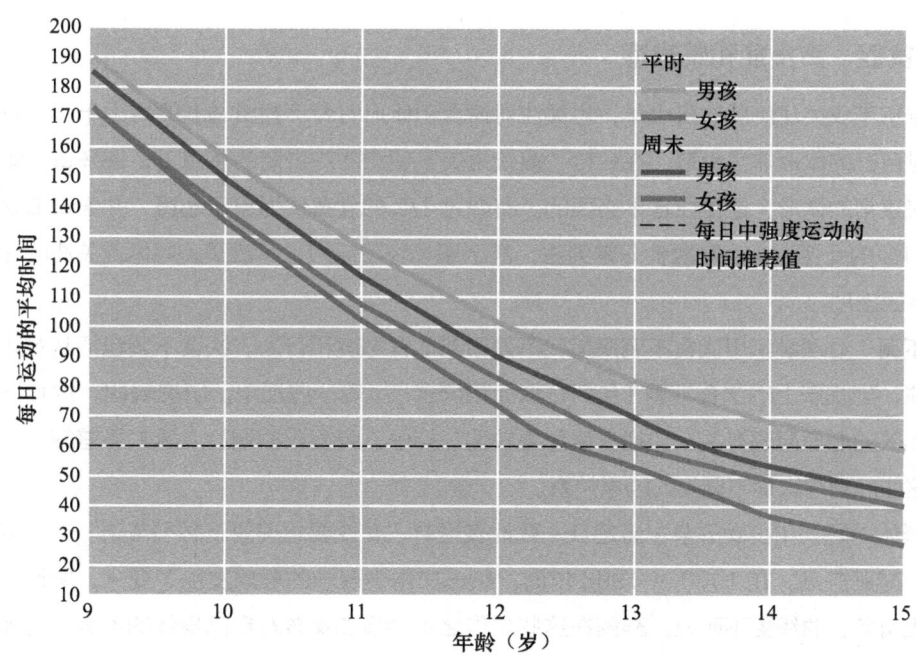

图 1-13　从 9 岁到 15 岁，青少年每日中强度运动的时间有了较大的下降

资料来源：Nader et al., 2008

---

① 1 卡路里 = 4.1868 焦耳。

预防和治疗肥胖　美国学校附近出售的不健康食品和饮料得到越来越多的关注。一项针对50万名加州青少年的研究发现,学校离快餐店越近,学生超重的可能性越大。高热量和高脂肪食品的生产商给年幼孩子推销这些食品,因为在童年早期食欲会增长很快。当然,虽然学校和广告商无疑影响了儿童和青少年的饮食,但是儿童和青少年吃的东西大部分都来自家里,研究也表明拥有良好家庭关系的青少年肥胖的可能性更小,也许是因为他们更愿意在家吃饭,而家里的饭比外面更加健康。而且,离公园和娱乐设施较近也与较低肥胖率相关,父母对于运动的鼓励也是如此。总的来看,这些研究表明,预防肥胖需要多方面的努力,包括父母、大众传媒、食品饮料生产商、餐馆、学校和社区。跨文化的研究表明,尽管每个国家的肥胖率会不同,造成肥胖的因素却大同小异。

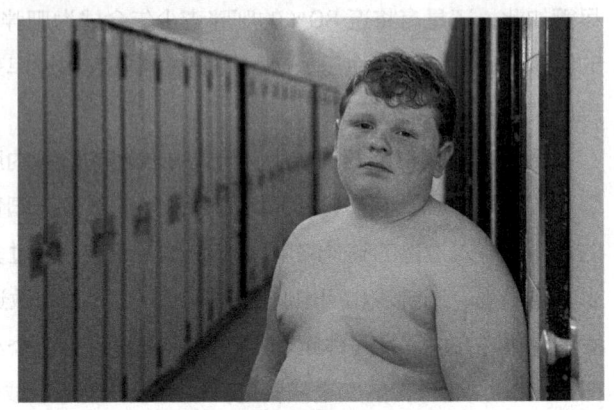

饮食紊乱问题在青少年肥胖中是最为普遍的。

研究也评估了许多减肥的办法,包括逐渐转向节食和运动的行为疗法以及帮助减肥的医学疗法。

一些评估指出,将行为疗法和减肥治疗结合起来比单独运用更加有效。虽然有证据表明一些减肥项目的确有效,但是不同项目的本质差异使得减肥的成功率差别显著。极端的减肥办法,比如一些流行的节食法,实际上会增加而不是减轻体重。

神经性厌食症、贪食症和暴食症

健康专家不仅关注肥胖的青少年,也关注对饮食和体形有着不健康态度的青少年。只有1/4的美国青少年对自己的体形非常满意。在宣传"瘦就是美"理念的广告商的怂恿下,许多青少年通过节食来改变本来正常的体形,这往往是不必要的。有超过1/2的女孩认为自己超重,并尝试节食。一项研究发现,14%的女性大学生对饮食非常关注,甚至连一块巧克力也不敢买。对体重关注的性别差异在青春期前就已出现。

饮食不调　心理学家用饮食不调来指代不健康的饮食态度和行为。饮食不调包括从对体重和体形的过度关注,到临床上的饮食不调(包括贪食症和厌食症)等一些现象。研究表明,饮食不调与一系列和压力相关的心理问题有关,包括身体意象较差、抑郁、喝酒和抽烟、人际关系差等。不过,现在还不明白这些问题与饮食不调间的因果关系。

目标群体为妇女和少女的杂志清楚且一致地表达着"女性要想美丽就必须苗条"这一观点,而且推广大量的减肥产品。在1970～1990年间,杂志广告中展示的形象发生了变化,所谓"理想"的体形变得更苗条,曲线更不明显。暴露在这些广告之中会增加女孩对自己身体的不满。有趣的是,在西班牙裔女孩中,更能融入美国文化的女孩比其他女孩更可能产生饮食不调。母亲拥有身体意象问题的女孩更有可能参与到极端的减肥行为当中,与父母关系不好的女孩也是如此。

一些女孩对体重增长过于关注,以致服用泻药,或者采用其他危险的方式来保持体形。在更加严重的案例中，患有神经性厌食症的年轻女性让自己保持饥饿来降低体重。其他则继续暴食，然后强迫自己呕吐或者服用泻药来避免增重，这种特征与一种叫作贪食症的饮食不调有关。拥有这些饮食不调症状的青少年拥有极为失常的身体意象：即使自己体重过轻，也会认为过重。一些厌食症患者会失去25%~50%的体重。如你所料，贪食症和厌食症如果得不到治疗，将会导致各种严重的身体问题。事实上，将近20%患有厌食症的青少年最终都不可避免地将自己饿死。

暴食症是一种新发现的饮食不调。患有暴食症的人虽然一边吃一边感觉难过，但仍无法停止进食，以致他们的体重极度超标。后果是，患有暴食症的人发展为肥胖的风险相当大。

由于暴食症发现时间不长，所以关于这种疾病的原因、关联或治疗的研究还不多。

厌食症和贪食症都是在20世纪80年代中期得到人们的广泛关注的，原因是它们不寻常的特点以及和明星之间的联系。也许是因为这种关注，最初的报告往往将这种饮食不调归为传染性疾病。虽然不健康的饮食和不必要的减肥在青少年中很普遍，但详细的研究指出，临床上的厌食症和贪食症的发生率是非常小的。只有不到1%的青少年患有厌食症，3%左右患有贪食症。女性患者远高于男性，两种病的女性患者数量是男性的10倍，但是如果将症状较轻的人群也考虑在内，女性患者的比例就没有那么高了。与厌食症和贪食症不同，女性暴食症患者比男性的数量略多，这也就意味着这种病可能有完全不同的病因。

对身体不满　虽然厌食症和贪食症的发病率较低，但是对自己体形不满意的青少年比例可不小。比如，在一项研究中，有超过1/3的女性，即使体重按照医学和健康的标准是正常的，但她们还是认为自己超重，其中甚至有5%的人体重实际低于标准。（与此不同，只有不到7%的标准体重的男孩认为自己超重）。在这项调查中，有70%的女性表示希望自己更瘦（男性只有1/3），有80%的女性认为瘦点会让她们更愉快、更成功，也更受人欢迎。对于体形和体重的不满有可能会导致饮食不调和抽烟。有超过一半的高中女生有过不健康的减肥行为。总的来看，这些发现让研究者认为饮食不调是一个连续的整体，其中包含非常合理和健康的节食，以及不健康但是还算不上心理疾病的饮食不调，和已经发展成形的厌食症和贪食症。

不幸的是，许多女孩在青春期时体重会增长，对于许多刚进入青春期的女孩来说，增重就几乎意味着没有其他人好看。尽管成年人希望女孩们不要把保持苗条身材看得那么重，但是研究指出，青春期女孩普遍认为拥有苗条身材会使她们更受欢迎，特别是受男孩欢迎，而且这些观念来自实际的生活。也就是说，女孩对于保持苗条身材以吸引男性的这种压力不仅仅来自电视、电影和杂志，也来自她们实际的体验。比如，一项分析发现，年轻女性的体重指数每上升一个百分点，那么她谈恋爱的可能性就要下降6%。在那项调查中，身高1.6米体重50公斤的青春期女性比身高相同但体重57公斤的女性进行约会的可能性要大一倍。

很少有关于青少年男性对身体不满的研究，虽然，理想化的、肌肉发达的男性身体是许多男孩所向往的。体重上升是许多女性不满的来源，对男孩来说，变胖和变瘦都可能让他们不满（见图1-14）。事实上，男孩更有可能因为体重过轻（而不是过重）被人取笑。和女性一样，因为身体而被人取笑也是不满情绪的一个重要来源。

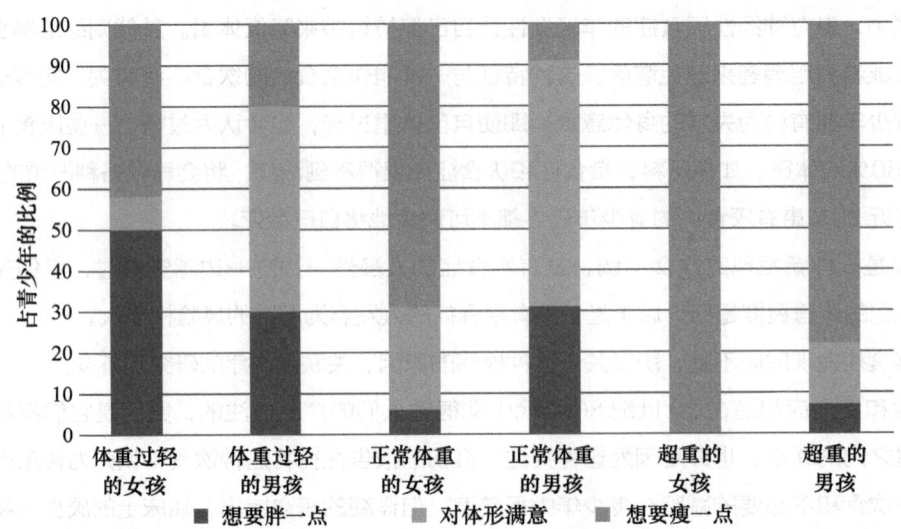

图 1-14 根据体重指数（BMI）分类得出的，男孩和女孩对自己体重看法的分布
资料来源：Lawler & Nixon, 2011

厌食症和贪食症的普遍程度和原因 虽然人们普遍认为饮食不调的现象尤其在富裕的、住郊区的白人和亚裔女孩身上比较普遍，但是系统的研究并不支持这一观点。饮食紊乱和对身体不满在黑人和西班牙裔的富家女孩中和亚裔与白人女孩一样普遍。虽然青少年男性对身体不满的原因和后果还不是很清楚，但是有证据表明，许多当代的男性青少年为了肌肉异常发达，参与到许多不健康的行为中，比如，服用类固醇类药物以接近理想的男性体形。而且和女性一样，对身体的不满会成为男性节食、不健康的减肥行为以及暴食症的先兆，无论他们是否真的超重。对中国青少年的近期研究也发现了类似的特征。

厌食症和贪食症在历史和跨文化的趋势中呈现出不同的特点。厌食症在全世界都存在，但是贪食症只在西方国家，或者受西方国家影响较大地区出现。厌食症的普遍程度一直都在增长，而贪食症的普遍程度在 1970～1990 年有较大增长，但是之后却开始下降，这与女性对身体不满的趋势一致，都是在 1990 年达到最高点。不过，事实上，个体的体重指数却一直在增加。这就意味着，贪食症比厌食症受文化的影响更多。与此相同的是，不同文化群体中，厌食症的遗传程度比贪食症要高得多。

一些理论开始着手解决青少年的厌食症和贪食症。虽然，一度有理论认为饮食不调是由家庭关系的不和谐所造成的，但是，支持这一理论的证据却很少，而且，同样的家庭因素也被当作各种心理失调的原因。此外，纵向研究表明，不良的家庭关系往往发生在饮食不调之后，而不是之前，这就让人们对饮食不调的原因产生疑问。

如今，专家将饮食不调看作更加广义的心理困扰的一部分。许多研究都指向了饮食不调和其他严重心理问题的联系，比如抑郁、强迫症和吸毒。许多研究指出，厌食症和贪食症最好不要被当作是独立和孤立的失调，而应当是更为广义的心理问题，即"内在痛苦"的一种特殊表现，这种问题可以有多方面的表现。（你将在第 13 章看到，青春期时许多不同的心理失调会一起或"伴随着"发生。）一些支持这一观点的证据表明，一些用于治疗抑郁和强迫症的疗法也可成功用于治疗贪食症。

此外，因为女性厌食症和贪食症的患者是男性的 10 倍，那么，广泛的社会力量往往是造成这种饮食不调的一个主要因素。比如，研究表明，早熟和早恋的女孩对自己身体不满以及饮食失调的可能性更大。那些认为自己要努力变瘦的女孩更易产生饮食失调。喜欢看流行杂志来获取节食和美妆资讯的女孩对苗条身材追求的动力更强。如前面提到的一样，文化对于贪食症的产生影响非常大。

年轻人对于理想体形的追求也受身边人的影响。女孩对待饮食和节食的态度受他们的父母（尤其是母亲）和朋友的影响。因体重而被人取笑很可能会导致饮食不调，就像许多抑郁症状一样。

文化因素能够导致饮食不调不代表与个人的特点就毫无关系。文化因素也许会让女性比男性更易产生厌食症和贪食症，但是那些有着某种基因缺陷（饮食不调部分是因为遗传）、心理特征（比如容易产生抑郁或自卑情绪）、生理特征（比如早熟）、家庭特征（比如与父母关系不好）或者交往喜好（比如特别爱约会）的女孩产生这些问题的可能性就较大。和青春期的许多方面一样，饮食不调问题的产生很可能是个体与环境因素间复杂的相互作用的结果。

许多办法被成功地用于厌食症和贪食症的治疗，包括精神疗法、认知行为疗法、集体疗法、家庭疗法还有最近的抗抑郁疗法。厌食症的治疗常常需要一开始就住院，这样是为了避免饥饿造成死亡或者接近死亡的状态。对于贪食症的治疗，特别是认知行为疗法的运用，已经被证明比厌食症的治疗要有效得多。

青春期的生理健康和卫生保健

虽然青春期发育无疑是青春期最重要的生理过程，但是对青少年生理健康和幸福的关注比生殖能力的发育要广泛得多。在过去的 20 年中，青春期卫生保健方面飞速发展，因为健康教育家和卫生保健从业者对青少年在与儿童和成人在卫生保健方面的重要区别有了更好的了解。

青春期健康悖论

就目前生理健康被关注的情况来看，青春期是一个矛盾体。一方面，青春期是人一生最健康的时期之一，此时残障和慢性疾病（比如哮喘和癌症）的发生率都相对较低，短期住院也较少，在家生病的时间也少。不过，在美国，每 15 名青少年中至少有 1 人有致残的慢性疾病，其主要病因就是精神障碍（比如抑郁）、呼吸系统疾病（比如哮喘）、肌肉和骨骼失调（比如关节炎）。幸运的是，在过去的 50 年中，青少年在青春期因疾病而死亡和致残的比率有了相当程度的下降，新的医疗科技与更好的医疗条件提升了青少年的生理健康，特别是对于那些患有慢性疾病或有残障的青少年来说。不过，和其他年龄的人相比，青少年通过传统方式进行医疗保健的可能性也较低。青少年医疗保健的获得也因经济条件和族裔差别而存在很大不同，贫穷和少数族裔的青少年获得充分医疗保险和保健的可能性比富裕的或白人青少年要低得多。

对青少年健康最大的威胁就是不健康的行为（比如吸毒）、暴力（包括主动和被动的）和危险行为（比如无保护的性行为或鲁莽驾驶）。在一些方面，许多预防和治疗这一时期传统疾病（与慢性病相关）的进步，被科学家所谓的青少年"新的发病率和死亡率"所抵消。这种新的发病和死亡的原因包括各种事故（特别是交通事故）、自杀、杀人、吸毒、吸烟，还有性传播疾病（包括艾滋病）。

造成青少年死亡的原因

新出现的和一直都存在的青春期致死原因的差别已经非常明显。50年前，疾病造成青少年的死亡是暴力和伤害的两倍多，但是现在情况已经反过来了。在全世界，非故意伤害是死亡原因之首，然后是艾滋病、传染病、凶杀和自杀。大约45%的青少年死亡是由于交通事故，27%是因为自杀或凶杀。青少年涉及的交通事故比成年人要多，主要是因为驾驶经验不足（在任何年龄，新手都比老手更容易出事故），也因为他们在驾驶时更喜欢冒险。导致与青少年有关的严重交通事故的主要原因中有夜间驾驶和携青少年乘客驾驶。这个发现促使了许多州实施"渐进式驾照"计划，也就是在青少年有足够的驾驶经验之前对此进行限制。这些计划减少了交通事故的死亡人数。

卫生保健专家一致认为，对青少年健康最大的威胁不是生理原因，而是精神原因。与人生中其他易得病的阶段（比如婴儿期和老年期）不同，青春期时，大多数的疾病是可以避免的。而且，节食、吸毒和运动的习惯都会带到成年以后。在这种认识下，对青春期健康的关注焦点从传统医疗模式（重点是对疾病的评估、诊断和治疗）转移到更加针对社区的和教育的方法（重点是对疾病和伤害的预防，以及对健康的提升）。

换句话说，如何最好地治疗青少年的疾病是次要的，青少年健康保健的专家们正关心的是如何鼓励青少年采取必要的措施预防疾病和残疾。最新的措施包括对青少年进行喝酒、吸毒、交通事故、安全性行为和营养等方面的教育，同时鼓励健康保健专家直接向青少年展示他们收治的青少年病人的危险健康行为。就像有一些专家所说，"问是没用的，他们是不会说的。"

提升青春期的健康水平

正如许多专家指出的，健康行为受很多因素影响，知识只是其中一部分。青少年生存环境（比如枪支、烟草、酒精和毒品）的改变也会伴随着青少年知识和理解的变化。比如，对于青少年健康大环境的一项因素变化——法定饮酒年龄的调查发现，提高法定饮酒年龄能够显著减少青少年驾驶者和行人的事故死亡率，还有交通事故和凶杀之外的非故意伤害率。同样，减少青少年吸烟最有效的办法就是提高香烟价格和减少所处社区香烟销售点的数量。新的调查也指出，正面的心理功能对青少年生理健康有着积极的影响，对成年人也是。

较差的健康状况和有限的医疗条件等问题出现在相当一部分贫穷的青少年身上。有确凿的证据表明，健康状况和经济条件之间存在较强的相关性，而且涉及各种健康问题，随着经济条件越来越差，生理和心理问题呈直线上升趋势。因为在未来的几十年中，贫穷青少年增加的数量相对较多，医疗提供者和政策制定者面对的最困难的问题就是在健康和医疗保健方面寻找办法，并缩小不同经济条件和族裔之间存在的差距。

第 2 章

认知转变

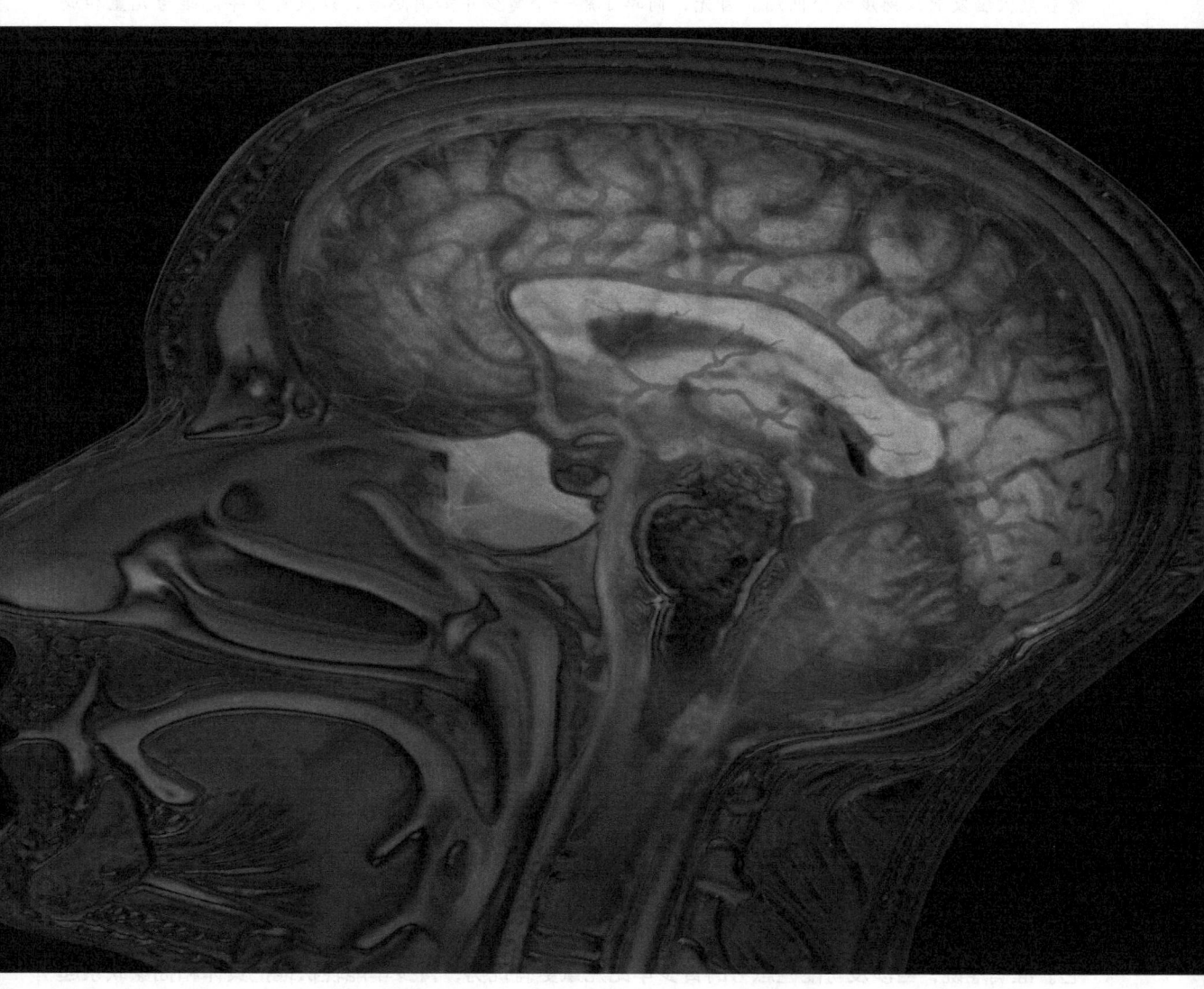

认知或者思维的改变，代表青春期第二大基本转变，其余两个是生物学转变和新型社会角色转变。如同其余两大基本转变，青春期认知转变对青少年心理成长和社会关系有深远影响。的确，青春期思维发展是一件意义重大的事，它对青少年的成长和行为举止将产生重大影响。一些研究者认为，青春期是思考世界能力发展的关键时期，在这段时期，思维方式将更复杂、更成熟。

在过去的20年里，科学家在青春期大脑发育领域取得了巨大成就，通过成像技术，我们能观察青少年大脑内部，就像内科医生通过X射线能直接观察骨骼一样。现在，我们对青春期大脑如何变化有了清楚的了解，也掌握了这些变化对行为、情感及认知发展的影响。在本章末尾，我们将详细探究青春期大脑发育成熟度这个问题。首先，简单了解一下青少年如何思考，以及青少年思维与儿童和成年人有怎样的不同。

认知的变化

大多数人都会认同青少年比儿童"更聪明"这一观点。青少年不仅比儿童懂得更多（毕竟，人活得越久，获取新信息的机会越多），思考的方式也更加高级、更有效率，而且通常也更行之有效。这可以从以下五个主要方面看出来。

1. 青少年能更好地思考事物的可能性，而不是把思维局限在具体事物上。
2. 青少年能更好地思考抽象性事物。
3. 青少年更常思考思维本身的过程。
4. 青少年的思维通常更多维，而不是局限于单一层面。
5. 青少年更有可能认为事情是相对的，而不是绝对的。

可能性思维

让我们更具体地看看这些优势以及它们对青少年行为的一些影响。

与儿童相比，青少年的思维更不易拘泥在具体事物上。儿童的思维是面向当时当地的，即面向他们可直接观察到的事物。但是，青少年会认识到事物有很多种可能，并会以此为基础，去思考观察到的事物。换言之，对于儿童来说，可能事物即真实事物；而对于青少年来说，真实事物仅仅是可能事物的一小部分。再考虑个体对自身的想法。儿童通常不会去想自己的个性在未来会如何变化，不同的职业选择对生活会有怎样的影响，或者假如在不同的环境下成长自己会有何不同，但是青少年却经常思考这些问题。作为一个年幼的儿童，自己就是自己。但作为一个青少年，自己是谁仅是自己可以成为谁的一种可能性。

然而这并不意味着儿童缺少想象与幻想。这也不意味着儿童看到事物后不能从其他方面来设想它。准确地说，当涉及可能性思考时青少年比儿童更有优势，青少年能轻松地把具体和抽象联系起来，能有条不紊地形成可供选择的可能性和解释，并且能把真实观察到的事物与可能存在的事物进行比较。

青少年能运用系统性的推理来判断可能的结果，这种能力在各种数学性、科学性和其他问题的解决上有所显现。举例来说，在初中和高中学习数学，学习通常从一个抽象或理论化的公式开始——如

"直角三角形斜边的平方等于两条直角边的平方和"。毕竟这定理是一个关于可能性的命题，而不是关于真实性的命题。这是一个对所有可能的直角三角形的论述，而不是仅仅针对某一个能真切观察到的三角形。在数学中，你要学习怎样把这些定理运用到具体例子上去。科学实验同样也需要系统地思考出各种可能性的能力。在一个可通过不同测试来鉴别不知名物质的化学实验中，为了明白要做什么测试，必须先猜想出物质的可能性。

青少年对这种思考的运用不仅仅局限于科学问题的解决。我们可以从青少年采用的论据中看出，他们比儿童的想象力更丰富，能预见对手可能做出的应对，从而准备好一个或一系列驳论。很多家长认为他们的孩子在青春期时更爱争辩。事实上，这些孩子也更加善辩。一个青少年不会盲目接受别人的观点——包括他或她父母的观点——而是把它们与其他在理论上可能的观点进行评估。你在第4章将会看到，青少年智力的提高，很有可能导致与父母间的争吵。

演绎推理 青少年关于可能性思维能力提高的一个表现就是演绎推理的进步。演绎推理是逻辑推理的一种，即由既得论述，做出逻辑上必然成立的结论。考虑如下问题：

所有的曲棍球手都戴着口腔防护器。

金姆戴着口腔防护器。

金姆是一个曲棍球手吗？

如果不仔细思考而直接回答这类问题，你也许会判定金姆就是一个曲棍球手。而事实上，并不尽然。儿童很容易被这类问题捉弄，但青少年很可能会判定无法确认金姆是否是曲棍球手，因为条件并没有告诉我们只有曲棍球手才戴口腔防护器。在这类问题上青少年有更出色的表现，其中一个原因就是青少年能在回答前稍作思考，从而更好地避免自己做出错误的回答。逻辑演绎在青春期之前几乎不会被用到，很多研究者发现逻辑演绎是随着青少年的智力发展而发展的。在本章中，你将会了解到人的大脑中有块区域控制着人们行动前要先思考，而这块区域在青少年阶段才开始成熟。

假设性思维 与演绎逻辑发展相关的是突发假设，或者说是"如果……那么……"思维。要形成假设性思维，你需要超出可直接观察到的事物，并运用逻辑演绎猜想一切可能。提前计划，预判一个行动的未知结果，做出事物的可能解释，这些都需要有效地进行假设。

假设性思维也使我们能够先暂停自己在某件事上的观念，以进行理论上的推理。当进行一个问题的辩论时，采取一种假设性的立场很重要，因为这样做能让我们理解别人论点后的逻辑，而不是苟同。举个例子，为了辩驳别人的推论，你需要构想一个与自己想法相反的立场，即扮演对手的支持者，而这种扮演需要假设性思维。

假设性思维对青少年的社会行为也有影响。当别人的观点与己不同时，若能换位思考别人的想法和感受，必将帮助青少年接受别人的观点（如果处在她的立场，我会相当生气）。假设性思维有利于构想和论证观点，因为假设性思维能让青少年在受到反对前就想好措施——一种在与父母有矛盾时用得上的认知工具（"如果他们回家后说'你必须待在家里并把车库打扫干净'，我会提醒他们有一次妹妹应该做家务时却被允许外出"）。假设性思维在做决定时处于重要地位，因为它能让年轻人提前计划并预见不同选择的结果（"如果去参加一场足球赛，那么我就要放弃兼职"）。

抽象性思维

抽象性思维的系统化是青春期认知发展的第二大显著特征。我们已注意到相比青少年，儿童的思维更具体，更易集中于可观察到的事物。当涉及处理抽象概念的能力时，这种区别尤其明显，抽象概念是指不能通过感官直接感受到的事物。

青少年能力的增长以抽象思维的成熟为突出表现，这种优势体现在人际关系、政策、哲学、宗教和道德等主题的思考上，这些主题包含了诸如友谊、信仰、民主、公平和诚实等抽象概念。青春期社会思维的成熟，通常指"社会认知"——与年轻人抽象思维能力的提高直接有关。在本章的后半部分，我们将研究青春期社会思维成熟的途径。

对思维本身的思考

青春期认知能力第三大显著特征是对思维本身的思考，这个过程有时被称作元认知。元认知通常指监控自身思维过程的认知活动，举个例子，你会有意使用一种策略来记忆（如《每一个好孩子都值得拥有快乐》乐谱中的高音谱号），或阅读时，你会不看下一段而揣摩文章意思。为了提高青少年元认知的技能，人们会采用介入教学法，这种方法已证明有助于提高学生阅读、写作、应试和完成作业等方面的能力。相比儿童，青少年不仅能更好地"管理"自己的思维，而且能更好地向别人阐述正在使用的方法。青春期是我们知识概念转变的重要时期，也是认知知识获取渠道转变的重要时期。当被问及时，青少年不仅可以阐述自己知道什么，还可以阐述为何知道这些有助于改变思维方法，从而更好地解决问题。另外，与儿童相比，青少年能更好地理解人们无法完全掌握超出自己智力活动的事物。例如，一个研究发现相比于儿童，青少年和成年人能更好地理解为何人不可能长期不思考，能更好地理解人们常会有不愿有的想法，也能更好地理解人们尽力想摆脱的想法却会经常浮现在脑海中。

在青春期中，关于思维的思考还有一个显而易见且有趣的表现，那就是更强的自省与自律意识。当自省时，我们思考自己的情感。当自律时，我们思考别人对自己的看法。在第8章中，我们将论述这种自省与自律是青少年尝试建立一种明晰身份意识的重要因素。

青少年自我主义 智力上的进步可能偶尔会给青少年造成麻烦，特别是在他调整好去拥有这样强有力的认知工具前。比如，拥有自我反省的能力可能会导致间断的极端关注自我的行为，也叫作"青少年自我主义"。青少年自我主义导致思维上出现两个显著问题，这可以帮助解释一些青少年看似奇怪的信仰和行为。

第一个问题是，假想的观众，也就是青少年会假想自己的行为是别人关注的焦点。比如，一个青少年和10 000人共赴一场音乐会时会担心自己的着装，因为"每个人都会注意"自己。由于青少年自我主义的认知限制，要想劝说青少年其实只是"观众"，完全不关心他的行为与外表很不容易。一项研究显示，女生的自我意识比男生更强烈，在青春期初期这种自我意识开始增强，在15岁左右达到顶峰，然后下降，这种下降大概是因为社会自信的增强。最近的大脑发育成熟度研究表明，大脑有一部分区域能生成社会信息，诸如感知别人想法等，这部分区域在青春期初期会经历重大转变，而这正是自我意识增长的时期。事实上，脑成像研究表明相比成年人，青少年的自我感知更依赖于别人的看法。

第二个由青少年自我中心主义发展而来的问题叫作个人神话。个人神话的内容都是围绕青少年的自我中心主义，而且是错误的信念，即他们的经历是独一无二的。例如，一个刚和女友分手的青少年可能会觉得他的妈妈无法理解分手是怎样一种感受，即使分手是多数人在青春期会经历很多次的事。保持独特的个人神话有些好处，因为这增强了青少年的自尊和自我价值感。但是就那些认为自己不会意外怀孕的性活跃的青少年，以及以为自己能对抗自然法则完成高速急转弯的鲁莽驾驶员来说，保持个人神话则会变得很危险。

青春期的认知变化导致青少年产生自我中心主义，这种思想会导致更加强烈的自我意识。

虽然一度认为青少年参加的许多危险行为部分是因为他们对个人神话的敏感性增加，但研究者发现，想证实在青春期初期时自我主义达到峰值是一件困难的事。事实上，青少年自我主义的某些方面，例如个人神话，在成年期也会一直持续。问问一些成年的吸烟者，他们是否意识到吸烟与心肺疾病的联系，你会发现成年人中的个人神话现象同样普遍。

为何研究者无法判定青春期的自我主义比其他时期更强烈呢？众多青少年自我主义研究存在的问题就是使用简单的调查表来分析生活中相当复杂的信念体系。举个例子，对于一个在音乐会上不愿被"其他人"看见的青少年，很容易想到，他在填写问卷时也许并不会署名，"在音乐会上，我觉得每个观众都在看我。"对这种差异的解释之一就是青少年自我主义是情感与社会现象，而不是认知现象。另一种解释就是青少年过度在意别人看法不是因为理智上的妥协，而是因为生活在高度社会化的世界中，别人的意见会产生切实和重要的后果。正如一个玩笑所说："偏执狂不代表没人关注。"

多角度的思维方式

青春期思维转变的第四种表现是多角度的思维方式。儿童通常每次只思考事物的一面，而青少年通常通过更复杂的角度看待事物。比如，在一场棒球比赛中，若一个击球员跑到了本垒，知晓击球员良好本垒记录的儿童也许会叫喊说击球员会把球打出草地。然而，青少年会将击球员的记录与投手联系起来，并综合考虑两种因素（也许击球员面对左手投手经常打中本垒，面对右手投手却经常因击不中而出局）。

多角度思考能力在大多数场合都很突出。显然，相比儿童，面对"内战为何爆发？"或"简·奥斯汀的小说如何反映出女性在欧洲社会的地位转变？"等问题时，青少年能给出更深层次的回答。要对这类问题做出透彻的回答，需要多角度思考各类因素。

多角度思考能力的提高同时也意味着判断可能性精准度的提高。假设我给你一串蓝黄混杂的珠子，让你把它们装到两个容器中，要求两个容器装有不同数量的珠子，并且随机选择一个容器挑选出蓝色珠子的可能性相同。为了做到这样，必须调配两个容器中的蓝黄珠子数量，因为获取一颗蓝色珠子的可能性由蓝黄珠子数量共同决定。而人们直到青春期初期才能成功解决这类问题。

认知能力通常还有其他收获，如多角度思考能力的增强对学术背景以外的行为与思考也有影响。青少年在描述自己和别人时往往用更具差异性、更复杂的词汇（"我"既害羞又外向），同时也发现用多角度看待问题更简单（"我"知道你以这样的方式看待它，但试着从她的观点看问题）。人们个性不是单一的，社会现象因个人观点可以有不同解释，这些认知使青少年形成更精确、更复杂的个人观念，同时也形成更复杂的人际关系。

讽刺和《南方公园》 青少年多角度思考有一个有趣现象，即儿童对"讽刺"一词理解的发展。成年人明白说话者的意思由谈话内容、方式、蕴意共同传达出来。如果我在一场无聊至极的讲座中冲你眨眼睛，并用极其诚挚的语调说，"这是我听过的最有趣的讲座"，你会知道我其实是在说反话吗？只有在注意我的变调、蕴意和话语内容时，才能听明白。而且只有同时注意言辞的各个方面，才能区别出其中的诚挚和讽刺意味。

为什么当电影中的人物对同龄人说诸如"那玩意儿起来了"等话时，青少年会捧腹大笑呢？因为青少年多角度思考能力的提高使他们具备赏析讽刺、象征等手法的能力，并能领悟传达多层含义的语言，即语意双关。新近发现青少年能运用和赏析讽刺、反语的手法，这种发现能帮助解释《辛普森一家》《南方公园》和《居家男人》等电视节目为何如此吸引这个年龄段的人。（而且它们也常给成年人带去欢乐。我儿子的学校曾组织整个班的家长观看《南方公园》中"令人讨厌的"片段，目的是表明孩子受电视毒害之深；但那次示范却草草结束，因为每个家长都开怀大笑了。）

青少年相对主义

青春期认知转变的最后一个表现就是从绝对观念（即黑白分明）到相对观念。与儿童相比，青少年更有可能去质问别人，而很少会将"事实"当作绝对的真理。

相对主义观念的增强尤其会激怒父母，父母也许会觉得孩子提出的所有问题都是为了争吵。困难经常会出现，比如，当青少年把父母的价值观看作彻底相对的（"已经是21世纪了，爸爸"），而在这之前，青少年视父母价值观为完全正确（"高尚之人婚前无性行为"）。

青少年坚信事物都是相对的，这种强烈的信念使他们对很多事物都抱着质疑的态度。实际上，一旦青少年开始怀疑曾经确信事物的可信度，他们可能会慢慢地认为所有事物都是不确定的，也没有什么学识是完全可靠的。一些理论家早已指出青少年会经历这样一段质疑时期，从而深入地掌握复杂知识。

青少年的大脑

虽然我们曾经相信，青春期智力机能的提高可能会表现为容量更大的大脑，但事实上10岁儿童的大脑就已达到成年人大脑的大小，因此，青春期思维转变与大脑大小或容量的迅速增大无关。很多年来，科学家一直无法探究出青春期大脑物理变化与认知机能提高之间的关系。

而所有这一切大约在15年前改变了。从2000年起，青少年大脑发展研究取得了一项重大突破，对青少年大脑发展的理解水平有了显著的进步。

研究大脑发育成熟度方法的进步，包括对其他动物大脑成长和发展的研究（因为所有的哺乳动物都要经历青春期，通过其他物种来研究"青少年"大脑发育也是存在可能的），对人类和其他物种大脑化学过程及现象变化的研究，以及大脑构造的解剖研究在很多方面推进了该领域的研究水平。但是对我们理解青春期大脑变化的最主要的贡献是使用不同成像技术的研究，特别是功能性磁共振成像（fMRI）和弥散张量成像（DTI）。这些技术使研究者能成功拍摄个人大脑的图像，并进行大脑结构和活动的分析。青春期大脑的某些发育在脑结构变化上有所显现（比如，相比青春期，大脑某些部分在儿童时期较小，而有些部分却相对较大），另一些发育在脑结构上表现得则不那么明显，但在脑功能上却表现突出（比如，当进行相同任务时，青少年可能会和儿童使用不同的大脑区域）。

通过 DTI 的使用，科学家能看到大脑不同区域的联系方式，从而比较不同年龄联系模式的区别。这能让我们更好地理解联系大脑不同区域的"交流"模式是如何随着大脑发育变化的。通过 fMRI 的使用，研究者能检测当个体执行各类任务时（比如，回忆一张单词表，观察朋友照片或听音乐），大脑不同区域的活动模式。fMRI 研究的参与人员需躺在脑部扫描仪下，并在电脑上完成任务。借助这个操作，可以同时研究在不同任务中（如主动阅读或被动阅读）大脑活动模式的差异，以及在进行相同任务时，不同年龄的人是否会表现出不同的大脑活动模式。比如，在我们的实验室中，我和我的同事就在研究个人单独完成任务或有朋友观察时，大脑活动模式有何变化，以及朋友的存在对大脑活动的影响对于青少年和成人来说是否不同。

科学家同样也用脑电图（EEG）研究了大脑活动模式的年龄差异，脑电图是一种在头皮不同区域测量电活动的技术。EEG 用来测量电活动的变化叫作事件相关电位（ERP），指对不同刺激或时间的回应。科学家经常比较不同年龄人群的 ERP，因为人的大脑活动有时会经历一个发展变化的过程。

男性与女性的大脑是否不同 很多畅销书声称青春期男生与女生（或者成年男女）的大脑有很大不同。但研究指出，大脑结构与功能的性别差异很小，且无法解释男性和女性行为和思维方式的差异。总体上，男性大脑比女性大 10% 左右（这甚至可以解释男性身体平均大于女性的事实），但根据前文所述，大脑大小与智力机能无关，因此大小的细微差异没有任何实际的意义。另外，特定大脑区域的尺寸和结构有一些固定的性别差异——女性大脑有些部分稍大，而男性另一些部分稍大。一些研究也显示了男女大脑区域不同的联系模式，虽然还未能得知这些不同对理解行为上性别差异的重要性，但总的来说，男女大脑结构和功能的相似点在青春期前期、期间和后期远比差异点更令人印象深刻。

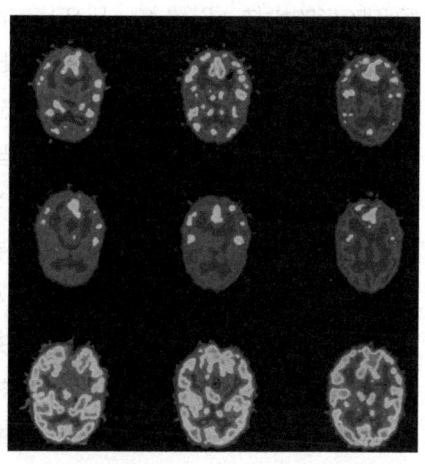

大脑成像技术的进步有助于我们理解大脑在青春期如何变化。这些图像通过机能性磁共振成像或是 fMRI 拍摄得到。

青春期时大脑发生的变化

为了理解青春期大脑如何变化，必须更全面地了解大脑如何工作。

你的大脑如何工作 大脑大约包含 1 000 亿个神经元（常被认为是灰质），神经元是一种通过在大脑中传递电荷来携带信息的细胞，这种传递需要借助一种叫作神经递质的化学物质。神经元的细胞体有突起部分，如触须，但这些突起并不真实可触；神经元之间有微小的间隙，叫作突触。当电荷穿过神经元和它的突起部分，它能刺激神经递质的释放，神经递质的作用是穿过突触从而把信息从一个神经元传递到下一个神经元。每当我们接受某些事物，移动某些事物或加工信息时，电传递都在进行。

早期大脑发育的关键过程是神经元联系点——突触的发展。在2岁时，单一的神经元可能与其他神经元有10 000个联系点。一些突触的信息是遗传的，但其余的是随经验形成的。突触信息率在1岁时达到顶峰，在儿童期的早期有所下降，但是随着新技能的学习、记忆的建立、知识的获得和对变化环境的适应，新突触的发展一生都在进行。突触用得越多，它的电通道就变得越强大。

最初大脑在细胞间生成的联系点远比将要用到的多。在1岁时，婴儿大脑中的突触数量是成人大脑中的两倍。然而不久之后，那些生产出来的无用且没有必要的突触开始被消除，这个过程叫突触修剪。一般地，我们往往会认为"越多越好"，但在这种情况下并非如此。想象两片森林之间有一块草地。成百上千条被轻轻踩踏过的路径连接着两边的森林（即未修剪的大脑）。随着时间的流逝，人们发现有条路比其他的路更直。于是，越来越多的人开始经常走这条路，渐渐地它变得越发宽阔，愈发幽深。而其他的路因人迹罕至，野草重新长了出来，慢慢地这些路就会全部消失。突触修剪就是这样——我们不断使用的"道路"越来越开阔，而不使用的就会消失。突触修剪使大脑的灰质总量减少，而灰质常在被修剪的"变薄"的区域显露出来。

青春期时，突触一直在消除，这对发展和机能来说十分正常且必要。正如修剪一丛玫瑰，剪下衰败和畸形的树枝，以培养一丛开着饱满鲜花的健康株干，所以突触修剪增强了大脑的机能。通过笨拙的小通道网络传递到组织更完善的"超级高速公路"系统，突触修剪使大脑更加高效。

总体而言，突触发展的特征是先进行一段时期的成长（越来越多的突触产生），继而进行一段时期的衰退（越来越多的突触被消除）。当我们绘制突触发展的密集度图时，我们看到一条∩形曲线，或者更准确地说是一系列∩形曲线，因为这需由大脑特定区域决定顶峰的年龄段。虽然突触修剪在婴儿期、儿童期和青春期都会发生，但是在发展的不同时期，大脑的不同区域会发生修剪。通常，在发展特定时期发生修剪的大脑区域，就是与那时期认知机能发生重大变化有关的区域，随着神经传递的某条特殊通道变得更加高效，它对应支持的认知过程就会相应提高。举个例子，大脑目视系统的突触修剪在婴儿期早期最强大，那时我们的视觉能力得到了最大提高。

髓鞘形成　这大脑发育中另一关键过程。最初，神经元是"赤裸"的，但随着发展，白色脂肪组织，叫作髓磷脂（通常指白质），包围了使它们相互联系的神经元的外部。髓磷脂有点像电线外的塑料绝缘体，它加快了神经冲动的传导速度，因此也提高了信息传递的速度。髓鞘形成发生在波状物质中，这个过程从胎儿期开始，一直持续到成年早期。不像突触有成长的∩形模式，白质从儿童期到成年期一直在增加，尽管在大脑发育不同时期的不同区域增加的速率有所不同。正如突触修剪一样，研究某个特定时期髓鞘形成在什么地方发生得最显著，能够为研究认识功能各个方面的发展次序提供线索。

青春期大脑结构的变化　在青春期，大脑因特定区域的突触修剪和髓鞘形成得到"重塑"（见图2-1）。青春期得到显著修剪的大脑区域部分是前额皮质，这个区域对复杂思维能力最为重要，如计划、提前思考、衡量风险和收益以及控制冲动。青春期修剪也在皮质的其他部分进行，最显著的是在顶叶皮层（对工作记忆十分重要的区域）和颞叶皮层（对记忆和社会认知的重要区域）进行。由于最近发现越来越多的高智商青少年在青春期前突触产生的时期更显著、更长，且青春期后突触修剪更显著，因此可知，智力与突触成长模式和皮质修剪之间存在联系。

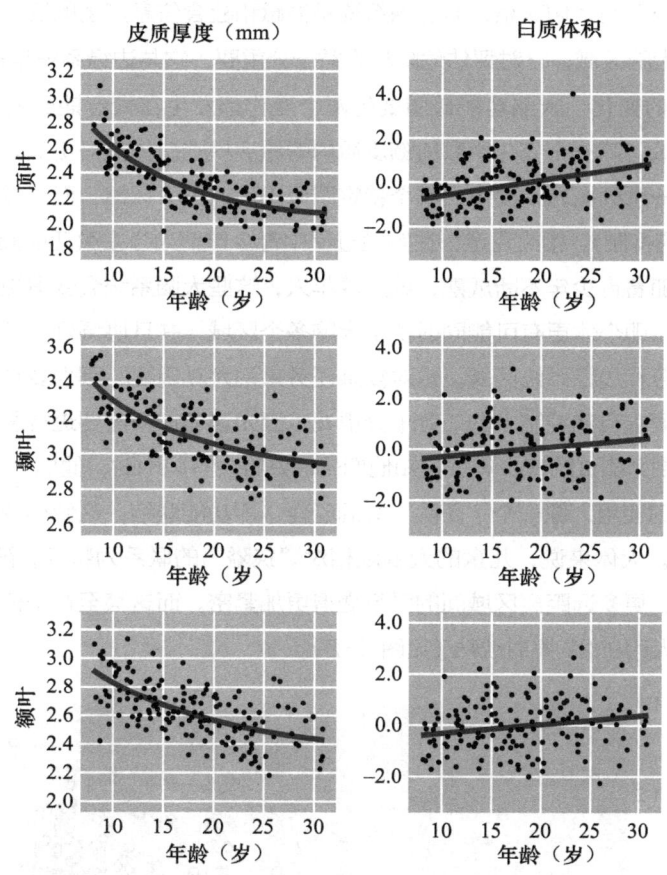

图 2-1 在青春期时，大脑很多区域都在进行突触修剪（在皮质的思维中有所显现）和髓鞘形成（在白质的增长中有所显现），包括顶叶、颞叶和额叶

资料来源：Tamnes et al., 2010

在青春期时，皮质的髓鞘形成在不断进行，这也造就了大量的认知进步。有数据显示，髓鞘形成受青春期大脑荷尔蒙作用的影响，而这也许能解释为何白质的成熟相对较早地在女性身上发生（因为女孩往往比男孩更早地进入青春期）。虽然最初科学家只关注灰质的变薄，并把灰质变薄作为青春期大脑结构变化的主要特征，但科学家对白质增长的关注也在增强，白质的增长提高了大脑区域间联系的效率。前额皮质和边缘系统间更好的连通性使我们控制情感的能力得以增强，也使我们协调想法和感受之间的能力有所增强（边缘系统是指大脑中一个涉及情感、社会信息和奖惩等过程的区域）。现在我们知道，前额皮质结构要到 20 岁左右才完全成熟。其中特别重要的是

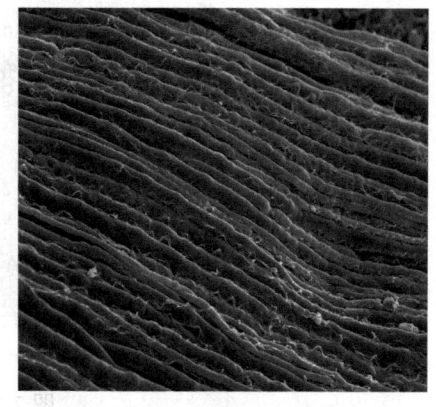

髓鞘形成会加快神经冲动的速度，因此同时提高了信息传递速度。从儿童期到成年期，大脑髓磷脂数量一直在增加。

背外侧前额叶皮质的发展，也就是大脑前部的外方和上方区域，它对诸如提前计划和控制冲动等能力十分重要；腹内前额叶皮质的发展位于大脑前部中心和下方区域，它对依靠本能和直觉的决定十分重要，同时它与边缘系统存在密切联系，而边缘系统是情感和社会信息产生的区域；眼窝前额皮质的发展，位于眼睛后面的大脑区域，它对评估危险和收益十分重要，它与边缘系统也存在密切联系。

青春期大脑功能的变化　　大脑功能最重要的两个变化都发生在青春期时的前额皮质，这两个变化使信息加工更加高效。第一个变化，即前额皮质内的激活模式总体变得更具聚集性。在实验时，在参与者面前快速显现一系列图像，要求当某个特定图像出现时按下按键，而当其他图像出现时不按按键（这个过程叫作反应抑制），相比儿童，在实验过程中青少年不太会去激活前额区域，那是与出色完成任务无关的区域。随着青少年不断成熟，成为成年人，这些大脑系统会变得更成熟，自我控制力也会增强。第二个变化，即个体更有可能同时使用大脑多个区域，并且协调好前额区域与其他区域的活动，包括皮质其他部分和边缘系统区域。这对复杂任务来说尤其重要，因为复杂任务可能需要前额皮质单独工作，这也对要求自我控制力的任务十分重要，因为这类任务需要进行思维和感受的协调。事实上，当接受自我控制力测试的青少年被告知他们做得好将会有奖励时，他们会表现得更好。

大脑不同区域同时使用，像一个"团队"共同工作，即功能联结，这使得我们早先讨论过的物理联系的增强成为可能。大体来说，儿童的大脑以相对"狭隘"的联系为特征，随着个体进入青春期、成年期而日渐成熟时，更多远距离区域间的联系变得更加紧密。而这甚至在个体躺着，只是休息时也可看到。功能连通性大约在 22 岁时成熟（见图 2-2）。

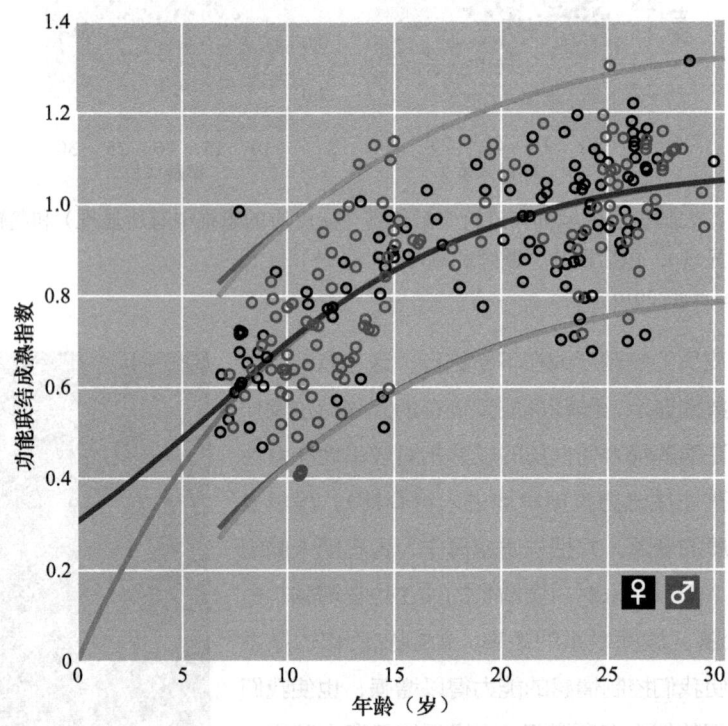

图 2-2　功能联结性大约在 22 岁成熟

资料来源：Dosenbach et al., 2010

风险和收益 由于大脑受某些神经传递素的影响，发生了一种类型不同的功能变化，尤其是边缘系统的变化，这些神经传递素包括多巴胺（在我们的收益体验中扮演重要角色）和5-羟色胺（在我们不同心情的体验中扮演重要角色）。这些大脑变化与青春期的荷尔蒙变化有关，使青少年更感性，他们对压力会更敏感，相比儿童和成年人，他们可能会更沉醉于寻找高收益和轰动事件。因为寻找高收益，青少年更易滥用药物；因为容易紧张，青少年更易沮丧；因为容易有情绪，如生气和悲伤，青少年更易患其他精神疾病（见图2-3）。随着青少年迈入成年期，这些趋势开始消退，个体不会再因积极或消极的刺激而大喜大悲。

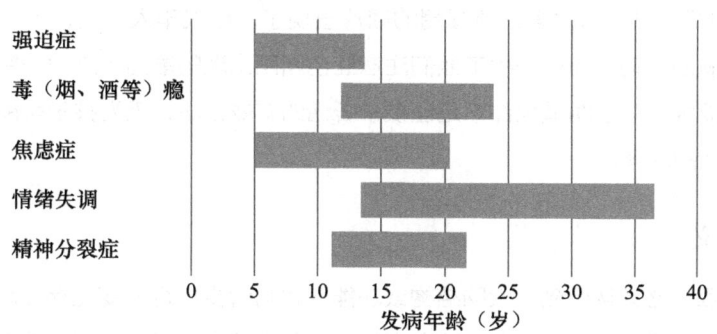

图 2-3 大多数精神疾病在10～20岁发病。关于青少年大脑发育的新研究有助于解释这种现象
资料来源：Paus et al., 2008

重要的是，在青春期，相比前额皮质，边缘系统机能的变化相对较早发生。你现在已经知道，前额皮质在成年早期仍在发展。前额皮质相对较晚的成熟，特别是与青春期边缘系统相比，已成为有关青春期冒险行为问题的众多讨论之一，因为这种时间上的差距可能有助于解释为何在儿童期和青春期危险行为会大幅增加，也有助于解释为何当个体进入成年期而逐渐成熟时，危险行为会下降。在本质上，大脑在这些方面有所改变，那也许会激起个人对新奇、收益和刺激的寻找，在管理判断、做决定和冲动控制的大脑系统成熟前，有一个研究团队这样说，这像"技术差的驾驶员在启动引擎"。部分原因是前额皮质与它和大脑其他区域间联系的成熟，随着"制动系统"的完善和寻找利益冲动的下降，个体不太可能会去做危险行为。

社会大脑 边缘系统对社会信息加工来说很重要，因此，青春期早期边缘系统的变化可能也有助于解释这时期青少年为何会更在意同龄人的看法。可以想象，这会让青少年对同龄压力更敏感，这个话题我们在第9章将会讨论。在一个绝妙的研究中，研究者绘制青少年的大脑图像，这些青少年认为自己在参加Facebook类型的任务，并在与其他假想出来的异地青少年联网。（在fMRI设备里有一个电脑屏幕，研究者可以在此展示他们选择的任意图像）。绘制大脑图像过程中，青少年面前出现的是其他孩子的照片，并被要求评估自己对和他们网络聊天的兴趣有多大。而被告知自己照片已"发布"在网上的青少年，则根据其他青少年的反馈来获知他们的想法。事实上，并不存在联网的其他青少年，他们收到的回馈被操控成一半积极（对聊天感兴趣）和一半消极（对聊天不感兴趣）。当青少年被告知其他孩子对他们有兴趣时，他们脑中对诸如食物和金钱等收益敏感的区域得到激活，这表明青春期对社会回报的加工可能与其他类型回报的加工方式相似。其他研究已确定，当青少年感到被拒绝时，大脑区域会被激活，研究显示当感到被拒绝时，这些区域得到更强激活的青少年沮丧的可能性更大。其他研究指出，青春期对他人精神状态的敏感度会增强，当个体看着他人时，这个变化在大脑活动模式中有所体现。比如，个体识别他人面部表情微小变化的能力在青春期会有所提高。青春期似乎在对面部表情的敏感度增强方面扮演重要角色，倘若知道青春期与青少年性兴趣的联系，这便有了意义。（如果你对寻找一个满意的性同伴感兴趣，注意他们面部表情也许会有所帮助）。

虽然对别人精神状态更敏感可能有很多益处（比如，这可能使青少年社会技能更强），但相比成年人，这似乎会使青少年更容易受到他人表情的影响。在一个实验中，青少年的大脑都经过仔细检查，研究者在这些青少年面前展示已打乱的四种类型图像（红色圆圈、不规则的图像、平静的面孔和哀伤的面孔），青少年需要指出什么时候红色圆圈的图片出现了。和成年人不同，当看到哀伤面孔时，青少年表现出增强的脑部活动，而这干扰了他们注意红色圆圈出现的能力。这项研究对家长来说是一个很重要的启发，气愤地对孩子叫喊也许不是让孩子听话的有效方法，因为孩子可能会更关注生气的情绪，而不是父母说话的内容。

青少年行为的含义

相关性不是原因　必须认识到，大脑结构或功能变化与青少年行为变化存在联系，但这联系并不意味着前一项必定导致后一项。青春期大脑发育的一个重要特点就是大脑适应性很强，或者说"可塑性高"，它的发育受经历影响，也受生活规律影响，最有可能的，还会受它们之间的交互影响。比如，个体可能遗传指导青春期大脑以某些方式发育的基因，但是这些基因是否真的被表现出来（就是说，它们是否真的造成了引人注目的行为）可能还是由环境决定的。比如，研究发现，只有当面临一定的生活压力时，有沮丧倾向的个体才会变得沮丧。倘若没有压力的强作用，他们并不会比那些没有基因易损性的人更易沮丧。

的确，青少年的行为会影响大脑的发育。有这样一个实例，我们将在第3章看到，酒精和其他药物会影响大脑，当然也有其他更微妙的例子。比如，早先提到的突触修剪过程受经历影响：由于某个特别行为，一组特定的神经元得到不断激活，这将会导致这些神经元发生结构变化，从而加强它们之间的联系，而这反过来也会让它们的功能更高效。比如，一次又一次实践相同的任务会使每次执行任务越来越轻松。科学家对不同的训练项目或干预手段是否会提高青少年的自我控制力，减少他们追逐轰动事件的倾向有越来越大的兴趣，这两者都可能降低危险行为发生的概率。

虽然科学家认同青春期大脑结构和功能改变的方式，但这些青少年发展变化的影响仍是大量正在进行的研究和重要推想的主题，因为几乎没有研究能把大脑图像的变化与想法、情感或行为的变化直接联系起来。经常有人问，青少年何时开始像成年人一样思考。正如你现在知道的，单靠大脑科学无法回答这个问题，因为这是由一个人到底注重哪方面思维来决定的。当谈及相对更高级的认知能力时，如提前思考，预想一个决定的未知结果，平衡风险和收益或控制冲动，所有这一切主要由前额皮质控制。关于大脑发育成熟度的研究则表明，这些能力在个体20岁以后仍在良好发展。但当谈及更基础的能力时，如那些涉及记忆力、注意力和逻辑演绎的能力时，特别是在最理想的条件下，大脑和行为研究指出15岁的普通青少年不比普通成年人表现差。在青春期和成年期之间划分界限（至少就认知发展来说）可能应由为何划分界限、哪些独特能力与问题中的行为相关来决定。

青春期智力的个体差异

理论学家大多时候专注于青少年智力成长的一般概念。这些理论学家会问，当个体进入青春期时思维如何变化？当儿童成为青少年时，什么过程在驱使认知发展？什么认知能力所有青少年都具备？

相反，其他理论学家对研究个体智力的差异更感兴趣。他们会问，如何证明青少年不同的智力发展模式？青春期个体智力差异有多大？某些青少年比其他人更聪明吗？如果是，为什么，如何体现？

IQ 测定

为了回答关于个人智力的这些问题，心理学家必须拿出一套评测智力的方法来面对关于"智力"到底是什么的众说纷纭的猜测，这并不简单。今天，最普遍的评测方法就是智力测试，或者 IQ（"智商"）测试，即斯坦福–比奈量表、韦氏儿童智力量表（WISI-IV）和韦氏成人智力量表（WAIS-III）。根据实际年龄，个人 IQ 以智力年龄的区分来计算，然后再把计算结果乘以 100。100 分表示中等水平，低于 100 分表明智力低于同龄的常人，高于 100 分表明智力高于同龄的常人。IQ 越高，在相同测试中表现相当或更好的同龄人就越少。

虽然智力测试的成绩经常被作为衡量整体智商的依据，但事实上，智力测试包含一系列测试，它通常可以独立地用来评判个体在不同领域的表现。比如，WISI-IV 和 WAIS-III 都包含两组测验：文字测验，即对词汇、一般信息、理解力和算数等能力的衡量；操作测验，即对记忆力、知觉推理和画图填充能力的衡量。青春期 IQ 水平具体方面的改变与大脑中管理学习类型区域的突触修剪有关。

IQ 测试只是青春期测量智商的一种方法。确实，很多理论学家认为它的唯一关注点在于"学校智慧"——与学者成功有关的能力，然而这只是一个聪明人的片面表现。为了延伸这个狭隘的定义，罗伯特·斯滕伯格和霍华德·加德纳的作品中有两个著名尝试。斯滕伯格和加德纳的很多理论构成了畅销书《情商》的基础，该书作者为新闻记者丹尼尔·戈尔曼。

智力种类

斯滕伯格的"智力三元"理论 斯滕伯格提出智力三元理论，或者说是三种智力理论。他认为对个体智力的全面测试需考量三个不同但相关的智力类型：①组合性智力，即获取、储存和加工信息的能力（正如以前所描述的信息加工部分那样）；②经验性智力，即使用洞察力和创造力的能力；③实用性智力，即从实际出发来思考的能力。组合性智力与传统智力测试最为相近。经验性智力与我们所说的"创造力"最为相近。实用性智力与我们说的"城市环境巧妙生存的能力"最为相近。所有的个体都具备这三种类型的智力，但有些人在某方面更强些。可以试想，考神的创造力或洞察力也许很差。参照斯腾伯格的模型，这种人的组合性智力高，但经验性智力和实用性智力很低。

加德纳的多元智能理论 霍华德·加德纳的多元智能理论同样强调与"看上去聪明"相比，存在更多的聪明表现。加德纳提出七种智力类型：语言、数理逻辑、空间、肢体动觉（与运动相关）、内省、人际和音乐。例如，根据他的观点，出色的运动员，如篮球名将勒布朗·詹姆斯和足球传奇米亚·哈姆，拥有良好的肢体动觉智力，他们能更好地控制自己的身体，从而以非凡的方式超越他人。虽然标准智力测试强调语言和数理逻辑能力，但这些并不完全是我们拥有的智力类型，同样也不是我们评估的唯一类型。

青春期智力测试

虽然存在不同智力类型的观点颇为流行，但大多关于青春期智力差别的研究仍采用传统的 IQ 测试。依据 IQ 测试，得到的评估结果已被用来研究两个相似但其实大相径庭的问题：①青春期 IQ 分数的稳定性如何？②经由智力测试评估的智力在青春期会提高吗？

对于标准化测试的批评意见指出，这种测试只能测验一种智力——"学习智力"，却忽略了其他同样重要的智力和能力，比如情商、创造力和生活智力。

这两个问题很容易混淆，第一眼看去，它们似乎是在问同样的事。但考虑一下，青春期个体智力分数十分稳定；但在同时期，他们的智力有大幅度提高。虽然这看上去是矛盾的，但其实并不矛盾。稳定性研究的是随着时间推移个体相对名次的变化，而变化性研究的是个体绝对分数的变化。

以身高为例。在中学时期比同龄人高的儿童很可能到了成年期也较高；中等身高的儿童从儿童期到成年期可能一直如此；一段时间比同龄人矮的儿童可能以后都比同龄人要矮。因此，身高是一个很稳定的特性。但这并不意味着个体从儿童期到青春期没有长高。

像身高一样，智力在儿童期和青春期间的表现非常稳定，变化也非常大。对于上面提到的第一个问题——关于青春期 IQ 分数的稳定性如何——答案是，非常稳定。在青春期早期时，那些在智力测试中分数较高的孩子很有可能在整个青春期的分数都较高。事实上，在 1 岁时采取的智力水平测试方法（不是 IQ 测试，而是信息加工速度测试）预示着青春期早期的 IQ 测试水平。然而，这不意味着个体的智力水平是固定的或是不易改变的——正如你即将看到的那样。

一个分数中等的 10 岁男孩的 IQ 是 100 分左右。如果他的分数稳定，即如果他与同龄人相比保持中等水平，将来他的 IQ 依然会在 100 分左右。随着时间推移，甚至如果他变得更聪明了，正如很多正常儿童那样，他的 IQ 分数可能也不会有很大变化，因为分数总是反映与同龄人相对照的水平。如果他的能力与同龄人同步提高，他的相对名次（这里指 IQ）并不会改变，对于大多数人来说，确实如此。在儿童期和青春期时，虽然一些人在 IQ 分数上存在波动，但最终大多数青少年的 IQ 分数与儿童时期的分数不会有很大差别。比如在一个研究中，分数波动的个体 7 年间（7~13 岁）变化的平均总量只有 5 个 IQ 点，这显然并非一个很有实际意义的变化。

然而在绝对值方面，传统 IQ 测试的智力从儿童时期到青春期有很大提高，且 IQ 在青春期中期或后期的某个时期会达到稳定水平（见图 2-4）。（出现平稳水平与发生信息加工的时间大致相同，这绝非偶然，因为 IQ 测试水平在很大程度上由信息加工能力决定。）因此，虽然随着时间推移，IQ 分数保持稳定，但个体在成长过程中确实更聪明了——这能极大支持教育干预的事实，特别是在儿童期早期，因为他们展示出的青春期智力水平确有提高。另外，研究表明，青春期的长期教育本身就提高了个体标准智力测试的水平。然而，早期辍学的人青春期智力测试结果无变化，而且相对其他人较低，随着时间的推移，待在学校的学生，特别是那些接受优质教育的学生，在语言能力方面会有巨大收获。最近挪威进行的一项研究表明，之前国家延长义务教育时间的决定（从7年到9年）使学生的IQ分数有所提高。

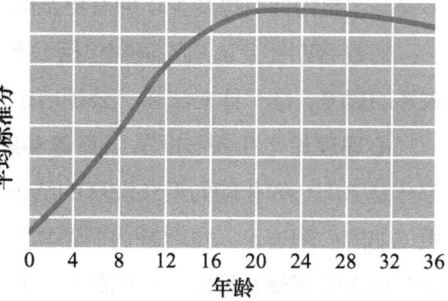

图2-4 从出生到36岁的智力发展，通过标准IQ测试得到

资料来源：Adapted from Bayley, 1949

文化和智力

维果茨基的观点 现在很多关于智力特性的思考受到俄国心理学家维果茨基作品的影响，他强调智力提高发生的更广阔的背景。根据该观点，理解是青少年在智力行为需求和学习机会方面提高的基本环境特质。个体并不仅仅是把发展和使用智力作为促进认知成熟的工具，同样也用它来解决需处理的日常难题。比如，巴西年轻的街头商人，他们可能在数学知识的标准测试中表现较差，但在与顾客交易中却能使用复杂的数学技能。当面临真实世界对能力的考验时，这些考验具有同等的挑战性——比如在学校和家之间的危险街区中制定出最高效的路线，在学校知识测试中表现差劲的孩子也许会胜出。

维果茨基认为在日常生活中，当遇到中等难度的任务时，儿童和青少年会学得最好，但这个任务的难度要稍高于独自解决问题的能力。在所谓的"最近发展区"里，通过与一个经验丰富的导师亲密合作（一个成年人或另一个儿童），孩子受到促进后，会"达到"更高的水平。导师的角色是帮助学生构建学习环境，以使它在学生的可及范围之内，这个构建过程叫作支架。如果你观察自己优秀的父母、老师或者家庭教师的工作过程，你也许能观察到大量支架。

环境中的青少年思维

与大环境对青少年认知发展的影响一样，青少年的认知发展如何影响他们与环境之间的互动也值得探讨。无论如何，青少年大多数的想法每天都会出现，并不仅仅在做智力测验时才有。

随着我们对青少年思维研究的发展，研究者开始着眼于用实验和标准化测试来检测青少年认知的变化，以及该变化对他们每天的思想与行动所产生的影响。论证推理与信息处理能力的提升真的能改变现实的世界吗？青春期思维的变化又是如何在后来的日子中逐渐消失的？为了回答这些问题，心理学家和教育家从三个现实方面研究了青少年的思维：在社会环境下、在承担风险时和在教室里时。

青少年的社会认知

不难想象青少年在可能性的思考、多角度思考以及抽象思维等方面的进步让他们在思考社会问题时更加成熟。社会认知包括思考人类、社会以及社会制度的认知过程。

和儿童相比，青少年对人际关系的概念更加成熟，对人类行为的理解更高级，对社会制度和组织的想法也更复杂，理解他人思维的能力也有很大程度的发展。后面我们将看到，社会认知的发展有助于促进青少年青春期相关心理的成熟，特别是在认同、自主性、亲密、性和成就方面。社会认知的个体差异也是为何有些青少年拥有更多的人际关系问题的原因之一。

对青春期社会认知的研究包括很多内容，其中四方面内容最为关注：①心理理论；②个体对社会关系的思考；③个体对法律、公民自由和权利的概念理解；④个体对社会习俗的理解。

心理理论　在青春期前以及青春期时，个体发展出一种对他人个性和精神状态的微妙理解，这部分是脑部心智化能力系统发展的结果，这种能力让人能够了解其他人的精神状态。由于他们发展出更成熟的心理理论，也就是认识到其他人的信念、目的和知识可能与自己不同的能力，青少年更能理解其他人的感受并推断出他们的动机和欲望，即使他们并不拥有直接观察到的信息。由于社会认知提升，导致青少年更善于欺骗。

儿童随着年龄的增长更能意识到其他人可能从不同于自己但同样有效的视角看待事情。青少年不仅更能够理解其他人对某个问题或事情的看法，甚至也能理解别人对自己观点的看法。最终，青少年对他人思维理解能力的提高也促进了他们的交流能力的提高，因为他们更善于让不同观点的人理解自己的看法。你将在第 4 章中看到，这种理解观点的能力将改变青少年与父母之间的关系动态，可能会变得更好（因为青少年更理解父母的想法），也可能会更糟（因为青少年可能会利用这种社会认知优势去挑战父母的权威）。

对关系的思考　在心智上的这些进步反过来也会让青少年对自己与同龄人以及父母之间关系的看法产生变化。研究者特别关注的一个方面就是青少年对同龄人排斥的看法。儿童认为，将同龄人排除在社会活动之外是错误的（比如，是邀请整个班级还是仅仅几位好友参加生日聚会），其他事情也是一样。随着年龄的增长，青少年对群体动态的理解会变得更加成熟，他们开始考虑他人的情况，比如忠诚度、社会地位、活动氛围以及排除特别个体的理由。比如，一项研究发现，高层次团体（比如运动队）的成员对排除他人的行为较低层次的团体（吸毒者群体）有着更少的负面看法。另一方面，随着年龄的增长，青少年更可能认为以性取向、国籍或民族来排斥别人的行为是错误的。

青少年对于社会关系认识的改变也使得他们对权力的看法有了转变，这对他们与父母间的关系会产生影响。随着年龄的增长，青少年对于道德问题（比如对偷窃是否容忍）以及习俗问题（比如是在正餐之前还是之后吃甜点）的看法会产生差异。虽然传统的观念认为他们对父母的权力一律排斥，研究表明，青少年越来越懂得将父母该管的事与自己个人的事情分开。由此，他们会在不同的情境下去思考父母的权力。是非对错的问题逐渐成为个人的选择，也就是在父母的管辖之外。比如，个人房间的打扫以及平时该几点睡等原本为是非对错问题，曾由父母决定，但现在可以像有争议的惯例一样拿出来公开争论。我们将在第 4 章看到，青少年和父母冲突的来源之一就是对于一些问题父母是否有权力去管的争论。在对待教师的权力以及那些能够规定青少

青少年时期社会认知的进步使得他们对自己以及和他人之间关系的看法更加成熟。

年行为的组织的权力方面,青少年也经历同样的改变。比如,青少年认可教师有权力要求学生准时上学并保持课堂安静,但是也认为学生有权利去决定他们在班级以及食堂里的座位。

社会习俗 对个体看法和观点的差异使得青少年对待社会习俗的方式有所改变。在儿童时期的中期,社会习俗,也就是规定人们每日行为的社会规范,比如买电影票时要排队,被认为强制和可变的,不过这种规范还是要遵守的。但是这种遵守是基于规定和权力的命令。当你7岁时,你可能无法理解人们为何要排队买电影票,但是你还是排队了。到了青春期初期,社会习俗在其本源和实施方面被认为是强制和可变的,习俗只不过是社会的一种期待。作为青少年,你开始理解人们之所以要排队是因为他们希望这样,而不是被强制的。确实,青少年常常认为社会习俗只不过是社会的期待,结果,常常觉得没理由去遵守。也许你能想象十五六岁的青少年说这样的话:"为什么别人排队你也排队?法律又没有规定要排队!"

不过渐渐地,青少年开始认为社会习俗是社会管理人们行为的方式。习俗也许是武断的,但是因为人们对不同场合的行为有着共识,所以人们才去遵守。实际上,高中生认为习俗都是根深蒂固的,人们出于习惯去遵守习俗。我们排队买票不是因为我们都想遵守规则,而是因为我们都习惯如此。

最终,青少年开始认为,社会习俗有协调人们相互关系的功能。社会规范和社会期待源于有着共同看法的人们,也由他们所维护着,他们认为不同的场合下总有最为期待的行为方式,遵守这些行为方式有利于社会及其制度更好地运行。如果没有排队买票的习惯,最爱挤的人往往最先得到票。年长的青少年能够理解,排队不仅对电影院的秩序有利,也维护了每个人买到票的公平权利。换句话说,我们都耐心地排队,因为我们都认同这样会让这些票更公平地发售。

法律、公民自由和权利 就像个体对人际关系理解的发展一样,随着青春期的进行,个体对个人与社会之间关系的看法也会发生微妙的变化。大多数关于青少年对权利和公民自由的理解的研究都来自对西方中产阶级青少年的研究,而且收集关于其他文化的青少年的相关研究资料时需要十分谨慎。尽管如此,即使在最具集体主义精神的国家,青少年也越来越趋向认为有些个人权利是应当受到限制,比如言论和宗教自由。研究还发现,随着年龄的增长,青少年会认为在一些情况下,限制个人权利来维护团体的利益是合法的。

研究者还观察了青少年对被养育权以及自主决定权看法的变化。总的来说,个体对养育权的支持几乎不随年龄的增长而变化,也就是说,青少年和小孩一样认为父母有义务给他们提供食物、衣服和其他形式的支持。但是,对于自主决定权(比如,保留个人日记的权力)的支持随着青春期的发展而显著增长。和对基本人权以及对言论和宗教自由的支持一样,西方和非西方文化中,青少年对于自主决定权的支持是有差别的。

有些主题与社会认知的各方面研究结果不谋而合,包括我们对人、人际关系、习俗和权利的思考。首先,随着个体进入和经过青春期,他们更能够跳出自身局限,从其他有利的角度看事物。其次,青少年更能够认识到我们遵守的社会规范(在家中、学校或者更大的社会)并不是绝对的,是可以争论和质疑的。最后,随着年龄的增长,青少年会发展出对社会规范更加分化和细致的理解。的确,个体被赋予某些权利,但是在某些情况下也需要予以限制。排斥他人总体上是错误的,但是有时候社会的排斥是公正的。

社会认知的提高有利于青少年在青春期时社会竞争力的提高。你将在第10章看到,拥有更成熟社会认知能力的青少年（比如，更高超的表达看法的能力）表现得更具社会竞争力。虽然社会竞争力和社会认知还包括其他方面，但理解社会关系的能力是社会性成熟的一个重要部分。

青少年的风险行为

对青少年思维研究的第二种应用涉及对青少年风险行为的研究。在第 1 章中，青少年的许多健康问题是本可以避免的行为问题的结果，这些行为包括吸食毒品、鲁莽驾驶还有无保护性行为。在现实中和风险决策实验中，青少年比儿童和成年人更具冒险性。美国疾病预防控制中心现在每年都对美国青少年进行调查，询问他们是否在过去的 30 天内参与过不同的行为。风险行为在青少年中很常见。比如，最近的调查表明，大多数高中生都用安全带，但是他们中骑摩托的人有 33% 表示很少或从不戴头盔，骑自行车的有 85% 也很少或几乎不戴头盔。男女生当中有超过 1/4 的曾经坐过酒后驾驶的车，有 1/10 曾经酒后驾驶。

行为决策理论 有许多研究者从行为决策理论的角度去观察青少年。该角度着重于经济方面，从这个角度来看，决策是一项理性的过程，过程中的个体计算各种行动方案的成本与获利，并按照利益最大化和成本最小化的方式去行动。根据这个理论，所有的行为者，包括冒险者，都是一个包含五个步骤的结果：①确定行动选择；②确定每项选择的可能后果；③衡量每个可能后果的成本和获利；④估算每个后果发生的可能性；⑤根据一些决策规则将这些信息结合起来。

根据行为决策理论，有必要去探求为何青少年进行认同、评估和权衡行为选择及后果的过程和成人不同。如果风险决策是错误信息所导致的结果（比如，在注意力、记忆、元认知或组织方面），那么通过训练这些年轻人的认知能力来减少他们的风险行为是非常有意义的。

对青少年认知发展的最新研究集中在了解他们风险行为背后的思想。

不过，如我们所见，15 岁左右及以上的青少年的认知过程与成年人相同。即使是决定要不要堕胎这样复杂的事情时也是如此。影响决策的主要认识技巧是在童年和青春期之间获得的，并非在青春期和成年之间。所以，教育年轻人如何去"更好地"决策不大可能减少他们的风险行为。

青少年真的不易受到伤害吗 经常被提到的另外一种可能性就是青少年更不易受到伤害，他们更容易相信个人的传奇故事，相信他们更不容易被潜在的风险行为所伤害。不过，就像前面读到的那样，没有证据证明青少年比成年人更相信这些个人传奇。更重要的是，研究表明，年轻的青少年不比年轻的成年人更觉得自己坚强。比如，没有证据表明青少年在感知风险方面比成年人差。不过，研究指出，青少年在阐述有关风险的词语（比如"大概""可能"或"概率较小"）方面的差异要比成年人更大，所以这就告诉健康教育者不要想当然地认为青少年对风险的理解和他们所想的一样。同样，因为青少年说他懂得如何通过"安全性行为"来预防性传播疾病并不一定意味着他知道什么样才是安全性行为。

价值观和优先级的年龄差别　如果青少年的决策过程和成年人一样，如果他们并不比成年人更认为自己坚强，那么，为什么青少年更喜欢参与冒险行为呢？青少年和成年人在价值观与优先级上的差别也许是答案之一。比如，个体决定在聚会上吸食可卡因之前也许会衡量各种后果，包括法律与健康风险、毒品的诱惑以及别人现在对他的看法（包括正面的和负面的）。成年人和青少年都会考虑到所有的后果，但是成年人更注重吸毒给健康带来的危害，而青少年更在乎不这样做别人会怎样看他。虽然成年人会认为青少年太好面子是不理智的，但青少年也会认为成年人的决定是不全面的。行为决策理论告诉我们，所有的决策，包括风险决策，都可被视为是理性的，只要我们能够看到个体如何预估与衡量各种情况下的后果。

比如，青少年和成年人的一个重要区别就是在衡量一项风险行为的得失时，青少年比成年人更爱考虑其潜在的益处。这种变化与大脑边缘系统在青春期时的变化是一致的，我们在本章前面部分已经说过。比如，一项对于违法者的调查发现，青少年的犯罪行为与他们认为这种行为的潜在益处有很大的关系，超越了他们对这种行为风险的认识。正如许多研究者指出，这对如何阻止青少年的冒险行为有很大的意义。很有必要告诉这些青少年冒险行为的益处很小（比如，人们几乎都看不起喜欢暴力的人），而不是仅仅告诉他们代价是巨大的（比如，坐牢是很痛苦的）。

青少年和成年人的决策不可能都像行为决策理论那样简单和理性。不过，这种方法为研究青少年冒险行为开辟了一条新的道路。如今，专家不再将冒险行为视为非理性或错误判断的结果，而是尝试去了解青少年是如何获得与达到目的有关的信息以及这些信息的准确性。比如，如果青少年低估了无防护性爱导致意外怀孕的概率，那么性教育者就得更加注重告诉青少年实际的概率是怎样。（当然，这种假设是基于青少年在理性的情况下决定是否做爱。）

情感和环境对冒险行为的影响　我们也要记住，情感和环境因素与认知因素一样，也能影响青少年的风险行为。一些研究者注意到，青少年在一些逻辑推理无法考虑到的方面，比如对于同龄人压力的敏感、冲动、短视或者寻求奖励等方面和成年人不同。许多研究表明，在冷静的情况下，青少年和成年人的决策力是差不多的，但是，一旦受到情绪干扰后，青少年的决策质量就会下降。

比如，研究表明，考虑情感因素时，那些高度倾向于寻求奖励和寻求刺激的人（爱追求新奇和刺激的体验）比同龄人更有可能去参与各种冒险行为，而且这种特点在青春期比在童年和成年时更加显著。同样，特别冲动的青少年也更有可能参与冒险行为。青春期中期时冒险行为高发的原因之一就是这一时期是高度寻求刺激和高度冲动结合的时期（见图2-5）。

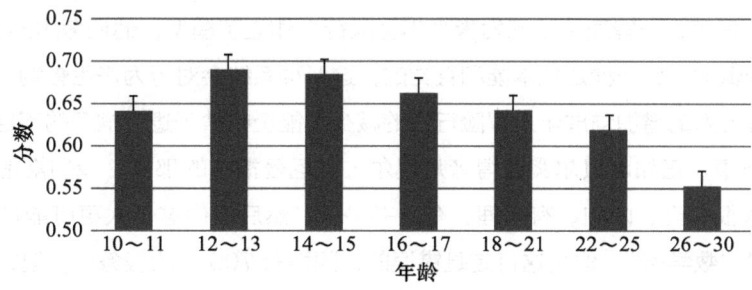

图2-5　自我陈述的寻求刺激行为在儿童和青少年时期之间呈增长状态，在青少年和成年时期之间呈下降状态
资料来源：Steinberg et al., 2008

所处的环境对此也有关系。要知道，有相当多的青少年冒险行为是在受到情绪激发（无论是正面还是负面的）、无成人监护以及同龄人的怂恿下发生的。比如，一项近期的研究发现，母亲上夜班的孩子进行冒险行为的概率更高，部分是由于父母对孩子的相对忽略。如前所述，个体对同龄人压力的敏感度在青春期的早、中期比后期更高，表明青少年进行较多冒险行为的原因之一是他们长时间处于同龄人群体之中。大多数的青少年冒险行为（包括违法行为、喝酒和鲁莽行为）都发生在其他青少年在场的情况下，有朋友在的情况下青少年更容易进行冒险行为。青少年如何驾驶取决于车里的乘客，当车里没其他人或只坐着父母时，青少年的驾驶会更加安全。

同龄人对于青少年冒险行为的影响在对交通事故的研究中非常明显。如图 2-6 所示，当车里有多名乘客时，青少年驾驶者发生车祸在 16～17 岁年龄段会显著地上升，在 18～19 岁年龄段中也会显著地上升，但是成年人却无此现象。与此一致，在一项实验中，青少年、大学生和成年人都分别独自或和朋友一起玩危险驾驶电子游戏。实验发现，在有朋友在场的情况下，青少年和大学生进行危险行为的人数会增加，但是成年人不会。在那项研究中，同龄人的在场也增加了青少年进行各种风险行为（包括偷盗、吸毒等）的欲望。在后续的研究中，研究者摄取了青少年玩类似游戏时的脑部影像，结果显示，与奖励体验有关的脑部区域在有朋友在场时比一个人时更加活跃，而风险驾驶与脑部奖励区域活动的上升有关。所以，青少年在同伴在场的情况下要比独自时更加在意风险决策的潜在奖励。

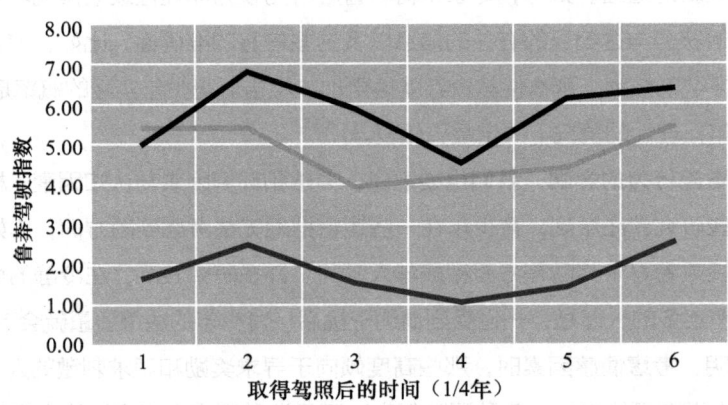

图 2-6　虽然平均看来，青少年比成人更容易危险驾驶，但是车里的乘客也有很大影响。当车里的乘客是成年人或者没有乘客时，青少年的驾驶相对谨慎

资料来源：Simons-Mortin et al., 2011

逻辑和直觉　后来，一些理论学家为青少年冒险行为建立了模型，他们考虑到了两种思维系统：一种是细心和有逻辑的，另一种是凭本能和直觉的，这两种系统会对行为产生影响。根据这些双系统模型，青少年冒险行为的增加与成年人冒险行为的减少不能全归咎于逻辑推理的不足，因为成年人也并不总是按逻辑行事。正如诺贝尔奖获得者丹尼尔·卡尼曼指出的那样，我们常常反逻辑行事。比如，我对你说某人很安全、内向、有条理、有点书呆子，然后问你这个人更可能是数学家还是服务生。大多数人会说"数学家"。但是这肯定是错误的，因为有 700 万的服务生，但却只有 3 000 名数学家。如果你回答"数学家"，你运用的正是直觉而不是逻辑。在这个例子里，本能选择是错误的，但是很多情况下，我们的直觉却是正确的。在进行决策时可以利用经验的优势，也让我们进行一步步推

理来得更加迅速。

虽然逻辑思维的发展让青少年和儿童区分开来，但是青少年和成年人之间的主要变化却不是逻辑决策的进一步发展（正如你之前所读到的，这一过程到15岁左右就结束了），然而直觉决策却在原有经验的基础上进一步发展。让成年人不再进行冒险行为的原因并不是他们善于对各种结果进行系统分析，而是他们的本能让其远离冒险行为。如果我站在悬崖上俯瞰下面的水面，而我不向下跳的原因并不是我逻辑地估计出我受伤的概率，而是因为这种事情我并不喜欢。我不向下跳是因为我的内心迅速地告诉我这样做很傻，我甚至想都不用想。在一项研究中，青少年和成年人被问到一些具有冒险的事情（比如，"把你的头发放火上"，或者"与鲨鱼一起游泳"）是否不该去做，同时扫描他们的脑部，研究者发现青少年的反应时间比成年人长，而且激活脑部有关认真思考的区域所花的时间更长。而成年人则相反，他们比青少年要更倾向于激活直觉反应的区域。另一个研究发现，认真决策能力的增长与冒险行为增加（而不是减少）有关。

减少青少年冒险行为　总的来说，减少青少年冒险行为最普遍的办法就是通过课堂教育让青少年认识到一些行为（比如，吸烟、无保护的性行为、喝酒和驾驶）的危险，以及如何更好地决策和抵御同龄人压力下促成的冒险行为。不过，你将在后面一章中读到，这些项目的计划缺乏有效性。如我们所见，如果青少年并非对这些行为的危险以及决策方式的缺陷一无所知，那么这些试图改变他们的知识或决策的努力不大可能产生效果。而且，如果近期对脑部发育的研究指向青少年固有的脆弱性（也就是寻求刺激的上升以及对冲动控制的尚不成熟）所产生的原因，也许对我们重新思考问题的解决办法是有意义的。

有一项供替代的办法就是限制青少年处于危险环境的概率。比如，我们知道，当车内有其他青少年乘客或者在晚上开车时，青少年比较容易出交通事故，那么，限制青少年驾驶的机会，特别是那些刚拿到驾照的青少年，既让青少年过了驾驶瘾，也限制了他们驾驶的危险。美国的许多州发现，驾照分级制度，也就是让青少年驾驶者和无限制的成人驾驶者分开，能够减少16岁以内驾驶者的致命交通事故，不过也增加了18岁驾驶者的交通事故。

通过经济办法来减少青少年的冒险行为也是可行的。比如，虽然禁烟教育的成果有限，但是提高在香烟的花销能够极大程度地减少青少年吸烟行为。所以，提高烟酒的售价应该能够减少青少年的使用，因为通常青少年的钱并不多，他们对烟酒价格的涨跌非常敏感。另一种可行的办法就是通过严格的政策禁止商店向未成年人出售烟酒，限制非法毒品的供应以及立法限制青少年持有枪支，来让危险物品更难被青少年得到。第三种办法是对某些冒险行为，比如对鲁莽或醉酒驾驶或更危险的行为进行处罚，这样就提高了冒险行为的潜在成本。最后，寻求刺激也许是青少年很正常的一部分，也许我们能够想办法为这些动机提供安全出口。当然，并不是所有的冒险都是不好的。父母、教育者和政策制定者所面临的挑战就是去寻求一种方式，既让青少年进行冒险行为，又不会伤害到他们自己。

第3章
社会性过渡

第 3 章 社会性过渡

是什么让你和你身边的人开始意识到你已经告别童年步入青春期了呢？是你 13 岁生日，还是你上完小学，是你第一次参加有异性的聚会，还是父母允许你独自去参加舞会？

又是什么标志着你已经成年了呢？是你 18 岁生日或者 21 岁生日，获得第一份正式的工作，考取驾照，大学毕业，还是结婚买房？

每一个社会转变都不只是一件简单的事件而已，它同时也在向每个个体和他身边的人传递着一种信息，告诉他们该个体所处的发展阶段。因此，即便孩子们的容貌和行为没怎么变，在孩子进入高中阶段后，父母对待他们的态度也会发生转变。同样，看到从小看着长大的邻家孩子都学会开车了，街坊邻居对待他们的态度也会转变。当处于青春期的孩子开始做第一份"正式的"工作，他们对自己的认知也会变得不同。

在所有社会形态下，青春期都是个体发生社会转变的时期。在此期间，社会对个体的认知逐渐从儿童转变为成年人。本章将介绍个体在青春期被重新定位的两种方式以及这一过程对个体心理发育的意义。尽管在不同的时间和地点，实现从童年向成年的社会转变过程中遇到的具体情况也有所不同，但是人们普遍认为这一过程中个体的地位发生了改变，也就是个体的社会角色发生了社会再定义。

本章中，我们将探讨青春期的第三个基本特征：社会对个体的定位发生改变，并据此界定了个体所享有的权利和应承担的责任。除了身体机能和思维方式的改变，青春期发育的另一普遍特征就是社会角色和社会地位的改变。下文中，有些理论学家认为对青春期发育的本质有更为重大影响的是社会对年轻人经济和社会角色的定位，而不是这段时间内的生理和心理变化。

对青春期个体社会转变的研究使我们能够在不同的文化和历史背景下对比青春期的不同特征。在世界各地，青春期几乎没什么差别（尽管在不同背景下的时机和意义各不相同）。不同社会体系中，人们的抽象思维和逻辑推理能力相差无几（当然思考和推理的内容还是有所不同的）。但是，个体在青春期经历的社会转变却各不相同。尽管青春期大体上就是从未成年迈向成年，但是工业化社会和传统社会在社会再定义过程中还是有诸多的不同。分析几点不同之处后，你就会更好地理解社会通过何种方式实现个体从青少年向成年人的角色转变对处于青春期个体的社会心理发展具有本质性的影响。

社会再定义与心理社会性发展

与青春期的生理和认知变化一样，这段时间的社会性过渡也会对年轻人的心理社会性发展产生重大的影响。比如，在个人身份问题上，女性的自我认知可能会随着步入成年而发生改变，她会觉得自己更加成熟，并且开始认真思索自己的职业生涯和家庭角色。同样，第一次去单位报到、第一次去酒吧、第一次自己开车或者第一次参加投票等都会让人觉得自己长大成熟了。初次经历这些事也会促使年轻人不断估量自己的价值，反省自己的错误。

步入成年，不仅会让一个人肩负更多的责任，享受更多的自由，还会促进其自主性和独立性的形成。与孩提时代不同，一个人在经历了青春期成为成年人之后将面临许多选择，有些选择会对未来产生长期的影响。比如一个人到了法定的饮酒年龄后，他必须学会如何正确地行使这项"特权"，是每个周末随波逐流出去买醉，还是以父母为榜样滴酒不沾，或是选择折中而行？

社会定义的变化往往也会改变青少年的人际关系。青春期的社会再定义可能会引起青少年在亲密性方面的新问题和新忧虑，如恋爱、结婚等。很多父母直到孩子到了"合适的"年纪以后才允许他们谈恋爱，也只有到了法定成人年龄以后，他们才可以不经过父母允许就结婚。在某些社会文化下，青少年一到成年就会被要求结婚，有些是从小就被定下了婚约。

青春期中身份的变化也有可能会影响性方面的发展。比如在当代社会，调控性行为的法律（如对强奸幼女罪的界定）通常会对成年人和未成年人的行为进行区别对待。青少年在成为法律意义上的成年人之后，需要对自己的性行为三思而后行。一直困扰当代社会的另一个问题是，具有性能力的个体在取得法律意义上的成年人资格之前，是否能够独立地做出关于堕胎、避孕之类的决定。

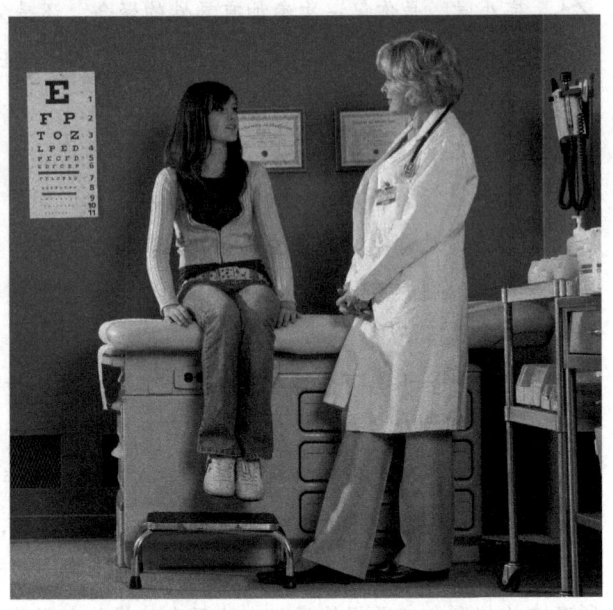

在对青春期发展问题的研究过程中，曾探讨过一些法律问题，包括是否允许青少年在没有父母陪同的情况下看病。

最后，步入成年往往对成就方面也有很大的影响。比如，在当代社会，只有获得了一定的劳动资格（在美国，通常是 15～16 岁）以后才能进入劳动力市场去找全职的工作。在此之前，他们只能从事一些临时性的工作，比如替邻居看孩子。此外，青少年也只有到了一定的年龄之后才可以按照自己的意愿选择退学。在某些欠发达的国家，个体只有在成年后才能参加社会生产劳动。这些转变的综合作用会使青少年的技能、抱负和期望发生变化。

青春期的延长

如今，在青少年社会身份转变的过程中，显著的特征当属从童年时期跨越到成人时期所花费的时间。几乎任何指标都表明，当今的青春期比以往任何年代都持久。这是因为孩子们比以往更早进入发育阶段（青春期开始的标志之一），却又更晚承担工作和家庭的责任（青春期结束的象征之一）。尽管这一特点在工业化社会能得到更充分的体现，但有证据表明，在发展中国家，青春期的期限也一样延长了。

在过去的时代，青少年 16 岁左右才开始进入发育期，随后他们便离开校园，并在短短几年时间内开始参加工作。至少这些标志显示，在当时度过青春期仅需要短短几年。然而在当今社会，青少年要在童年和成人的世界之间徘徊极长的一段时间，这段时间往往要超过十年。并且，对于他们从何时开始，如何开始正式步入成人阶段，仅有一个模糊的界定。事实上，在现代社会大多数研究青春期的社会学家眼里，青年人进入成年生活的过程冗长、模糊而又不安稳。并且如同我们所看到的那样，这一过渡对生活在贫困中的青年人来说尤为困难。其中部分原因是曾经帮助穷困的青年人顺利过渡到成年阶段的社会机构不再对其提供足够的支持。在当前经济形势下，要顺利而成功地转换到工作和家庭中的角色，对于大学毕业生来说是一个相当大的挑战。对那些仅仅完成高中学业的人来说，这无疑极为困难。而对那些连高中文凭都没有的人来说，这几乎是不可能实现的。

作为成长的一个阶段，青春期的延长对青年人如何看待他们自己以及他人，如何在心理上获得成长有着极为重要的影响。请看以下几例。

- 过去，家长往往在孩子接近发育年纪时便让他们离开家。因而，一旦他们开始性成熟，他们就很少和父母继续居住在一起。然而在现在社会里，青年人在性成熟之后依然和父母长时间居住在一起。这对于父母和孩子之间的关系会有怎样的影响？
- 情感上，现在的年轻人不见得比100年前的年轻人幼稚，成长在充斥着各种压力的当今社会，只会让他们在更小的年纪就变得更成熟。但独立生活使他们的开销迅猛增加，这导致年轻人在经济上的成熟（指在没有父母帮助的情况下，他们有能力养活自己）要远远落后于他们在情感上的成熟（指他们的行为能够对自己和他人负责）。其中又有什么关联呢？在心理上是成年人，而经济上却是一个孩童又是怎样一种感受？
- 青春期延长的主要原因之一便是为了成功进入成人的角色，越来越多的正式教育变得必不可少。然而，青少年能在学校里收获的东西参差不齐。如果让所有青少年遵循同样的道路步入成年，受益的恐怕只是其中一部分人。

青春期是社会发展所创造的

许多人都撰文指出，作为生命周期中的一段特殊时期，青春期是社会发展创造出来的产物。持这种观点的人通常被称为创造论者，他们认为青春期阶段的生理和心理变化固然很重要，但是真正能定义青春期的是看社会是否认识到青春期与童年和成年阶段的不同。

社会在童年、青春期和成年之间划出了明显的界线，前者如小学和中学间的界线，后者如个体何时获得一份稳定工作，这影响了我们对青春期的认识。创造论者强调，正是因为青春期本身就有如此的特征，我们才会觉得它有所不同。他们也指出在其他的文化和历史背景下，人们对青春期的看法也各不相同。在当今社会，青春期有许多行为和问题特征，如青少年犯罪等。造成这些问题的关键实际上是社会如何定义青春期、怎样对待处于青春期的年轻人等，而不是青春期的生理与心理变化等这些确定的因素。如你所知，这与斯坦利·霍尔等人的观点大相径庭，他们认为青春期的心理变化是由青春期的发育引起的，也就是由先天决定的。

"创造"青春期

青春期是否一直存在？这个问题看似简单，答案一目了然。事实上，这是一个极为复杂的话题。10～20岁之间的青少年，或刚刚经历发育期的少年，或额叶尚未成熟的青年当然一直存在。但按创造论者所言，当代社会所知的青春期直到19世纪中期的工业革命时期才正式出现。在16世纪的农业社会，孩子基本上被视为小大人。人们并未对不同年纪的孩子做明确的区分（"孩子"指18岁以下甚至 21 岁以下的人）。孩子是家庭中重要的劳动力，他们早早就意识到自己在未来的生命中将要扮演的角色和将要承担的责任。人们不以年龄或能力，而是以他们是否拥有资产来区分一个人是孩童还是成年人。因此，把年轻人称为"孩子"，把年长者称为"青少年"无理可依。事实上，在 19 世纪以前，"青少年"一词尚未被广泛使用。

工业化的影响　工业化改变了人们工作、教育和家庭生活的方式，青少年受此影响最甚。过去的农耕社会生活简单而缺少变数，但是由于经济的快速发展，个体在儿时学到的知识和他在长大后需要的知识不一定是相通的。爸爸是农民，儿子并不一定要子承父业。正是由于这种不确定性，许多父母，尤其是中产阶级家庭的父母，都鼓励青少年多花时间待在学校之类的社会机构里，为成年做好准备。在工业化之前，青少年在家做功课时都要父母或其他大人陪在身边。而到了 19 世纪末，他们则倾向于和同伴在一起共同探讨未来。在下面的篇章中，我们也会讲到这一变化正是导致同龄群体和青少年文化日益重要的因素之一。

创造论者却指出将青春期重新定义为准备期而不是参与期，也能适应社会日新月异的经济需求。由于工业化的原因，机器逐渐替代了工人，从而导致了就业机会的紧缺。尽管青少年要求的工资并不高，但是他们仍要与成年人一起竞争有限的工作岗位。有一种方法能保护成年人的就业机会，那就是让青少年成为全职的学生，从而把他们赶出就业市场。为此，社会需要区分哪些人已经准备好去工作而哪些人还没有。尽管要做到区分这些很难有事实可依，但是社会还是倾向于把青少年看成能力不足、还需一定的指导和培训的群体，这实际上比年龄歧视好不了多少，只不过是被合法化了而已。20 世纪初青少年还能和成年人干一样的活，而现在即使他们本身能力并没有多大的变化，但当他们要去做同样的工作时，却被认为不够成熟和熟练。

有些人对发生在 19 世纪末的这些事情没有那么愤世嫉俗，他们更倾向于认为这纯粹是为了保护未成年人，使他们远离工作环境中的危险，而不是自私地想保住成年人的工作。工业化给居民的生活带来一些堪忧的变化，这在城市中尤为明显。许多工厂的工作环境十分危险，摆满了难操作的新式机器。随着小型的农村生活秩序不断被打乱，大城市的面积不断扩张，犯罪和道德失范现象也开始攀升。因此，儿童保护主义者认为让未成年人远离就业市场其实是为了他们好。20 世纪早期，除了学校数量不断攀升之外，许多旨在保护未成年人的组织也不断涌现出来，包括童子军和其他一些由成人监管的青年俱乐部等。

我们所知的青春期从何而来　不知是何原因，直到 19 世纪末期，也就是 100 多年前，人们才形成了目前对青春期的看法：青春期是为步入成年做准备的相当长一段时间，在此期间，未成年人需要一定的指导和监护，并且在经济上尚未独立。这种观念最早出现在中产阶级中，因为让孩子推迟就业并且通过教育来为将来做更充足的准备对他们来说更有好处。但是，很快全社会都接受了这样的观念。由于就业市场的不断变化使未来变得更加扑朔迷离，这种将青春期视为为成年期做准备的特殊时期的观念便被一路传承下来。如今所有的社会都将青春期视为从童年到成年的过渡阶段。

另外还有两个对青春期定义的修改催生了新的术语和想法。首先是"少年"这个词，直到 60 年前，人们才开始使用这个词。与"青少年"不同的是，"少年"指的是一段更加轻松的时期。这段时期的个体考虑的都是汽车、衣服或化妆品之类的东西。"少年"这一概念的出现，主要是因为20世纪40年代末50年代初的美国青少年享受的富裕程度和经济自由日益提升。广告商意识到这群年轻人是一个重要的消费群体。于是在《十七岁》杂志等新锐出版物的帮助下，他们将少年刻画成了自在逍遥的形象，以此向油水丰厚的青少年市场发动广告攻势。

有趣的是，尽管全世界对美国少年的印象都是喜欢玩乐、不负责任、十分独立，但有些社会还是欣然接受这样的少年形象（因为这样显示出这个社会已经足够富裕）。但是还有一些国家把他们当作教育自己孩子的反面教材。

另外一个随着社会转变而接受度日益提高的词是"青年"。早在"青少年"这个词出现以前，就有人在用"青年"这个词了。但是在工业化开始之前，"青年"是一个十分模糊、不准确的词，它所指的范围可以从12岁一直到24岁。慢慢地，尤其是在20世纪60年代，大学生数量和学生运动的增加，使人们开始注意到这批处在青春期和成年早期的人，他们的年龄在18～22岁。许多成年人将大学生态度和价值观的改变称为"青年运动"。一名理论学家甚至认为青年期是生命中的一个单独的时期，与青春期和成年期在心理和年龄上都有显著的区别。这种观点与我们在本章后面将要讲到的"成人初显期"的概念十分相似。如今很多大学生确实不知道自己属于青少年还是成人，因为他们觉得自己在某些方面

尽管青春期的概念是在19世纪末被创造出来的，但是直到20世纪中期才出现了我们现今的"少年"形象。大众媒体对这一形象的树立起到了重要的作用。《十七岁》这样的杂志将少年刻画成了自在逍遥的形象，以此向油水丰厚的青少年市场发动广告攻势。

已经成熟了（比如自己支付房租、认真地谈恋爱等），但是在有些方面却还不是很成熟（比如经济上需要父母接济或者需要导师来安排课程等）。尽管把22岁的人当成青少年会让人感到吃惊，但是当今社会正规教育时间的延长已经改变了我们定义青春期的方式。因为大部分的年轻人都会在高中毕业后继续上学，被迫推迟了他们向成年人的工作和叫停角色过渡的时间。根据这个定义，许多22岁（甚至年纪更大）的个体还算不上是成年人，这种情况同时困扰了年轻人和他们的父母。事实上，现在我和年轻人的父母交谈的时候，更多的人会问我关于他们刚成年的孩子的问题。因此，在自己为青少年父母写的书中，我把青春期的末尾从20岁延长到了25岁。

成人初显期：新的人生阶段还是中产阶级的奢侈品

在许多工业化程度较高的社会里，青少年向成年人的过渡已经被严重推迟了。因此有人提出了一个新的人生阶段：成人初显期。对有些人来说，成人初显期可以持续到25岁左右。这一观念的主要支持者是心理学家杰弗里·阿尔内特，他认为18～25岁既不是青春期也不是成年期，而是一个独立的发展阶段，它有以下五个主要特征。

1. 在做出持久的决定前会预想到所有可能性；

2. 工作、恋爱、生活起居上不稳定；
3. 重点关注自己，尤其关注自己的独立性；
4. 主观上感觉到自己身处青春期和成年期之间；
5. 主观上意识到生活充满了可能性。

成人初显期是普遍现象吗 我们在这里确实描绘出了当代社会许多年轻人的现状，尤其是那些还在思考自己的人生该干些什么，而父母又能为他们提供衣食的"初期成人"们。然而，阿尔内特自己也指出，并不是在所有的文化体系中都存在着"成人初显期"现象。事实上，它只存在于少数一些国家（美国、加拿大、澳大利亚、新西兰、日本和西欧一些比较富裕的国家）。即便是在有大量"初期成人"的国家里，大部分的个体所在的家庭都没能力将自己从青春期过渡到成人期的时间推迟五年。最近的几项分析显示，25岁左右的年轻人出现成人初显期的程度大不相同。其中一个研究小组提到："如果认为样本中所有25岁左右的年轻人都处在成人初显期，那肯定是错误的。"根据一项针对密歇根州工薪阶层和中产阶级家庭青年（25岁左右）的研究中，根据对象对于工作、恋爱、生活起居的成人程度，得出了六种截然不同的生活方式："早熟"型（12%）、无业父母（10%）、夫妻双方均受过良好教育（19%）、单身且受过良好教育（37%）、单身且已工作（7%）、"慢热"型（14%）（见图3-1）。值得注意的是，与"初期成人"最为相像的群体——"单身且受过良好教育"的群体在该调查中所占的比例只有不到40%。

我们需要注意到，"成人初显期"的出现并不完全与经济因素相关。许多的"初期成人"是迫于经济原因，但是也有很多人纯粹是出于自己的意愿，他们想在自己承担起全部成人责任之前好好享受一番。人们对于婚龄的期望对于个人是否会成为一名"初期成人"有着重大的影响。一项关于婚姻方式和生活起居的研究显示，各种与"成人初显期"有关的生活方式在某些群体中特别流行，他们延迟自己结婚生育的时间、时常独居或者与同龄人合租、频繁地跳槽、不停地"找自己"。研究者根据美国人口普查资料，分析了各州之间婚姻方式、家庭组成等方面的不同之处。他们发现在某些州有相当多的人过着"初期成人"的生活，而在其他有些州，这一现象却并不那么普遍。尤其是那些在政治和社会风气上相对保守的州，选择过这种生活的年轻人比那些相对开放的州要少得多。这也表明，"成人初显期"的存在不仅仅与经济相关，还与人们的价值观和眼前所需有关。

"成人初显期"的心理健康 目前很少有研究"成人初显期"期间心理发育和运行方面的实验。阿尔内特在文章中写道：由于这段时期的茫然和拮据，"成人初显期"可能会过得非常困难；同时这又是一段无牵无挂，"一人吃饱，全家不饿"的时期。不过大家都说，第二种形象其实更加贴切一些。部分研究显示，这段时期有助于心理健康的发展，但不是所有的个体都如此（见图3-2）。

一项研究在全美范围抽样调查了18～25岁的年轻人的心理健康情况。研究人员将对象分成四组进行对比：第一组，对象表示这段时期内自己的心理很健康；第二组，对象表示这段时期内自己的心理健康状态不好；第三组，对象表示开始心理健康状态不是特别好，但随后开始提升；第四组，对象表示心理健康状态很好，但最后开始减弱。（还有很大一部分人心理健康状态一直都处于平均值。）

研究人员随后开始研究这四种表现形式是否与个体日后的表现有联系，并将他们步入成年后的心理状态分为提升、保持和下降三个等级（见表 3-1）。然后研究人员有了三项发现。首先，超过 80% 的样本对象都很好地保持了"成人初显期"的心理健康状态。这与许多其他研究的成果一致：童年和青春期的心理健康状态对日后的成功有很大的影响。这是因为一个阶段的成功（比如高中成绩好）通常会引导你在下一阶段也取得成功（进入好大学）。正如我们以前说的玩笑话那样，如果你想成功，那你必须要有智力、金钱和背景。其次，有超过 1/6 的样本对象的心理健康在这段时期发生了重大变化——约有 7% 的对象心理健康状况出现了下降，而另外 10% 的对象原先受到心理问题的困扰，现在却成了年轻人的"模范"。最后，青年人成年后在工作、恋爱与社会责任方面表现的优劣尤其与这段时期内的心理状态变化有关。还有其他一些研究也发现这期间的心理状态变化会影响日后工作与恋爱的成功。

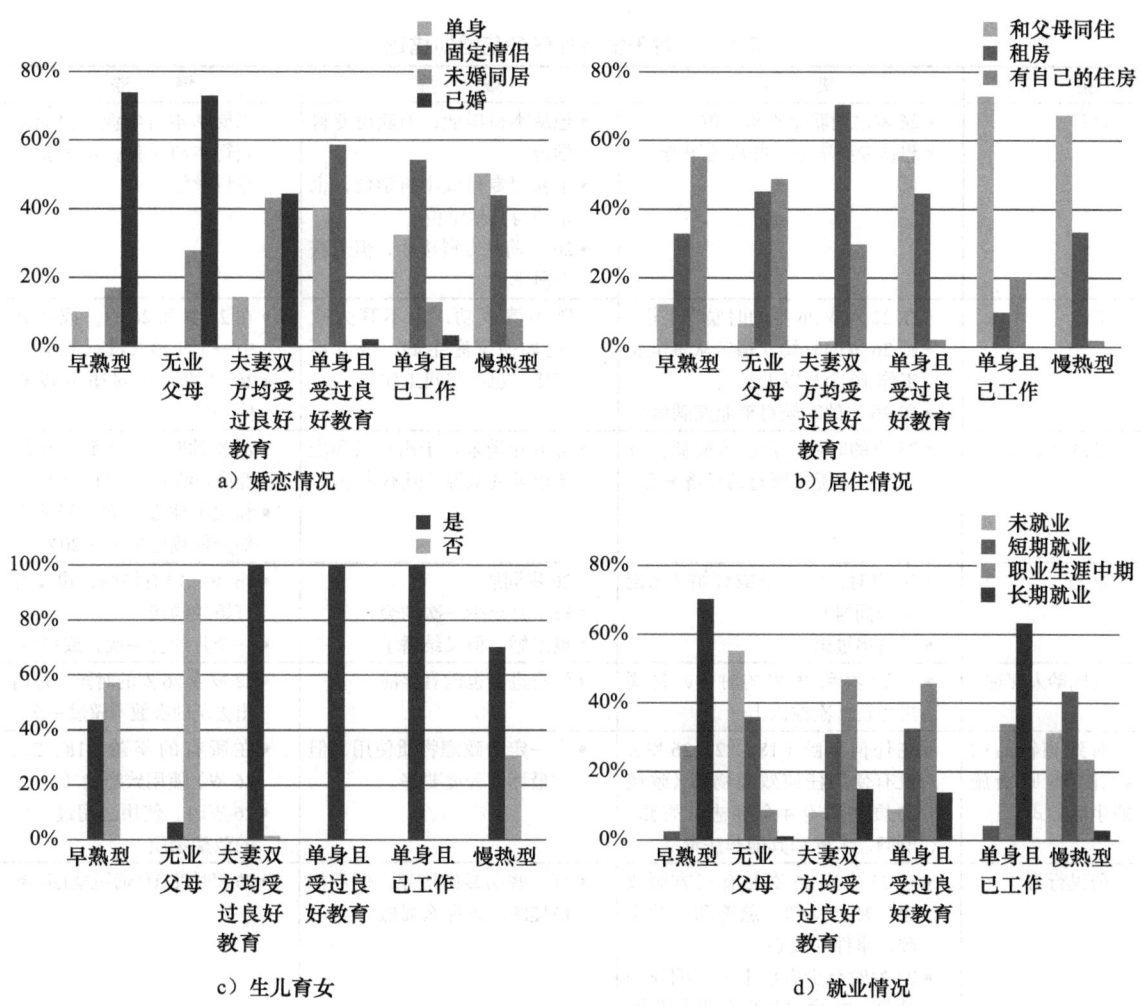

图 3-1 要将成年初期的生活方式归结成一种是不大现实的。一项研究发现根据成年初期不同的恋爱、生活起居、就业和生育状况，可以得到 6 个截然不同的群体

资料来源：Osgood et al., 2005

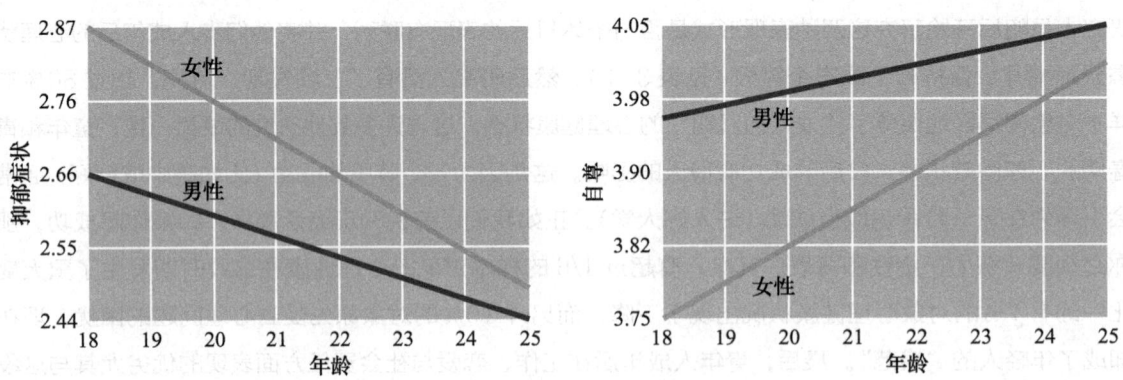

图 3-2　由图中抑郁症状的减少和自尊水平的增加可以看出，在青春期初期青少年的心理健康会有所提高

资料来源：Galambos et al., 2006

表 3-1　对于发展性任务范围的描述

范　围	进　步	维　持	停　滞
教育	• 26 岁之前获得本科学位 • 想从专科毕业，并成功毕业	• 想从本科毕业，但获得专科学位 • 未获得专科或本科学位，也未获得其他学位 • 26 岁前从专科毕业，但未获专科学位	• 想要从本科毕业，但既未获得本科学位，也为获得专科学位
工作	• 在 22 岁或 26 岁的时候有工作 • 到 26 岁的时候，每年从事全职工作 10 个月以上， • 在 26 岁的时候对事业充满信心	• 既不算成功，也不算失败（比如做家庭主妇，或者不工作，也不想找工作）	• 在 22 岁和 26 岁，或者其中一个年龄时没有工作 • 26 岁的时候对事业没有信心
经济独立性	• 26 岁的时候，自己或配偶，或两人一起提供所有的经济来源	• 部分花销来自于出自己和配偶以外的来源（但不算停滞）	• 26 岁的时候，不到一半的经济来源来自于自己或配偶和父母住在一起，经济上部分依赖他们（>20%）
婚恋	• 26 岁时，已结婚或订婚（无论是否同居） • 没有离过婚	• 26 岁同居 • 每个月至少一次约会 • 离过婚，但又结婚了	• 26 岁，没有结婚，也没有订婚或同居 • 一个月约会一次，或更少
与同龄人交往	• 在 22 岁和 26 岁的时候，每周出去玩 2 次或以上	• 没有进步也没有停滞	• 22 岁或 26 岁的时候，每周出去玩的次数不超过一次
对致瘾物品的拒绝（健康措施或生活方式）	• 在任何年龄（18、22、26 岁），没有使用任何致瘾物质（致瘾物质使用有 4 个标志：香烟、酗酒、大麻和其他非法毒品）	• 有一定的致瘾物质使用，但比最坏的程度要好	• 在所有的年龄（18、22、26 岁）使用致瘾物质 • 26 岁时，使用过超过三种的致瘾物质
公民行为	• 在 22 岁或 26 岁时有三方面迹象：社会良知、慈善和对社会政治事件的关心 • 22 岁时至少有以上一点明显的迹象，26 岁时至少有两点迹象	• 有一些明显的迹象，但不如最佳的状态那么强烈	• 26 岁时没有任何明显的迹象

资料来源：Schulenberg et al., 2004.

那么，这是否说明人生中出现了一个新的时期呢？一种行为模式需要有多普遍以后我们才能将它定义成人生的新时期呢？如果"成人初显期"现象在波士顿或者伯克利比较普遍，而在比洛克西、巴格达却并非如此，那我们还能说它是人生的新时期吗？这真的很难说清楚。在当代美国，"中年期"毫无疑问是人生的一个阶段，但并不是所有的国家都有这个概念，或者说，至少它不像我们想象的那么普遍。但是，人们已经普遍认同人到中年会经历一系列明显又独特的心理变化（许多记者和专家都在媒体上大谈特谈，而实际上没有许多的有力证据来支持这一观点）。

很明显，在一些国家和社会内部，青春期向成人期的过渡时间已经被延长了，这点是毫无疑问的。相比过去，现在的大学生越来越多，他们参加工作、步入婚姻的时间都被相应延后了，因此他们使自己的生活稳定下来的时间也被推迟了。但是同样是 23 岁的青年，有些人的过渡时间延长了，而有些人在大学毕业后直接工作结婚了，他们的心理机能并不一定就不同，因为这些都还只是一些人的猜测而已，目前还没有关于这方面的细致研究。换句话说，是否真的存在"成人初显期"这个心理阶段还是有待进一步考证的。比如说，社会上确实存在着青少年接受成人工作和转变家庭角色的推迟，但是并没有证据表明这方面的推迟会相应地推迟成年期的到来而导致个体出现犯罪、滥用精神性药物等典型的青春期末期行为。也就是说，完全有可能是经济原因导致了社会意义上的成人期的推迟，而心理学意义上的成人期并没有受到影响。

我们说青春期（或者少年期、青年期、成人初显期）在某种意义上是社会创造的，但我们绝不是要否定它的重要性或者认为它只是一种生物现象。民主也是社会的创造，但是它的诞生与发展给我们的生活带来了深远的影响。与其他的社会创造相比，认为存在青春期这么一段特殊时期的观念一直没有改变，人们对此也给出了重要而具体的反应。但是相对于其他社会观念，青春期的本质一直在随时间的推移而改变，而且还有可能继续变下去，因为我们观念中对长大成人的意义的认知也在发生改变。

青春期的身份变化

青春期阶段中，社会对个体界定的变化一般包括个体身份转变的两方面。一方面，青少年可以获得一些通常只有成人才能享受的优待和权利。另一方面，由于他们开始享受更多的权利和自由，人们对他们在自我控制、个人责任和社会活动方面也提出了更高的要求。

法律界限的设定

取得了成人身份以后，年轻人就能更广泛地参与到团体的决策中。许多美国土著民族（如纳瓦霍人和阿帕奇人）的青少年只有在经过正式"成人仪式"以后才算取得了成人身份。在当代美国，只有到了法定的成人年龄以后才享有投票权。但是，权利的增加意味着相应的义务也会增加。在大多数社会里，刚成年的年轻人需要在其群体发生紧急情况或者需要他的时候挺身而出。在许多文化中，一旦年轻人获得成人身份，他们就需要接受公共服务培训。在美国，在达到法定成人年龄后可享有的众多特殊权利其中三项就是赌博、购买酒精饮料和观看限制级成人电影。

但是，一旦青少年被认定为已经成年，那么他就要受制于一系列新的法律，而且必然会受到和以前大不相同的法律待遇。有些时候法律会对成年人宽大处理，但有时候也会从严处理。比如说在美国，成人有权利做出某些行为，如逃课、离家出走等，但是如果青少年这么做，就会被视为违法（我们用"身份越界"特指因为青少年身份而出现的问题行为）。作为一名大学生，逃课并不会被追究法律责任，但是在高中就不一样了。如果你在外面玩，可以想不回家就不回家（至少，从法律上看是这样的）；相反，在许多司法体系中，青少年离家出走都是属于违法的。某些犯罪行为，如果其犯罪主体为未成年人，那么就需要通过独立的未成年人司法体系来审判，其适用的规定和基本原则不同于成人刑事司法体系。尽管在未成年人司法体系中审判量刑会比相同罪行在成人司法系统中要轻，但是也不一定总是如此。

近年来，美国在调控青少年行为中的法律手段一直饱受争议。部分原因在于青春期个体的发育快速而多样化，要在成人和未成年人的

20世纪90年代中期，美国的许多州修改了法律，允许将被控有暴力犯罪行为的青少年作为成年人来审理。

判别上按照年龄划出一条明确的分界线十分困难。而不同领域之间的分界线各不相同，使得问题更加复杂化（如法定驾车年龄为16周岁，法定享有选举权的年龄为18岁，法定购买酒精饮料的年龄为21岁等）。这种不一致的现象使我们很难设定一个具体的年龄界线，也让我们无法充满底气地说人们在法定年龄界线的设定上有一致的看法。目前争论的焦点就在于在青春期大脑发育上的最新研究成果是否应该影响我们设定法定的年龄界线。

青少年法律身份的矛盾性

许多关于青少年法律身份的其他话题仍然模糊不清，令人困惑。两宗美国最高法院宣判的案例也表明了我们在看待青少年法律身份时存在的矛盾。其中一个案例中，诉讼双方为海泽伍德和科尔梅耶尔，最高法院裁定案件中的公立高中有权审查学生为校报所写的文章，理由是青少年的心智"尚不成熟"，需要有"睿智"的成年人来提供保护。但是在另一个诉讼双方为学校董事会与摩根斯的案件中，该法庭却裁定学生有权利在校园里组织成立圣经学习小组，因为高中生足够"成熟"，所以他们明白学校允许他们表达自己不一致的观点。此外，在霍奇森与明尼苏达州的案件中，最高法院裁定由于未成年人已经成熟，因此在堕胎前不需要经过父母的同意。但是在罗珀与西蒙斯的案件中，法院又裁定不能对未成年人适用死刑，因为他们还不够成熟，对自己的犯罪行为所负的责任较轻（因此所受的惩罚也应较轻）。

体现这种矛盾的例子还有很多。比如说，法院规定青少年不需要经过父母允许就能购买避孕药品和暴力游戏，但是法律却禁止未成年人抽烟或者阅读淫秽杂志，尽管这些杂志在成年人看来还没到违法的程度。青少年能够参加各项成人活动的法定年龄大不相同，比如开车、选举投票、喝酒、观看限

制级电影等。这种矛盾是遵循某种特定模式的吗？一般来说，当该行为被认为对未成年人有害时（比如说买烟），法律倾向于将年龄界限设高一些来限制未成年人的行为。但是当该行为被认为可能有益于未成年人时，法律则会支持青少年的自主性并将年龄界限设低一些（比如说购买避孕用品）。

社会再定义的过程

青春期期间的社会再定义并不是一件单一事件，而是像发育期和认知成熟期一样，是相对漫长的过程中发生的一系列事件。在当代美国，青少年在十五六岁时刚刚被允许可以开车、工作或者辍学，这也是社会对他们的再界定开始的时候。但是在美国大部分州，青春期的社会再定义通常要持续到成年初期。而且他们要等到社会再定义开始五六年后才能获得成年人的某些"特权"，如他们要到18岁才能参加投票选举，21岁才能购买酒精饮料。尽管有些社会要举办盛大的成人仪式来标志社会再定义过程的开始，但是个体从孩子到成人的社会转换需要很多年，成人典礼只是这个过程的小小一部分而已。事实上，成人典礼通常只是标志着个体开始为成人期长期接受训练和做准备的开始，而不是代表了青少年向成人身份过渡的完成。

在许多文化中，青少年的社会再定义是以群体为单位的。也就是说，一个社会群体中年纪相仿的年轻人（也就是同代人）会集合在一起，然后共同经历一系列的身份过渡。这种同龄群体共同经历身份过渡会使这群一起接受仪式洗礼的年轻人之间建立起强大的纽带。例如，美国许多高中都会尝试加强同班同学间的联系，以此形成某种班级精神，促进班级的团结。

社会再定义过程中常见的事项

尽管不同文化体系下，青春期社会再定义过程中的具体仪式、表现形式和发生时间各不相同，但是这一过程中的有些主题还是所有社会共通的。

真正或象征性地与父母分离　社会再定义的第一个共通现象通常是真正地或象征性地将青少年与父母分离开来。在有些社会里，儿童到了童年晚期就睡在自己房间了。青少年在白天会与父母待在一起，但是到了晚上就会住在朋友或者亲戚家中，或者单独住在为他们准备好的独立住所中。在早前的美国，传统上青少年需要离开家到当地的其他家庭里去当学徒学习一门谋生的手艺或者去当佣人。有趣的是，青少年离开父母的时间刚好与青春期发育的时间相重合（当时青春期发育的时间比现在要晚得多）。在当代社会，青少年与父母分离的形式较过去有所不同：他们被送去夏令营、寄宿学校，或者更常见的是被送去上大学。

强调两性之间的差别　青春期社会再定义过程中的第二个共通现象就是强调两性之间的生理差异和社会差异。出现这种对差异性的强调，部分是因为生理发育导致的生理变化，另一部分是因为成年人在工作和家庭中扮演的角色与性别十分相关。许多社会在宗教仪式中将男女区别对待，并让他们开始穿着各种带有性别特征的服装（而不是男女都能穿的衣服），在成人仪式中男女会被分隔开来。

目前在许多非西方社会里，男女进入发育期后所享受的特权会有很大差别，因此进入青春期对男孩和女孩来说意义完全不同。关于非西方文化中对进入青春期的男孩和女孩区别对待的例子有很多，但是总体上都是女孩子会更多地受制于家长，而男孩子则会享受更多的自由和自主性。比如说，结婚之前女孩要守身如玉，而男孩子则可以有婚前性行为。女孩子需要多花时间学做家务，而男孩子则需要在家庭以外掌握一门谋生之计。女孩子接受正规教育的机会要比男孩子少得多，在农村地区更是如此。

青春期期间男女的分离并不只局限在非西方社会。在早期的美国（如今许多其他工业化社会也多少有一点），学校会将青春期中的男孩和女孩分开。他们或是把女孩挡在中学和高等教育的大门之外，或是将男女分在不同的学校或者班级，或是让男女学习不同的课程。在如今的美国，这些做法都已经消失了，因为现在法律规定禁止性别歧视。但是在住宿安排、体育运动和家务劳动等方面，还是存在着一些刻意对男女区分对待和性别隔离的影子。而且，现在许多的成人仪式只是针对某一性别的（比如姑娘们的"初次舞会"和"昆西娜拉"），或者为男孩和女孩举行不同的成人仪式（比如以色列人中，男孩的成人仪式叫作 Bar Mitzvah，女孩的叫作 Bas Mitzvah）。

对老一辈知识的传承　青春期社会再定义的第三个共通现象就是老一辈通常会将文化、知识、实践等知识传授给年轻人。这些信息中可能会包括：①对成人很有用但是对年轻人用处有限的知识（如处理某项成人的工作任务）；②对成人来说必不可少却不适合年轻人的知识（如性知识）；③有关家庭或者族群历史、礼仪的知识（比如举行仪式）。在传统社会中，新接纳的成年人需要进入某种特殊的"学校"去学习本族群的生产活动（打猎、捕鱼或者种地）。随着身体的发育，男孩和女孩会接受有关性关系、道德举止和社会经验方面的知识。

在当代社会中，青春期也同样是一段给予教导并为他们成年做好准备的时期。比如，小学里不会涉及太多性、工作或者经济方面的内容，这些相关的课程都会留到高中再上。我们也禁止青少年涉足某些"大人的"活动（比如观看有"床戏"的电影），直到确信他们已经足够成熟以后才能接触这些东西。

由于正式的成人仪式在现代社会中既不常见也没有太大的意义，因此学生有时会忽视传统社会和当代社会在青春期社会再定义过程中的相似性。我们可能会无法理解一些传统的做法，如将孩子与父母分开或者刻疤（即故意在身体的某些部分留下伤疤）。但是如果我们能透过表象看到其背后的文化意义和重要性，就能发现许多共通之处。比如，在当代社会我们可能不会做出像刻疤之类的荒诞行径，但是我们的确有一些身体上的"仪式"来宣告青春期的到来，比如穿耳洞或者别的洞、剃体毛、文身或者浓妆艳抹等。对我们社会不熟悉的人也会觉得这些行为十分荒唐。

社会过渡的多样性

尽管总体上，社会再定义过程是青春期发展的普遍特色之一，但是过渡的性质存在着多样性。从跨文化和历史的角度来研究社会再定义，为在不同的社会背景下比较青春期的本质提供了重要的方法。各个社会中社会再定义的主要区别存在于两个重要的方面：一是过渡的明显程度；二是过程的持续长度。

明确程度的多样性

很多成人仪式都是宗教性质的，因此，只有在有共同信仰的社会里，人们才会经常使用这类仪式。在美国，普遍而正式的成人仪式从来都没有流行过，这主要是因为美国具有很强的文化多样性，而且美国人在日常事务中很少涉及宗教事宜。

然而，决定年轻人及其所在社会在青春期过渡中明显性的不是有没有正式的仪式，而是一些别的因素。其中一个因素涉及同一时间或者同一时期内，共同成长的个体身上发生身份转变的多样化程度。当工作、家庭和社会角色过渡发生的时间十分接近，并且同一群体里的大部分青少年都在差不多时间开始经历这些过渡，那么青春期向成人期的过渡则更具有明确性。如果所有的年轻人都在18岁从高中毕业并且就业结婚，那么18岁就是青少年与成人之间的明确界限了，根本用不着举行什么庄重的仪式。但是如果不同的变化发生在不同的时期，而且相似环境下成长的青少年经历这些过渡的顺序和时间都不相同，那么青春期和成年期之间的界限就模糊多了。

当代社会中社会再定义的明确性　你是从何时开始成为一名青少年的呢？又是从何时开始成为（或将要成为）一名成年人的呢？如果你像当代社会的大部分人一样，那么问题的答案就不是那么明确了。比如说，在一项研究中，针对"你是否觉得自己已经是成年人了？"这个问题，12～17岁的被调查者中有将近一半的人回答"可以说是也可以说不是"，18～25岁的调查者中这一比例为将近3/5。当代社会中，我们不会举行正式的仪式来作为童年到青春期过渡或者青春期到成年期过渡的象征。尽管在美国那些宗教性、文化性和社会性比较强的群体中，人们可能会给青少年举行一些成人仪式，比如犹太教男孩的受戒礼、女孩的成人礼，拉丁裔群体的"昆西娜拉"等，但是一旦离开他们生活的家庭、朋友圈和与他们有相同信仰的群体，这些仪式也就显得无关紧要了。学校的毕业典礼可能是当代社会中最广泛的过渡仪式了，但是毕业典礼并没有显著或者普遍的个体社会身份、责任或者权利。由此便导致了当今社会对青少年的社会再定义并没有为青少年明确地指出他们应该何时开始负起成人的责任、享受成人的权利。我们在前面也讲到，法律在规定允许个体参与"成人"活动的年纪上有点不一致。比如在美国的许多州，法定的工作年龄为15岁，驾车年龄为16岁，无须父母陪伴观看限制级（R级）电影17岁，投票权18岁，饮酒21岁。在某些州，暴力犯罪案件中的被告作为成年人起诉的年龄只有10岁。

在许多非工业化、尚不发达的社会当中，往往用成人礼来标志青春期的结束。

简而言之，有关于成年期，我们很少有普适的标志——不同环境、不同时间、不同的人会有不同的标准。比如说即便某个年轻人已经过了法定驾车年龄，但是他的父母仍然会觉得还为时过早，不让他碰家里的车。另一个年轻人在上班的时候会被当成成年人，身边同事的年纪可能是他的三倍，但是到了家里父母还是会把他当成孩子。还有可能在母亲看来孩子已经算是成年人了，但是在父亲看来他还只是个孩子。也有可能某个即将奔赴战场的年轻人还不到可以买啤酒的年纪，尽管打仗可比喝酒要危险多了。基于这些复杂甚至有时自相矛盾的期望，青少年在向成人过渡的过程中碰到种种麻烦也就不足为奇了。

青少年对自身的看法　由于当代社会在青春期何时结束、成人期何时开始这一问题上并未向青少年给出清晰而一致的答案，所以即便是生活在同一个社会中的青少年，他们在理解自己的社会身份和与自己年龄相符的行为上有着巨大的差异性。因此，确定人们认为是什么界定了青少年向成人期的过渡，并依此来确定更广泛的社会对社会身份的看法，或许会有所帮助。根据相关研究显示，当代社会中对成人期的界定出现了三种有趣的趋势。

首先，与传统社会相比，工业化的现代社会（至少在美国和加拿大）在定义成人期的特点时相对较少地关注角色（比如工作、配偶、父母）的获得，他们更关注自立能力与有关的各种品质的发展（比如责任感、独立性和自我控制）。父母在定义子女成长成人时的特点同样也会更加注重心理的成熟。

最近一项针对17~29岁个体的研究也同样显示，判断个体主观年龄（个体认为自己所处的年龄，而非其实际年龄）最重要的标志是他们社会心理的成熟程度。比如在当代的美国青年中，"承担起自己的责任"是判断其是否成为一名成年人最常用的标准。人们认为角色的过渡在当代年轻人迈向成年期的过程中十分重要，而其中最重要的判断标准是能否做到经济上的独立。可能正因为如此，只有不到1/3的大学本科在校生明确地将自己视为成年人。然而根据一项对个体20~30岁期间纵向跟踪的研究显示，20岁时个体恋爱和工作的成熟程度，即个体是否能成功获得并保持一份工作和是否能成功维系一段亲密的恋爱关系，与其真正步入成年后的能力并不成正相关的关系。真正能预示个体在成年后的能力是其在"青春期"期间的表现：在校成绩优异、社交活动频繁和避免麻烦的能力。

其次，家庭角色的转换（即结婚、生育）对于如何界定青春期向成年期过渡中的重要性正在与日递减，这着实让人有些吃惊。在早期的美国社会，男性成为一家之主，女性为人妻、为人母是成人身份的重要象征。但是在对当代年轻人的调查中，只有17%的被访者认为结婚被视为已经成人的必要条件，而针对生育问题，这一比例则只有14%。

最后，与传统社会或者早期社会相比，当代工业化程度较高的社会中对男女是否成年的判断标准正在日趋一致。在工业化程度较低的文化中，对男性成年的要求是能够"养家糊口、保护家庭、生儿育女"，而对于女性的标准则是"相夫教子、勤俭持家"。而现在年轻人则认为各项认定成年的标准对男女都适用或者都不适用。

由于当代的发达社会对于如何判断成年身份缺少明确的标准，因此有些人会认为自己比成年人成熟而有些人则相反。青少年对其心理年龄的判断会影响到他的行为，认为自己比较成熟的那部分会更多地与异性相处，觉得自己不用别人管，因此也更容易与身边的"问题"少年混在一起，做出许多冒险行为。心理学家南希·加兰博斯一直对个体主观年龄的变化十分感兴趣，她进一步研究了个体何时开始从主观年龄大于实际年龄（大部分青少年都是如此）阶段过渡到主观年龄小于实际年龄的阶段（大部分成年人都是如此）。她对加拿大的青少年进行了研究，发现男性和女性的这种变化都发生在25岁左右。

传统文化下社会再定义的明确性　与当代社会不同，传统文化下对青春期的社会再定义十分明确。通常，人们会举行正式的仪式来标示由童年进入青春期，以此宣告个体在群体中获得了新的地位。对男孩来说，这种仪式通常在发育期开始后，或者在到达某个特定的年纪后，又或者在群体认为其已经为身份的转变做好准备后举行。对女孩来说，这种仪式通常与自己身体的发育，尤其是月经初潮有关。对男孩和女孩来说都是通过这种"成人仪式"来标示自己童年的结束，并且开始学习如何为成年做好准备。

为了区分受过仪式和未受过仪式的年轻人，很多仪式会给年轻人在容貌上做一些特殊的标记。比如，年轻人可能在经过仪式以后开始改变穿衣风格，有些年轻人会在身体上做永久的标记或者刻疤来显示他们的成人身份。当代社会中，我们无法只通过身体容貌来区分成年人和未成年人（而且许多未成年人过于成熟的打扮也让许多成年人感到不是很舒服）。而在大部分的传统社会中，要区分成年人和未成年人是很简单的事情。在现代社会中，我们已经对青少年成人化的打扮和成年人"装嫩"的打扮司空见惯了，但是这种现象很少会出现在传统文化中。

过去年代中社会再定义的明确性　今天青少年是怎样向成年期过渡的呢？这要看和什么时候相比了。在描述当今年轻人特征的时候，我们经常会拿婴儿潮那一代人的青春期（20世纪50年代末和20世纪60年代）来作为潜在的比较对象。这可能是因为那一代人构成了许多现代家庭的生活形象，这些形象已经根植于美国文化精神中（在谈论如今家庭生活的时候，经常会有人拿1957～1963年一档美国电视节目《反斗小宝贝》中的内容作为对比）。但是出生于婴儿潮的那代人所经历的青春期在许多方面都与今天有着很大的不同。

也就是说与今天相比，在1960年，向成年期过渡的三大主要因素：结婚、与父母分居、完成学业，出现都相对较早，而且都出现在某一相对固定的时间段。最近关于成人初显期期间教育、工作、恋爱和居住的研究也确实显示个体经常在独立与依赖之间来回摇摆。这表明，现在青春期到成人期的过程不仅时间更长，而且经常反复。当前25岁左右的人中有60%不清楚自己算青少年还是成年人，这也确实有点出人意料。

与五六十年前的情况相比，今天青少年向成年人过渡的时间更长，过程也更加曲折。但是这一过渡在19世纪也是十分混乱而漫长的，如同现在一样。历史学家约瑟夫·凯特（1977）指出，当年轻人在上学与辍学中反反复复，在学校里他们会被看成是孩子，到了工作上他们又会被看成成年人。个体之间获得成人角色的时间大不相同，因为这主要取决于家庭对他们的需要，而不是广泛认可的学习、家庭、工作过渡发生的时间。比如一个已经工作并独居的年轻人，如果家里人需要他（比如家人病重），他便会辞去工作并且搬回家里去住。19世纪中期，实际上很多年轻人既没在上学也没有工作，处于一种既不是童年也不是成年的半途状态。

即便是到20世纪初期，青春期向成年期的过渡时间也十分漫长。20世纪初，男性初婚年龄（26岁）与目前（29岁）差不多；而目前女性初婚年龄（27岁）却比一个世纪前（22岁）大。20世纪初，25～34岁的群体中，与长辈同住者的比例比20世纪50年代要高得多。就算是直到1940年，该群体中还有30%的人与父母或者祖父母住在一起（见图3-3）。20世纪中期婴儿潮那一代人在实现青春期

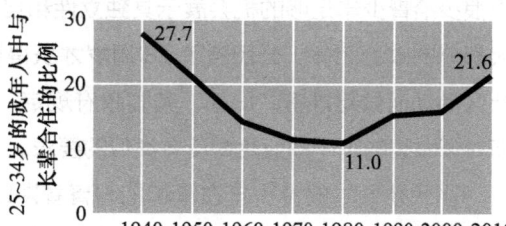

图3-3　25～34岁成年人中与长辈同住的比例：总体上，当今的美国成人中与父母同住的比例比几十年前要高

资料来源：Parker, 2012

向成人期的过渡时显得十分简单而清晰，这至少在工业化的社会中是一个例外，而不是常规现象，而这点是不容忽视的。尽管现在看来，关于"成人初显期"的观点可能是对的，但是这种现象绝不是最近新出现的。150年前可能还没有"成人初显期"这个说法，但是当时的年轻人的确与当前的"初期成人"有着许多相同之处。

青春期连续性的多样性

著名的人类学家鲁斯·本尼迪克特（1934）在对多个不同社会进行研究后，发现社会再定义的连续性，即青少年向成年期过渡是渐进式还是突变式，也会随着不同的文化和历史背景而呈现出多样性。青少年逐渐地获得成人的角色和身份的过渡形式被称为连续性过渡。

青少年步入成年较为突然，过渡进程并不顺利的过渡形式被称为非连续式过渡。比如，从小在农场里做农活的孩子长大后继续在农场工作，那么他向成人工作的过渡即为连续性过渡。

当代社会中青春期的连续性　当代社会中，我们总是将青少年排除在成人世界之外。我们很少给予他们足够而直接的训练来应对成人世界，但是却又突然要求他们像成人一样独立。因此，在当代发达的社会中，青春期向成年期的过渡比在传统社会中要显得突然得多。在向成人期的过渡中，个体需要成功转换的角色有三个，即工作者、为人父母和社会公民。但是在当代社会中，青少年在这些方面接受的准备却十分有限。

比如在童年期和青春期早期，青少年与成人的工作场所总是隔离开，他们在学校中也很少接触到直接的训练以应对他们今后可能承担的工作角色。在本书的第7章中，我们也会指出，当今青少年可以从事的工作，如快餐店服务员等，与日后他们所从事的成人工作之间几乎毫无相似性。因此，对当代社会的大部分青少年来说，向成人工作的过渡较为不连续。另外，许多用人单位也表示相当一部分的年轻人在毕业时并没有为工作做好足够的准备。

青少年向家庭角色的过渡则比他们向工作角色的过渡更加突然。在为人父母之前，大部分的年轻人都没有学过如何养育子女。今天的家庭相对较小，子女之间年龄差距相对较小，因此青少年很少有机会在家里照顾比自己小得多的孩子。学校也很少向青少年提供处理家庭关系和参加家庭活动方面的指导。由于现在产妇都在医院里接生，青少年也很少有机会目睹自己弟弟妹妹出生的过程。

当代西方社会中，青少年向公民身份和独立决策角色的过渡也具有明显的"非连续性特征"。学校很少给青少年足够的机会展示其独立性和自主性，在完成全部学业之前，他们都无法接触到社会上大部分的政治团体。公民到了18周岁才获得选举权，而在此之前却很少有人为他们今后参加政府和社区活动而做足准备。比如，美国政府规定：想要成为美国公民就必须先了解美国政府的工作机制，而对于本国的高中毕业生却没有类似的要求。

当代社会中的青少年在童年期与青春期的大部分时间里都无法参与工作、家庭与公民身份相关的活动，因此，他们无法逐渐地转换到这些身份中，但是，等他们到了法定年龄之后，却被要求能顺利完成这些角色。他们几乎没有从事过任何有意义的工作，但是在毕业后却被要求马上找到一份稳定的工作。他们几乎没有接受过任何婚姻和婚育方面的教育，但是在成年后就被要求组建家庭、生儿育女，并且供养起自己的家庭。他们几乎没有参加过任何社区活动，但是到了法定年龄后却要求马上肩负起自己的公民责任，学会投票和报税。

传统文化下青春期的连续性　青春期在当代美国社会中呈现出高度非连续性的特征，但在传统社会中却并不如此。人类学家玛格丽特·米德在她的著作《萨摩亚人的成年》中详细描述了萨摩亚群岛上年轻人的成年历程。从孩童时代开始，萨摩亚青年就要参与一些工作，这与他们成年后所从事的工作有着重要的联系。这些工作包括照料家中比自己年幼的孩子、耕作和收获地里的作物、采集和准备食物等。他们向成年角色的过渡是循序渐进的，大人们会根据手艺和智力水平为他们安排不同等级的工作。当他们还处于童年中期时，他们会被家里人要求负责幼小的弟弟妹妹们的社会化，因为他们目前尚不足以在渔猎等活动中帮上什么大忙。慢慢地，长辈会教他们纺织、造船、捕鱼、造房、打猎等基本技能，等他们成年后，这些都将派上大用场。

这种连续性通常出现在以狩猎、捕鱼和耕作作为主要生产活动的社会中。米德发现，相比学校的正规教育，这些社会更加注重实地的非正规教育。孩子们通常并不是被关在学校里的，而是经常与成年的长辈一起参与到日常活动中。青少年向成年期的过渡主要来自长期观察和实践，他们在成年后处理相同的问题时显得得心应手得多。男孩子通常会学习成年男性的工作，女孩子则会学习成年女性的工作。当族群里的成人需要外出从事生产活动时，孩子们随着父母出行的现象并不少见。

许多人撰文指出，全世界范围内，青春期向成人期的过渡已经在现代化和全球化的影响下变得更长而且呈现非连续的特征。由于目前职场上的成功日益依赖于正规的教育，父母在子女怎样才能为成年做好准备的问题上越来越无法给出足够的建议。全世界的个体都将学校教育，而不是实地的工作经验视为成人工作的必要准备。这些变化将如何影响发展中国家青少年的心理发育？关于这个问题，研究者才刚刚开了个头。过去，现代发达社会有一些特有的青春期特征，比如身份认知的发展、选择职业、重新处理与父母的关系等。然而，现在这些特征开始在全世界的年轻人中变得越来越普遍了。有趣的是，在青春期跨文化研究大幅发展的同时，世界各地青春期的本质却开始变得越来越相似了。当我在为了更新本书的内容而翻阅最近的研究时，我惊奇地发现许多研究跨文化或者少数民族的学者都指出他们在不同的样本之间发现了相似性。

先前时代青春期的连续性　在早期的美国社会，青少年向成人角色和责任过渡出现得比现在要早，而其过程的连续性也比现在要强。这在工作方面体现得更加明显。在18世纪和19世纪初，当时的家庭大多从事农业，因此许多年轻人成人后都会在农场工作并且学会相应的技能以继承家业。父亲通常会带着男孩子出去做生意，让他们体会做销售和做生意的区别，许多传统社会都采用这种模式。

还有一些年轻人离开家的年纪要相对早一些（最早的只有12岁），他们会给社区里的邻居打工，也可能跑到临近的村庄去工作。即便是到了19世纪中期，年轻人也通常会给人当学徒，学习手艺和做生意的门道，为自己的成人工作角色做好准备；另一些年轻人则会去给别人家当临时的佣人来学习家务。在19世纪的欧洲和美国，大部分青少年在15岁以前就离开了学校。

根据人口普查数据和历史资料显示，尽管100年前的青少年更早地开始从事全职工作，但他们接受父母管教的时间却比当今社会的青少年要长。也就是说，与20世纪相比，尽管19世纪的青少年工作角色转换要早一些，但他们还只是半独立的，而非完全从父母身边解放。很多年轻人的半独立时期一直从12岁持续到22岁甚至更久。这段时间内青少年可以逐渐承担起一些成人的责任，这便增强了青春期向成年期过渡的连续性。然而，19世纪这种青春期半独立的特征到了1900年左右就消失了。目前越来越流行用无薪实习来作为大学和工作之间的过渡，尽管许多社会评论家（和许多大学毕业生）都抱怨这种做法，但是这种向成人工作过渡的方式实际上与19世纪当时的做法十分相似。

过去年代中，青少年经历社会化以转换家庭和公民角色的过程可能也比今天更加连续。100年前，青少年在青春期末期和成人期初期都和家人住在一起，而且当时的家庭规模也比现在要大得多，这有助于青少年为今后的家庭生活做好准备。孩子在原来的家庭一起度过很长一段时间的现象在当时是很常见的，而且年长的青少年通常会被要求肩负起照顾幼儿的责任。100年前的青少年经常需要照看年幼的弟弟妹妹们，而当今社会的青少年几乎没有什么照顾幼儿的经验，两者恰恰完全相反。同时他们还需要帮助父母养家糊口，这也无疑对他们日后离开父母成立自己的家庭很有好处。这种模式通常也会强调个体固定的性别角色。研究表明，较早离开父母、结婚前就独立生活的女性比成年后仍与父母同住的女性在个人态度、价值观和个人规划上都会非传统一些。

经济状况的变化，使得许多刚成年的人搬回来和父母同住。

当前青少年与父母分居的趋势 最新研究显示，作为青春期向成人期过渡的一方面，年轻人与父母分居的趋势在许多发达国家正在发生着变化。个体与父母同住的平均时间比前几年要长。全美国18～24岁的年轻人中，有超过55%的人（大约60%的男性与50%的女性）与父母同住或者需要父母接济。大部分专家将这一趋势归因于住房与交通费用的上升，这使得年轻人很难与父母分居（或者不需要父母的经济资助）。还有一个原因是越来越多的高中生毕业后上了大学，使得他们不得不依靠父母资助来完成学业。在欧洲也明显地出现了类似的趋势，尽管各国之间年轻人与父母同住的比例各不相同（见图3-4）。年轻的成年人与父母同住可能也会带来一些积极的后果，通常青少年上了大学以后酗酒和吸毒的比例通常会上升，但是与父母同住的人群中这一比例则没那么高（见图3-5）。因为有父母在，青年人的聚会通常不会玩得太过火。

青少年在青春期后期与父母同住对其心理发育和精神健康的影响取决于其所在的文化群体中对这一现象的认同程度。但是，即便是在美国这样强调从父母身边独立的国家，与父母同住的年轻成年人中也有一半左右的人认为自己与父母的关系没有因此受到影响，有1/4的人认为自己与父母的关系反而变好了。尤其在亚裔和西班牙裔的年轻人中，他们所处的文化特别重视家庭责任，因此人们对在青春期后期和成年早期与父母同住可能还是持积极的态度，家庭关系也会因此变得更亲密。

由于当前经济因素对青少年离家独居的影响，从更广泛的环境下出发定义"正常"青春期就显得更加重要。1960年，由于毕业后与父母同住的人是少数，所以我们倾向于认为与父母同住的人与同龄人相比不够独立与成熟。但是现在与父母同住已经成为一种正常现象，我们就不会将其视为一种不成熟的表现了。不管怎样，我们需要意识到：由于青春期在一定程度上是由社会界定的，所以它的本质也会随着社会而改变。

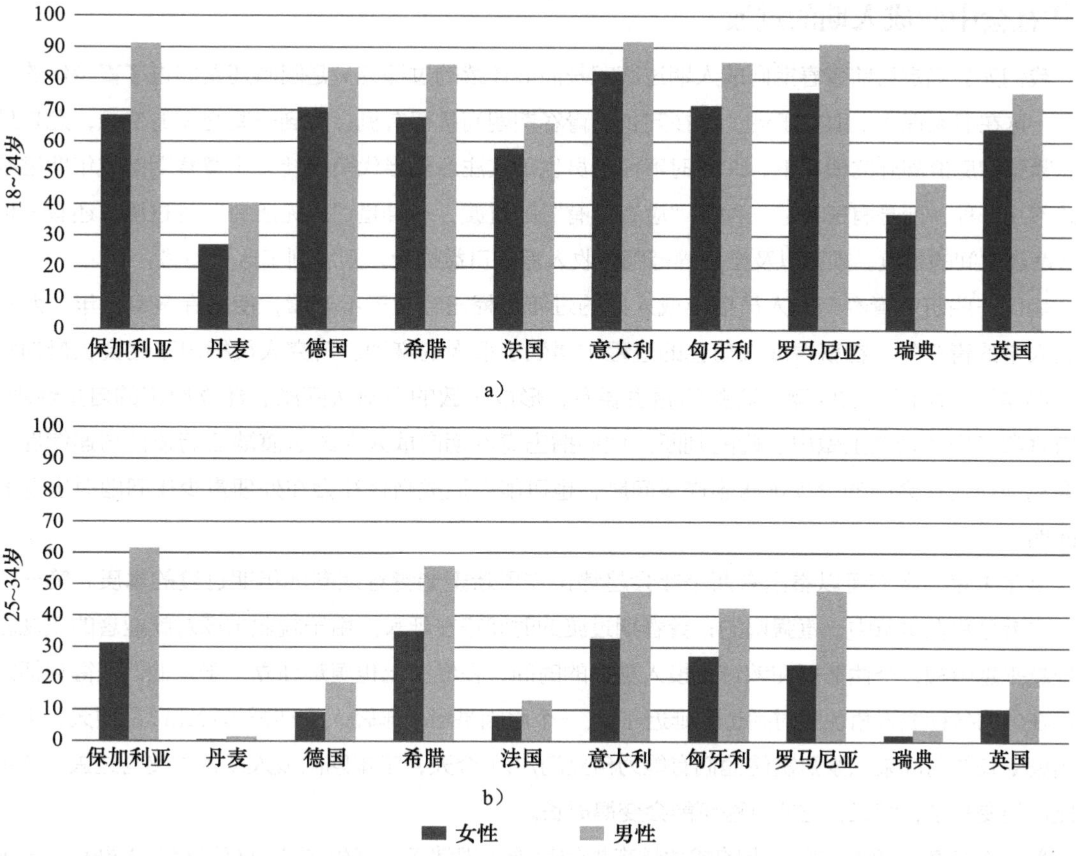

图 3-4 欧洲各国，刚成年的年轻人与父母一起居住的比例有着显著的差异

资料来源：Eurostat, 2010

许多历史性的事件，如 20 世纪前十年的经济萧条、2003 年的伊拉克战争、2005 年的卡特里娜飓风等，都会暂时地改变青春期的本质。比如，有研究表明经历过卡特里娜飓风的青少年在应对压力时出现症状的延续时间比一般人明显要长。如果我们仔细研究 2009 年的经济大衰退是如何改变了青春期向成年期的过渡进程以及它是否影响了青少年的心理发育，就会发现一些有趣的现象。目前还没明显的证据证明此次经济危机加快了青年人的成长（因为家人需要他们的帮助），或是实际上减慢了他们的成长（因为经济条件限制了他们找到工作和住处的机会）。

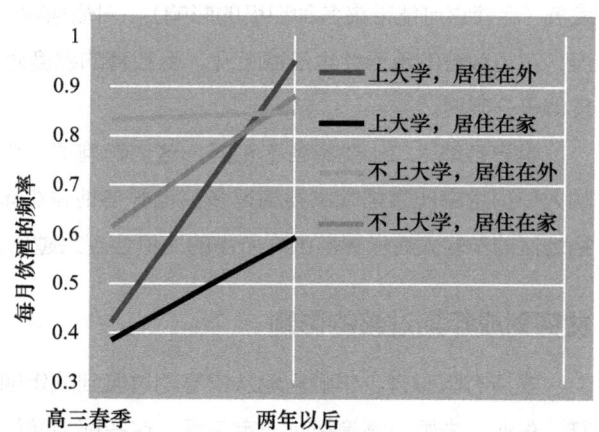

图 3-5 高中生毕业进入大学离开父母后，其酗酒的频率是原先的两倍多。与此相反，高中毕业后不上大学或者大学期间住家里的年轻人中，这一比例并无变化

资料来源：White et al., 2008

当代社会中向成人期的过渡

我们无法确定目前青春期向成人期过渡冗长而非连续的过程究竟是阻碍还是促进了青少年的心理发育。这在很大程度上取决于青少年在冗长的青春期期间是否有机会得到一些必需的资源，尤其是在就业紧张和房价高升的情况下。许多时事评论员也确实注意到当代美国社会中青春期向成年期过渡的形式不止一种，而是有三种：一种是"应有尽有"的过渡，一种是"一无所有"的过渡，还有一种是介于两者之间的过渡。美国以及全世界范围内收入差距日益扩大，则加剧了这一趋势。

美国一些研究青春期的人员指出成人期的过渡进程已经过于不连续，使得许多青少年，尤其是没上大学的青少年，在获得成人角色的过程中遇到了很大的麻烦。研究人员指出了社会上最为脆弱的一群年轻人所面临的问题，这些问题主要有：形成一致的身份认同感、建立健康的自主性观念、在家庭和工作的责任上做出正确的判断。他们指出青春期向成人期的过渡缺乏清晰性与连续性，可能会造成当代社会中的青少年遇到许多问题，也可能会造成当代社会在处理青少年问题时出现的一些问题。

展望未来，我们可以看出有两个社会趋势正在重新塑造青春期向成年期过渡的本质。第一个趋势，也就是我在本章中一直强调的：青春期过渡的时间正在延长。由于就业市场对就业者的正规教育背景越来越重视，个体需要在教育上投入更多的时间，在经济上也更难独立，于是他们获得包括家庭角色在内的各种成人角色的时间也就延迟了。（一个原因是当今年轻人的结婚年龄比以前要大，因此他们需要更长的时间来积累财富使他们有能力自立门户。）今天，童年期向成人期的过渡与过去一个世纪相比已经变长了；明天，它的过程可能会变得更长。

第二个趋势，随着在职场上的成功越来越依赖于正规教育，产生了"应有尽有"人群和"一无所有"人群的区分。前者掌握了金钱、教育、信息技术等各种资源，而后者则无法享用各种重要的资源。这种区分不仅存在于富裕和贫穷的国家之间，在一国的贫富人员之间也日益明显。因为随着全球化的发展（尽管它可能带来各种积极的影响），一国内部的收入差距也开始增大。随着发展中国家经济的发展，正规教育的重要性也日益上升，受教育的程度对生活条件的影响进一步加大。这在当今的中国体现得十分明显。

世界各地人口出生率各不相同，这也影响了一个极其重要的国际性趋势：贫穷国家和发展中国家的人口出生率比富裕国家要高得多，世界各地青少年的数量也大不相同。随着我们迈进21世纪，富裕地区的年轻人在世界范围内所占的比例会越来越低，而贫穷地区的年轻人比例则会越来越高。

贫穷对成年期过渡的影响

在所有阻碍青少年顺利地从青春期过渡到成年期的因素中，贫穷位居前列。贫穷与青少年学业糟糕、失业、未婚先育等都有一定关系，这些都会增加过渡的难度。由于少数族裔的青少年在贫困中长大的概率较大，因此他们也更容易在青春期中后期遇到麻烦。

怎样使过渡更加轻松

为了使所有青少年，尤其是那些没上过大学的青少年的过渡更加顺利，人们提出了许多建议，包括改革中学教育、增加就业实习和志愿者机会、提高青少年及其父母的社区生活条件等。有人呼吁通过增加就业实习的机会，使得高中阶段成为青春期与成年之间的"桥梁"。还有人建议鼓励青少年在高中毕业后先从事几年的志愿者服务，比如到救济中心、敬老院工作或者从事环卫工作等，这样能增强他们的责任感并承担起成人角色。也有人指出，没有成年人的帮助青少年无法顺利地长大成人，因此需要设立一些项目来强化家庭和社区的作用，同时让青少年多联系自己的成人导师。总体上，大部分专家都认为需要一个综合的方法来同时解决来自不同背景的青少年遇到的教育、就业、人际关系、健康问题。

指导 近年来，越来越多的专家开始致力于为处于危险边缘的青少年设计指导项目，他们中的很多人都极少有机会接触到能为他们带来正面影响的成年模范。而没有正面的成年模范影响的青少年更容易产生心理上和行为上的问题。

这些指导项目希望在社区或者学校通过成年人与未成年人配对的方式促进未成年人的发展，提高他们的学习成绩并防止他们出现反社会行为。经过评估后，专家发现这些指导项目对青少年发展的影响虽然较小，但是其意义却是十分重大的。总体上来说，接受过指导的青少年在家和在校期间出现问题的概率较小，并且日后吸毒、酗酒或者触犯法律的概率也较小。但是指导对青少年所产生的影响各有不同，指导者、未成年人的性格特征和两者之间的关系都会影响指导的效果。对于与其他人关系尚可但并非十分融洽的青少年，指导的作用最为明显（这可能是因为与其他人关系融洽的青少年并不需要过多的指导，而与其他人关系十分糟糕的青少年则缺乏必要的社会技能）。总体来说，如果指导者能在一段较长的时期内（至少两年）与被指导的青少年时常保持联系，并不定期地带其参加一些娱乐、社会和实践等各种活动，那么该指导项目就更容易成功。但是我们也必须注意，虽然指导对青少年成年有一定益处，但是生活中的其他影响也同样很重要，仅靠指导是无法将处在危险边缘的青少年拯救回来的。接下来我们要讨论的是另一个十分重要的影响因素——青少年居住的邻里环境。

邻里环境对青少年成长的影响

在过去的40年里，美国的贫困人口日益集中，越来越多的贫困家庭受到经济和种族隔离，不得不聚居在某些特定的社区中，这使得贫困和少数族裔青少年的处境变得格外令人担忧。因此，部分专家开始将注意力转移到邻里环境如何影响青少年成长的问题上。尽管除了贫困以外，邻里环境的其他特性也有可能会影响青少年的成长（比如种族构成、犯罪率、公共服务资源占有率等），但是贫穷对青少年成年的已知影响还是比其他因素要多得多。邻里的贫困问题已经成为困扰美国非白人青少年的主要问题。

要研究邻里环境对青少年成长的影响具有一定的难度。我们都知道成长于贫困家庭会增加青少年出现各种问题的风险，但是，贫困家庭大多出现在贫困区域，因此，要区分究竟是家庭的贫困还是邻里的贫困对青少年造成影响并不是那么容易。为此，研究人员必须对家庭状况相近但是邻里环境不同的青少年进行比较。你可以想象，这是很难办到的，因为贫困区富裕的家庭很少，而富人区贫困的家庭也很少。

这同时也是一个因果问题。如果富人区的家庭比贫困区的家庭运行得更好，这可能只是因为富人区的家庭自己选择住在这里而已（而不是富人区造就了这个家庭）。也有一些实验考虑到了这个因素，他们将同样来自贫困区的家庭随机分成两组，一组继续留在贫困区，另一组则被重新安置到了更为富裕的地区。随后，研究人员对两组家庭中青少年的心理发育和行为进行了追踪。这些研究发现搬家的影响各不相同，有些家庭出现了积极的影响而有些家庭没有，有些家庭甚至出现了消极的影响（见图3-6）。有些实验甚至发现，搬到富人区对女孩产生的积极影响比男孩要多，这使得情况变得更加复杂。还有几项研究得出的结果也惊人地相似。比如，一项针对不同邻里贫困水平的研究发现，如果将原先生活在高度贫困地区的青少年转移到富人区居住，他们就将有可能出现问题行为，而对于生活中度贫困的青少年，情况则完全相反。如果将他们转移到富人区，会给男孩子带来正面的影响。

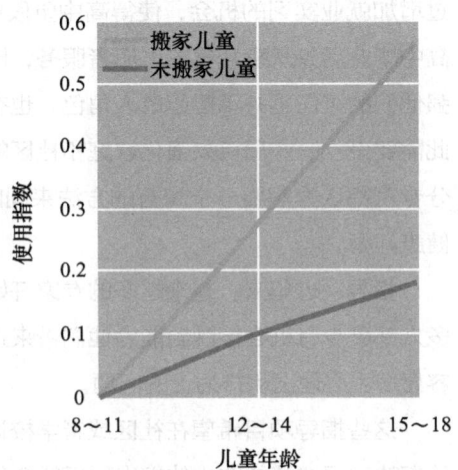

图3-6 在一项实验中，从贫困区搬到富人区后，贫困家庭的青少年酗酒和吸毒的比例却升高了，这与实验的预期刚好相反

资料来源：Fauth et al., 2007

将贫困家庭安置到富人区反而会对家中的青少年产生负面的影响，这该怎么解释呢？根据一组研究人员的研究成果，我们或许能得到以下几种解释：①与原先的穷人区相比，贫困家庭的青少年在搬到富人区后受到了更多的歧视。②尽管富人区通常享有更多的资源，但是贫困家庭搬到那里后却不像富人区的老住户一样拥有足够的途径来享受到这些资源。③搬到富人区的青少年会比继续留在穷人区的同龄人感觉到更多的差距，因为现在他们身边同龄人的生活条件都十分优越。④穷人区的父母会更加警惕对孩子的看管，因为他们担心孩子遇到犯罪等危险。本书将会在第4章中提到，受到严格管教的青少年出现问题的可能性会更小一些。

尽管如此，还是有证据表明贫穷的邻里环境会对青少年的行为、成就和心理健康产生负面的影响，而这些影响比家庭和学校的贫困所造成的影响要大得多。在家庭条件同样贫困的情况下，来自城镇地区的青少年发生性行为的年龄比来自更好的邻里环境的青少年要早，也更容易出现意外怀孕或卷入犯罪活动，他们在高中的表现也会更差一些，有些人甚至会从高中辍学。在后几章中，我们会提到这些因素都会严重影响青少年向成人期的顺利过渡。有趣的是，给贫困社区的青少年带来最大危险的不是没有富裕的邻里环境而是他们身处贫困的邻里环境。尽管几乎所有关于邻里环境的研究都以城镇青少年为对象，但是也有研究表明穷困的邻里环境也会给农村青少年带来风险。

在贫困中长大的青少年更容易出现各种心理和社会问题。

邻里环境影响的过程

邻里环境是如何影响青少年的行为和发育的呢？这里有三种不同的方式（见图3-7）。

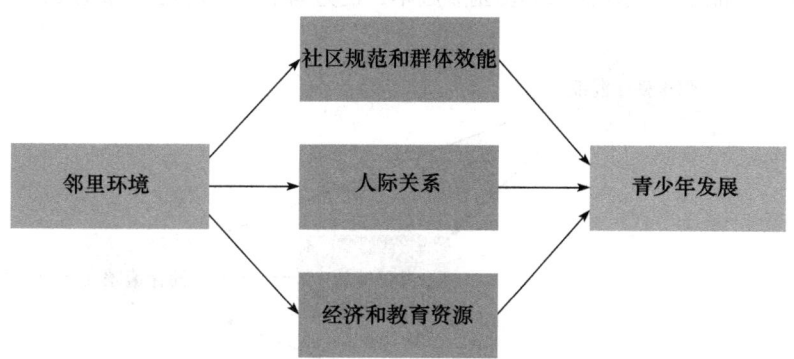

图3-7 邻里环境对青少年发展的影响主要体现在：设定青少年需要遵守的规范，影响青少年与他人（包括父母）的关系，给予或者限制青少年家庭获取经济和教育资源的途径

群体效能 首先，邻里条件会促使各种规范的形成，这些规范会引导个体的价值观和具体行为。贫穷的环境会滋生社会隔离和社会解体，影响集体效能的形成。集体效能是指邻里之间彼此信任、价值观相同并依靠彼此来监督青少年活动的程度。因此，贫穷的邻里环境中青少年的行为更容易受到行为不端的同龄人的影响。在集体效能水平较低的区域，青少年怀孕、辍学、反社会行为等各项比例都要高得多。在集体效能水平较高的区域，成年人在监督彼此行为的同时也会监督青少年的行为，这对于父母缺乏警惕意识的青少年来说尤为重要。此外，在许多国家都发现了同一现象，即群体效能可以加深青少年与他们社区之间的情感联系，增强他们的安全感。

有人曾撰文指出，在集体效能较低的情况下，社会问题会具有蔓延性，它们会像传染病一样在青少年之间蔓延开来。比如，贫穷会导致问题行为增加，而居住在贫困区域的青少年与行为不正的同龄人接触的机会较多，这使得他们更容易卷入违法犯罪活动中。同样，在青少年怀孕率较高的区域，青少年长期对此耳濡目染，因此也更能容忍这一行为，这也影响了他们对于未婚先孕的看法。在充斥着贫穷和失业的区域，青少年自然不会对未来抱有多大的希望，因此对他们来说怀孕、辍学和犯罪可能没什么好怕的，因为他们已经一无所有。一项名为"新希望"的扶贫项目为低收入家庭提供经济援助、照看子女、卫生医疗等服务，人们对该项目进行评估后发现，该项目对树立男性青少年对于未来和职业生涯的希望有着积极的影响。经济发展水平较低的邻里环境同时也会影响青少年的性行为和在堕胎问题上的决定，这体现为贫困区域的青少年发生性行为和生育的年龄都会更早一些。但是邻里环境并不会影响她们选择怀孕或者采取避孕。对于任性冲动或者不顾他人感受的青少年，群体效能较低的环境对他们的影响尤为不利。

压力的影响 其次，贫穷所带来的压力会影响人际关系的质量。我们知道，贫穷会使得父母无法尽到自己的职责。心理学家冯尼·马克罗伊德进行了大量的实验以研究贫困对黑人青少年的影响，实验结果表明贫穷带来的经济压力和邻里压力会影响父母履行自己的职责，从而造成青少年的心理失调。在所有族群中，贫穷都有可能造成父母过于严厉、缺乏关爱或者经常体罚孩子等现象，从而导致青少年出现不当行为。比如，如果父母没有对孩子进行有效的监督和引导，而孩子也没有从父母或者其他大人那里学到足够的社会经验，那么，他们就更容易与具有反社会倾向的同龄人混在一起并惹出麻烦（见图3-8）。因此，在贫困区域的贫困家庭中，贫穷与不当行为之间的联系更为紧密。

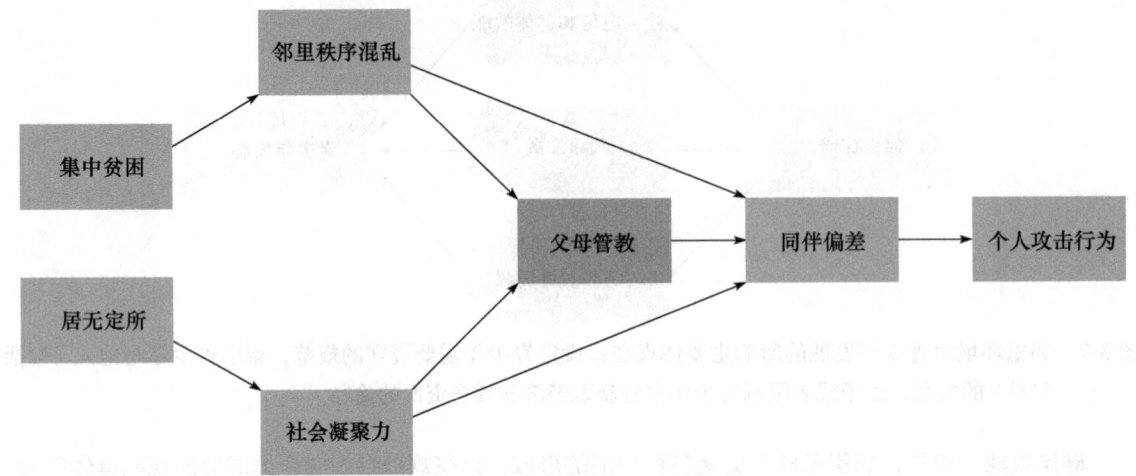

图3-8　邻里的贫困会影响父母管教的有效性，使得青少年与行为不正的同龄人为伍，从而卷入违法犯罪活动中
资料来源：Chung & Steinberg, 2006

在贫困区域中，父母的忽视或者过于严厉所带来的负面影响更为显著。针对父母的照顾是否会受到邻里环境影响，研究人员进行了大量的研究，但是结果莫衷一是。不过还是有一些研究显示良好的邻里环境会使家庭成员之间的关系更加积极融洽。

贫穷对邻里暴力的影响可谓触目惊心。与其他环境中的同龄人相比，在贫穷区域成长起来的青少年长期接触到社区暴力的概率要大得多，长期接触暴力和其他压力会增加青少年在行为、情感甚至身体上出现问题的风险。此外，在贫困区域长大的青少年经常面临受到威胁的情况，他们的血压和心率也会因此升高，从而出现突发心脏病的风险。在室内试验中，混乱的邻里秩序会让青少年更乐于冒险。

贫困区域的青少年接触到暴力已经是司空见惯的事情了。在一项针对纽约市高风险青少年进行的抽样调查中，研究人员发现其中93%都见过别人被打成重伤、75%见过别人被刀捅伤、92%见过别人被枪击、77%见过别人被杀。此外，78%的研究对象说自己有亲密的朋友死于暴力，85%的研究对象说自己居住区域内有认识的人死于暴力。这里有一位16岁青少年的口述，他的经历在各大市中心的贫民区中十分常见。

拉沙德：当时我和朋友正坐在墙头做着自己的事，街角站着一群和他有过节的人，另外还有一个人在吸毒点站着。突然，在角落的那帮人从两边围了过来……我不知道怎么说下去了（采访对象开始哭起来）。他们从两边围了过来，然后掏出枪就向我们射击，我的朋友当场被一把左轮手枪打穿了头部。

采访人：接下来发生了什么事呢？你又是怎么逃出来的呢？

拉沙德：我正好面朝墙的另一边坐着，当场立刻跳下了墙。他们开枪，我一边躲，一边拼了命地往前跑。这一切发生得太快了，我都不知道是怎么一回事。

接触过暴力的青少年自己也更容易做出暴力行为，更容易有自杀的想法，也更容易出现抑郁症状、失眠压力造成的紊乱、绝望情绪和滥用药物等现象。一项研究发现，目睹枪击案后青少年在日后做出暴力行为的概率会升高一倍。数以百计的研究结果都显示接触暴力会带来负面作用，不仅对美国城镇的青少年是如此，对诸如北爱尔兰等世界其他地区也是如此。一般来说，亲身经历暴力行为比目睹暴力行为将带来更为持久的伤害，比起仅仅是听闻暴力带来的伤害那更是不用说了。

当然，接触暴力的青少年受到其影响的程度因人而异。良好的家庭关系是帮助青少年抵抗接触暴力带来的危害的重要因素，在黑人青少年中，宗教因素的影响尤为重要。比起黑人青少年，接触暴力给亚裔美国青少年带来的负面作用少一点。

获取资源的途径有限　再次，在贫困区域长大的青少年获得资源的途径比富裕区域的青少年要少。比如，贫困区域在教学质量、医疗设施、交通运输、就业机会和娱乐服务等各方面都比富裕区域要差。这导致贫困社区的青少年缺少必要机会得以促进个人的良好发展，他们在遇到困难时也很少有相应服务能帮他们渡过难关。对于资源相对丰富的社区，这里会有教学质量更高的学校，青少年也更不容易卷入反社会活动中。有趣的是，这些地区的资源更丰富、凝聚力更强，成人对当地的青少年也更有信心。这可能要归功于在这种背景下，成人与青少年之间的关系要积极得多。良好的社会关系也带来了诸多的教学资源。

邻里环境对青少年个人发展的影响大多是间接的，需要转移到青少年的日常环境中逐渐发挥作用。比如，邻里秩序的混乱会影响父母的行为，进而影响青少年的发展和心理健康。本书引言部分曾从生态学角度讨论了人类的发展，与此一致的是本章中邻里环境对个体的影响正是通过转化到个体直接面对的环境而实现的。

家庭、同龄人、学校，这么多的作为邻里环境的载体在直接环境中是否有一项对青少年的影响作用要大于其他几个呢？汤玛斯·库克和他的同事通过研究发现，如果仅仅将青少年的发展放在单一的环境中研究，根本无法解释"为什么有些青少年向成年期的过渡要比其他同龄人顺利"这个问题。每一个直接环境都对青少年的成长温和而独立地发挥着作用，各种环境长年累月的影响才是最重要的。青少年的成长环境中积极因素越多，他们就能发展得越好。同理，环境中的危险因素越多，他们出现问题的概率就越大。

在后续的章节中，我们将详细讨论青少年的直接环境，即家庭、同龄人、学校、工作、环境以及各个环境促进或阻碍青少年健康发展的特点。

第4章
家 庭

如果你到书店去，不妨看看父母与青少年关系那部分书。从标题来看，一般人会翻到比如，"为什么他们要那么做"；"从我的生活中滚开，但是能不能先开车把我和谢丽尔送到超市去"；"如何应对来年的变化"；"没错，你那处于青春期的孩子已经疯了"；甚至有"没错，你的父母已经疯了"等类似的标题。你也许会认为青少年和父母之间的压力和紧张是常见甚至是正常的。与强调规范发展的幼年期的书不同，这些书告诉处于青春期孩子的父母应该关注孩子的问题。这是不幸的。首先，这些文章中的典型并不是真的；其次，父母越是坚信青春期难以度过，越会认为他们的孩子也会如此，于是他们和孩子的关系就会变得更差。换句话说，父母坚信他们即将和进入青春期的孩子们度过难熬的时光，这本身就是心理学家所说的自我实现预言，即父母的行为导致了它的发生并使其成为一种会实现的预期。

事实上，科学研究表明年轻人和他们的父母在情感上并没有多大的差异。尽管有些青少年和他们的父母有很严重的人际交往问题，但是绝大多数青少年和父母亲近并尊重父母的判断，能感受到父母的爱和关心，将父母作为独立的人来尊重。实际上，有1/5的美国青少年表示他们最担心的就是没有花足够的时间来陪伴父母；讽刺的是，只有不到1/10的父母表示他们最担心的是他们没有花足够的时间来陪伴孩子。

诚然，青少年和父母之间是有些问题的。但是还有很多时候是年幼的孩子和父母有问题，年轻父母也和他们自己的父母有矛盾。目前，没有系统研究表明青少年时期出现的家庭矛盾会比一生中其他的时候更多。很多研究表明在这些有问题的青少年和父母中，很多都是从孩童期就开始出现问题，那些一开始关系就不太亲密的家庭关系就更容易变得恶劣。关系积极的家庭很少在孩子进入青春期时遇到很严重的问题。

在本章中，我们将家庭看作青春期发展的背景，分成以下三条宽泛的问题来思考。第一，青春期的家庭关系是如何改变的，也就是说，青春期对家庭的影响是什么。第二，家庭中的经历是如何影响青少年的，换句话说，家庭是如何影响青少年的。第三，过去的半个世纪中，家庭生活的变化是如何影响青少年的。

青少年和父母之间的冲突是否不可避免

如果不讨论父母与青少年的冲突，是无法讨论青少年和父母的关系的。这是关于这一时期主流作品的主要话题，也是十几年来青少年学者研究的焦点。

代沟：虚与实

很多人认为青少年和成年人有着不同的价值观和人生态度，但并非如此。系统研究表明，青少年和父母对于努力工作、教育和工作上的进取心以及良好性格的重要性上的态度惊人地相似。当面对基本核心价值观的时候，比如宗教、工作、教育等问题时青少年人之间的差异远大于与父母的差异。为什么会这样？因为青少年和父母有共同的社会、宗教和文化背景，这些都是组成我们核心价值观的元素。

尽管在核心价值观上一代人和另一代人并没有鸿沟，但在个人品位、穿着、对音乐的偏好、休闲方式上，青少年和父母之间有很大的代沟。用代沟来解释完全不奇怪，青少年的个人品位会随着时间逐渐变化，这与其小时候就已经形成的基本价值观不同，他们对于着装、音乐、发型的喜好和品位都会随着流行时尚的改变而改变。在这些事情上，跟父母相比，青少年更容易被同龄人影响，结果两代人的观念差异越来越大。因为年轻人和朋友待在一起的时间更多（因为很多时间都是花在社交上，其中，对于衣着、音乐的品位是尤为重要的），青少年的喜好大部分都是在家庭之外形成的。

青少年和父母们都在争些什么

如果父母和子女在"大"的问题上没有争论，那么他们通常在争论些什么？研究表明，他们会为比如晚上回家的时间、如何休闲、衣着和房间的整洁而发生口角。至少早在科学家开始研究这一现象的时候，这就是家庭中青少年和父母之间矛盾的主要来源。尽管白人家庭的青少年和父母为这些琐事争论比少数族裔家庭更为多见，但类似的矛盾焦点是跨越民族和文化的。例如，一项关于中国青少年的研究发现，很多矛盾的焦点是每天都会遇到的事情，比如，在学校作业上花的时间、家庭琐事、孩子的择友问题等。

为什么父母和孩子总是争论这些平凡的事情呢？根据几项研究发现，父母和孩子之间争吵的主要导火索就是双方对所争论事情的定义有很大不同——这是一个跨越文化和种族同样存在的发现。父母用对错来做出判断，虽然不一定是道德层面上，而是风俗和习惯上的判断。与之相反，同样的问题，青少年的判断只是个人的选择问题。一位不满意女儿穿着的妈妈说，"别人不会穿成那样去学校。"女儿回答道，"也许只是你不会这样穿而已，我偏要这么穿。"

有理由的叛逆 和典型不同的是，青少年很少会为了叛逆而叛逆。事实上，当他们认为这是一个道德问题（学校考试是否可以抄袭）或者关系到安全（是否可以喝酒和开车）的问题时，他们愿意接受父母合理的规劝，但面对个人问题（参加派对该穿什么衣服），他们很少会接受父母的观点。换句话说，青少年会将父母制定的规矩进行分类，即他们认为父母有权利制定的规矩（比如，让父母知道他们出去玩的时候会在什么时间回家）和他们认为超出权限的规矩（比如，保持卧室整洁），而不是抵触父母制定和执行的所有规矩（青少年的典型）的意愿。从许多方面来说，这个分类都是可以理解的。当然，根据父母对不同规矩的强硬程度，青少年之间也有不同程度的区分，那些父母享有更多合理权威的青少年较少出现行为问题。

你将读到，刚刚进入青春期时父母和孩子之间的矛盾逐渐加剧，其中一个原因就是随着时间的推移，青少年会将之前认为父母是有权利管理（比如，在第二天有课的晚上熬夜到多晚）的事渐渐当作个人的选择。这在世界各地的结果都是相同的，包括北美、南美、亚洲以及美国的白种人与黑种人。父母尝试管理孩子认为是个人选择性的事情时，这些青少年就会认为他们的父母控制

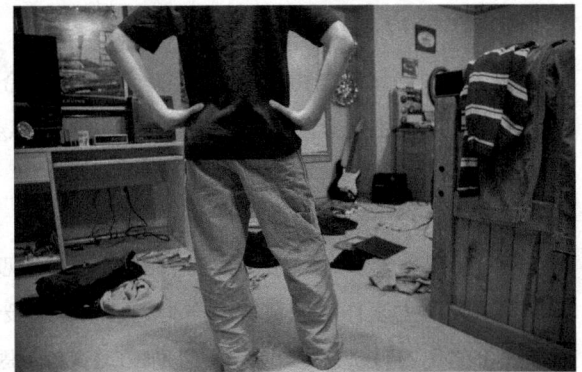

父母和子女之间的矛盾包含了他们定义事情的方式。让青少年的卧室保持干净看上去是一个父母享有权限的区域。然而，青少年倾向将他们的卧室看作私人空间，并享有是否保持干净的个人选择权。

过度。也许正因为如此，青少年感到在心理上被父母控制，这会对他们的精神健康产生不良影响，这和感到父母只是想知道他们去哪里要干什么而产生的积极影响是不同的。

换句话说，青少年和他们的父母常常会在事情的定义上而不是一些特定的细节上有冲突（比如，到底是安全问题还是个人选择问题）。然后，斗争集中在谁享有决定权和这些事情由谁管理上。因为青春期早期是青少年论证能力逐渐发展的时期，个人理解家庭规矩和规则的方式也在不断地发展。正常认知发展的结果就是当妈妈说"我们不能把衣服放在地板上"时，9岁的孩子愿意接受父母观点而且不会提出质疑，之后他逐渐长大成为一个理解某些事情只是个人选择而不是社会习俗的青少年（"这是我的房间，你为什么要来操心？"）。这方面还有一个表现就是随着年龄的增长，青少年越来越会跟父母撒谎。一项研究假设一种情况并询问青少年，如果就个人问题向父母撒谎是不是可以接受的。（比如跟父母并不喜欢的人约会）。半数以上年纪较小的青少年（12~14周岁）说撒谎是可以被接受的，超过80%的年纪较大的青少年（15~17周岁）认为完全可以接受（确实这么做了）。部分坦言"为省事而撒谎"是最普遍的。一个14岁的黑人孩子这样解释道：

"我告诉我的妈妈我们要去哪里。如果我们打算在外待得更晚一些和有类似事情的时候，我不会跟她说实话……我会说我们要去逛下超市什么的，我才不会说我们其实是要去派对。"

青春期的家庭关系

尽管将青春期定义为大部分家庭矛盾的集中期有失偏颇，但是，我们需要记住的是青春期只不过是一段家庭关系和日常交流发生改变且进行重组的时期，这一点很重要。随着他们不断长大，青少年越来越少地参与家庭活动，尤其是和家人作为一个整体来参加活动（见图4-1）。

重组和改变的时代

根据家庭系统理论，在单个的家庭成员或者家庭环境发生改变的时候，家庭关系会发生巨大的变化，因为在这个时期家庭之前建立的均衡或者平衡被打破。毫无疑问，导致一段时期家庭关系变化的因素就是青春期。一项研究青春期男孩和父母之间相互作用的研究发现平衡状态被打破前的峰值是在13岁或14岁；研究者认为因为其中的一些转变受青春期的驱使，在有女儿的家庭里，这种"不平衡"会发生得更早，在11岁或12岁。当青少年的情感变得难以改变时，想让青少年适应并改变是非常困难的，或者说暂时是非常困难的。

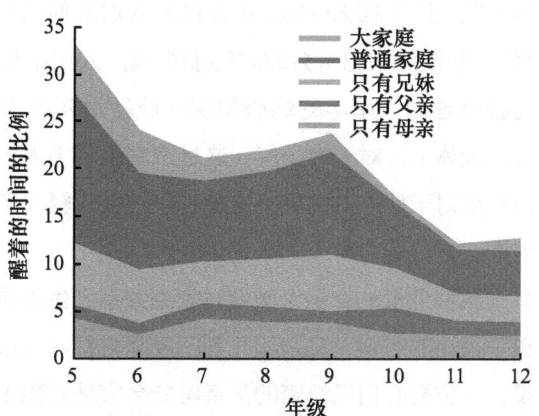

图4-1　随着年龄变化，青少年和家庭成员在一起的时间变化

资料来源：Larson et al., 1996

有青春期少年的家庭会出现一些具体的特征：不仅因为年轻人变化中的需求和关注点，还因为青少年父母以及家庭的需求和功能的改变。你已经了解了青少年所经历的生物、认知和社会变化以及这些变化是如何影响家庭系统的。但是为了全面了解青春期的家庭关系，我们必须同时考虑这一时期青少年父母的性格以及家庭的特点。

人到中年的青少年父母

因为人一般在大约 30 岁的时候有了他们的第一个孩子,当第一个孩子进入早期的青春期时,父母正处在 40 出头的年龄上。一些研究表明人生中的这个时期对于很多成年人来说是潜在的困难时期,不论他们是否有孩子。确实,一些研究者已经将这一时期描述为中年危机。

中年遭遇青春期 如果我们从某些细节来观察中年危机的本质,我们会发现父母和青少年不断发展的关系是互补的。首先,考虑到生物变化的因素。在青少年进入快速生理成长、性成熟和最终社会称之为有身体吸引力时期的同时,他们的父母也开始逐渐关注他们的身体变化,比如他们的身体吸引力,性感与否。一位女儿刚刚进入青春期的妈妈在我的研究团队所进行的一次采访中说道,当她和女儿一起走在大街上的时候,男人都会看她的女儿而不是她,她感到不自在。

第二个交叉的危机是对时间和未来的知觉。在青少年开始逐渐系统性地考虑未来并奋勇向前时,他们的父母感到改变生活的可能性开始变小。在中年之前,个体用"已经活了多久"来看待时间,而中年之后,他们用"还能活多久"来看待事物。这一转变的原因可能是中年人看着自己的父母老去,提醒了他们生命最终是要结束的。不管什么原因,不难想象怀着天真乐观心态的青少年会和他们已经脚踏实地信奉实用主义的父母发生冲突。

最后,考虑到权力、地位和进入成人角色的因素。青春期就是个体不断得到不同地位阶段的门槛。事业和婚姻正在未来等待他们,不同的选择也似乎是无限的。而与之相反的是他们的父母,已经做过很多的决定,一些成功而另一些也许不那么成功。很多成年人进入他们的"职业高原",即他们知道将会成功的那个点。人到中年,很多人需要处理他们早年的雄心和现实成就之间或大或小的差距。大体上,对于青少年,这是家庭生活中人生腾飞的起点;而对于他们的父母,这是一段接受年轻时所做选择的时期。

这些危机的交织可能会对家庭关系产生影响。虽然从孩子很小的时候,父亲和儿子已经坚持打网球很多年,但是,一位担心自己健康的父亲可能会突然对和不断长大的儿子每周打一次网球感到不适。一个对未来有宏大目标的少女可能会发现为什么在向父亲征求意见的时候,父亲显得如此谨慎和思维狭隘。一个青春期的男孩会发现母亲的持续关注令人厌烦;他不理解对于母亲来说他的独立就意味着母亲作为父母这一阶段的结束。青少年对自由的向往尤其让父母紧张。

对于很多成年人来说,他们孩子的青春期和他们自己的中年时期相交叉。并不是每个成人都会经历"中年危机",但对于很多人来说,这是一段高度自省和自我怀疑的时期。青春期和中年时期的冲撞会让某些家庭在这一时期充满挑战。

青春期和中年时期的冲突总结起来就是因为近十几年来个体结婚的时间和生育第一个孩子的时间

都发生了很大的变化。结婚的平均年龄在增长，很多夫妇为事业的稳定相应推迟了生育计划。结果，跟20年前相比，当孩子进入青春期时，父母年纪要大得多。我们不知道作为年纪稍大的父母是如何在孩子青春期时维持家庭关系的。

父母的精神健康 我们所了解到的是在中年人家庭中，为了适应青少年的青春期，父母比青少年要损耗更多的心理健康。一项研究表明，有2/3的父母亲都形容青春期是他们自己最难适应的阶段，几项研究表明，在家庭生活中这一阶段是父母对婚姻和生活满意度的最低的阶段。父母在外非常投入地工作或者拥有非常美满婚姻可能会对这些不良的结果有缓冲作用，但是单身母亲可能会尤其脆弱。事实上，中年父母和正处在青春期孩子的紧张关系可能会让父母在工作上投入相对更多的时间。同时，研究表明父母的心理健康会影响他们与青春期子女的相处，进而对十几岁的孩子产生不利影响。

顺便提一下，父母的心理健康在进入"空巢"期不断下降的这一概念仍然是个未解之谜，在母亲中尤为常见。当他们十几岁的孩子住在家里的时候，父母的心理健康要比他们搬出之后更糟。当孩子离家时，产生最强烈失落感的是父亲而非母亲。

家庭变革中的需求和功能

在家庭处于青春期的那几年里，不仅仅是个体的家庭成员正发生着变化，家庭作为一个整体也在它的经济环境中发生改变，与其他社会机构的关系以及它的功能也发生着改变。

其中最重要的变化就是经济上的变化，家庭经济情况可能会在孩子青春期的时候变得紧张。青春期的孩子成长迅速，青少年的服装又很昂贵。追赶同龄文化中的"必备"，比如时尚的服装，酷炫的手机和电脑，都会将一个家庭的开支推向极限。很多家庭开始为大的预支省钱，比如孩子的大学教育。在一些家庭，父母会发现他们既要赡养自己的父母而孩子仍然经济上尚未独立。这种经济上的需要将父母变为"三明治的一代"（也就是夹在了青春期的孩子和年迈的父母之间）。这需要适当的调节。

除了这些经济上的压力，有青少年的家庭还需要处理日渐重要的同龄人群体。在生命周期的初始阶段，孩子的社交世界局限在家庭范围内，家庭就是中心。在随后的孩童时期和青春期早期，与同龄人极其亲密关系的建立使孩子不乐意为家庭活动放弃跟朋友的相处，父母和孩子会因此产生争执。青少年和父母如何适应这一中心的转变，不同的族裔可能会有不同的方式，因为某些文化可能会更加强调家庭责任感，比如帮助处理家庭琐事。很多移民家庭将家庭主义置于很高的地位上，这是一种对生活的定位。在这里家庭的需求高于个体的需求，这和很多以个人主义为特点的主流美国家庭观念不同。珍视家庭主义的年龄较小的青少年很少会和反社会的同龄群体有接触。

移民父母和青少年关系紧张的重要原因就是他们之间不同的期待，尤其是当青少年更加美国化而父母却没有相应改变，这种现象叫两代之间意见不合。例如，对墨西哥裔美国家庭的研究发现，拉丁美洲家庭中，青少年已经相对适应了新文化，紧张和家庭矛盾更加突出。对青少年社交生活的不同期望会导致初来乍到的移民和他们处在青春期的孩子之间的矛盾。一位有个15岁女儿的中国母亲解释道：

> 有时候她的男性朋友会打电话来。在她挂完电话后，我都会问她，"他是谁？"她会说"我的男同学。"我再问，"为什么他每天晚上都会给你打电话？"她就会说我管得太多并且侵犯了她的隐私。我说"我只是问问。这也不行吗？"我问她，"你是不是在约会？他每天打电话并不会是为家庭作业，不是吗？"她接着说，"我们只是聊聊。"我会说"设想你们几个小伙伴只是随便聊聊，他有必要每天都给她打电话吗？"而这之后，她的男性朋友再也不敢给她打电话了。

最后，在青春期，家庭功能也发生了重要的变化。在婴儿时期和孩童时期，家庭的功能和责任是非常清晰的：抚养、保护和社会化。而在青春期，这些因素仍然重要的同时，青少年需要的支持多于抚养，引导多于保护，指导多于社会化。家庭功能从孩童时期到青春期的转变并不容易，尤其是在当代社会，为成年时期所做的准备，原本由家庭担当的首要任务落在了青少年的肩头，并逐渐由其他的机构所执行，比如学校。很多父母都是因为不知道自己在孩子青春期时的角色而感到失落。

家庭关系的转变

总体上，这里的转变包括青少年的生理、认知和社会转型；成人在中年经历的改变；在家庭生命周期中，这一时期家庭的改变都在一同激发家庭关系的一系列转变。在大部分家庭中，父母与青少年的关系都会从一种不对称、不平衡的相互影响状态慢慢过渡到相对平等的状态。有证据表明青春期早期，向更加平等的关系转变一旦开始，就是家庭系统的暂时破裂。

权力平衡的改变 家庭内互动的研究表明在青春期早期，年轻人会开始尝试在家庭里扮演强劲的角色，父母可能并不接受青少年的这种方式。结果是，青春期早期的孩子会更加频繁地打断父母谈话但影响力并不大。处于青春期的中段时，孩子的举止接近成人，他们也会被当作大人看待。他们会对家庭决议产生更多的影响，他们不需要通过打断或者类似的不成熟行为来表达他们的意见。

自信的增长、年龄的增加和青少年不断改变的需求和能力是相适应的。为了适应孩子进入青春期所引发的改变，家庭成员一定要对他们正在经历着什么和他们是如何变化的有着共同的感受。研究显示，很多家庭的父母和孩子都生活在"分隔的现实"中，用不同的眼光观察着他们每天经历的事情。例如，一位母亲和儿子可能会有一段关于学校作业的对话，她会严肃地看待这次对话，而他可能是将其看作一场争论而已。对黑人家庭的一项研究表明，如果母亲、青少年和研究者都对一段母亲和青少年对话的录像进行分级，发现孩子看待母亲的行为远比母亲和研究者的观点要消极。最近还有一项关于青少年大脑成熟度的有趣研究，发现处于早期青春期的年轻人对他人发出的情感信号尤其敏感，甚至过于敏感。父亲或母亲可能会以严肃的口吻和青少年说话，可青少年会把这当作对方的愤怒。

青春期的角色 青少年的生理和认知成熟一定程度上导致了早期青春期的家庭不平衡。几位研究者已经证明随着青少年和父母争吵的增多，以及双方亲密程度的锐减，青春期家庭关系会发生改变。

尽管青春期似乎让青少年疏远了父母，但还不是家庭的"风暴与紧张"。父母和孩子之间直接争吵的频率也并不是在青春期就比以往或今后都要多。相反，父母和青少年的争吵是正常的，正如同当一位更加权威的人（即父母）让一位地位稍逊的人（即青少年）去做一些事情时，人们通常会争吵。同样，亲密度的消失也说明了青少年不断增强的隐私权以及父母和孩子之间身体上爱抚的减少，而父母和孩子之间的爱和尊重却丝毫没有减少。研究表明在青春期的早期和中期父母和孩子之间的距离感是暂时的，在青春期后期父母与孩子之间会减少冲突并增加亲密感。虽然如此，研究显示在青春期早期更加频繁地吵架会对父母的心理健康产生一定的影响，而且一些研究发现在青春期早期跟父母有更多争执的个体会在青春期后期和成人期早期出现更多的问题。尽管有很大的可能性是有问题的青少年更有可能跟父母产生矛盾，但研究已经能够分清原因和结果，并发现矛盾会引起心理健康问题的恶化和情绪上的痛苦，这是不分种族的。在家庭中的冲突会蔓延到青少年跟朋友的关系上，反之亦然。

因为父母和青少年之间的意见不一致总是围绕着家长的控制方式展开，所以大声争吵和争论方式会随着不同文化群体中青少年独立的时间不同而发生变化。移民家庭的争论和亲密方式会因家庭功能受文化渗入的程度而不同。对墨西哥裔美国家庭的研究发现，父母和青少年之间的凝聚力在青春期中期高于其他文化融合的家庭。相反，在青少年和父母用母语交流的家庭里，冲突会更少而凝聚会更多。在少数族裔家庭中青少年有较强的民族认同，家长监控会更加有效；与此相对，青少年如果更加美国化则需要更加警觉的父母来防止他们惹上麻烦。

不管怎样，普遍认为青春期的前半期也许比更早或更晚的时期在家庭中造成更多的紧张和疏远，先出生的孩子比后出生的表现尤为明显，这也许是父母从中吸取了经验。部分原因可能是青少年和父母的冲突并不是通过相互妥协来化解而是其中一方放弃或者转身离开。这两种态度都对彼此关系无益，或对青少年和父母的心理健康也没好处。随着父母和孩子关系的不断平等化，他们会更容易化解矛盾。

违背期望 有些研究者考察了青少年认知能力的改变以及这些改变如何波及整个家庭。我们在本章的前面提到过，青少年看待家庭规矩和习惯方式的改变可能会导致他们和父母的矛盾增加。研究也同样表明青春期早期是年轻人看待家庭关系和家庭成员之间互相期望的改变时期。

心理学家安德鲁·柯林斯进行了孩子和父母在青春期相互之间期望以及这些期望的"违背"是如何导致家庭矛盾的实验。比如，一个进入青春期的孩子会期望这是一段充满自由的时期，而父母可能会将这一时期看作一个需要严加管教的时期。再或者，另一个孩子可能会被电视情景喜剧中塑造的美满家庭所影响，设想青春期是一段和家人亲密感增加并更多参与家庭活动的时期，结果却发现他的父母期望有更多属于他们自己的时间。我们很容易看出对

当父母温和且坚定时，青少年能表现得更好，这是权威式的管教。

青春期的不同期望可能会不断升级为争吵和不理解。比如，当问到青少年是否应该跟父母分享秘密时，青少年对隐私的期望比父母要高得多。

家庭关系中的性别差异

一般来说，家庭关系中儿子和女儿的差异是很小的。尽管也许有一些特例，但儿子和女儿跟父母的亲密程度相同，矛盾程度也相同，遵循相同的规矩（和对这些规矩的分歧）以及相同的行为模式。对父母和青少年相互作用的观察研究表明儿子和女儿以非常类似的方式与父母进行互动。

另一方面，青少年跟父亲和母亲的关联是不同的。在很多的民族和文化中，青少年倾向和母亲更亲近，跟母亲待在一起的时间更多，并感觉和母亲谈论难题和其他情感上的问题更亲切；结果是母亲比父亲更多参与到青少年的生活中。父亲依靠母亲来获取关于孩子的信息也就毫不奇怪了，但是母亲很少需要依靠父亲来获取信息。一般都把父亲看作相对疏远且向其寻求客观信息的权威形象（比如帮忙处理作业的难题），而不是作为支持和引导的形象（比如和男朋友或女朋友之间的问题）。有意思的是跟父亲相比，青少年跟母亲会发生更多的摩擦并认为母亲的控制欲更强，但这似乎并未影响孩子和母亲之间的亲密关系。换句话说，总体上看青少年和母亲之间的关系有强烈的感情色彩，而这种亲密也包含了积极和消极的表现形式。

家庭关系和青少年发展

到目前为止，我们已经讨论过很多家庭在青春期所面对的事情和担心。在我们关注的所有家庭经历的共同点中，我们还没有谈到不同家庭所存在不同的关系这个重要问题，以及这些不同是否会对青少年发展产生重要影响。一些父母比另一些父母更加严格。一些青少年享受非常多的关爱，而另一些则被疏远。在一些家庭中，可以开放地讨论，然后达成决定和口头上的意见交换；而在另一些家庭中，父母定下规矩，孩子只能遵守。不同家庭关系的模式和不同的青少年成长模式有多大程度上的关系？是不是某些管教形式比其他的教育模式更能促进青少年的健康发展？

在我们回答这些问题之前，还有几个注意事项。尽管我们倾向将孩子的行为看作父母行为的结果，但社会化是一个双向车道而不是单行道。就像父母是如何影响孩子的行为一样，青少年也会影响他们父母的行为。比如，一项长达九年的研究表明，青少年和父母对彼此的消极感受随时间发展有交互的关系——青少年有越强的消极情绪，就越会导致父母的消极情绪，反之亦然。同样，严厉的体罚会导致青少年行为问题的增加，当青少年产生了问题行为，他们的父母就会以更多的惩罚和更加疏远的方式来应对。这种父母管教和青少年发展的交互影响非常深远，会导致模式化的管教方式代代相传。

此外，不同的管教形式会对不同的青少年产生不同的影响。比如，父母不友好或者冷淡可能会导致青少年有反社会行为，消极的管教和青少年行为问题之间的关联在性格任性的青少年中更紧密，相反，青少年性格比较内向的，这种管教则会导致焦虑和忧郁。此外，父母更容易激发有遗传危险性问题的青少年行为问题的发展。

管教的类型及其效果

有很多方法可以将父母对待孩子的行为分类。最有用的流派是从心理学家戴安娜·鲍姆林德的成果中发展而来的。根据她的工作和其他同派科学家的研究，父母的两种行为对青少年有关键影响：父母的反应和父母的"要求"。父母的反应指的是父母以一种接受、支持的方式回应孩子需要的程度。父母的要求指的是父母期望孩子表现出成熟、有责任行为的程度。在这两个维度上，父母的表现各有不同。一些父母非常温和且容易接受，而另一些则是无反应且比较排斥；一些会对孩子有要求并有很多期望，而另一些则是纵容和无要求。

管教的四种类型　因为父母反应和要求或多或少是相互独立的，也就是说，父母有可能去要求而不反应，反之亦然，也就能够研究这两个维度上的不同组合（见图4-2）。四种分类对于理解父母行为对孩子的影响是非常重要的，图中心理学家已经将四种不同的典型标上了名称。

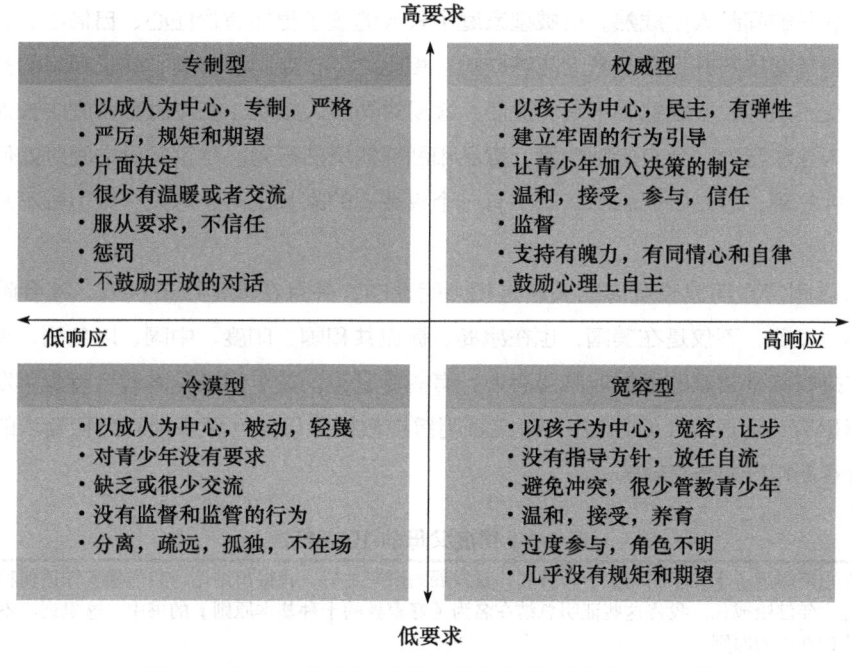

图4-2　基于反馈和要求维度的管教类型的典型概念化

资料来源：adapted from Martin, Bascoe, & Davies, 2011

既有要求又有回应的父母是权威的。权威型的父母是温和且坚定的。他们对孩子的行为设定标准并随着孩子的成长需要和能力形成期望。他们高度评价自主性和自我寻求，但为他们孩子的行为承担最终的责任。权威型的父母以合理、对事不对人的态度和孩子相处，常常参与到讨论中并对关乎纪律的事情进行解释。权威型的父母努力培养自力更生和有创造精神的孩子。

有要求但不回应的父母是专制的。专制型的父母高度认可服从和顺从。他们喜欢用惩罚性、绝对性和强制性的训诫措施。专制型的家庭中口头的妥协是不太经常发生的，专制型父母的基本信念是孩子应该无条件地接受家长制订的规矩和标准。他们不鼓励独立的行为，取而代之的是强调限制孩子自主性的重要性。专制型的父母认为服从高于一切。

有很多回应但要求并不是很多的父母是溺爱孩子的。溺爱型的父母表现为接受、和蔼,在对纪律的要求上是更加被动的。他们对孩子的行为要求相对较少,给孩子很大的自由度可以按照他的愿望来行为。溺爱型的父母更相信控制会限制孩子的自由,这会阻碍孩子的健康发展。溺爱型的父母会把自己当作孩子的资源,而不去积极塑造孩子的行为。溺爱型的父母最关心的就是抚养一个快乐的孩子。

既不要求也不回应的父母是冷漠的。冷漠型的父母会做一切可以做的事情来缩短和孩子的相处时间并减少花在孩子上的精力。在一些极端的例子中,冷漠型的父母也许会无视孩子。他们不知道孩子的活动,去了哪里,对孩子在学校和朋友间的经历几乎没有兴趣,很少和孩子说话,当作决定的时候很少考虑孩子的意见。冷漠型的父母将家庭生活建设成为只关乎他们自己的需要和兴趣,而不是根据什么对孩子的发展有好处来抚养孩子(而其他三类的父母类型会这样做)。

权威管教的力量　父母行为与青少年发展的相关性,以及两者之间高度的一致性,在青少年发展的领域中受到了极高的关注。一般来说,在权威型家庭里抚养成人的孩子要比在专制型、溺爱型和冷漠型家庭中成长的同龄人更成熟。权威型家庭中长大的孩子更加有责任心、自信心、创造力、对学习有好奇心、有社交技巧并且在学术上能够成功。相比之下,专制型家庭中成长起来的孩子比较不独立、被动、社交不熟练、不成熟、不太负责任、容易对同龄人顺从。在冷漠型家庭中长大的孩子任性而且很容易卷入违法行为,会有接触性爱、毒品和酒精的早熟行为。尽管父母之间对如何抚养孩子有分歧并不是一件好事,但是研究表明家庭中有一个权威型的家长比两个意见一致但都不是权威型的家长要好。

权威型管教和青春期健康发展的关联是相当明显的,并且在大范围的种族、社会阶层和家庭结构的研究中都有发现,不仅是在美国,也在冰岛、捷克共和国、印度、中国、以色列、瑞典和巴勒斯坦。确实,支持权威型管教的证据非常强有力,有些专家建议关于何种管教适合青少年发展这一问题已经不需要再研究(见表4-1)。此外,研究表明旨在教授父母如何更多地回应和要求的教育项目对培养健康的青春期和行为是有效的。

表 4-1　优度父母的 10 条标准

几年前,在重新阅读了十几年间的关于管教和儿童发展的研究之后,我得出结论,我们确实知道何种管教方式最能够帮助儿童和青少年健康成长。我将这些证明总结在名为《好家教的十种基本原则》的书中。这里列出不论孩子年龄多大,父母都应铭记在心的原则:

1. 你的行为很重要
2. 不能溺爱孩子
3. 融入孩子的生活
4. 用适合孩子的方式管教
5. 建立规矩并设立底线
6. 帮助孩子建立独立意识
7. 坚持
8. 避免使用严苛的纪律
9. 解释你的规矩和决定
10. 尊重孩子

资料来源:Steinberg, 2005b.

另一个极端就是冷漠的管教方式,无视、敌对或者虐待都对青少年的心理健康和发展有诸多害处，导致青少年的忧郁和一系列行为问题。严重的精神虐待（过度批评、排斥或者粗鲁的态度）毒害孩子的身心。

如何进行权威型的管教　　为何权威型的管教和健康的青少年发展如此紧密相连？首先，权威型的父母在约束性和自主性之间会有适当的平衡，在提供了个体发展必要的标准、底线和指导方针之后，还给青少年培养自力更生能力的机会。比如，权威型的父母会随着孩子的长大逐渐给予他们更多的独立，这会帮助孩子形成自力更生和自信的品质。正因为如此，权威型的管教促进了孩子能力的培养，增强了他们经受各种潜在的消极影响的能力，包括各种生活压力以及各种反社会的同龄人。

其次，因为权威型的父母更容易和孩子们在口头上的交换意见，这更能够促进为社会心理成熟发展奠定重要基础的智力发展。比如，相比其他的父母，权威型的父母很少会为维护自己的权威将青少年听什么类型音乐的决定转变成"道德"问题。在家庭讨论中将决定、规矩和期望都解释清楚，可以帮助孩子理解社会系统和社会关系。这些理解对推理能力、心理能力、道德判断和同理心的发展都有重要的作用。

再次，权威型的管教都是基于父母和孩子之间的良好关系，青少年更容易认同赞赏并依恋父母，这可以使他们更容易接受父母的影响。相反，权威型父母所养育的青少年常常会与父母不同意结交的朋友断绝来往，包括那些有行为问题的青少年。

最后，孩子自身的行为、气质和个性也会对塑造管教方式产生影响。父母的温暖、有弹性的引导和口头的交换意见能造就有责任心、自主、好奇、有自信的孩子。相反，急躁、有攻击性、依赖性、心理不太成熟的孩子会引起父母过度的严厉，被动或者疏远的行为。父母很愿意与有责任心、独立且愿意跟他们讲述自己的活动和去向的孩子相处，结果是他们会给予孩子更多的温暖。所以，尽管证据表明父母的积极监控能够预防青少年行为问题的发生，但的确其中一些表现为"有效监控"。

尽管不同的文化有不同的管教方式，但青少年受到不同类型管教的影响途径则是相同的。

相反，如果孩子一直很调皮，会使父母易怒、焦躁或冷淡。比如，在一项研究中，研究者发现父母不了解青少年行为，会导致不良行为的增多，而反过来，增多的不良行为会导致父母对孩子的了解更少（见图 4-3）。换句话说，青少年能力和权威型管教之间的关系也许是相互起作用的，孩子的心理成熟带来权威的管教，反过来，权威的管教可以促进孩子进一步的成熟发展。比较而言，非权威型管教会带来情感和行为问题的发展，使父母更加不愿参与管教。

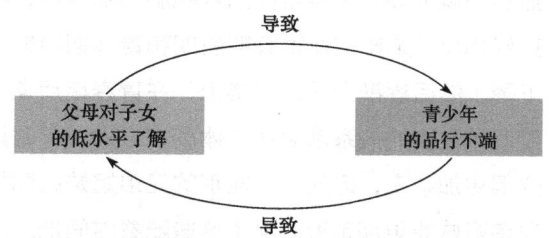

图 4-3　父母和子女的关系常常是相互的

资料来源：Adapted from Laird et al., 2003

青少年家庭中的自主和依恋

在几项关于青少年和父母对话的研究中，检验了在父母和青少年之间对话所具有的性质，其中几项因素可以促进健康的青春期发展。这些研究中，家庭成员被要求一起谈论一个问题，他们的互动会被录像并用作后期的分析。一般来说，在心理健全的青少年的家庭中，在允许家庭成员表达他们的自主和个性时，青少年会仍然依恋或者与其他的家庭成员紧密联系。在这些家庭中，口头交换意见是一种常态，尽管有时候会有争执，但是鼓励青少年（父母）表达他们的个人观点。同时，强调保持家庭的紧密关系，鼓励个体去考虑他们的行为如何影响到其他家庭成员。

在一个安全有爱的家庭环境中，能表达他们自己意见的青少年会培养出高度的自尊和更成熟的处理能力。被压制自主性的青少年容易滋生抑郁的情绪，缺乏自尊，而那些感觉不到家庭纽带的青少年比同龄人更容易产生行为问题。

换句话说，允许在紧密的家庭纽带下发展个性的家庭环境培养出的青少年能做得更好。在这些家庭中，父母和青少年之间的争执在青少年的社会和认知发展中起到了重要而积极的作用，因为个体可以在不切断情感依恋的同时被鼓励表达出自己的观点。也许正因为如此，那些对家庭的看法略有不同的青少年比那些跟父母意见完全一致或完全不一致的青少年能更好地适应和调整。太多的不同意见并不一定是优势，一项研究发现，当青少年和父母之间观点有很大分歧时，青少年更容易出现情感问题。

青少年与兄弟姐妹的关系

青春期时期兄弟姐妹关系的特质 青春期时期的兄弟姐妹关系不同于他们与父母的关系，也不同于他们与朋友的关系。在陪伴与重要性方面，兄弟姐妹关系更像与父母之间的关系；但是在权力、协助和对关系的满意度方面，兄弟姐妹关系更像朋友关系。

年少的青少年会与兄弟姐妹之间有着充满感情色彩的关系，充斥着矛盾和竞争，与此同时也充满了鼓励和支持。随着儿童从童年进入青春期早期，兄弟姐妹冲突逐渐增加，青少年对兄弟姐妹关系比跟同龄人关系的消极报告要更多，且与父母相比，青少年与兄弟姐妹之间不容易消除冲突。经过整个青春期时期，青少年与兄弟姐妹尤其是年幼兄弟姐妹的关系变得更加平等，同时会更加疏远并减轻强烈的感情色彩，尽管兄弟姐妹关系的模式在同性和混合性别之间不同（见图 4-4）。在同性双胞胎的图示中，亲密度在青春期前以及青春期中期不断增加，然后稍微下降。在混合性别双胞胎的图示中，模式正好相反，亲密度在青春期前期和青春期中期不断下降，然后逐渐上升。事实上，在青春期后期，尽管两种类型的关系都会在个体离家进入成年时期而变得更加亲密，但是混合性别的兄弟姐妹比同性别兄弟姐妹要更加亲近。除了这些随着时间推进的变化，从儿童期到青春期的兄弟姐妹关系具有相对的稳定性，在儿童期中期相对亲密的兄弟姐妹关系在

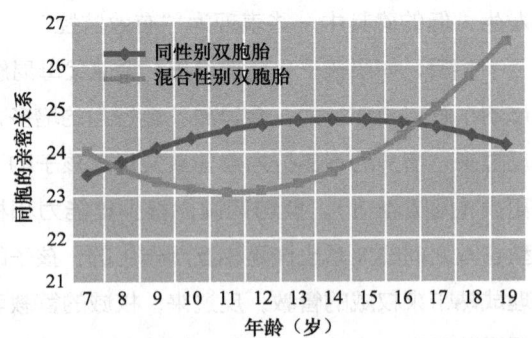

图 4-4 亲密度模式的改变，兄弟姐妹之间以及同性别双胞胎和混合性别双胞胎之间是不同的

资料来源：Kim et al., 2006

青春期时期也会相对亲密。

关系的网络 将青少年的人际世界看作一张相互贯通的网络是有帮助的。父母和青少年之间的关系会影响到兄弟姐妹之间关系的质量。和谐而凝聚的父母与青少年关系可以减少兄弟姐妹间的矛盾，从而建立更加积极的兄弟姐妹关系。与之相反，经历被母亲抛弃或者消极因素影响的青少年更容易对兄弟姐妹显示出侵略性。

同样，儿童和青少年在兄弟姐妹间互动中学习了很多社会关系，他们将这些带入到家庭之外的友谊中。在功能不健全的家庭中，无人监管的兄弟姐妹间充满侵略性的交流也许会给青少年提供学习、联系、完善反社会和侵略性行为的训练场。相反，青少年与朋友的关系也会影响他们如何与兄弟姐妹相处。

兄弟姐妹关系不仅影响青少年与同龄人的关系，也同样影响他们总体的调整，尤其是在强调家庭重要性或者家庭主义的家庭中。积极的兄弟姐妹关系会给青少年带来学术能力、社交能力、自主性以及自尊。紧密的兄弟姐妹关系可以改善家庭紧张气氛和学校没有朋友带来的消极影响，兄弟姐妹可以作为建议和引导的源泉。当然，兄弟姐妹也可能助长问题的发展。比如，尚属青春期却做了母亲，她的妹妹更容易提早性行为并在青春期怀孕。兄弟姐妹也会在吸毒和反社会行为中相互影响。

因为兄弟姐妹的生活极为贴近，这为他们增添了很多积极或者消极互动的机会。

社会变化中的青少年家庭

已被改变和正在改变的家庭生活特质

在过去的半个世纪里，美国和很多其他工业化国家的家庭经历了一系列深刻的改变，因此也使家庭的形式和青少年的日常生活呈现多样化。不断攀升的离婚率、婚外生育以及不断改变的国际经济，不断增多的地理上的迁徙，都极大地改变了儿童和青少年成长的世界。尽管其中一些家庭生活最突出的趋势显现在20世纪90年代早期，但它们无论如何也不会倒退。离婚率和成比例的单亲家庭在20世纪70~80年代突然猛增，在90年代初期稳定到史上较高水平，在那之后相对没有什么改变。家庭形式的多样化同样表现在相当数量由养父母，男女同性恋父母培养成人的青少年身上。

离婚 美国的离婚率在20世纪60年代早期显著增加，稳定攀升，直到80年代，一直增长迅速。尽管在20世纪90年代离婚率有所下降，并趋于平稳，目前估计40%的初婚都已离婚。美国大约40%的儿童都将经历他们父母的离婚。因为大部分的离婚都发生在婚姻的早期，与经历父母离婚的儿童相比，青少年一般成长于离婚后的家庭中。然而需要提醒的是，离婚率在不同教育程度的人群中是不同的，未受过教育的人群离婚率高于接受过大学教育的人群。

单亲现象 除了因父母离婚而生活在单亲家庭的青少年，相当数量的年轻人自出生就生活在单亲家庭之中；今天40%的儿童是非婚生子女，他们半数出生在同居夫妇的家庭中。需要注意的是，尽管大量的青少年被划分为单亲家庭，但事实上和不止一位成人，常常是和孩子家长的非婚配偶居住在一起。当青少年与其中一位亲生父母生活时，不论是在单亲家庭还是双亲家庭，都大多跟随母亲生活；只有15%的儿童跟随父亲生活。

再婚 因为3/4的离婚男性与2/3的离婚女性会再婚，大多数父母分居的青少年会居住在再婚家庭一段时间。同时，因为再婚的离婚率高于初婚离婚率，所以，父母再婚的青少年会经历第二次父母离异。此外，因为再婚后的离婚一般发生得比初婚要快，很多儿童在尚未适应继父母时就会经历第二次离婚。

贫困 美国接近17%的青少年在赤贫中长大，此外21%的青少年在低收入家庭中长大。尽管在20世纪90年代生活在贫困中的儿童比例下降，在2000年又开始上升（见图4-5）。也许最重要的是，在过去的30年，贫富之间的差距显著增大。

正如我们在第3章谈到的，更多受贫困影响的是非白人的青少年；接近30%的黑人和拉丁裔儿童在贫困中长大。白人和非白人儿童之间在贫困比率上的巨大差异，事实上是单亲家庭比率上的种族差异：因为非白人儿童更多是在单亲家庭中成长，他们更加显得贫困。

美国家庭特质的改变多大程度上改变了青少年发展的特质？离婚、单亲现象、再婚、贫困和新家庭形式是如何影响青少年发展的？

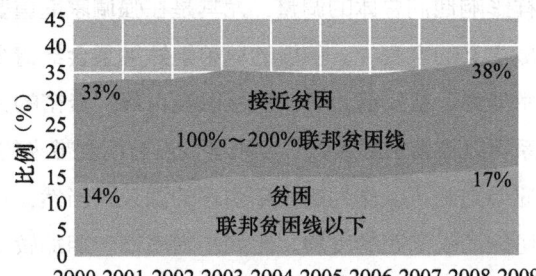

图4-5 生活在低收入和贫困家庭中的青少年（2000～2009）

注：贫困中长大的儿童比例在过去几十年显著增长。
资料来源：National Center for Children in Poverty, 2010

很多个体对这些问题的回答就是"恶化"。但在我们武断地下此结论之前，需要考虑两点。首先，1950～1980年青少年问题上升，比如，与吸毒、自杀、学校成绩下降等为指标的青少年问题与家庭生活中的这些改变同时增加，很难说是家庭的改变导致了青少年行为的改变。尤其是在20世纪80年代青少年的心理健康和良好的行为有所好转，尽管家庭继续"死亡"。而且，在过去的20年心理和行为得到最显著改善的一群年轻人，即贫困的少数族裔年轻人，却在这一时期经历着家庭生活最戏剧性的"衰退"。

其次，在离婚、单亲现象和再婚的条件下，不同的家庭有着显著的差异，所以很难总结他们对青少年的影响。（与此相反，总结贫困对青少年的影响则相对容易，影响几乎总是消极的。）对一些年轻人来说，离婚可以带来家庭矛盾和紧张气氛终结的良好结果；而对于另一些人，则会极大地扰乱心理健康。一些只和母亲居住的年轻人与父亲见面的机会比在表象上有父亲的健全家庭中的同龄人还要多。

宽泛划分的家庭结构也常常结合了在其他方面都很不同的家庭类型。如图4-6所示，图中显示不同类型的家庭中反社会行为和违法行为的概率。前三个柱状图都显示了"完整"家庭，即青少年与两位亲生父母一起生活的情况。但是如你所见，与同居的亲生父母一起生活的青少年的反社会行为比率，比那些已婚的亲生父母抚养的青少年的反社会行为的比率高40%，并与那些只与单亲母亲且没有其他成人一起生活的青少年的反社会行为比率持平。同样，来自"完整"家庭，虽然是与两位亲生父母居住在一起，但是其中一位或者两位都带来前一次婚姻的孩子。尽管他们是与两位亲生父母生活在一起，但青少年常常会有相当高的出现问题的比率。

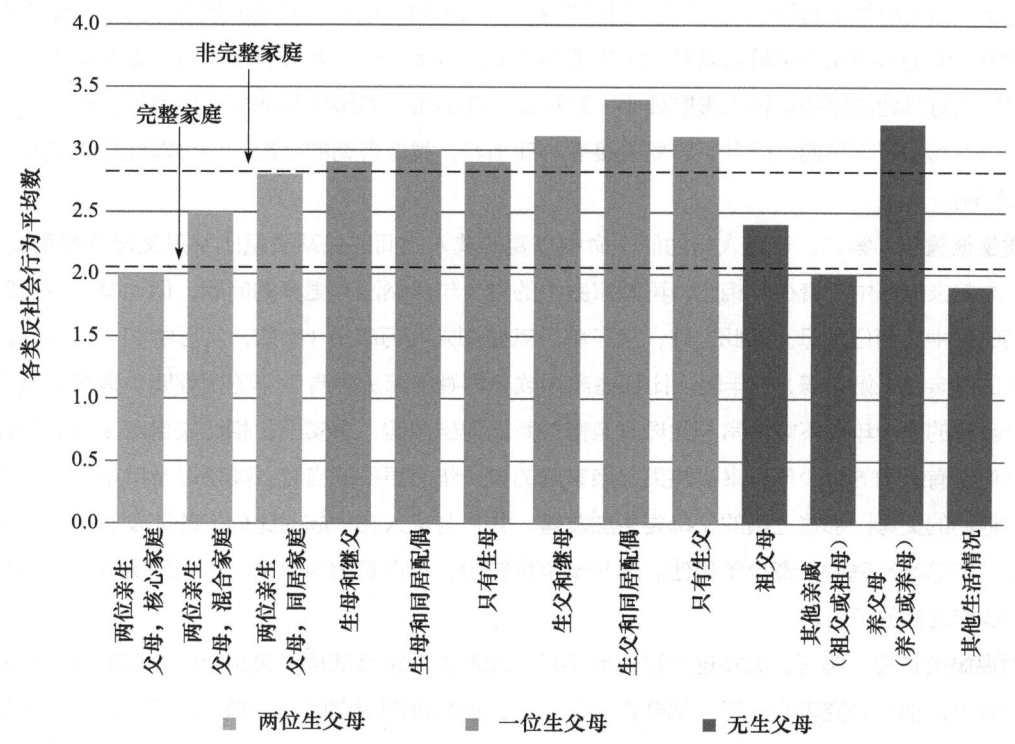

图 4-6 青少年反社会行为随家庭结构功能的变化而变化

注：N=8,330 估计加权。虚线表示家庭结构的传统二元测量的平均数，其中"完整"家庭指的是包含两位生父母的家庭，与是否是核心家庭、混合家庭或者同居家庭无关。"非完整"家庭包含了其他所有的家庭生活情况。

资料来源：Apel & Kaukinen, 2008

青少年与离婚

曾经，任何关于青少年与离婚家庭的讨论都假设与单亲一起生活不如与双亲一起生活好，因此，父母离异的儿童与父母仍然维持婚姻的儿童相比，一定处于劣势。然而，随着时间的推移，由于新的更好的研究挑战澄清并调整了过去研究的结论，研究者关于离婚和离婚对青少年的影响的看法有了戏剧性的改变。大部分的社会科学家仍然同意来自离异家庭的青

贫困会削减家庭中管教的质量，这对青少年发展是不利的。

少年比来自非离异家庭的青少年要经历更多的困难，然而对这一影响的解释比传统观点中的"双亲比单亲好"要复杂得多。这一简单的断言面临五大新的发现：

离婚的影响在量上微乎其微 第一，离婚明显削减了青少年的幸福感，但是离婚本身的影响是很小的，在大样本的研究中，使小影响有统计学上的显著性是有可能的。因此，来自离异家庭的儿童与非离异家庭的儿童之间在学校表现、行为问题、心理适应和家庭关系上有了统计学上的显著差异——全都倾向于来自非离异家庭的个体——不同群体的得分完全不同，这很难说是证据充分的。总体来说，离婚对学龄个体的影响比对学龄前以及大学生的影响要大得多。一个尤其有趣的发现是离婚对美国青年人的影响比对其他国家的年轻人影响要小。解释是：在美国，离婚比其他国家要常见，因此，美国孩子很少因为离婚留下伤疤，而且更容易去接受心理辅导，类似咨询的心理辅导可以减轻家庭破裂带来的消极影响。

质量很重要 第二，年轻人与他们生命中重要的成人之间的关系质量比家里父母的数量要重要。比如，与单亲家庭中的青少年相比，再婚家庭中的青少年虽然没有更多的问题，但也有不少问题，尽管他们的家中有两位父母。除此之外，来自单亲家庭却未经历离婚（比如，父母中的一位去世，或者年轻人的母亲是未婚单身）的年轻人比那些离婚或者再婚的家庭中青少年的困难要少得多。最后，来自双亲家庭的青少年并不能常常与父母有亲密关系而得到温暖。事实上，相比来自双亲家庭但感到父亲对他们没有兴趣的青少年，来自缺失父亲家庭的青少年有更多的自尊。离婚以及单亲家庭中的青少年形容他们的父母比那些已婚的父母要更加友善，并且与家人在一起时比他们的朋友有相对更加积极的态度。在单亲家庭中，青少年和他们的父母争执较少，也许是因为单亲父母更加宽容，这会减少父母和青少年之间的矛盾。

对离婚的适应 第三，离婚这个过程而不是由此产生的家庭结构对青少年的心理健康有重要的影响。总体上，很多研究表明对于大部分青少年来说，最艰难的时期就是离婚前后那段时期。尽管很多青少年都在父母离婚后立即显现了适应的困难，如在学校里惹麻烦，行为问题以及不断增加的焦虑，但是两年后，这些孩子中的大部分能够适应改变，并和来自完整家庭的同龄孩子行为相似。尽管父母离婚的青少年要比那些父母保持婚姻状态的青少年平均出现更多的问题，但是大部分有离婚父母的青少年并没有非常显著的问题。

矛盾与压力 第四，研究将离婚的不良后果与一些因素相联系，不良后果并不仅仅是造成青少年只有一位家长。这些不良后果还包括孩子暴露于夫妇间的矛盾中，无序且紊乱的管教，以及家庭中常常由于没有收入导致不断增加的紧张气氛。你将会读到，生活在有两位父母家庭中的青少年，虽然父母没有离婚，但是孩子仍然会被婚姻矛盾、不适宜的管教（尤其是太宽松的管教、太严苛的或者不连贯的管教）以及没有家庭收入所伤害。换句话说，离婚或

父母离婚的青少年比同龄人更容易有问题的原因是离婚让孩子暴露于婚姻矛盾中，这对他们的心理健康有不利影响。

者再婚对青少年幸福的暂时不利影响表现为围绕事件不断升温的矛盾、混乱和紧张，而不是离婚或者再婚本身。离婚对青少年产生不利影响的重要方式就是直接或者间接地影响了孩子接受的管教质量。

基因影响　第五，尽管父母离婚的某些明显影响是由于接受了类似婚姻矛盾或者混乱的管教，父母离婚的青少年和父母未离婚的青少年之间的基因差别也是原因之一。离婚的成年人与未离婚成年人在有遗传性的特质方面也存在差异，比如易受不同类型情感和行为问题影响的特质，比如抑郁或者滥用药物，都会由父母传给孩子。换句话说，来自离婚家庭的青少年比同龄人问题更多的原因是他们遗传了离婚父母的某些特质，而这些特质从一开始就影响了父母从而使他们做出了离婚的决定。

离婚影响的个体差异　儿童在面对离婚的短期效应方面有着不同的脆弱程度。总体来说，男孩、年龄较小的儿童、有不良性情的儿童、除了直系亲属外没有支持关系中的儿童以及父母离婚的时间刚好处于孩子进入青春期前后的年轻人，离婚的短期效应更加普遍。因为青春期早期是一段个体尤其紧张敏感的阶段，这一时期父母的离婚会有相对较强的影响。

婚姻矛盾的特殊影响

尽管离婚常常和青少年短期的困难相联系，但是几项研究表明，与父母未离婚的青少年相比，在父母离婚的青少年中至少其中的一些困难已经在离婚前显现了。对此其中一项解释是生活在后来父母离婚家庭中的儿童暴露于更高程度上的婚姻不幸、矛盾以及父母和孩子之间的紧张关系中，已知这两点都会增加儿童的困境（见图 4-7）。儿童的适应不良，反过来会影响父母婚姻的质量，形成恶性循环。

除了离婚本身，暴露于对婚姻矛盾的认知对儿童的发展也有不利影响，这提示很多研究者去探究青少年父母的婚姻为何以及如何影响青少年的心理健康和行为。

图 4-7　暴露于婚姻矛盾的影响对管教有直接和间接的消极影响

从这项研究中得出以下几个结论：首先，当儿童意识到婚姻矛盾时，他们从中接受的不利影响要比他们不清楚时更大。因此，当出现极大的敌意，肢体暴力或者恐惧时，婚姻矛盾尤其有害。暴露于公开的婚姻矛盾和家庭暴力中与大多数的青少年问题存在相关性，包括抑郁（女孩尤为明显）以及侵略性和不良行为（多见男孩）。

其次，婚姻矛盾导致儿童产生不安全感和自责，会对儿童有更大的不良影响。那些因为父母的矛盾而自责，安全感受到了威胁，或者陷入了父母争论的青少年都更容易感到焦虑、抑郁和痛苦。

最后，当婚姻矛盾影响了父母和孩子的关系质量时，会对青少年产生更多不利的影响。确切地说，青少年会受到他们父母矛盾的直接影响，几项研究也发现夫妇间关系的紧张会蔓延到父母与孩子的关系，使父亲和母亲都更加有敌意，易怒且不能有效地管教。在本章稍后你将读到，青少年认为他们父母有敌意或者漠不关心将使他们比同龄人有更多的情感和行为问题。

离婚的长期影响

社会科学家也同样研究了离婚的长期影响（大于 2~3 年）。比如，他们会研究父母在孩子处于学龄前离婚的小学生，或者父母在孩子上小学时分开的青少年。如果离婚的不利影响只是由于适应新的家庭结构的暂时问题，或者是因为离婚前后暴露于紧张的婚姻矛盾中，那么这些影响会在几年内消失。

关于离婚的长期影响的研究中有很多有趣的发现。有些研究表明父母于青春期前以及青春期离婚的个体会显示离婚后的适应困难，甚至在两年或三年后依然存在。一些研究显示，父母在子女的儿童期或者青春期离婚个体的适应困难会持续到他们三十多岁。根据长期适应的测量，这些影响并不因父母的再婚而得到改善；再婚家庭中的青少年同样如此，甚至更差，单亲家庭和离婚家庭的青少年也同样如此。

事后效应　这里的事后效应指的是父母离婚的影响会一直到孩子发展的后期才出现。我们能将这些事后效应归因于什么？有两个可能的解释：第一个解释是，也许适应困难的方式直到青春期才会浮出水面。比如，社会科学家相信吸毒的增多和早孕的多发是因为在离婚家庭中父母监管越来越不到位。但是，年纪更小的儿童，甚至是更加缺乏监控的儿童，不论是何种家庭背景，不太可能吸毒或者进行性行为。直到青春期，青少年也许开始吸毒或者进行性行为时，缺乏监管的影响才会显现。

第二个解释是，关于特定的青春期发育的挑战。青春期是一段个体开始经历亲密性关系的时期。如果经历父母离婚或者暴露于婚姻矛盾中会影响一个人对于恋爱关系的设想或者对浪漫承诺的看法，那么直到青少年开始约会或者陷入恋爱关系，早年父母离婚的影响才会显现。

离婚后的监管，接触和矛盾

离婚后，青少年在不同的生活安排中过得更好还是更糟了呢？和不居住在一起的父母接触对青少年的幸福有利吗？

研究表明，这跟青少年离婚父母之间的关系有联系，而不是他们跟谁一起生活。在离婚后接下来的几年，与儿童同性别的父母一方的监护会让儿童过得更好一些，但是这些影响并不持久；随着时间的推移，男性和女性青少年不论在有双亲监护或单亲监护的条件下都可以过得很好，这项发现在最近对女同性恋夫妻分居后的研究中反复出现。更重要的是，对于有两个住处的青少年来说有两点：其一，离婚的夫妇是否继续争执并把孩子置于他们之间；其二，对青少年的训导是否在两家都能够继续下去。相比那些来自父母互相争执或者有矛盾家庭的青少年，父母关系友善并合作的青少年以及接受两个家庭的持续以及适当训导的青少年很少会有情感障碍和行为问题。

父母离婚的青少年还会不同程度地与他们不住在一起的那一方父母联系，尤其是和父亲。离婚后青少年和父亲之间的接触会随着父亲的搬离而迅速减少，并随着时间继续递减，尤其是父亲再婚或者进入一段新的恋爱关系后。一般来说，离婚后，与父亲保持经常联系的儿子或者女儿都会较少发生问题，但并不是所有的研究都得出这一结论。并且有些研究指出正是青春期功能的健康运转促使了父亲的参与，而不是相反。比父亲的参与本身更重要的是离婚父母之间矛盾的等级和离婚前青少年与父亲关系的本质。当父母间矛盾较小时，青少年可以从不住在一起的父母接触中获益，但是当父母矛盾升级时，青少年会在这种接触中忍受折磨。也就是说，当父母还处于婚姻中，青少年就与父母有亲密的关系，那么父母离婚后青少年能从经常与不居住在一起的父母接触中获益，但是如果离婚前就和父母不合，那么父母离婚后的这种接触则会让青少年饱受折磨。尽管有一项与之一致的发现表明来自父亲的经济支持与较少的行为问题和更高的学术成就相关。

离婚的父母都告诉了青少年什么　心理学家苏珊·科纳和同事们研究了新近离婚的母亲和子女之间的公开交谈。令研究者惊讶的是，母亲与儿子和女儿之间都是愿意交谈的，他们的对话是相似的，与先前设定的论点一致，即大部分的男性和女性青少年都被父母平等对待。科纳尤其对两种对话感兴趣：母亲对前夫的抱怨和愤怒以及母亲对经济情况的担忧（这两项都是新近离婚的妇女所普遍关注的）。

在这些披露情感的母亲中，这样做的重要动机并不是想要找一个知心女友而是她想要塑造女儿对她的印象以及当时离婚的背景。这里有一个例子。

> 我跟她无话不谈，比如我对她父亲的抱怨。艾莉森认为离婚都是我的错。她父亲已经不在家两年了。他有时打电话过来，并在圣诞节和其他节日送来礼物。当他走后，艾莉森在心里把他变成了类似上帝的人。现在他又变成了不想或者不太想和他的孩子有任何干系的样子。每当艾莉森对此抱怨时，我就会说，"艾莉森，你开始看到婚后你爸爸的另一面了。"或者"他也从没在我这花时间。"

并不是所有的母亲都与孩子在这些话题上分享情感。比如：

> 我努力尝试不在孩子们面前说任何关于前夫负面的东西。我们协商同意在我们离婚后，仍然要做对孩子们有利的事情。目前为止，一切顺利。

与其他研究一致，表明如果青少年卷入了离婚父母的矛盾，他们会过得很差；如果母亲抱怨前夫或者谈论家庭经济情况，这会让青少年心里感到更加紧张，表现为焦虑、抑郁、紧张和身心失调。青少年尤其担心家庭的经济情况和离婚对他们未来的影响。有几位青少年如此抱怨道：

> 我在想，天哪，我爸爸不关心我——他不打算负担子女抚养费。我很想打电话给爸爸然后冲他吼，因为我觉得他一点儿也不关心这件事。
>
> 我妈妈不断地唠叨我爸爸是怎样一个混蛋，没有付给妈妈她所设想的那么多钱。这让我非常恼怒，因为当我去看爸爸的时候，发现他是个非常好的人，我认为妈妈这么说不公平。
>
> 我妈妈跟我谈起我们没有多余的钱了。我不是很想听我们是如何没钱……当我们谈到钱时，我觉得很伤心而且有些愤怒，因为在离婚前这个话题我们从来没有认真地讨论过……

再婚

这项研究发现,不论再婚父母是合法夫妻还是同居关系,在再婚家庭中长大的青少年,尤其是发生在青春期早期的再婚而不是在儿童时期,常常会比同龄人有更多的问题。比如,在单亲家庭中长大的年轻人要比在完整家庭中成长起来的青年人更容易卷入犯罪行为,但是再婚家庭中的青少年比单亲家庭中的在此类行为上有着更大的可能性。这样的结果是部分而非全部的,因为他们暴露在"双重剂量"的婚姻矛盾中,即父母和继父母之间的正常矛盾和附加的与前夫或前妻的矛盾。因为他们暴露在新的潜在的障碍中,这种障碍来自两个不同婚姻中孩子的融合。

如同离婚的短期效应一样,尽管不全是相同的方式,但是不同的孩子在再婚的短期效应上有不同的反应。总体来说,在适应再婚上女孩比男孩有更多的困难,大一些的孩子比年纪小的孩子有更多的困难。随着时间的推移,适应再婚的性别差异逐渐消失,在维持五年以上的再婚案例中,男孩和女孩的适应情况是相同的。有一个有趣的发现,尤其是鉴于仍旧依靠父母经济资助的年轻成人数量的增长,相比其他父母,再婚父母和继父母不太可能在孩子向成人转变时期仍为他们提供金钱。

适应父母再婚的障碍 当家庭难以适应新的再婚父母关系,当孩子处于青春期时,父母的再婚会令人非常紧张。鉴于我们已知的在青春期期间家庭重组和改变的情况,融入一个正在发生巨变的家庭系统不是一般家庭善于处理的。很多青少年发现很难适应搬入家庭的权威家长,尤其是如果那个人对规矩和纪律有着不同的见解,并且还与孩子的生父母不是合法结婚。当处于问题中的青少年因为之前的心理问题或者是由于近期的离婚抑或是其他的紧张的原因又变得非常脆弱,那么这种适应障碍就更明显了。

同样,很多的继父母发现融入新家庭非常困难,并且不能被孩子马上接受为新的家长。继父母很疑惑为什么他们的继子女不能够马上爱他们,孩子常常表现得非常挑剔、顽固且闷闷不乐。尽管很多继父和他们处于青春期的继子女建立了积极关系,但是继父母和继子女之间生理联系的缺乏,伴随着离婚和再婚的压力,也许会令这种关系脆弱得容易出问题。如果继父母能够建立起持续、支持、权威的纪律类型,再婚家庭中的青少年也可以发展得很好。

这项研究强调家庭重组过程中需要面对的特殊问题,尤其是再婚已经在美国家庭生活中日渐普遍。几项研究表明孩子的适应能力会在每次他们经历家庭重组时下降,部分原因是在每次家庭转型时期管教都会变得不太有效果。鉴于权威型管教的益处在离婚和再婚家庭中与在其他家庭中一样,专家相信正在经历婚姻转变的家庭与临床医生合作,可以帮助家长学习并使用这种管教方式。

孩子适应再婚家庭的一个重要问题是他们与无监护权家长的关系的本质,也就是与无监护权的生父母的关系。有监护权和无监护权的

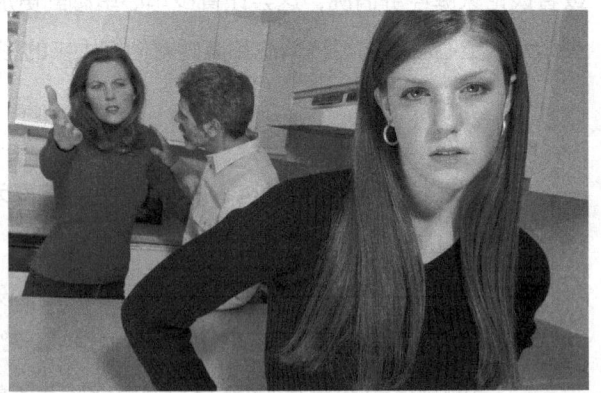

研究表明家庭每经历一次婚姻转型,比如离婚或者再婚,都会将青少年置于不小的适应困难的危机中。

家长在家庭纪律要求上的一致以及孩子与无监护权家长的良好关系会让再婚家庭中的孩子发展得更好，在再婚后的随后几年尤为明显。与无监护权的父母保持亲密关系不会影响子女与有监护权父母的关系，也不会影响子女和继父母之间的关系。研究发现与父亲和继父之间都能保持亲密关系的青少年比其他只与其中一位保持亲密关系的青少年有着更好的表现。

经济压力和贫穷

鉴于最近十年来的经济下滑，越来越多的人开始关注父母的失业和青少年的良好发展之间的关系，尤其是青少年的心理健康如何受家庭经济情况的影响。到目前为止，对家庭收入减少和青少年适应的研究与离婚和再婚的研究相平行。

经济带来的压力 如同离婚，收入的减少与管教的混乱是相联系的，反过来，会导致青春期障碍的增加，包含掌控感的消失、情感紧张的增加、学习和人际方面的问题以及违法行为。根据家庭压力模型，经济压力导致父母抑郁情绪的增加，使父母婚姻恶化，并使父母与青少年之间在钱的问题上引发矛盾。这些结果反过来会使父母更易怒，会对他们管教的质量有不利影响（见图 4-8）。研究表明在经济压力之下的父母不太关心孩子，不太鼓励孩子，更加严厉，并且对他们的管教要求不够持续。

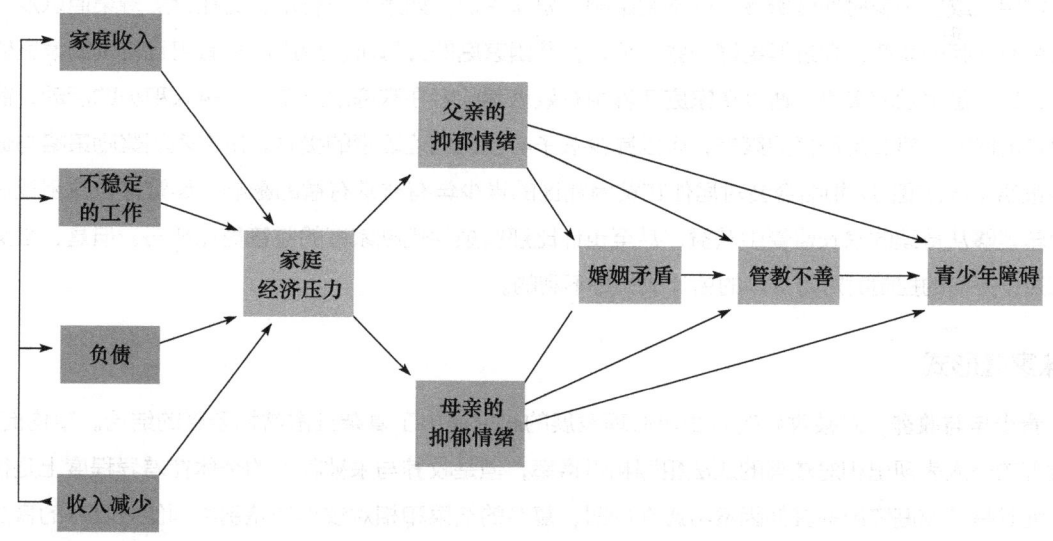

图 4-8　经济压力通过几种方式影响青春期适应

资料来源：Conger et al. 1994

经济压力下的家庭环境使青少年有发生很多问题的风险。现在你也许已经知道，暴露于严厉、不亲和、不持续管教中的青少年发生多种心理和行为问题的风险更大。但青少年经常置于婚姻矛盾中时，尤其是问题没有解决时，他们更有可能变得具有侵略性或者抑郁。当青少年成为侵略性管教的接受者时，他们会在处理同胞关系以及与同龄人的关系时模仿这种行为，随后出现在他们自己的婚姻当中并且对自己的孩子施以这种行为。

长期贫困的影响　研究者同样研究了长期经济贫困对青少年成长的不利影响。总体来说，持续的贫困和暂时的经济贫困，都会削弱管教的有效性，使父母变得更加严厉、抑郁、不警惕，不能持续管教且更容易卷入矛盾。这些都对青春期的适应有消极影响，主要表现在焦虑和抑郁的增加，行为问题的频繁出现，学校表现的减少以及亲社会行为的减少。

有趣的是，接受社会救济的家庭和未接受救济家庭中的青少年在行为、价值观或者家庭关系上没有显著差异，从而质疑了社会福利会影响父母管教的有效性，导致青少年的不良爱好和工作价值观，以及青少年的行为问题。同时，研究发现要求享有社会福利的妇女参加到劳动大军中来，对青少年的发展和行为作用很小，不论是积极的或消极的作用。有证据表明母亲参加公共援助或者参加工作，青少年会有不良的学校表现，当青少年有更小的弟弟妹妹时，这种表现尤为明显，也许是由于母亲的工作导致青少年家庭责任的增加。

在贫困的环境中长大以多种方式对青少年的心理健康产生影响。我们在第3章提到，家庭贫困的青少年更容易暴露在暴力的环境中，在学校感受到更多的疏远，并被置于高水平的压力之下。尽管对流浪青少年极少有科学研究，但是研究表明这些年轻人与那些长期处于贫困中的青少年有着很多共同的问题，包括更多的压抑和自杀想法，学习困难和行为问题。美国有接近两百万的流浪儿童和青少年，其中绝大部分是青少年。

对贫困家庭的研究也同样告诉我们，处于贫困社区的父母如何做才能保护他们的孩子免受成长于城市贫民区或贫困乡村地区所带来的不利影响。总体来说，如果家庭有足够的社会支持渠道以及与宗教组织有很强的联系，会过得更好一些。另外，贫困家庭的父母可以运用两种有用且特别的家庭管理策略：第一是奖励的策略，通过在家庭环境中有效培养或者在家庭之外使孩子融入积极的活动，锻炼青少年的能力；第二是严格的策略，可以减少孩子与社区危险因素的接触。研究表明奖励策略与适度严格策略（非过度的）相结合会对居住在贫困社区的青少年有非常有益的影响。尽管来自贫困社区的青少年能够从持续的家长监管中获益，甚至也许比那些条件优越家庭的监管更加严格，但是，当父母执行过分严格的控制时对青少年的茁壮成长是不利的。

特殊家庭形式

青少年与收养　对被收养的青少年心理发展的研究得出了复杂且常常相矛盾的结论。平均而言，被收养的个人表现出相对较高的违法犯罪和吸毒率，但是收养与未被收养的个体在差异程度上是很小的，尤其是将家庭资源等其他因素考虑在内时，复杂的结果和相对较小的差别原因使被收养的青少年在被收养这件事的适应和感受上有很大的差异性。比如，对被收养这件事心事重重的青少年对养父母更加疏远和不信任。

青少年与同性恋父母　几项精心设计的研究调查了与同性恋父母一起成长的儿童的心理状态。很多州仍然不承认同性夫妇合法结婚的权利，在另一些州，在考虑收养、监护权、父母探视权时，父母的性取向是纳入考虑范围的，部分原因就是考虑到与同性恋父母生活的影响。基于已有的研究，这些担心是毫无根据的。没有证据表明与同性恋父母生活的儿童或青少年与父母是异性恋的在心理上有何不同，这是一项在不同的心理发展领域，包含性别和性倾向，被多次重复的研究发现。引自一位专家：

对异性父母的子女超过 25 年的研究得出了大量相当清晰的结果。不论研究者是否研究了离婚的同性恋父母的子女或者那些出生在同性恋家庭中的孩子,他们的结果都是一致的。不论研究者研究的是儿童还是青少年,他们都报告了相同的结果。不论研究者检验的是性别、自尊、适应情况或者是社会关系的质量,结果都是相当一致的。一项接一项的研究证明,同性恋父母的子女跟其他类型父母的子女一样具有适应性。

家庭寄养中的青少年　根据最近的估计,大约 175 000 名青少年生活在寄养家庭中。家庭寄养是一个广义的概念,指的是当青少年的父母不能够提供关心、抚养或者安全时所提供的暂时安置。这种安置可以是和大家庭、非亲属居住或者在教养院。尽管我们倾向于认为只有年幼的孩子才会被安排到家庭中寄养,但事实是其中有 1/3 进入寄养家庭时已经是青少年了。而且,与儿童相比,青少年不太容易被收养,所以青少年会在寄养中生活更长时间。

进入家庭寄养系统的青少年常常有以下两个原因:一是父母的虐待(当青少年的健康成长或安全受到威胁时);二是犯罪(当青少年的父母无法对他们孩子的违法行为提供必要的监管时)。家庭寄养中长大的青少年有着情感和行为问题的高风险,其中一些是由于被虐待或者被忽视迫使他们离开生父母家庭(频繁的虐待导致心理问题),一些是由于心理问题严重,父母无法提供足够的关照(这种青少年会被安置在专为有心理问题的青少年建立的疗养中心),而有些则是因为家庭寄养安置本身(比如,在教养院的生活增加了青少年犯罪的风险)。很多青少年进出各种不同的家庭寄养机构,在父母的家庭和寄养家庭间徘徊,或者是在不同的收养机构中徘徊,频繁地更换居住场所会导致行为问题。在家庭寄养中生活一段时间后,青少年会跟亲生父母疏远或者被其他人收养,抑或是他们长大了,自己独立生活。你可以想象,过渡到独立的成年时期对于很多成长在稳定和团结家庭环境的青少年都算是一种挑战,更何况是这些中断了正常生活和没有父母在身边支持他们的青少年,这种过渡变得更加困难。寄养的青少年比其他青少年更有可能无家可归。

家庭在青少年成长中的重要性

如你所见,青少年成长的家庭各有不同,家庭背景、收入、父母管教的方式以及家庭组成都不尽相同。但是,没有哪项因素比家庭关系的质量更能影响青少年的适应。一组专家在 90 000 名美国青少年的生活、行为和健康的综合研究的基础上做了如下总结:

所有的健康表现结果都指向了家庭环境对保护青少年免受伤害的重要性。青少年与父母和家庭之间相连通的感觉能提供最稳定的保护。从父母那里感受到爱和关心是最重要的。

诸多研究发现,相信自己的父母或者监护人关爱、理解和接纳自己的青少年会更加健康、快乐并比同龄人更具竞争力,不论是从健康、快乐还是从竞争力的角度评价都是这样。无论青少年的性别、种族、社会等级或者年龄是否相同，无论生活在哪一种家庭类型中，结婚或者离异，单亲或是双亲，富有或是贫穷，这个结论都是成立的。这让很多心理学家，包括我自己，呼吁应该不遗余力地改善父母管教儿童和青少年的质量，从而免受情感和行为问题的困扰并得到健康发展。我在别的地方写道，我们知道什么是好的管教标准。我们面临的挑战是如何更好地将这一信息传达给最需要的人，也就是父母们。

不管个体从儿童时期步入成年时期经历了怎样的成长和心理发展，不论年轻人在快速成长时的社会压力、科技和社会发明是如何改变家庭生活，不论青少年怎样声称父母对他们没有影响，反而是同龄人和媒体对他们影响更大，青少年都需要从真正关心他们发展和幸福的成人那里源源不断地获得爱、支持和引导。能够由一个充满关怀和用心的成人抚养，是年轻人一生中最重要的优势。尽管在世界的不同地方父母以不同的方式表达着爱，不论在何种文化环境下，它对于青少年健康发展的重要性是毋庸置疑的。

第 5 章

同龄人群体

现在是早上八点钟左右，一群青少年正要上第一节课，他们在教室门口兴奋地讨论着周末该去哪里。铃声响起，他们进入教室入座。接下来的4个小时里，他们都会在这里上课（直到午餐时间他们才能休息），课上青少年与成年人的比例是25∶1。

到了午餐时间，他们又会聚到一起花个45分钟讨论周末的计划。然后，他们又回到教室里上两个小时的课。结束一天的课程后，他们又会聚集到一起，然后一块到某个同伴的家里玩耍消遣。由于父母都还在工作，他们可以干自己想干的事情。下午六点左右，他们会各自回家吃晚饭。晚上，有些人会相互打电话，还有些则会通过短信和Facebook聊天。第二天一早，他们就又能碰头了。

当代社会中，青少年有大量时间与同龄人在一起。美国和欧洲的高中生与同龄人在一起的时间是和父母在一起的2倍，这还不包括他们在学校的时间。实际上，除了工作日白天的大部分时间都在一起外，青少年在工作日的下午、晚上和周末的大部分时间也都和同龄人待在一起。研究显示，和朋友在一起时，青少年的情绪是最积极的，而在青春期多和朋友相处对他们也很有益处。如图5-1所示，随着周末的来临，青少年的情绪变得越来越活跃。

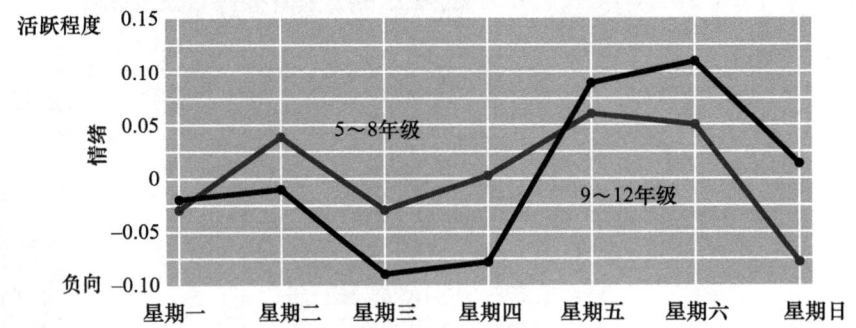

图 5-1　随着周末即将来临，青少年期望能有更多的时间与同龄人相处，他们的情绪明显变得活跃起来
资料来源：Larson & Richards, 1998

美国社会是高度年龄分化的。孩提时代开始，美国的孩子就不会整天都待在自己家里了（大概从5岁开始，但是有些孩子还不满一周岁就被送到看护中心了）。一直到18岁左右，他们高中毕业，在此之前他们都是与自己的同龄人待在一起的。除了自己亲戚以外，他们很少有机会接触到和自己不在同一年龄段的人。由于学校对孩子交友有着重要的影响，因此在孩子们放学后、周末和假期的活动还是会有年龄段的区分。在当代社会，同龄人群体在青少年生活中的角色越来越重要。同龄人群体在青春期中的重要性促成了当代青春期的几个重要特征。

理解同龄人群体在青春期中的形成和作用方式对于了解青春期发展具有重要的意义。如果要讨论青少年身份认知的发展，就必须要讨论他们是如何以及为何会从自己朝夕相处的同龄人群中获得部分的身份认知。如果要讨论青少年自主性的发展，就必须要考虑到青少年是如何在同龄人群中独立做出决定的。如果要讨论青少年之间的亲密性，就必须要先理解青少年的朋友圈以及其形成过程。如果要讨论青少年的性发育，就必须要了解青少年的同龄人群体是如何、何时以及为何会从同性群体变为异性群体的。如果要讨论青少年的成绩，我们也无法忽略朋友在影响学习态度中发挥的作用。

当代社会中青少年同龄人群体的起源

在所有文化形态中,青少年与其同龄人群体的交流都是存在的。但并不是所有社会中的同龄人群体都像当代社会这样按照年龄划分得如此清晰。

年龄分级与义务教育

19世纪中期,教育家提出了将学生按照年龄进行划分并为其提供免费的公共教育的想法,这种做法被称为年龄分级。正因为如此,才出现了按年龄划分同龄人群体的做法,并维持到了现在。但是直到20世纪中前期,这种按照年龄分级并实施教育的方法才影响到大部分的青少年。可能早在1900年以前,上小学就不是什么大不了的事情了,但是一直到1930年左右,上高中却是只有富人才负担得起的奢侈品。换句话说,直到20世纪中期左右,在学校交友并以此形成同龄人群体的现象才开始逐渐兴盛起来。

青少年同龄人群体:是问题还是必需

日益兴起的青少年同龄人群体究竟是现代社会需要解决的问题还是当代美国生活不可避免甚至不可或缺的一部分呢?这一问题在过去的25年间激起了青春期研究领域的激烈讨论。争论中的一方认为按照年龄将青少年隔离开来导致青少年文化与主流文化的隔阂,导致年轻人的主流思想和价值观与成年人格格不入甚至背道而驰。另一方则认为,工业化与现代化的进程使得同龄人群体变得格外重要,因为仅靠成年人的指导已无法让青少年对未来做好充分的准备,而同龄人群体则在青少年向成年人过渡的社会化过程中扮演了重要的角色。接下来,我们来着重讨论一下双方的观点。

许多大人都担心年轻人特殊的文化有悖于社会主流的价值观。

青少年中是否真的存在一种特立独行的文化

大约在50年前,《青少年社会》(*The Adolescent Society*)一书首次提出分龄隔离促生了一种特立独行又麻烦不断的青年文化。该书详细记录了针对美国十所高中里青少年的社交圈进行的一项研究。该项研究发现,在青少年的社交圈中,学习成绩优异并不一定会被同伴认可,但是家庭条件、运动能力(男孩)和美貌(女孩)才是最重要的。

书中所担心的一些问题在过去的60年间被反复地提及。如今的成年人对青少年道德和人格问题的抱怨,其实和20世纪中期没什么不一样(当他们在这个年纪时,大人们也是这么说他们的)。实际上,不管哪一代的成年人都会对年轻人充满抱怨。

自《青少年社会》出版后，情况多少发生了变化，有一组人员根据一些指标选取了七所学校并对它们的社交氛围进行了研究。这些指标包括：学校规模的大小、学生的种族和经济社会构成、学生的生源地（究竟是来自城市贫民区、城郊还是半农村地区）。研究人员最后总结发现，他们的研究成果与20世纪60年代的情况相比既有相同点又有所不同。相同点在于，美貌、运动能力和金钱依然是学生受欢迎的主要原因，虽然学习成绩好很难得，但是学生之间不屑于知识的风气十分盛行，因此好成绩并不能使学生受到同伴的欢迎。

但是也有一些不同点的存在，尤其是在主要为非白人、中产阶级以下居住的社区，这些不同点尤为明显。在这些地区的学校里，学生通常以种族和阶级为单位进行划分。不同的学生群体之间的关系常常较为紧张，某些群体甚至对中产阶级有着强烈的敌意。美国社会的多样化在某种程度上也使得青少年群体出现了多样化。这也告诉我们，青少年往往能反映出当时的大环境。

青少年的世界是独立的吗　有些研究人员称，由于分龄隔离大大加强了同龄人群体的影响力，美国青少年如今并不是十分了解成年人的价值观。他们认为，正是同龄人群体的兴起和青少年与成年人之间的隔阂才导致了青少年失业、自杀、犯罪、吸毒、酗酒以及未婚先育等问题。许多研究青春期领域的研究人员指出20世纪40年代以来，随着同龄人群体的兴起和分龄隔离的盛行，以上问题都出现了大幅的攀升。他们认为青春期问题的大幅攀升与青少年同龄人群体的兴起之间有一定的联系。

布拉德福特·布朗是研究青少年同龄人群体的专家，他曾指出在不同的历史阶段和背景下，青春期同龄人之间影响的本质和强度也各不相同。比如，一项针对加拿大青少年的研究表明，学生对自己的期望会随着性别、年龄和在学校中的社会地位发生很大的变化。

青少年文化是否会对青少年造成伤害呢　青少年同龄人群体的兴起是否真的如成年人所说的那样会造成许多问题呢？

这是个很难回答的问题。分龄隔离在过去的60年间的确愈演愈烈，但是与此同时整个社会也发生了一些改变，这也可能是引起犯罪和吸毒等问题的原因。从许多方面来看，当今世界的成长和生存压力都比过去要大得多。人们不出几年就要举家迁徙一次，离婚也变得十分常见。父母、同伴和大众媒体都给了青少年很大的压力。我们在后续的章节中也会讲到，更重要的是尽管分龄隔离的现象一直呈上升的趋势，但是青少年出现问题行为的比例却在过去的30年间出现了很大的波动，犯罪和吸毒就是很好的例证。如果分龄隔离真的是引发这些问题的"真凶"，那么这就说不通了。在几段时间内，确实存在着尽管分龄隔离现象十分严重但是青少年问题行为的比例却出现了下降的现象。

的确，当代的青少年与同龄人群体在一起的时间比过去要多。但是我们无从知道他对于身边同伴的影响是否真的比过去要大，我们也不知道青少年的处境是否真的因为同龄人群体日益重要的作用而变得更加不堪。况且，同龄人群体对青少年的影响既有消极的也有积极的，仅将其视为一种消极的影响是不正确的。虽然本书中也提到，有些同龄人群体会让青少年染上毒品，整天只知道寻欢作乐而不求学业上进，但是也有些群体能让青少年远离毒品重视学业。也就是说，尽管同龄人群体的影响力很大，但是他们的影响效果却是千差万别的。

青春期同龄人群体的本质

青春期同龄人群体的变化

只要随意来到一所小学的操场,你就会发现在孩子们的童年里,同龄人群体是他们社交生活的一项明显特征。尽管同龄人群体在青春期之前就已存在,但是其主要的意义和结构却是在青春期期间才发生重要变化,其中最突出的有以下四个方面。

同龄人群体究竟发生了哪些变化　第一,正如上文提到的那样,青春期期间青少年与同龄人在一起的时间开始急剧地增加,而且他们与同龄人群体相处的时间和与成年人群体相处的时间相比也相对较多。如果我们把青少年在校的时间算作是与同龄人相处的时间,那么美国的青少年醒着的时间中有一大半时间都是与同龄人在一起的。相对的,他们只有15%的时间是与成年人在一起的(剩下的时间一大部分是独处或者同时与同龄人和大人在一起)。在童年向青春期的过渡中,孩子与父母在一起的时间会大幅下降。男孩通常会将时间用来独处,而女孩则会将时间用来独处和交朋友(见图5-2)。在时间分配的问题上,种族和性别也会造成个体之间的不同。比如,相比白人男孩和黑人男孩来说,白人女孩与家人相处时间的减少和与朋友在一起时间的增加尤为明显。

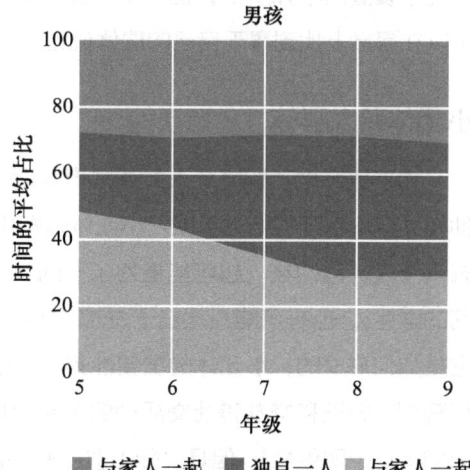

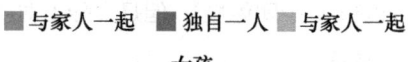

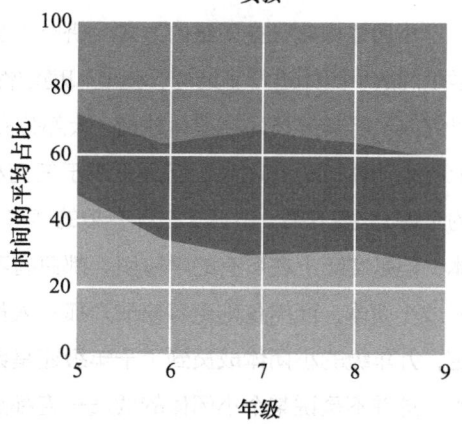

第二,青春期期间同龄人群体受到成人的监管变得更少。部分原因是青少年变得更自由,他们开始想要而且也获得了更多的独立性。年纪较小的孩子参加的活动通常是和大人一块参加或者由大人组织的,比如男孩子参加的棒球联赛,女孩子参加的布朗尼蛋糕聚会等。而青少年则会自己成群结队去参加舞会、看电影或者趁谁的父母不在家时去家里玩。

第三,青春期期间,青少年与异性同龄人的接触会增多。童年时,同龄人群体是高度同性化的。这在学校的活动和大人组织的一些其他活动中体现得更加明显,但是在一些非正式的活动中,这种情况会稍微好一些。而到了青春期,即使在公共场合,也有越来越多的青少年喜欢和异性同伴待在一起。

图5-2　青春期初期个体在空余时间的支配上会发生重大改变

资料来源:Larson & Richards, 1991

第四,儿童的同龄人交际主要集中在几个相对较小的圈子里,一般一次最多就三四个人,但是青少年则更多是结对甚至成群出现的。比如,在初中的餐厅里,"风云人物"都坐在某个特定区域,"书呆子"和"运动健将"也都有各自的特定区域。这些不同的人群在穿衣、谈吐和举止方面都形成了自己的文化。也只有进入青春期以后,青少年才会逐渐知道原来学校里有各种人群以及各种人群的代表人物都是谁。

什么造成了同龄人群体的变化 青春期期间同龄人关系的这些变化与青少年的生理、认知和社会身份等方面的转变有关。生理上的发育促使青少年开始对异性产生兴趣并且拉远了他们与父母之间的距离，正因为如此，青少年交际圈里的异性同龄人越来越多而成年人变得越来越少。青少年在认知上的变化则使得他们对社交关系的理解变得更为复杂，这也使得他们产生了一种抽象的分类意识，将各种个体分类为许多不同的群体。社会身份的变化则会使青少年对与同龄人关系做出一些相应的变化，比如，进入中学后，他们的学校变大了，社交关系也变得更复杂了，这迫使青少年不得不努力寻找与自己志趣相投的同龄人来重新组建一个像童年时期那样规模较小但是关系亲密的社交圈。与其在偌大的高中食堂里不知所措，他们宁可加入某一群体中，哪怕是"啦啦队"，甚至是"书呆子"，至少他们可以在餐桌上找到属于自己的群体位置。

小团体和大群体

为了更好地了解同龄人关系在青春期中的重要作用，我们必须将青少年的同龄人群体看作是由两种相关但不相同的结构组成。小团体是指由 2 ~ 12 名同龄个体（通常为同性）组成的小团体，平均为五六个人，他们在一起可能是为了一同参与某种日常活动（比如，学校的橄榄球队员或者经常一起学习的学生），也有可能只是出于友谊（比如天天在一起吃午饭的女生或者从小一起长大的男生）。不论它是如何形成的，小团体的重要性都在于它为青少年交际活动提供了主要的背景。小团体是青少年进行玩耍、聊天和交友等社交活动的重要单位。尽管有些小团体能吸纳外来的人员（也就是说，小团体的成员缺少团体性），但是实际上对所有小团体来说，团体成员彼此之间的了解程度和欣赏程度都比外人要高。

小团体构建社交网络的方式 研究人员针对小团体构建社交网络的方式对美国五所高中的九年级学生间的小团体进行了结构、强度和稳定性方面的研究。通过与被访者进行超过一年的会话研究以后，研究人员将其分类为小团体成员（大部分交际活动都在小团体中进行的个体）、流动人员（与两个及以上的小团体成员有往来，但是不属于任何小团体的个体）和孤立人员（与他人鲜有甚至毫无社交往来的个体）。接下来，出现了三种有趣的情形。第一，尽管大家都认为青少年是具有"小团体性质"的群体，但是实际上在所有的学校里，都只有不到一半的青少年是某个小团体的成员。第二，女孩更容易形成小团体，而男孩则更容易成为孤立人员。第三，青少年在学校社交网络中所处的位置长期趋于稳定，九年级的小团体成员到了十年级还是会身处团体之中，而大部分的孤立人员在一年后仍然是一个人。这并不是说某个小团体的成员一直都是不变的，通常也不可能会这样。而是说，某个小团体的成员在一年后很有可能会成为其他小团体的成员。换句话说，青少年加入小团体的倾向是稳定的，但是某个特定团体的构成却是不稳定的。在一项研究中，75%的七年级学生有自己的小团体，而只有15%的学生是孤立人员，只有很少一部分学生会与其他某位学生组成固定的一对。不出意外的是，来到学校的时间越短，学生的受欢迎程度就越低，对于经常搬家的孩子来说，要建立良好的社交关系尤为困难。

青少年是如何形成大群体的 小团体在结构和成因上都与大群体有所不同。大群体是由志趣相投的一群青少年组成的，他们大多来自相同的种族或者地区，尽管他们可能并不承认彼此之间是朋友关系，而且也没有太多时间在一起交流。在当前的美国高中里，主要的大群体有"jocks"（运动健将）、"brains"（学习能手）、"nerds"（书呆子）、"populars"（风云人物）和"druggies"（瘾君子）。尽管不同学校对各个群体的称呼可能会有所差异（"nerds"对"geeks"，"populars"对"preps"），但是至少在美国、加拿大、澳大利亚和西欧国家，这些群体（"jocks"除外）都是普遍存在的。（"jocks"这一群体在欧洲国家的学校里比较少，因为当地的运动赛事都是在俱乐部间进行的，而非在学校间。）如果你成长于这些国家，那么你可能会在自己的学校里发现这些群体的存在。

青少年通常至少是一个小团队的成员，小团体是由大约六名同年龄、同性别的青少年组成的。

与小团体截然相反的是，大群体的作用并不是让青少年在其中建立起友谊或者亲密关系，而是主要体现在以下三个方面：定位青少年在学校中所处的社交阶层；让青少年进行分流；以及提供崇尚某种生活方式的环境。

决定你属于哪个大群体的主要因素是你的名声和刻板印象，而不是你的朋友圈或者交际圈。这与小团体十分不同，小团体是通过朋友圈和参加同一项活动来划分的。这或许有点好笑，但是具体来说，成为"学习能手"的一员并不一定要求你和学习能手做朋友，或者经常与"会学习"的人混在一起。只要你的打扮和举止像个学习能手，在课堂上能拿到高分，那你自然就成了"学习能手"的一员，大群体中的其他成员也同样如此。

由于决定青少年大群体属性的是名声和刻板印象，这对于某些青少年个体来说十分难受。如果他们无法在刚进高中时改变别人对自己的看法，他们很有可能会被归入自己并不喜欢甚至不想有半点瓜葛的大群体中。这也意味着，如果别人觉得他们符合群体特征，有些个体可能会同时属于多个大群体。据估计，有1/3的青少年同时属于多个大群体，而1/6的青少年则没有清晰的群体归属。尽管青少年和最好的朋友通常都在同一个小团体中，但是他们可能属于不同的大群体，尤其当两个群体的生活方式相近的时候，更有可能出现这种情况。因此，一个"学习能手"的朋友可能同样是"学习能手"，也有可能是"书呆子"，但是很少会是"瘾君子"。

更重要的是大群体并不是小团体的简单组合，它们是两种不同的组织，形成的原因各不相同。小团体是基于活动和友谊而组成的，是青少年学习社交技巧的重要场所。他们在小团体里学会如何做一名好朋友，如何有效地沟通，如何成为一名领导者，如何享受他人的陪伴，甚至包括如何从一段不满意的友情中脱身。而大群体则与此相反，它是以名声和刻板印象而非人际交流为基础的，它对青少年的认同感和自我意识的影响（不论好坏）比对其社会发展的影响要大得多。

小团体和大群体的结构变化

关于青少年同龄人群体的研究经常会用到叫作参与式观察的研究手段。这是指研究者与一群个体建立密切关系并以此潜入并最终加入到这一群体中。在《高中万象》一书中，作者就将自己伪装成一名刚搬到这里的高中转校生，并在随后的一年里仔细研究了青少年的社交世界（没错，在电影《少年龙虎队》出来之前就有人这么干了）。研究人员既是观察者又是参与者，这样他就能在更自然、更私密的情况下研究青少年的行为了。在高中更衣室里无意间听到的十分钟对话或许比一场三个小时的访谈获得的信息还要多。

恋爱关系如何改变青少年同龄人群体　许多针对年轻人的观察性研究显示，青春期期间小团体和大群体的结构都会发生重大变化，这在很大程度上是受到了恋爱关系的影响。青春期早期，青少年的活动都是围绕着同性的小团体进行的。这一时期的青少年还没开始参加派对，空余时间经常是和一小群朋友一起运动、聊天或者只是随便逛逛。

随后，男孩女孩都开始对异性感兴趣，但是他们尚未开始建立恋爱关系，此时他们的小团体就开始交融了。这是一个明显的转折阶段。男孩和女孩可能会结伴参加派对或者出去玩耍，但是这期间他们其实还是和同性朋友有交往的。这时的青少年在与异性相处时还会觉得不自在，这样与同性同伴结伴参加的环境能让他们在不过分亲密和不丢面子的情况下更多地了解异性。在男女都参加的聚会上，经常会看到男孩和女孩团组站在房间的两端，相互打量着对方却很少交流。

紧接着，青少年的同龄人群体就进入了结构转变的时期。随着他们对恋爱关系越来越感兴趣，部分人开始脱离群体加入到了男女混合的小团体中，另一部分人则继续留在同性的小团体中。最早开始这种转变的通常是小团体的领导者，随后其他成员也开始仿效他。比如，一群男孩组成了一个以打篮球为主的小团体，这时候他们会发现团队中受人景仰的那个男孩子现在每到周六晚上都更乐意去参加男女混合的派对而不是和他们一块出去玩或者打电子游戏。时间一久，他们就开始仿效他，随后参加只有男生活动的频率会越来越低。一项为期一学年的观察实验发现，这一学年里，中学男女生的同龄人群体开始逐渐交汇，但是这种现象主要发生在长相比较出众的学生群体中（这点并不奇怪，因为长相可以提高青少年在同龄人群体中的地位）（见图 5-3）。

到了青春期中期，跨性别、跨年龄的小团体开始越来越流行，不久之后同龄人群体中的小团体就全部变成男女混合的了。一个小团体里面可能都是学校里一起演话剧的男生女生，也有可能都是喜欢在周末出去喝酒的四男四女，还有可能是受欢迎的男生女生。女生饮酒、吸毒和男生饮酒同青少年同龄人群体从单一性别到混合性别的转变有正相关的联系。

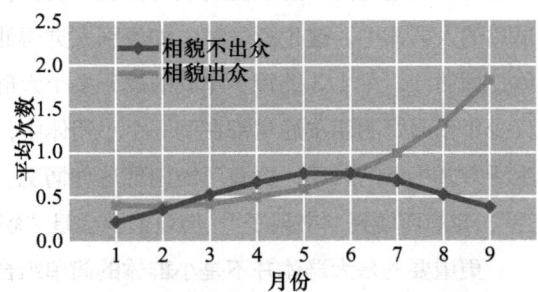

图 5-3　青春期初期，男孩和女孩同龄人群体的交汇逐渐增多，但是这最先是从相貌出众的个体间开始的，他们通常会是小团体的领导者。平均次数是指与异性同龄人群体发生交流的平均次数

资料来源：Pellegrini & Long, 2007

最后，在青春期末期，同龄人圈子开始分化。成双成对的青少年开始从大群体的活动中分离出来。规模较大的同龄人群体被关系松散的一对对情侣所取代。青少年开始将自己一部分的注意力从朋友身上转移到恋爱对象上来。尽管成对的情侣也会经常一块出去玩，但是他们作为一个群体的那种感觉已经不在了。这种以情侣为社交活动中心的模式会一

直持续到成年期。

从结构的角度来看，同龄人群体对于亲密关系发展的作用是显而易见的。随着时间的推移，同龄人群体的结构也会为了适应青少年需求和兴趣的变化而变化。本书第 10 章中，我们也将讲到，青少年处理亲密关系的能力最早是从与同性朋友的关系中得来的。他们与异性的亲密关系那是以后的事情了。因此，青春期期间同龄人群体的结构变化是与青少年亲密关系的发展同步进行的，随着青少年发展出越来越多的亲密关系，他们的同龄人群体也开始从熟

青春期早期通常伴随着同龄人群体从单一性别到混合性别的转变。

悉的单一性别活动逐渐开始接触异性，但是一般他们也只和大群体中的异性接触。青春期的男女只有逐渐地社会化并通过效仿更加成熟的同龄人以进入约会角色后，他们才开始不需要群体的庇护然后从中脱离出来。

大群体的变化　青少年的同龄人大群体在青春期期间也会发生变化。这些变化反映出了青少年在认知心理的逐渐成熟。比如，随着智力上日渐成熟，他们开始学会用更加抽象而全面的特征来区分大群体（"风云人物""书呆子""运动健将"等），而不是通过具体行为上的特征（"跳芭蕾的""玩'质量效应'的""在 114 号大街上打篮球的孩子"等）。这种从具体到抽象的转变是青春期认知发展的主要特征。此外，随着青少年认知能力的发展，他们也会注意到学校里大群体的机构和他们自己所处的位置。在青春期期间，大群体的结构会进一步分化，各层级之间会相互渗透，这也使得青少年能有更多的机会改变自己所处的大群体并且巩固自己的地位。在青春期初期，一所学校里一般只有两个大群体（比如，"正常人"和"失败者"）。但是到了高中，"正常"的方式有很多种（"风云人物""运动健将""普通人"），"失败"的方式也有很多种（"学习能手""书呆子""废才"）。

书呆子的转变　社会学家大卫·金尼针对"书呆子"的每日经历和与他人的交流进行了一项有趣的实验，他对美国中西部一座小城的一所高中进行了社会交际和同龄人文化的人种学研究。一般的调查或实验性研究在本质上通常都是定量的（也就是说，可以量化收集的数据），这项实验则有所不同，是定性的。研究人员用大量的时间研究交际活动，对青少年进行访谈并大量实地记录，就像是人类学家在研究外国文化一样。人种学的研究方法对于社交关系的研究是十分有用的，因为它能提供丰富的描述性数据。

以下对话选自金尼对两名中学时做过"书呆子"的学生的访谈：

罗斯：中学的时候……

泰德：我们就是"书呆子"。

罗斯：没错……

泰德：大家都讨厌我们。

罗斯：其实，他们也不是讨厌我们，只是我们不够……

泰德：受欢迎。当时只有受欢迎和不受欢迎两种人。

罗斯：中学时划分得很明显，只有受欢迎的人和不受欢迎的人，就这么简单。

泰德：而且没有人处在中间。

罗斯：是的！

泰德：你只有两条路可选，一条是受欢迎，另一条就是不受欢迎。我们走的就是不受欢迎的那条路。每做一件事，你都要担心自己会不会因为做得不够正常而被嘲笑。你不能做出半点不正常的举动，因为你随时可能会被取笑。你根本无法融入群体里，然后你就被排除在外了，就像不存在一样。

罗斯：也就是说，你被孤立了。

但是，金尼发现许多在初中被"孤立"的青少年在高中时成功地将自己从"书呆子"转变成了"正常人"。这其中，有些人是因为高中的同龄人结构更复杂也更容易渗透。与初中时只有"受欢迎"与"不受欢迎"两大群体的现象不同，高中时的社交群体要多很多。而另一些人能转变成"正常人"是因为通过身体发育和社交能力提升获得了更多的自信心。还有一些人，这种转变是由于他们对自己社会层级的认知变得更全面和自信，这使他们认为自己一定要追求所谓的"潮流"。

本质上来说，"书呆子"向"正常人"的转变是受环境（比如日益多元化和渗透的同龄人群体）和青少年本身（比如个体在身体、认知和社交能力上的成熟）综合作用的结果。金尼的实验以及其他关于同龄人的人种学实验告诉我们，即使是一开始处于劣势地位的个体，在青春期期间也有成长和改变的可能。

大群体的消长变化 随着大群体青少年对自己社交圈看法的影响日益凸显，它们在对青少年社交行为的形成上也在扮演着越来越重要的角色。到了高中一年级，几乎所有学生都会认同学校里的群体结构。同龄人群体对他们有着巨大的影响。从高中一年级到四年级这段时间，群体结构的重要性开始逐渐减弱，同龄人压力开始凸显。

在一项实验中，研究人员向学生们提供了各种假设，并问他们如果因为某人属于某一群体（"运动健将""野蛮人""风云人物"等）就将其排除在某项活动（啦啦队、篮球队、学生会等）之外的做法是否正确。他们同时也被问到是否能接受因为自己的群体属性而被剥夺个人资源（比如奖学金）。高中一年级的学生会更容易认为因为一个人的群体属性就将其排除在某项活动之外的做法没有问题，这与同龄人群体的作用在青春期中后期逐渐减弱的现象相一致。各年级的学生都认为相对于将某人排除在活动之外（不少学生认为这与道德无关），他们更难接受因为某人所属的群体而剥夺他的个人资源（所有学生认为这是不道德的）。

本书的第9章中，我们将会提到同龄人群体的这种衰落伴随着青少年对于同辈压力敏感性上的变化。也就是说，在青春期中后期，随着大群体的重要性逐渐下降，它们对于青少年个体行为的影响也逐渐减弱了。这很有可能是因为大群体重要性的变化和青少年对同龄人影响的敏感性的变化是相互作用的。

正如青春期期间小团体在结构上的变化会对青少年亲密关系的发展产生影响，青春期期间大群体突出性的变化在青少年自我认知的发展过程中也发挥着重要作用。在本书第 8 章中，我们将提到青春期期间，青少年会变换各种角色和身份。在青春期初期，青少年还未认识"自己"，因此大群体就为他们提供了自我认定的基础。通过服装、语言和玩伴，他们可以定位自己在学校的群体中所处的位置，就像是为自己贴上了告诉别人自己身份的标签。在还未了解自己的情况下，加入到大群体里可以让青少年初步找到一种认同感。

随着对自己个体身份的认知日益清晰，青少年对群体的归属感也开始减弱。到了高中，年纪稍长的青少年会认为继续待在某个群体内会影响他们的认同感和自我表达。青春期后期从群体中分离可能也预示和反映了青少年独特而清晰的自我意识。

青少年与大群体

青少年的社交地图

尽管我们会经常听到人们讨论宽泛的"青少年文化"，但是大部分针对高中的人种学实验都发现青少年的社交圈要比人们说的要复杂得多。为了探明青少年的社交圈，里格斯比和麦克蒂尔提出了一项有效的实验计划，随后布朗对其进行了修改。

在这项实验中，主要研究青少年群体的两个方面：他们对成人组织的活动的参与程度有多少，比如说学校和课外活动等；他们对非正式的同龄人文化的参与度有多少（见图 5-4）。"运动健将"和"风云人物"不仅对青少年文化的参与度很高，而且对成人重视的活动参与度也很高（运动、学校组织等）。相比之下，"学习能手"和"书呆子"对成人组织的活动参与度也很高（只是他们参加的都是学习组织），但是他们对于青少年文化的参与度却低很多。"派对达人"的社交路线与"书呆子"完全相反，他们对青少年文化的参与度十分高，对于成人组织的活动则参与度十分低。"废才"和"不良少年"则对两者的参与度都不高。

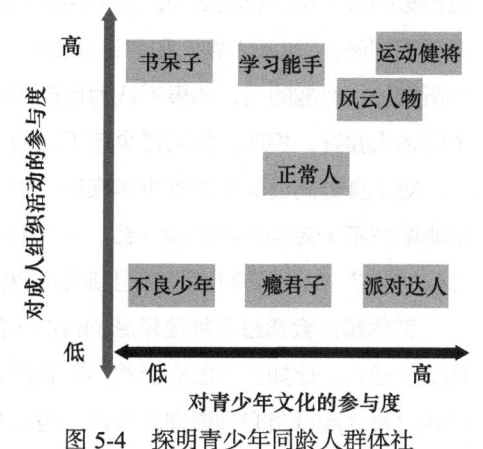

图 5-4 探明青少年同龄人群体社交圈的模型图

资料来源：From Brown, 1990

另外的几个大群体，如"正常人"和"瘾君子"则正好处于一种中间状态。

大群体的参照作用

了解青少年在学校的社交系统中所处的位置能帮助我们更好地了解个体的行为和价值观。这是因为大群体在设定衣着打扮、放松方式和音乐品味等方面的规范和标准上起了一定作用。作为一名"运动健将"，需要的并不仅是参加体育运动，还需要穿特定的衣服，听特定的音乐，周六晚上参加特定的活动，拥有特定的口头禅。这些青少年一方面接受了许多成年人的价值观，另一方面也十分注重当前青少年文化的一些元素。

另一种说法就是将青少年的大群体作为参照组。大群体使得它的成员在他人眼中有了某种身份。青少年会通过一个人的朋友和玩伴来判断他。像"运动健将""学习能手""风云人物""瘾君子"和"轮滑族"这样的标准是青少年让人快速记住的标志，它向人们描述着你是怎样的一个人以及你的哪些方面是比较重要的。

大群体与青少年的认同感　能成为大群体的一员十分重要，这不仅是青少年谈论别人时的依据，也是青少年自我认同感的基础。和"风云人物"混在一起姑娘会去逛她们经常去的商店，说她们经常说的话，感觉自己也披上了"风云人物"的"外衣"。不久之后，"风云人物"的属性就成了她自我认知的一部分，她不会去考虑其他打扮和说话的方式。或者一群因为厌学而组成小团体的男孩，随着小团体内部的厌学情绪日益加强，每个成员对学校的厌恶感也日益加深，因此厌学也就成了他们自我认知的一部分。即使在学校里遇到了一些十分具有积极意义的事，也很难使他们感觉好起来。考试考得好和得到老师的夸奖对他们来说好像都变得不重要了。

由于同龄人群体作为参照组和身份认同感来源对青少年十分重要，因此，他们所处大群体的性质对青少年的行为、活动和自我意识都有很重要的影响。尽管大部分青少年都会感受到来自朋友的压力，因为他们必须做一些符合群体目的和价值观的行为，而每个群体的具体性质都有所不同。比如，"瘾君子"就会比"运动健将"感受到更多的群体压力，使他们做出一些出格的行为。属于哪个大群体也会影响青少年的自我认知。地位相对较高的大群体中，青少年的自尊心会更强。另一项研究发现在青春期期间，"风云人物"和"运动健将"的心理压力会有所减少，而"学习能手"的心理压力则会有所增加。有趣的是，如果不认为自己所在群体的地位比较低，那么青少年的心理状况会比这样认为的同龄人要好，相反，如果青少年不认为自己所在群体的地位比较高，那么他们心理状况就会相对较差。对于身处高位群体的青少年来说，脱离群体会影响他们的心理健康。当然，青少年群体属性的长期影响并不一定与短期影响一致。一项针对刚从高中毕业不久的青年人的研究显示，"学习能手"和"运动健将"在长期的心理变化上是最积极的，而属于有反社会倾向群体的青少年则是差的。

群体属性会通过多种途径影响青少年的行为。首先，他们会模仿地位较高的同龄人，也就是大群体的领导者。比如，不怎么受欢迎的姑娘会通过模仿受欢迎的女生的穿着打扮来融入她们。其次，大群体会建立起成员必须遵守的规范。也就是说，即使是地位较低的群体成员也会通过群体所特有的方式来相互影响（比如使用某种口头禅），而其他想加入这一群体的人也必须认可这些标准。再次，当群体成员做出符合这边标准的行为的时候，他们实际上也是在巩固这些标准。比如，符合群体穿着标准的人容易被人夸赞（"苏西，鞋子真漂亮！"），而不符合的人则会被无视甚至取笑（"你穿的这是什么东西！"）。最后，当青少年不断巩固群体标准的时候，他们自我感觉也会变得更好，并进一步把这种群体属性纳入自己的身份认同中。比如，一个女孩子因为自己的着装多次受欢迎的群体夸赞以后，她就会开始将自己视为这一群体的成员，并将这种群体的归属感融入自己的身份认同中。

青少年和他们的小团体

是什么把青少年拉进某个特定小团体的呢？由于小团体是青少年朋友关系的基础，同时在他们的社会发展中发挥着重要作用，许多研究人员就小团体组成的决定因素开展了研究。

小团体成员的相似性

对小团体的组成有最重要影响的是成员之间的相似性。青少年的小团体通常都是由相同年龄、相同民族的成员组成的，他们有着共同的社会经济背景。在青春期的初期和中期，成员还都是相同性别的。

年龄隔离 尽管许多青少年都有比自己高或者低一年级的朋友，但是初中和高中的年龄分级使得青少年无法同与自己存在较大年龄差距的个体成为朋友。高中二年级的学生都是和同年级的学生一起上课，因此很少有机会遇到其他年级的青少年。青少年小团体的年龄可能主要是由学校的结构造成的。相比之下，青少年在网上认识的朋友在年龄上就不像学校里那样一致。

性别隔离 在青春期初期和中期，小团体几乎都是由单一性别的成员组成的。性别隔离从童年时期开始延续到几乎整个青春期，而且白人学生间的性别隔离比黑人学生要严重，一直到青春期后期才有所减弱。

造成小团体间性别隔离的原因比造成年龄隔离的原因有趣得多，因为学校并不会在课堂上将男生和女生分开。那么，又是什么让青春期的男孩女孩形成了各自的小团体呢？性别与发展专家埃莉诺·麦科比提出了以下几个原因：

第一个原因是，小团体在很大程度上是以共同活动和爱好为基础的。总体上，青春期前和青春期初期，男孩和女孩感兴趣的东西是不一样的。一直到开始约会，他们的小团体才开始交汇，这可能也是因为约会为他们的共同活动提供了基础。此外，一项针对青少年社交圈的研究发现，高中二年级青少年的异性朋友比例是初中一年级的两倍以上。有人认为这与青少年开始约会有关。的确如此，早熟女生的异性朋友比例上升得特别明显，年长的校外男生也越来越多地出现在她们的社交圈里（见图5-5）。尽管如此，大部分青少年在高中二年级时的社交圈里主要还是相同性别的朋友，他们占据了青少年社交网络的3/4。

造成性别隔离的第二个原因与青少年性别角色的敏感性有关。在童年时期，男孩和女孩都会越来越关心自己的行为是否符合自己的性别。如果男孩子喜欢洋娃娃，就会有人直接（父母、朋友和老师）或者间接地（电视、书籍和其他大众传媒）告诉他们："男孩子是不玩洋娃娃的，女孩子才玩。"如果女孩子开始摔跤打闹，也会有人告诉她们相同的话。

由于一直有人不断提醒他们男孩子的活动和女孩子的活动是有区别的，而刚进入青春期的青少年又在努力营造一种认同感，因此，他们十分关心自己的行为是否符合性别。这方面，男孩子比女孩子更明显。这就使得青春期的男生很难成为女生小团体的成员，

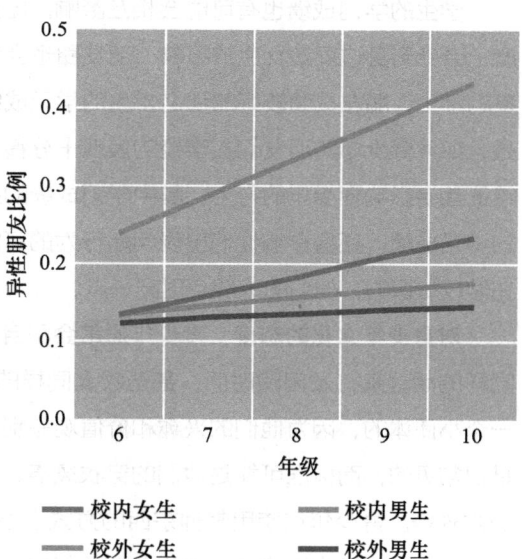

图5-5　随着时间的推移，女孩子社交圈中校外男生的比例会大幅上升

资料来源：Poulin & Pedersen, 2007

因为她们的活动总是围绕着穿衣打扮、扮新娘、聊男生话题而展开。同样，让女生融入男生的小团体也很困难，因为他们的活动都是围绕着体育运动或者其他的体力项目展开。如果有人不顾自己的性别角色，与异性的朋友打成一片，他们就很容易被同伴嘲笑为"娘娘腔"。（有趣的是，男性同性恋青少年的异性朋友比同性朋友要多。）具有讽刺意味的是，当约会变成了家常便饭，那些与其他异性同龄人没有交往的青少年同样会成为被高度怀疑和社交排斥的对象。

朋友间的共同爱好

我们已经发现青少年小团体的成员通常都是年龄相仿、社会和种族背景相同的个体，但是他们之间是否还有别的共同之处呢？他们是否会有某些相同兴趣并共同参加某些活动呢？总体上来说，确实是的。在确定小团体成员属性和相处方式时需要着重考虑三方面的因素：对学业的态度、对青少年文化的态度以及对反社会活动的参与程度。

对学业的态度 青少年在看待学业问题和规划自己的学业问题上会和自己朋友有着相似的倾向。与黑人青少年相比，这种倾向在白人和亚裔青少年中更加普遍。学习刻苦、成绩较好并且希望上大学的青少年通常会和志同道合的同龄人交朋友。造成这一现象的原因之一是青少年花在学业上的时间会影响他们参加其他活动的时间。另一个原因则是青少年通常和一起上课的同龄人交朋友，如果学校根据学生的学习成绩进行分班的话，那么他们在学业上也会有更多的相似性。整天埋头读书的学生不会有太多整天只知道玩乐的朋友，因为这两种活动是相互冲突的。同样，一下课就想着要去哪里玩的学生也很难和整天待在家里学习的学生维持良好的朋友关系。最近的一项研究发现当青少年的学习成绩发生变化（不论变好还是变坏），他们的朋友圈也会相应地发生变化。

学生的学习成绩也有可能会相互影响。比如，女孩子在决定是否要上高等数学的课程时，很大程度上会受到身边同龄女生的影响。朋友圈也会对青少年的绩点产生类似的影响：有两名过往成绩差不多的学生，朋友成绩较好的那名学生的学习成绩往往会比朋友成绩较差的那名学生更好。与此相似的是，如果青少年的朋友们在学校的表现十分糟糕，他们自己的学业也会变得十分糟糕。朋友们的各项特征都会影响青少年的行为，其中学习成绩的影响最大。朋友们学习成绩影响的不仅仅是青少年自己的学习成绩，还会影响他们出现问题行为的可能性。因此，我们也不难发现，如果青少年的朋友都是在学校认识的，他们的成绩会更高一点。

对青少年文化的态度 青少年通常会和自己的朋友听同样类型的音乐、穿风格相似的衣服、参加同样的活动来打发闲暇时间，甚至吸食同样的毒品。通常，"运动健将"和"瘾君子"是不会属于同一个小团体的，因为他们的兴趣和价值观差别实在太大了。在大多数的高中，不同小团体之间的分化是很常见的，而标准可能是他们的穿衣风格、用餐地点、对学校活动的参与程度或者是打发课余时间的方式等。青少年在使用某种东西的方式上是否存在相似性对他们形成小团体有着十分重大的影响，因此这也经常被作为确立跨种族友谊的基础。而在上文中我们也提到，这种跨种族的友谊并不是十分常见。

反社会活动的参与程度 一系列针对来自不同种族的男女青少年的研究发现，具有反社会和暴力倾向的青少年往往会相互吸引并组成一个异常的同龄人群体。也就是说，与人们的普遍印象相反，具有反社会倾向的青少年并不是没有朋友或者人际交往。实际上，他们有自己的朋友圈，只不过这些朋友也都和他们一样，具有反社会的倾向。尽管这些有行为异常朋友的青少年会遇到一些和没有朋友的青少年同样的问题，但是至少他们并不像后者那么孤独。你可能会认为交了具有反社会倾向的朋友会加大青少年卷入反社会行为的概率，事实也确实如此。其中有一部分青少年尤其容易受到反社会的同龄人的影响。即使是在青少年犯罪的管教中心里，反社会倾向相对较大的青少年仍然会聚拢在一起并相互影响，从而参与到情节更严重的反社会活动中去。

由于并不是所有具有反社会倾向的青少年群体都会做出犯罪行为，因此我们也无法将他们全部称为"少年犯"。但是了解青少年反社会群体的形成过程有助于我们进一步了解少年犯以及黑帮形成的深层次原因。"黑帮"是由反社会个体组成的同龄人群体，他们有统一的名称（通常代表他们所在的地区）和统一的标志（比如肤色、文身、手势、挂件等）。黑帮中的青少年成员除了有反社会行为等问题外，还会碰到一些别的问题，比如不断增加的心理焦虑、接触暴力、遭受暴力的伤害。对于和男性混混在一起的女性青少年也是如此，这种关系增加了他们涉及高危性行为、毒品和犯罪的机会。

家长的角色 根据一些研究，危害社会的青少年团伙形成的过程是儿童时期从家里开始的。有问题的亲子关系，比如某段时间的威胁和敌意，会导致子女在儿童时期的反社会倾向，这种倾向会使儿童在小学时学习差，被同学排斥。当被大多数同学排斥时，具有攻击性的男孩会尝试"购买"友情，然后他会发现自己只被其他具有攻击性的男孩接受。当这种友谊形成的时候，像许多其他小团体一样，男孩们参加共同的活动作为对其他人的奖励，这往往是危害社会的活动。有趣的是，青春期时父母如果能够增加关怀，可以减少青少年参与危害社会团体的机会，也能减少问题行为。家庭和同龄人的环境在其他过程中也是有联系的。心理学家尼娜·芒茨指出，父母常常通过监视他们孩子的玩伴来"管理"他们孩子的友谊，指导孩子与他们喜欢的同伴交往，禁止与那些他们不喜欢的人玩，支持与他们赞成的孩子交往。父母也扮演"顾问"的角色，帮助他们的孩子解决与朋友之间的问题。父母作为友谊顾问的孩子更不易沾染毒品、涉及违法，与朋友的关系也更好。过度地干预青少年对朋友的选择可能会适得其反。当父母禁止青少年与他们不同意的人交往的时候，可能反过来会使青少年与那些人走得更近，来表达对他们限制的蔑视以及对独立的渴望。有一点非常重要，需要记住，那就是一种情况下发生的事情可能会对另一种情况下的事情产生影响，所以不应该将家庭和同龄人环境分开看待。

有大量的研究对家庭在子女朋友选择中起的作用进行了描述。青少年有一项因素对周围的人能够产生影响，那就是他的教养。父母对子女的某些特点具有影响，从而也在其社交活动中产生作用，这些倾向无论朝着攻击性还是学术成就，都会使得青少年选择属于某类的朋友或者群体。一旦进入这些派别或团体中，青少年便会被赋予一些特征，正是这些特征吸引他们加入，以后也会变得更加显著。有观点认为，对于青少年的发展来说，同龄人团体比家庭更重要。这些观点忽略了家庭在青少年选择同龄人伙伴上的影响。

比如，那些受家庭影响重视学习的孩子一般学习会非常优秀，交的朋友也会重视学习。一段时间过后，这些朋友会促使其更加重视学习，从而成绩得到进一步提高。同样，那些和不良少年混在一起的人，对社会的危害也会越来越大。拥有良好的家庭关系以及对学业的足够重视可以降低行为不良的朋友甚至黑帮所产生的负面影响。

一些专家开始质疑对于有行为问题的青少年采用分组介入法的合理性，因为有发现表明青少年和其他不良少年在一起会变得更坏。比如，一些旨在降低青少年危害性和攻击性的项目发现，这些青少年非但没有变好，反而越变越坏。这就是所谓的医源性影响。

医源性影响 这种影响指的是治疗中产生的并不期望的结果，比如药物产生的副作用比得病还糟糕，这就是医源性影响。当不良少年和"志趣相投"的人在一起的时候，他们会教对方如何做影响力更大的流氓，并且会鼓励对方的不良行为。一项对青少年的对话进行录像的观察研究发现，那些有过危害社会行为的青少年对于危害社会的话题更加主动，并且会用言语赞许对方，比如"我们在上周五做得太坏了"，"是啊，这太疯狂了"，"还记得我们那次偷白酒喝吗？"，"太牛了"。有些研究者将这种过程称作分化训练。在对违法和暴力少年制订矫正方案时必须要知道，分组治疗会对不良少年产生医源性影响。

其他想当然的减轻暴力的办法即使不是有害也是无效的。比如，一些研究者发现，那些教育青少年通过非暴力的办法解决问题的方案往往是无效的，因为这样的行为往往被认为是软弱，甚至还会招致报复。研究者询问了城市中黑人学生为何非暴力方式不那么流行，下面是一些典型的回复：

> 别人想看打架，都唯恐天下不乱。他们都喜欢看两个人扑向对方，就像看表演一样。他们爱打架，并且会怂恿双方打起来。
>
> 如果你不打，别人就会对你指指点点。如果你打，虽然他们也会说这说那，但是假如你赢了，你就证明了自己不是废物。
>
> 别人会认为你害怕或怎样，所以你就不管其他，上去就打，努力表现自己，证明自己更强或者不是懦夫。

朋友间的相似性：是选择还是社会化

因为危害社会行为是帮派形成的一个重要的决定因素，所以，许多成人表达了对于青少年的同龄人伙伴在违法行为、吸毒和酗酒的传播上产生影响的关注。父母认为，如果自己的孩子加入了不好的群体，那么他将会形成不良的爱好和态度。比如，当孩子与那些不爱学习或者有吸毒行为的同龄人在一起时，父母便会提高警惕。但是，加入小团体或者对小团体的行为产生兴趣，究竟哪个先发生呢？是朋友影响了青少年爱好与态度的形成，还是有相同爱好与态度的人才会成为朋友？

有许多大规模的研究长期跟踪青少年之间的友谊发展，对上面的问题进行了考察。通过对态度与行为变化模式的追踪，并将这些变化和友谊形成与演变的模式进行比较，研究者可以确定是否因为相同的特点使得青少年走到一起（社会学家称之为选择），是否是因为相互影响使得朋友间变得相似（社会学家称之为社会化），或者是两者相互结合。

总的来说，研究指出选择和社会化对许多态度和行为方面都有影响（见图5-6），包括学业成绩、毒品使用、精神健康、违法行为，还有恋爱和友谊。比如，饮酒和抽烟的青少年易于选择同样饮酒和抽烟的青少年作为朋友，尤其是在那些瘾君子学生较多的学校，这就是一种"选择"。同样，和瘾君子们混在一起也会增加青少年成为瘾君子的可能性，这就是一种社会化。青少年的朋友中瘾君子越多，和他们的关系越密切，染上酗酒和吸毒毛病的可能性就越大。甚至连约会对象中的瘾君子也会对其产生同样的影响。同样，那些患有忧郁症的青少年也倾向于和同样患有忧郁症的人做朋友，当然，这反过来也会对他自己以及朋友的情绪产生负面影响。喜欢欺负人的青少年也喜欢与同样的人交朋友。相反，那些朋友不多，特别是那些比较有攻击性的、朋友不多的不良少年，在经过一段时间后他们会变得相对规矩，而那些不良朋友较多的青少年也会变得越来越坏。总的来说，青少年的社会危害行为会逐渐与他们的朋友接近，并随着朋友的行为变化而变化。有趣的是，朋友间违法行为的差异越大，他们趋于相似的可能性就越小。

青少年和其朋友们的兴趣爱好往往相同，无论是学习还是危害社会的行为。

青少年与伙伴间的相似性有多大程度是由选择决定，又有多大程度是由社会化决定？答案因研究内容和研究对象而异。同龄人在衣着和音乐等日常爱好方面的影响（社会化）要比在饮酒和危险性行为甚至还有肥胖等方面大得多。只要违法和入伙黑帮行为受到关注，那么选择便是影响最大的因素。而在吸毒方面，选择和社会化的影响都差不多。

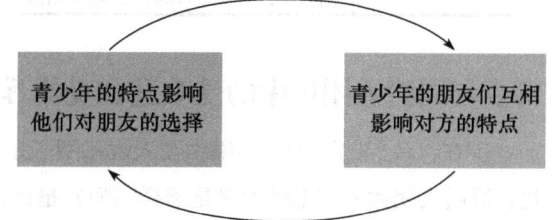

图5-6 青少年对朋友的选择与他们自己的特点和兴趣之间是互相影响的

一项具有国家代表性的样本大量的数据表明，青少年的友谊有四种类型：高功能型（一种朋友网络，其成员积极参加课外活动，饮酒及忧郁的情况都较少）；功能失调型（朋友们的特点是相反的）；无节制型（朋友们几乎什么事都做，包括饮酒）；节制型（朋友们忙于学习，成绩优秀，既不拒绝但也不沉迷于饮酒）。更重要的是，青少年个体的行为可以通过他朋友的情况估计出来。青少年的经济背景和家庭情况与他们朋友圈的特点有很大的关系，高学历的双亲家庭更有可能属于高功能型和节制型群体。

青少年友谊的稳固性 青少年的友谊是否能经得起时间的考验？总的来说，青少年的小圈子在上学期间显示出一般的稳定性，有些人留在圈子里，有些人离开，又有新的人加入。到了高中，这种圈子又会更加稳定。虽然，青少年圈子的成员会随着时间而变化，但是圈子的决定性特点以及他们最好的伙伴却保持稳定。也就是说，虽然有人离开，被其他人替代，新来的成员其态度和价值观与以前的成员也会很相似。即便是"最好的友谊"也会在上学期间发生变化。研究发现，从秋学期到春学期，大约有1/3的学生最好的朋友会发生变化，即使那些人还是他们的朋友。在学期初时还互为最好朋友的那些人，到了学期末只有 1/2 还在延续。令人惊奇的是，友谊在学年中的延续与优异的品质毫无关系。同性友谊要比异性友谊更加稳固，男性的友谊要比女性更加稳固。总的来说，自我调节力强的青少年的友谊要比自我调节力差的稳固。自我调节力强的青少年能更好地维持友谊，或者友谊的双方都这样。不过，现仍未知这种稳固是否就是来源于自我调节。友情破裂最普遍的原因是嫉妒、不协调、亲密关系的破裂以及攻击性（见表 5-1）。

表 5-1　导致厌恶的特点分类总结表

特　点	例　子
嫉妒	"她抢走了我的男朋友和我最好的闺蜜。当她知道我和那个男的睡了后她非常生气。" "她不喜欢我的男朋友，也不喜欢我带她去舞会的日子。所以我只和男朋友一起去舞会。我觉得她将我高三的生活都毁了。"
不协调	"她不知道怎么了，突然弄出很大的声音。我让她停下来，但是她就是不停。" "这个人太吵、太讨厌，而且说的都是废话。" "没什么原因我们就不说话，不在一起玩了。一切突然就停止了。"
亲密关系的破裂	"我们是最好的朋友，但是我不信任她，因为她骗过我太多次了。" "一开始还觉得她很厉害，但是后来走近她后我看到了她的真面目。她有一套邪恶的方法去伤害别人，羞辱别人。她是一个不值得信任的人。"
攻击性	"她传播我的谣言，因为她喜欢的男孩喜欢我。" "在我们高三集体烧烤时她和一个男孩在一起，我们都在忙的时候她却跟那个男的泡在一起。她和那个男的还有另外一个人回去时都没告诉我一声。第二天我拦住她，然后我们打起来，后来被学校停课了。从那时起，她就开始散布谣言。"

青少年同龄人团体中的受欢迎和受排斥

现在，我们的讨论已经集中在人群和圈子是如何从根本上影响青少年社会活动和态度发展的。但是，同龄人团体的内部结构又是怎样的呢？是什么决定了青少年在人群或圈子中受不受欢迎的呢？

受欢迎或排斥的决定性因素

青春期时，如何才能受欢迎？近年来，心理学家对此问题的想法有了变化。虽然，人们普遍认同受欢迎的青少年大多社交能力较强，但是，那些受欢迎人的特点也具有惊人的差异。其中一个原因就是受欢迎的形式有两种，而且往往单独存在。一种是社会测量上的受欢迎，指的是一个人有多受人喜欢。另一种是感知上的受欢迎，指的是一个人有多高的地位和声望。比如，某人是一群纨绔子弟的头头，非常势力，他的感知受欢迎度非常高，但是在社会测量受欢迎度上却并非如此。相反，一位相对弱势群体的成员，其人品非常好，又很幽默，他的社会测量受欢迎度很高，但是感知受欢迎度却不高。如果你回想一下你自己的高中时光，应该能够想到这两种人。

社会测量受欢迎度主要由交往技巧、友善程度、幽默感等因素决定，并由各种年龄和背景的人来衡量。而感知受欢迎度则是由各种各样的因素决定。比如，在五年级的时候，你是否有朋友并不影响感知受欢迎度，但是到了九年级就非常有影响了。因为不同学校的决定因素是不同的，甚至在同一学校的不同团体中也不同，所以，如果不了解具体的青少年群体的背景也就很难预测哪位青少年会受欢迎。虽然，获得社会测量受欢迎度有一个最主要的因素（即有很好的交往技巧），但是感知受欢迎度的决定因素却各种各样而且不断变化。就算是在同一个学校里，有些青少年因为长得好看而且像运动员（受欢迎青少年的传统形象）而受同龄人追捧，而也有人因为叛逆、违法和攻击性同样受到欢迎。还有，许多能提高受欢迎度的事情也能让青少年变得更受人喜爱（比如，运动能力、形体魅力、社交技巧），有些能够帮助维持受欢迎度的事情却让青少年变得不受人喜欢（比如，用流言蜚语来控制或利用他人）。

预测感知受欢迎度是更加困难的，因为人们的标准在变化，而且善于交往的青少年能够随机应变，调整行为，甚至去影响标准。比如，假如吸食大麻被同龄人看作很酷的事情，那些受欢迎的青少年将会吸食得更加频繁。而当受欢迎的人做了某件事，这件事也会变得更加让人推崇。让青少年无法拒绝饮酒、吸烟和性行为的原因之一就是这些行为往往能够让人获得受欢迎度。而一些大多数人并不赞同的行为被受欢迎的青少年做了以后，这些行为也会变得更可接受，比如打架、欺凌和携带武器。后面有一章我们将讨论对

研究者将社会测量受欢迎度和感知受欢迎度区别开。这两个指标往往在一个人身上是不一致的。

同龄人压力的反应，在这之中你将了解到，在地位较高的同龄人观点的影响下，青少年可能会赞同某种他以前反对的行为，或者用另一种方式去做一些地位较低的同龄人所赞同的事情，即使他们私下很喜欢这种事。

受欢迎度和攻击性　虽然心理学家曾经认为，有攻击性的青少年会被其他同学所排斥，不过也有一些青少年既有攻击性也很受欢迎。一项针对青春期前以及青春期早期男孩的研究发现，有两种不同的受欢迎男孩。其中一种被研究者称为"模范"男生，他们的特点在青少年研究中是非常典型的，他们在外形和学业上非常优秀，很友好，既不羞涩也不具有攻击性。另一种男孩研究者称其为"恶棍"，他们极具攻击性，身体强壮，在友善度、学业和羞涩度等方面仅仅达到或低于平均水平。同样，也有两种不同类型的受欢迎女孩：一种是品学兼优的好学生，另一种是品学皆不如意的学生，甚至有些爱欺凌别人。其他的研究发现，有些非常具有攻击性的男孩在群体中非常受欢迎。

这种现象如何解释呢？难道我们不应该认为那些具有攻击性的青少年不会受欢迎吗？有证据表明，攻击性本身并不会导致不受欢迎，而是攻击性与情绪控制困难和缺乏人际交往技巧结合在一起才会。与此相同的是，运用策略性攻击（工具性攻击）的青少年比那些毫无计划攻击（反应性攻击）的青少年要受欢迎得多。

受欢迎度的动力　两项关于青春期初期女性的人种学研究指出了受欢迎度的动力。在一项经典研究中，人种学家多娜·艾德花了两年时间观察一所初中的女生在各种课外和非正式场合（食堂、走道、校园舞会）的行为反应。虽然这是 30 年前的研究，但是其中的许多发现至今看上去仍然可靠。

在这所学校中，啦啦队算是精英团体，进入啦啦队的女生社交地位会立即升高。其他女生会把与

啦啦队员交朋友当作提升自己社交地位的手段。这又反过来提高了啦啦队员的受欢迎度,因为她们成为最热门的结交对象。那些成功与拉拉队员交上朋友的女孩成为高地位团体的一部分,自己的受欢迎度也得到提高。但是,即使是受欢迎的青少年也只能保持有限的朋友数量,她们会冷落其他想与之交友的同学。讽刺的是,这常常使得受欢迎的青少年变得不让人喜欢。于是,和受欢迎的人一起玩会在一段时间后被认为更加受欢迎,但他们会变得不那么讨人喜欢,因为他们会被认为是攀附势力的人,特别是在那些没他们受欢迎的人眼中。

在另一些人种学研究中,研究者观察并采访了一群被教师称为"肮脏十二人"的团体。这群女孩被认为很酷、很出名而且卑鄙,是可爱、聪颖、富有、自负和强大的结合体。研究者很想知道为何这群非常受欢迎而且善于交际的女孩会因卑鄙而扬名在外。研究者发现,原因就是,卑鄙是这群人保证没有成员会因同学对其羡慕而变得过于自大的原因之一。所以,当团体成员需要维持她们受欢迎的形象时,比如某位成员表现得更加受欢迎,其他的成员将会针对她,通过流言、造谣来破坏她在其他人中的地位,并且主动地破坏她们的友谊。下面是一个被朋友反戈女孩的陈述,听起来似曾相识。

> 格雷琴开始对我生气了。我问她我怎么了,她说:"听说你在说我的事情。"但是我根本没说她的事情啊。萨拉也对我生气了,我不知道为什么。她说我传她的事情,她对我很生气,而且她得挽回损失。萨拉已经告诉布兰达和格雷琴,所以她们都会对我生气。所以我现在怀疑是格雷琴从中捣鬼,并对威勒斯莉说了什么。她们都对我生气,笑话我,什么都做得出。
>
> 讽刺的是,受欢迎的潜在代价之一就是,你将有可能成为其他成员刻薄的对象。

虽然受欢迎是有代价的,但是其好处要大于弊端。受欢迎和亲密的友谊不同,但是两者经常同时出现。和其他人相比,受欢迎的青少年拥有亲密友谊的可能性更大,他们更爱和同龄人参加社会活动和课外活动,获得更多的社交认知度(比如被选为学校组织的领导)。受欢迎和友谊之间的重叠毫无疑问是因为许多让人更受欢迎的特点也会让人值得交往,这其中主要是良好的社交技巧。

有趣的是,那些认为自己很讨人喜欢而且社交能力强的青少年一直都很成功,无论他们是否真的受同学欢迎。其中一个原因就是,一些青少年在学校不怎么受欢迎,但是在校外却有很好的朋友关系网络。由于大多数的研究都集中在学校的同龄人关系网,我们对校外友谊的特点和影响知之甚少。我们知道很多青少年在校外也有丰富的交往活动,比如在教堂、住宅区和校外活动中,这些活动和学校的生活迥然不同。如果对于青少年友谊的研究不包括青少年校外朋友的数量和特点,那样便会失去重要的信息。比如,一项针对意大利初中生的研究发现,拥有校外的朋友能够减轻在校内缺乏朋友的负面影响。

被排斥的青少年　就像受欢迎的原因有很多种一样,被排斥的原因也有很多。社会学家已经指出将三种不受人喜欢的青少年区别开是非常重要的。我们已经知道,有一种不受欢迎的青少年是那种无法控制自己攻击性的人。孤僻的青少年是另外一种,这些青少年极度的羞涩、焦虑、压抑,并且常常成为被欺凌的对象,尤其是男孩。第三种就是极具攻击性也孤僻的那种。这些青少年无法控制他们的敌意,但是又和其他孤僻的孩子不同,他们对与其他人发展友谊显得更加焦虑。

青少年被同龄人排斥可源于以前的生长阶段。一项研究发现,青春期时被同龄人排斥的人在童年的中期也曾遭受排斥,这些排斥是在小学低年级时行为和情绪上的问题所导致的。不论什么原因,被同龄人排斥对青少年来讲都会产生巨大的压力,他们的脑部活动和生理压力反应会比童年时大得多。我们第2章已经说过,青春期时,脑部发生的重要变化会使得青少年变得对情绪、表情和其他人的意见非常敏感。一项关于青少年对歌曲评分的研究反映了参与者在歌曲受欢迎度是否透露的情况下,他们大脑对歌曲的反应。研究发现,在告诉听歌者歌曲是否流行后,听歌者对歌曲评价的变化与脑部对焦虑反应的区域有关,青少年对自己的音乐喜好是否"正确"感到焦虑,会让他们与其他人保持一致。

关系性攻击

许多对攻击性少年同龄人关系的研究都集中在那些有明显攻击性(包括身体上和言语上)的青少年上。这就让研究者对攻击性男孩的人际关系比对攻击性女孩有更多的关注,因为男性的攻击性要比女性表现得更明显。心理学家曾对关系性攻击的运用很感兴趣,这是种通过精心地操纵其他人的社会地位和关系来达到伤害目的的攻击。运用关系性攻击的人通过将对方排除出社会活动,破坏对方在他人心中的形象或者以不再关心、断绝来往等方式来伤害别人。身体攻击和关系性攻击在青春期时有着相似的发展轨迹,都在青春期初期开始发展,到了中期又会减少,而且它们之间是相互关联的(也就是说,在其中一个方面具有攻击性的个体,在另一方面也会有攻击性;频繁遭受身体攻击的人也会常常遭受关系性攻击)。经常使用关系性攻击的青少年,一般其父母也很严厉,爱管教。

"坏女孩" 虽然关系性攻击最初是在女孩中发现的,但研究表明男女都有这种现象,但是女性对此更加在意,也倍受此困扰,而且她们更容易成为此种攻击的受害者。比如,一项关于青少年将某些人排除在集体活动之外原因的研究发现,女孩比男孩更容易认为将某人排除在他原本属于的群体之外在道德上是错误的。有趣的是,那些与其性别典型特征相反的攻击性青少年(比如喜欢身体攻击的女性和喜欢关系性攻击的男性)和与其性别特征相符的攻击性青少年相比,其表现出的混乱要更多。

虽然男孩比女孩更具身体攻击性,但女孩却经常参与到关系性攻击中来,也就是通过损害别人的名誉或断绝友谊来达到伤害别人的目的。

运用关系性攻击还能够吸引大量的注意力,在一些畅销书中,例如《怪女孩出列》和《社交女王和崇拜者》,电影《坏女孩》就是在此基础上产生的。作为反应,教育者们表达了他们对学校环境中"卑劣"的关注,他们强调教师过多地注意打斗行为,而对关系性攻击关注不够,尽管这种攻击的受害者也会受到伤害。有些人呼吁开设教育课程来帮助教师理解、评估、减少和应对这样的问题,这类问题已有上升趋势,同时开设校内课程,教育学生宽容、接受,并鼓励学生在遇到关系性攻击时进行反对。虽然许多学生反对身体攻击,但是任由一些赞同关系性攻击。改变学生对于关系性攻击的态度是非常重要的,因为青少年对于关系性攻击的接受(比如,对这种论点的赞同:"总的来说,吃饭时不让某人坐在我们朋友圈的旁边是可以的。")会让他们容易使用这种攻击。据大多数专家的观点,初中应当成为这种介入手段的重点阶段。

心理学家阿曼达·罗斯指出,在避免攻击性行为的问题上,说起来容易做起来难。她指出,运用关系性攻击的青少年要比其他人更受欢迎。从某方面说,这并不奇怪,因为进行关系性攻击的目的就是为了维持一个人的地位和受欢迎度,也是因为这种能让人受欢迎的社交技能(学习如何"读懂"别人,能够调整一个人的行为来维持自身的地位等)在传播谣言、绯闻或破坏别人形象方面十分有效。事实上,罗斯的发现表明具有身体攻击性的男孩比同龄人更受欢迎的原因就是身体攻击和关系性攻击是相伴的,让男孩受欢迎的是后者而不是前者。许多旨在降低关系性攻击的计划是无效的,因为青少年不愿意放弃那些让他们更受欢迎,甚至能增进友谊的事,即使这需要付出一些其他代价。

被排斥的后果 毫不奇怪,成为不受欢迎的人对青少年的精神健康和生理发育有着负面的影响,因为被同龄人排斥和没有朋友往往伴随着继发性忧郁、行为问题和学习障碍。但是研究表明,对于具有攻击性的青少年和孤僻青少年,当被排斥时,他们的反应是不一样的。攻击性的青少年被排斥时会冒险去制造麻烦,并会参与危害社会的行为,这并不是因为被排斥,因为受到排斥的原因(比如自控能力差)也是造成他们行为问题的原因。相比之下,被排斥的那些孤僻的青少年很可能会感到极度的孤独,并且会有自尊心较低以及社交能力减退的现象。同样,这既是他们被排斥的后果,也是因为他们胆怯导致了后来出现的情绪问题。排斥对某些青少年来说容易导致忧郁,比如非常重视自己在同龄人中地位的人,以及那些认为错在自己而不是排斥者的人。那些既有攻击性也很孤僻的青少年是最危险的。

许多心理学家相信,不受欢迎的青少年缺乏一些社交技巧和社会常识来让他们变得受欢迎。根据肯尼斯·道奇和他同事们广泛而持续的研究项目的发现,那些不受欢迎的具有攻击性的孩子更容易将其他人的行为视作故意挑衅,即使事实并非如此。比如,在排队时被偶然推了一下,不受欢迎的攻击性少年更可能会认为这是故意的行为,然后进行报复。大量的研究证实,这种所谓的敌意归因偏差对被排斥的青少年所做的攻击性行为起着至关重要的作用。易于进行敌意归因的青少年交到的朋友也和自己有着类似的世界观。

伤害与骚扰

那些不受欢迎的孤僻的孩子又是怎样的呢?他们的社交技能有哪些不足?总的来说,研究发现,这些青少年在与其他人交流时都有过度焦虑和担心,总是为如何参与到集体的对话和活动中而犹豫不决。他们的这种犹豫和自卑让其他孩子感到不舒服,他们的软弱更易成为被欺负的对象。他们中的许多人对被排斥非常敏感,这种特点可能来源于先前和父母之间的经历。有些人变得消沉,而在这种情绪引导下的行为又会让他们成为被骚扰的对象（总的来说，所有年龄的人都不喜欢和消沉的人在一起）（见图5-7）。不幸的是，这些孩子遭受的取笑、排斥和伤害越多，他们就会越感觉焦虑和犹豫，他们的自责也越多，而这会造成一种伤害的循环，使得问题更加复杂。有趣的是，如果遭受伤害的孩子能有一个好朋友的话，那么他们陷入这种恶性循环的可能性要比没有朋友的人要小。

受害者和欺凌者 受人欺凌的青少年往往会产生一些问题，这些问题又让他们继续遭受排斥和伤害。其中一个最坏的后果就是破坏了他学习的动力，影响了学习成绩和在校表现，这又会在青春期后产生一连串的问题。即使考虑到一些背景因素，青少年时遭受伤害也往往与其成绩差，以及后来在成年时收入少有关。

图5-7 消沉的青少年经常会被人骚扰和捉弄，这让他们受到同龄人的排斥

资料来源：Kochel et al., 2012

同龄人的骚扰行为对学生来说可以是直接的（当他们是受害者时）也可以是间接的（当他们目睹骚扰，但自己未受伤害时）。根据一些研究，这两种体验有相似的也有不相似的效应。受到伤害或者目睹他人受到骚扰会让学生感到焦虑，但是目睹他人受到骚扰似乎能够减轻自己受到伤害后的一些负面影响。那些受到骚扰又没看过其他人受到伤害的青少年比那些两种经历都有的人更可能感到羞辱和愤怒。大概单独被骚扰的感觉比和别人一起要难过很多。

虽然对于相互厌恶的青少年之间的关系没有进行广泛的研究，但这种相互憎恨在青少年中并不多见。这种厌恶常与欺凌和伤害有关，其中常常会有一个危害社会的青少年反复地骚扰一个孤僻的同学。欺凌他人的青少年也常常协助他人进行欺凌，而且也像他们所协助欺凌者一样，他们也很可能有品行问题，而且对他人的问题漠不关心。

对美国和欧洲青少年的研究指出，大约有1/3的学生报告说在过去的一年中受到过欺凌，在某些研究中，这一比例还更高。不同的国家，受伤害的比例是不同的。最近的一项关于35个国家的16万多学生的调查发现，在全球，来自富裕程度较低家庭的学生受欺凌的可能性更大；在家庭收入差距越大的学校甚至国家，欺凌的现象就越显著，比如，在收入差距较小的瑞典，欺凌的现象就少得多（见图5-8）。对此的一种解释就是，一个国家对贫富差距的容忍度较大，也就同样更能接受恃强凌弱的现象。

如今，研究者开始系统地研究网络欺凌（例如，在网络或通过电话进行的欺凌现象）。尽管这种现象因一些著名的案例而得到大众媒体的关注，但网络欺凌要比人们想象的少得多，关键是，比人际间的骚扰要小得多。有一项样本超过2 000人的全国性青少年调查发现，在2010年有11%的调查对象表示在网上收到过骚扰，2005年的调查结果为9%。这与媒体所报道的蔓延程度不符。例如，相比之下，一项研究发现，只有10%的青少年参与过网络欺凌，却有40%的青少年对他人进行过身体攻击，有70%进行过言语攻击。一项普遍的发现是，尽管存在着这些差异，那些经常参与传统方式欺凌的青少年也经常参与网络欺凌；同样，经常遭受传统欺凌的青少年也常常遭受网络欺凌。与人们普遍看法相反，大多数网络欺凌都是实名的。不出所料，那些有计划的"专业"网络欺凌者在攻击中更加主动。

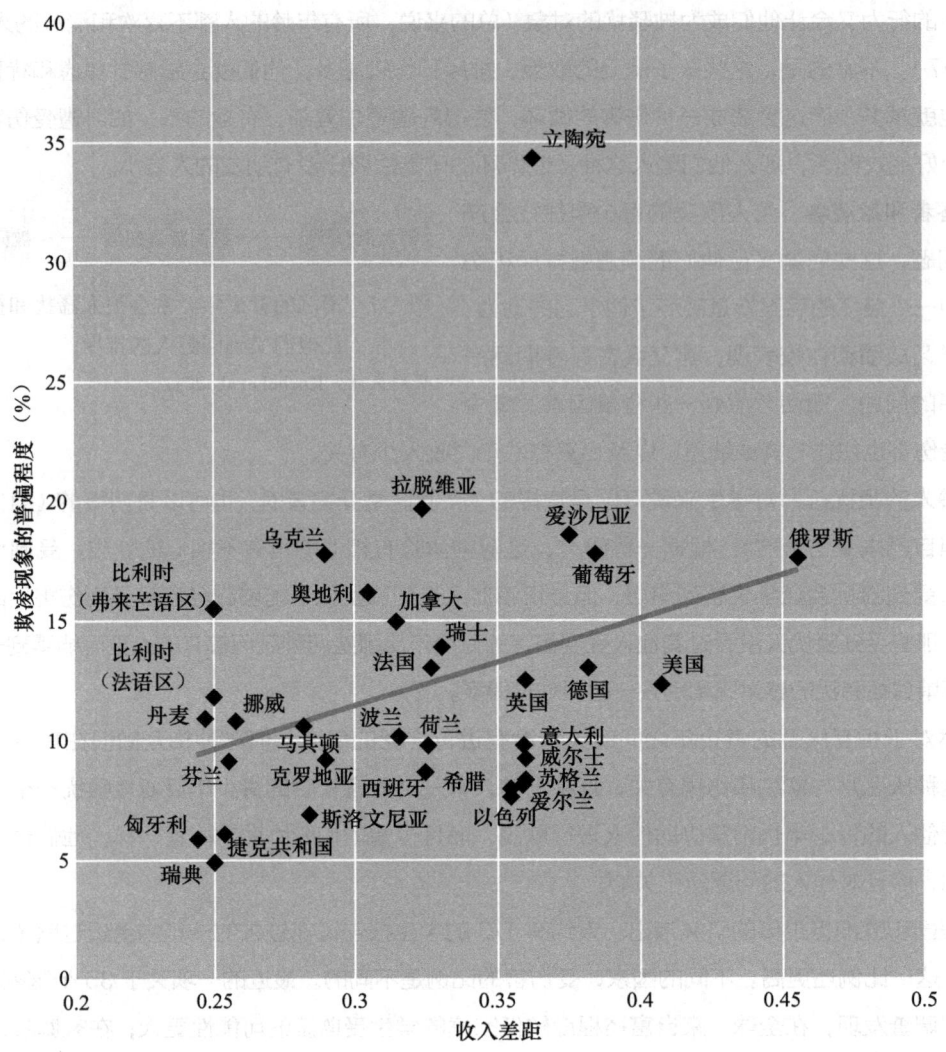

图 5-8 不同国家欺凌现象的普遍程度差异很大。收入差距越大的国家欺凌现象越普遍

无论是当面还是通过网络，被同学骚扰的学生都会有一系列的调整障碍，包括自卑、消沉、自杀意念和学习障碍等。那些经常欺凌别人的学生常常表现出社交障碍以及对攻击行为的自控能力差。虽然对欺凌对象来说，有没有人目睹可以带来相反的后果，但是，公众伤害是一种极大的羞辱，尤其是当其他学生虽目睹却无动于衷的时候。一项研究发现，在初中被骚扰所产生的影响在高中依然存在。

在许多国家发现，许多被欺凌者也欺凌别人，这些青少年的调节障碍是最严重的，这样与前面的发现一致，那就是既有攻击性也孤僻的孩子是问题最大的。这些孩子既是受害者也是加害者的原因之一是，大环境（比如，学校的氛围等）中的某些因素可能增加或减少同学间攻击行为的可能性，也就意味着，教师和校长可以改变学校的氛围以减少同学之间的攻击。不过值得一提的是，根据一项全国性调查，有相当一部分的欺凌发生在校外。事实上，高中生中在校外被欺凌的要比在校内的多。

欺凌研究专家、心理学家黛布拉·佩普勒在多伦多跟踪调查了大量10～17岁的青少年，目的是发现欺凌行为随时间变化的特征。研究者总结出四种发展轨迹（见图5-9）。大约有40%的被调查者从不欺凌别人。大约有35%的被调查者在童年时偶尔欺凌别人，进入青春期后也继续这样。其余的25%有两类，这两类人在童年时都有相对频繁的欺凌行为，但是其中一类（大约不到15%）欺凌行为逐渐减少，另一类（大约10%）仍然保持频繁地欺凌。不出所料，持续性欺凌者的家庭关系、朋友关系都更糟糕，对攻击行为的控制能力也更差。有趣的是，那些在童年欺凌他人后来又改正的人与从不欺凌他人的人没有很大的区别。研究者估计，这类人很可能非常受欢迎，社交能力也很强，他们在童年采用欺凌的策略是为了稳固自己在同伴中的地位。随着年龄的增长，攻击行为不再成为地位稳固的需要，这些社交能力很强的青少年知道该收手了。

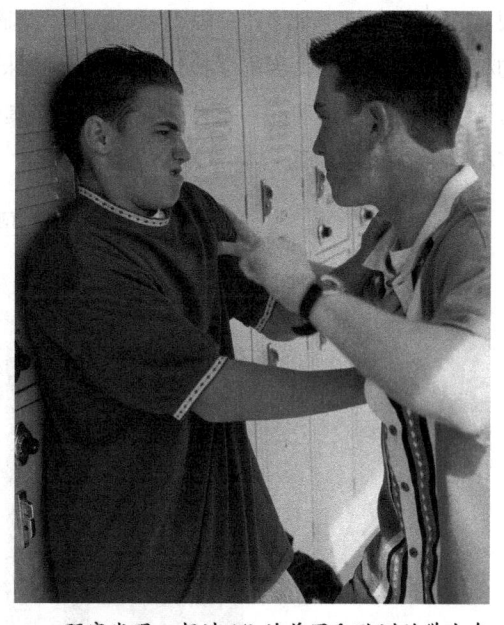

研究发现，超过1/3的美国和欧洲的学生在过去的一年中被欺凌过。

青少年对于欺凌的反应当然是不同的。一项最近的研究发现，有四种反应的受害者：积极反应为主者（如忽略欺凌或直接走开）；攻击性反应为主者（如反过来报复，包括心理上和言语上）；寻求帮助者（如告诉家长）；什么都做者。（寻求帮助在初中还有，到了高中就罕见了，也许因为在这个年龄寻求成年人的帮助会被认为是幼稚和软弱的表现。）有趣的是，采用积极策略去应对的人比报复、寻求帮助和混合反应者的行为障碍要少很多，尽管寻求父母或老师的帮助（即使不是直接地）似乎对欺凌的伤害

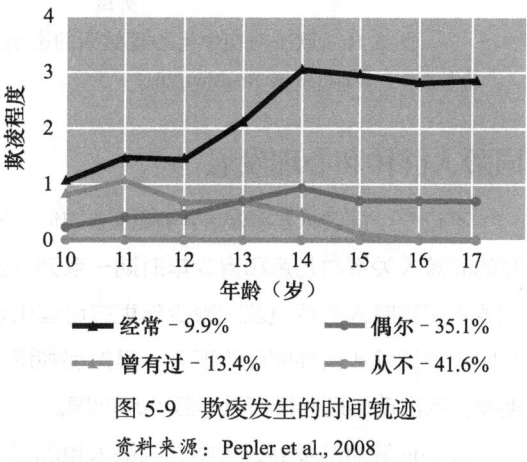

图 5-9　欺凌发生的时间轨迹
资料来源：Pepler et al., 2008

有保护的作用（见图5-10）。其他研究发现，那些不因受欺凌而责备自己而且知道避免被欺凌而不是去报复的人，他们的情况要更好。虽然很难说服青少年，告诉他们这种办法最有效，但是也可跟他们说，欺凌者的目的就是为了获得关注，当他们选择忽略的时候，欺凌者会寻找其他目标。

帮助不受欢迎的青少年　可以帮助那些不受欢迎的人吗？近年来，一些心理学家团队进行了试验，他们采用了不同的介入方法来帮助这些青少年提高社交能力。这些社交能力训练项目采用了三个不同的策略。其中一种旨在提高社交能力，包括自我表达、领导力和如何反对。这些项目已显示对青少年与同伴相处的能力有所提高。第二种办法是让不受欢迎的青少年在心理学家的监视下和受欢迎的青少年一起参加集体活动。这种项目已经显示出提高了青少年的自我概念和被他人接受的程度。最后

一种办法是将行为能力和认知能力结合在一起，包括社交问题的解决。社交问题解决计划是为了提高个体判断社交情形并想出适合的行为方式而进行的，例如，提升替代思维策略计划（PATHS）。这些项目教育青少年要冷静，三思而后行，要先判断问题的情况，然后决定他们的目的，再想出达到目的的积极办法。例如，当同学抢走最后一个篮球时，要教育一个脾气暴躁的男孩保持冷静，不要追打，告诉他目的是打篮球而不是打架，然后问问其他同学可否加入他们的比赛。PATHS 已经有效地减少了小学生的行为问题。

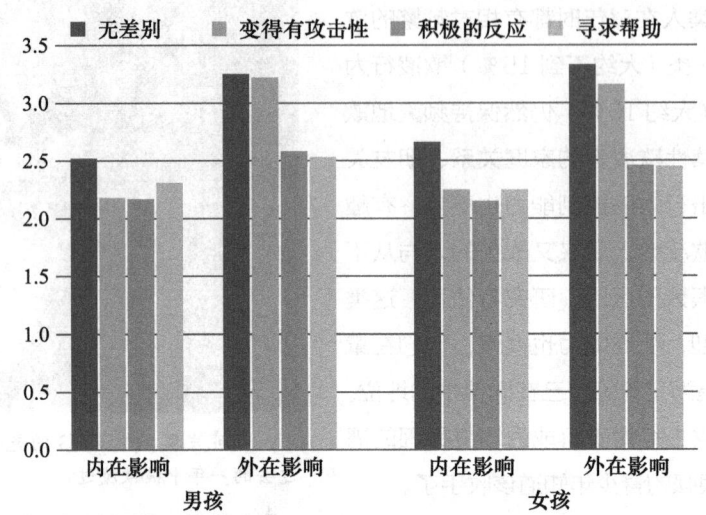

图 5-10　欺凌对初中生心理健康的影响是不同的。积极的反应（忽略或走开）是最好的

资料来源：Waasdorp & Bradshw, 2011

同龄人群体和心理发展

不论一个同龄人群体的结构和标准如何，同龄人对青少年的心理发展起着非常重要的作用。有问题的同龄人关系与儿童和青少年时期一系列严重的心理和行为问题有关。那些和其他人相比不太受欢迎或者和同龄人关系更差的青少年更有可能出现学习较差、从高中退学、高概率的违法行为以及在成年时出现情感和精神问题等现象。虽然那些调节能力差的人更有可能出现交友障碍，也有证据表明与朋友关系出现问题同样可以导致心理问题。

在心理健康地发展过程中，同龄人也起着至关重要的作用。比如，在认同层面，青少年可以从同龄人那里获得从成年人那里无法获得的模范和反馈。在同龄人群体中，青少年可以尝试他们在家里无法轻易尝试的不同角色和个性。就像我们之前所了解的，同龄人群体在青少年个性发展中起着与家庭不一样的中转站作用，这时候青少年开始建立一种不同的自我感觉。同龄人群体中的经历也对青少年的自我形象有着重要的影响。

和同龄人在一起对自主性的发展和表达非常重要。和同龄人建立成熟的关系伴随着和父母之间建立更成熟和独立关系的过程。此外，同龄人团体为青少年提供了一个检验决策技巧的舞台，那里没有成年人去监督和控制他们的选择。

当然，亲密和性行为在青少年之间肯定比青少年和成人之间更加普遍，原因有很多。也许最主要的原因就是亲密和性行为中的两人需要相对的平等。而且，在家庭的背景下，性关系和较亲密的行为会破坏家庭关系的关键功能。将年轻人通过合适的性行为以及亲密的友谊关系联系在一起的是青少年的同龄人群体。

最后，同龄人对青少年的成就有着非常重要的影响，尤其是在美国、西班牙和韩国这样的高中不分专业和等级的国家。相反，在法国、德国和瑞士这样根据学生的能力和愿望分配到不同类型学校（比如，职业学校或大学预科学校）的国家，同龄人对成就的影响就没那么重要。虽然在对青少年长期的教育和职业规划上，同龄人的影响没有父母强，但是青少年的同学对他们每日在校的行为和感受，包括他们对学校的重视程度、对学业的付出程度以及他们的成绩高低，有着显著的影响。对少数族裔的青少年来说，同龄人对他们成就的影响尤其重要。

青少年认为和同龄人在一起的时间是他们最快乐的时光。原因之一就是和朋友在一起的活动就是做快乐的事，相反，和父母在一起时往往是做家务或被父母强制。和竞争机制不同，家庭和同龄人群体主要为青年人的活动和行为提供对比的机会。家庭往往提供的是劳动或者其他任务，家庭在责任和收获的社会化中非常重要。同龄人群体提供更多的互动和休闲的机会，这有利于亲密关系的发展以及促进青少年情绪和心理的健康。

第6章
学　校

因为其重要性和在现代社会中的多层面角色,高中教育系统(包括初中和高中)是大量批评、监察和社会科学调查的对象。

在工业社会中,高中和每个青少年的生活以及发展中的世界不断增加的人口息息相关。事实上,美国17岁以下和几乎所有的17～18岁的青少年都在高中学习。在很多发展中国家,富裕家庭中的孩子去高中上学是再正常不过了,而贫困家庭的孩子则需要为家庭生计而工作。但即使是在世界上最贫穷的地区——撒哈拉沙漠以南的非洲,例如,接近2/3的10～14岁的孩子和40%～50%的15～19岁的孩子在校注册读书,尽管世界各地的入学率有所差异(见图6-1)。除了少数几个国家,例如阿富汗,高中的入学率需要比较男女差异。

入学读书是普及且耗时的。在一年中的大部分时间中,一个典型的美国学生每周超过1/3的非睡眠时间都花在学校和与学校相关的活动上。一项最近的调查估计11～18岁的典型美国学生在学校花费了7 000小时——这还不包括做家庭作业和在校外进行的与学校相关的活动。

学校不仅是学生接受教育的竞技场,同样还担当了塑造年轻人的社会价值观和心理发展的重任。自然而然地,青少年在学校的经历深刻影响着其能力的发展——动机、抱负和期望。(试想去好学校和坏学校上学之间的区别)但是学校对心理发展的影响是远超过对这些能力影响的。青少年在学校的表现影响了他们在学术上的自我认知和职业选择,塑造了他们的人格。学校的组织形式也会影响青少年的独立性,班级的管理方式会影响青少年独立思考的能力。学校常常认为青少年的社会关系影响了他们人际关系的发展。大部分的青少年,至少在美国,在学校学习了性方面的事情并被他们的同学所影响,了解了正常性行为的概念。

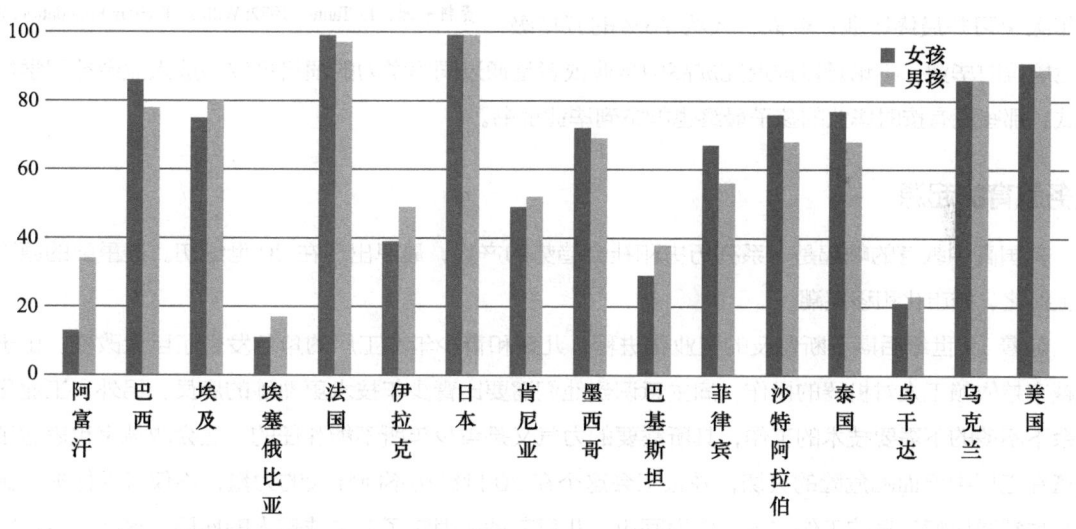

图6-1 入选国家中高中男女生入学比例

资料来源:United Nations, 2012

如果你不理解学校如何塑造青少年的经历,你就会难以理解作为一个发展阶段的青春期。

在本章,我们将在多个层面上研究讨论高中教育的组织和工作。也许你首先想到的是班级上发生的事情。班级中的活动是被学校的组织形式所影响的,并且学校的组织形式又会被社区和社会的需求所影响。家庭和同龄群体的结构不是直接从属于社会的管理，学校则与之不同，它们是为特殊用途专门创造出来的环境。在很多方面，我们今天的学校，不论它们有怎样的优势和缺点正是我们所设计制造的。当我们查看美国的高中教育历史，这一点已经足够清晰。

广义上的美国高中教育

如图 6-2 所示，今日美国，实际上 14～17 岁的所有年轻人都注册在校学习。在 1930 年，这个年龄段只有大约一半的孩子是学生，在 20 世纪初，只有 1/10 的孩子在校读书。

当今不仅比 50 年前有更多的年轻人在校读书，而且今天的学生每年花在学校的时间也要多得多。例如，在 1920 年，上学的平均时间是每年 162 天，平均学生出勤的天数只有 121 天，或者说占学年的 75％。然而，到 1968 年，学校将上课时间延长到了接近 180 天，这仍然是全国的平均水平，今天一个正常学生会出勤超过每学年的 90％。

现今不仅学年比以前更长而且青少年在校时间比以前也更长。在 1924 年，不到 33％ 的年轻人能进入五年级学习并最终毕业；今天，大约 75％ 的五年级

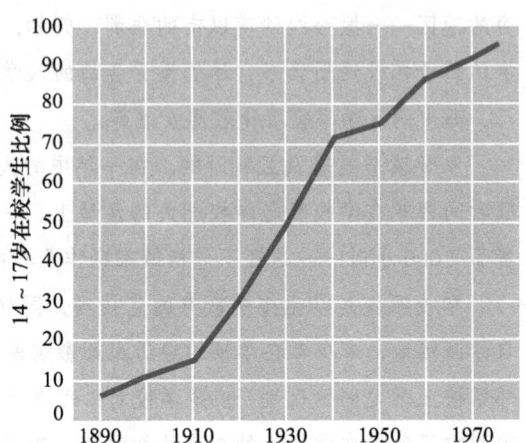

图 6-2　在 1910～1940 年，14～17 岁的在校学生迅速增长，一直持续到 1970 年，之后趋于平稳。今天这个年龄段超过 95％ 的个体都注册在校学习

资料来源：D. Tanner, 1972; William T. Grant Foundation, 1988

学生能按时毕业。不论是以推迟完成高中学业或者是通过同等学力的项目抑或是成人业余补习学校的形式，那些没有按时毕业的孩子最终也能拿到毕业证书。

义务教育的起源

美国高中教育的崛起是一系列历史和社会趋势的产物，最早出现在 20 世纪初。最重要的原因就是工业化、城市化和移民潮。

随着 19 世纪后期不断普及的工业化进程，儿童和青少年在工厂的角色发生了巨大改变。由于产量越来越依赖工人对机器的操作，雇主意识到他们需要比青少年技术更熟练的雇员。另外，工业化之后余下不多的不需要技术的工作，其所需要的力气又是青少年所不能胜任的。社会改革家也表达了对儿童在工厂中所面临危险的关切，并且工会这个在 20 世纪初不断壮大的力量，不仅寻求保护儿童的福利也需要保障自身的工作安全。作为回应，儿童劳动法限制了对未成年人的雇用。这些改变让很多年轻人远离了劳动力市场。

同样在这一时期，美国城市生活的本质发生了巨大的变化。工业化带来了城市化，同样还带来了移民潮，给市中心带来了一系列新问题。迅速扩张的经济带来的后果在美国城市的棚户区和贫民窟得到体现：危房、过度拥挤的街区以及犯罪。由于急于改善城市居民的居住条件，社会改革家们将教育设想为改善贫困工薪阶层生活环境的方式。很多人将义务高中教育视为社会控制的方式。高中能将大

街上无所事事的成百上千的年轻人收入学校并将他们置于可以监管的环境，从而使他们不惹麻烦。另外，急于将出生于国外的移民改造为适应美国生活的人，改革家们将普通高中教育看作他们美国化的必经过程。到了 1915 年，青少年接受普通高中教育已经得到了广泛的认可。

1920 ~ 1940 的美国高中的青少年入学率大幅攀升。

义务高中教育的崛起

在 20 世纪初期，高中是为精英准备的。不论是在课程上、师资上还是在生源构成上，高中更像是我们现在的大学，主要教授传统文科。

然而，到了 1920 年，教育家们认为课程设置需要进行改革。现今的高中教育面向大众，学业不仅是进行学术训练的工具，也为年轻人进入现代社会做好准备。有争议认为教育应该更加实用并为适应工作以及成为合格的公民做好准备。

20 世纪 20 年代标志着美国所谓综合性高中的诞生，即能够迎合不断增长的青少年多样化需求的教育机构，囊括了通识教育课程、大学预科以及职业教育。这是一个高中课程设置发生巨大变化的时代。这几年纷纷开设了新课程，诸如音乐、艺术、家庭生活、健康、体育和其他使青少年为家庭、娱乐和工作做好准备的课程。

在 20 世纪中期，高中教育取得了长足的进步，由世纪之初的只关注社会经济精英的学术教育。扩展到关注所有年轻人的社会和学术发展的方方面面。撇开不断的质疑和职责不谈，今天的综合性高中是美国高中教育的奠基石。然而，这不是所有国家都可以效仿的标杆，很少有其他国家能够在同一个教育机构中教育如此多样化的年轻人，只能通过上大学和不上大学来分割学校教育。美国的"高中"确实在很多方面都是典型的美国教育机构。

学校改革：过去与现在

尽管在我们看来学校的首要目标就是教育，但其实它们可以做得更多。学校是社会干预的潜在重要工具，因为学校可以很容易地接触到大量的年轻人，因此，有关学校的研究对致力于影响青少年发展的社会科学家以及政策制定者都非常重要。事实上，了解父母希望青少年做怎样改变的方式就是观察学校做了怎样的改革。

例如，在 20 世纪 50 年代，当政客们感到美国在科学上的优势地位输给了苏联时，学校被要求开设更多的数学和科学课程。当社会科学家感到不断成长的青少年对职业毫不知晓时（这在 20 世纪 70 年代确实如此），学校被要求提供工作机会，即开设进行职业规划教育的学习项目和课程。在 20 世纪 90 年代，社会与那些影响和涉及广泛年轻人的社会矛盾进行斗争（例如，暴力、艾滋病和吸毒），我们再一次转向学校以寻求帮助，要求学校部署预防和干预的措施。

《一个都不能少》 20 世纪 90 年代后期，人们一致认为市中心的学校没有培养出能适应高技术含量工作的毕业生，为了回应公众对除传统公立教育之外的其他选择的持续关注，例如特许学校、家庭教育等，建议学校提高对学生的要求。在 2002 年 1 月，布什总统签署了名为《一个都不能少》的法案（No Child Left Behind），不论经济条件如何，全体学生都可以获得教育。《一个都不能少》法案通过对学生的年度测评和将学生表现结果向公众公布，要求学校创造和保障学术水准。表现不佳的学校，即学生的测验结果没有得到提升，首先会在来年再给学校一次机会，通过提供额外的指导、家教以及对有需要的学生提供特殊的服务。但是如果学校再次表现不佳，政府将会撤离财政资助甚至直接关闭学校。

表面上看，这个法案非常合理。你会在第 12 章读到，大部分的美国学生没有达到最基础的学术标准，不成比例地显现于残障、黑人、西班牙裔和美国的印第安学生中。很多评论家批评说这种不论学业如何，都使学生自动升入下一个年级的自动升级，使贫困以及少数族裔的年轻人错误地认为他们得到了的良好教育，使他们毕业后没有学到足以升入大学或者找到工作的必要能力。强制学校定期评估学生进度并公布学生的进步情况，能够使家长和社区得到他们所需要的信息来使学校做得更好。没人会否认这样一个基本的概念，不论学生的背景如何都应该享有高质量的公立教育。

尽管该法案在规定上听上去不错，但是在实践中充满了问题并在一开始就遇到了极大的阻力。国家抱怨没有进行授权评估以及使差生不通过的对应措施资源。老师和家长抱怨关注标准化测试将会对班级教学活动产生反作用，如果一个学校的财政状况只取决于学生的阅读和数学成绩，老师除了教学生考试还能做什么呢？（老实说，你在课堂上对明知不会考试的学习材料会花费多大的精力呢？）很多人开始质疑这个政策——那些不会考试的科目该怎么办？比如时政。那些教授技巧的、无法标准化测试的科目，例如批判性思维，该怎么办？谁来决定考试的难度以及什么样的成绩是过关的？还有，涉及上百万的财政资助，用什么来避免学校操纵成绩，比如鼓励差生不来参与考试或者简单地帮助学生在考试时作弊，有些学校后来真的这么做的。一些该法案的批评者说它的效果与之前预期的完全相悖，促使学校将差生赶出学校。然而，在过去的 20 年中，对基于表现进行评估的一场运动——根据学生表现，对老师、学校、学区和政府的评估——成为美国教育界最重大的改变。

《一个都不能少》法案在 2009 年奥巴马总统上台时仍然在贯彻着，尽管奥巴马政府尝试去弥补在法案生效之初所出现的很多错误，包括学校在"与教育系统博弈"的事实，即通过降低标准来提高学生的通过率；为避免因学生成绩太低而惩罚老师，他们为应试而教学；以及学区将学校的考试平均值公布，从而掩盖优等生与差生之间巨大的差距。奥巴马总统的教育部长强调对所有学生提出高标准的同时也要有适应 50 个州的普通标准。（该法案的问题之一就是它允许单个州设置自己的标准，这使得"精通"标准的各州有了不同的规定。）奥巴马政府还尝试使法案更加有弹性，通过鼓励学校尝试用各种不同的方式来提高学生的成绩，例如举办"比赛得第一"的竞赛。另外，一项新的研究表明拥有高质量老师的重要性，学校被鼓励开发评估老师的更好方法，帮助老师提高他们的授课技巧，并用好老师取代差老师。因为改变政策的效果常常需要很多年才会显现，目前还不知道这些改革是否会对美国学生的发展产生巨大的影响。

学校应该教什么

设想你被要求列出你的观念中成长为一个具有竞争力、负责任和令人满意的成年人，年轻人应该知道哪些东西。你列出的清单中哪一项应该是高中负责培养的？高中的课程应该仅限为传统的学术课程吗？还是说，通过在工作、家庭、娱乐和公民的责任义务上有更直接的指导，学校应该在让青少年成长为成年人的过程中扮演更重要的角色。学生只应该接受英语、数学、科学和社会研究上的指导，还是说，他们同样应该接受"一般教育"（例如，艺术、家庭经济学、健康、性教育、车辆驾驶教育和个人理财）？哪些课是必修课而哪些又应该是选修课呢？如果你和同学讨论这些问题，你会发现相当多的分歧。

基于标准的改革 过去的 20 年被所谓的基于标准的改革所主导，这项改革主要是为改善表现而设计的政策，预先设定好以成绩测试为考量的标准，通过使学校和学生遵守这些标准而达到目的。执行这些改变比你想象的要难得多。有以下几个原因，第一，教育者们还没有在高中毕业生应该知道的知识和掌握的能力的主体知识上达成一致。第二，正如各州很快出现的情况那样，很多学生不能按照标准毕业测试要求的那样完全掌握要求的知识和能力。可以说为了获得学位，所有的高年级学生都必须通过毕业考，但是如果 1/3 或者 1/2 的高中生不能通过毕业考该怎么办？如果他们不能通过"毕业考"而使他们留在学校所产生的经济、社会和政治成本是相当大的。这使得各州产生了设计门槛相当低的毕业考的动机，而这也使基于标准的改革完全失去意义。

当被鼓励去说明、分析和评估信息时，学生的批判性思维被激发，而非只是仅仅记住它或是以常规方式来使用。

在美国对公立教育失望情绪之中，很多父母开始寻找其他的选择，其中包括，特许学校（允许学校自主制定课程和教学实践的公立学校），由私人组织管理而非当地的学校机构，并且它们有政府资助的教育券（能够用于私立学校学费的政府资助凭证）。尽管这些学校在 20 世纪 90 年代不断地兴起，但是对特许学校的费用和优点，私有化和特许权的研究都还不明确。特许学校、营利性学校和私立学校之间也有很多差别，这一点和公立学校是一样的。结果是学校里教的什么比它得到的资助和监管的性质更加重要。这一观点引发了很多的专家争论，我们应该关注如何给老师培训、发证、安置和发放津贴。

市中心的教育

尽管在过去的 20 年关于美国教育终结的言论已经流行开来，有些评论家表示学生成绩差不是一个普遍的问题，但是确实主要存在于市中心的贫困和少数族裔学生中。

尽管其他的批评家指出成绩差是美国社会所有社会阶层都会出现的问题，事实上，所有的社会科学家都承认现存的教育危机和将来的劳动力危机在市中心的公立教育中尤为明显。确实，在大的城市学区中，白人和非白人年轻人的成绩差距曾经一度缩小，但在 20 世纪 90 年代又不断增大。尽管有一些偶然的成功案例，比如哈莱姆儿童区就是美国的市中心学校，但一直以来问题不断。仅占全国总数 12% 的高中产生了全国一半的辍学学生，而全国有一半的黑人和拉丁裔学生在这些高中就读。尽管一些年级的一些课程已经做了相当大的改良,但是黑人和西班牙裔学生与白人和亚裔学生之间的差距始终非常大。例如,在八年级学生中,能够阅读的白人和亚裔学生是黑人和西班牙裔学生人数的3倍。数学上的差距也同样如此,在特定项目的比较中,能够达到熟练掌握的白人和亚裔学生是黑人和西班牙裔学生的4倍。根据最近的测试结果显示,全国规模较大的市中心公立学校中,那些主要招收少数族裔的学校里,只有1/6的学生熟练掌握了科学,这是一个在高科技经济迅速发展的时代影响青少年取得成功机会的重要因素。

为何在城市的很多校园改革都失败了?专家指出了几个原因,首先,集中于许多城市中心社区的贫困已经产生了一系列有个人和家庭背景问题的学生,而这些问题是很少有学校能够说出来的。对美国高中学生的研究显示,由于惧怕成为受害者,全国18%的青少年会携带枪支、刀具或者棍棒去学校,市中心学校里这样做的学生更多。其次,很多城市学区被政府机构拖累,他们常常会打断改革和阻挠教育创新。再次,城市的学生在学校常常找不到"归属感",这导致了掉队和成绩差。最后,市中心社区工作机会的侵蚀使得很多学生对留在学校和对学术追求投入精力没有兴趣。很多改革家现在相信为了解决市区教育问题,我们必须改变市区儿童生活的整体大环境,而不仅仅局限在学校。

学校的社会组织

为了讨论课程问题,对学校改革有兴趣的社会科学家讨论了构建中学的方式。因为学校的组织方式会影响学生每天的生活,学校组织的多样性可以对学生的发展和行为产生深远的影响。在这一部分,我们会在五个关键点上检验学校的组织:①学校和班级的大小;②年龄分组的不同方法;③对学生的学习能力进行跟踪记录或者将班级的学生分组;④学校学生的种族组成;⑤公立和私立学校的对比。

学校和班级的大小

由于综合高中的理念得到了广泛的认可,教育家尝试在同一所学校中教授各种类型的课程并提供服务。结果,在整个20世纪学校变得越来越大。20世纪90年代末期,在很多的大都市区,学生去有上千学生的超大学校上学。

更大就会更好吗 很多大型学校都有的优点是它们可以提供更加多样的课程,例如,一所大型学校也许可以提供很多小型的学校无法开设的特殊课程。但是更大就更好吗?那些去大型学校上学的学生最终收获了教育和心理上的优势了吗?

在过去40年所持续的相当大数量的研究显示,"答案是否定的"。确实,其中一个从最近对学校改革的评估中得出的连贯解释就是当学校不那么官僚并更具人性化时,学生的表现和对学业的兴趣会得到改善。很多研究表明,当学校创造出社区的气氛时,学生能够有更多的成就。大型学校中,学生的参与感会变弱,在一个年级的学生数超过400人的学校中表现

在中等大小的班级中,学生的完全融入和教师的鼎力支持,能够使老师和学生更满意。

尤为明显。

尽管学校大小有可能会影响学业表现，但不一定会影响学生对校园的情感依恋或者他们的精神健康。与普遍的观念不同，尽管在学生人数和老师人数的数量比更高的学校犯罪更有可能发生，没有证据显示在大型学校中学生受犯罪伤害率更高，也许是因为这些学校行为准则的建立和执行要更加容易一些。另外，很多大型学校分解为了校中校。尽管很少有系统的研究关注过校中校，但现有的研究显示这种做法是有利有弊的。从积极的一面看，创造校中校确实能够发展更加积极的社会环境；从消极的一面看，如果没有认真地操作，学校里会不可避免地产生"别的学校"，使得教育质量发生差异。

关于学校规模的研究中一些最有趣的发现是关于课外活动的参与方面而非课堂上的表现。你也许会设想，除了提供一些更加多样的课程，大型学校可以支持更多的体育队、课后社团和学生组织，事实也确实如此。但是因为大型学校包含如此多的学生，实际参与不同活动的学生比例，大型学校只有小型学校的一半。于是，在大型学校中，学生更多的是旁观而非参与学校的活动。比如在秋季，一个小规模学校和一个大型学校中足球队、橄榄球队和越野赛跑加起来都需要100个学生。一所只有500人的小型学校和一所有4 000人就读的大型学校相比，个体要成为这100个学生中的一员，概率要大得多。

小学校的力量　因为小型学校的学生比大型学校的学生在更广泛的活动中参与，他们认为参加活动提高了他们的能力和技巧，使他们能与紧密合作，并使他们感到自己很重要且被他人需要。在小型学校中，大部分学生都会或早或晚地加入某个团队、学生会或者其他课外组织。小型学校的学生也会更容易置于领导和担当责任的地位中，他们也常常会做使自己感到自信和勤勉的事情。学校规模尤其会影响那些成绩不太好学生的参与性。在大型学校中，学业上边缘化的学生常常会感到自己置身世外并很少参与校园活动。然而，在小型学校中，这些学生和那些成绩优秀的学生一样感到自身的融入和责任感。

简而言之，尽管大型学校能够提供更加多样的课程和更大的物质资源，但是学校规模带给学生学习和参与活动的代价比规模扩大本身要大得多。证据同样显示大型学校中学生有更多不平等的教育经历，在这里学生会因为成绩的不同而被分类。与之相反，小型学校中所有的学生都在同一课程下接受教育，因为学校的资金不够开设其他的课程。

不同的课堂大小　目前专家同意高中的理想人数介于600～900人。不幸的是，政策的制定者们常常不会将社会科学的研究发现准确地落实下去。在基于较小学校的研究结果的激励下，很多政客呼吁建立较小的班级。然而，与对学校的研究结果相反，对班级的研究结果显示在特定班级大小的范围内——从20～40个学生不等，青春期之后一般不会影响学生的学业表现。小班级确实会对小学生有好处，因为小学生需要更多的一对一指导，但是在40个人的班级中，青少年学到的内容跟处在20个人班级的一样。

这一发现的重要例外就是在需要高度的一对一指导或家教的时候，在这种情况下，小班级会更有优势。例如，在矫正教育的班级中，老师需要给每个学生足够多的关注，这时，小班级是非常有意义的。这些发现的一个影响就是在每个班级有25～30人的学校中，他们希望通过增加班级人数来削减班级数量，从而解放一批教育者并对那些需要特殊和小群体指导的学生修改班级的大小。

过度拥挤的难题　尤其是在那些大都市的大学区中，普及高质量教育的一大障碍就是过度拥挤。

根据调查，美国15%的中学过度拥挤，也就是说，学生总数比学校设计承受的人数要多出6%，其中有8%的学校容纳了超出容量25%的人数而"极度拥挤"。50%是少数族裔学生的学校更容易超员。超员学校的成绩比较差是因为学生和老师的压力都比较大，并且为教学而设置的设施被征用作教室以弥补资源的不足。

教育学家尝试通过多种方法减少超员带来的不利影响，有些成功了而另一些则失败了。很多学区使用暂时的设施，比如拖车，作为额外的教室。不好的是，很多这种便于移动的设施，尤其是老旧设施，都是对学生的身体健康有害的，这些设施普遍存在着空间狭窄和通风不良等问题，都造成了有害健康的环境。在其他一些学区，其中最著名的是洛杉矶，推出了多轨制计划，即校园长年开放，学生进行分组教学，一些在上课，一些则在假期中。针对这一方法的评价也是多样化的。

年龄构成和学校转型

第二个问题就是社会科学家已经研究过学校的组织情况，研究他们按照不同年龄分组学生和学生更换学校频率的情况。

早在20世纪，很多学区将年轻人分成小学（包含了六或八个年级）和中学（包含了四或六个年级）。学生需要换一次学校（在六年级或者八年级之后）。然而，很多教育家认为两种校制不能够满足青少年的特殊需求，他们的智力和情感成熟都比小学程度要高但是又没有达到高中的水平。在中学义务教育施行的早年，分校制开始建立初级中学（包含了七年级、八年级，有时包含了九年级）。在20世纪末，中学，这种教授七八年级并包含一个或更多的更小年级且学时为三或四年的学校开始流行，在很多学区取代了初级中学。

近几年，学区不再将年轻人分开教学并恢复双学校制（常常是基础教育的八年制、九年制和十二年制），鉴于很多研究表明了学生在这种安排下会有更好的成绩和最少的行为问题。然而，值得一提的是，学校特殊的年级设置不如学校本身的教育氛围和教学质量。事实上，在一项最近的研究中显示，就读小学六年级的女孩，当她们是学校最大的学生时，相比她们同龄的初中生，会更加好斗和有更多的自杀想法，而在另一项位于小型社区或者农村的研究中，相比小学和初中分开的学区，在基础教育为八年制或者十二年制的学校中有更多的恃强凌弱的行为。

向中学转型 一项普遍的研究发现在学生从小学升入中学或初级中学时，他们的学习积极性和学习成绩都会下降（有意思的是，同一时间的标准化测试成绩并没有下降，这表明也许是对实践的打分和学生的积极性均有所下降而非学生的知识水平下降了）。

研究者也同样研究了更换学校是如何影响学生的表现和行为的。在很多这方面的研究中，研究者对比了八年级之前在同一学校的学生——也就是说，他们只换过一次学校——从小学升入中学或者初级中学，然后进入高中——才总共更换学校两次。总体来说，这项研究表明，学校过渡，不论在什么时候都是会影响学习成绩、行为和青少年的自身意象的，虽然这种影响对白人学生比对少数族裔的同龄学生影响更大，但是这种影响一般是暂时性的。长久以来，青少年一直对升学有着良好的适应，尤其是当家庭和朋友关系等生活因素保持稳定，而且新学校也比较适合自己。

上完小学过后，学习动力和学习成绩下降是由于学校过渡本身的观点（也就是说，只要换学校，学生就会受到影响），或者是因为小学和初中的性质不同，对于这种观点研究者们并不赞同。尤其是有些专家认为，初中和高中的成绩不好是因为学校不能够适应青少年发展的特殊需要。例如，六年级到八年级时，学生反映出了他们的老师和同学的相互支持，学生需要如何自主地做出决定和学校规章制度的清晰和公正程度等方面，都存在不同程度的下降。因为青春期中，和同龄人的关系以及与非父母的成年人之间的关系变得重要，独立愿望变得强烈，规章制度变得过于详细，这些学校环境的变化会引发青少年需要什么和学校能提供什么之间的不协调，这使得很多青少年脱离学校。这些都是很明显的问题，因为研究表明这段时间脱离了学校会增加学生产生行为问题的风险，而与学校保持紧密关系能保护学生免受不良家庭关系的影响。

高中教育与小学教育的区别

典型的中学或者高中的课堂环境与典型的小学环境是不同的。高中不仅要大一些，而且高中老师与小学老师相比，有着不同的信仰，即使他们教授的是相同年龄的孩子。例如，高中老师不太会信任学生并且会更加强调纪律，这会导致这一年龄段学生的欲望（更加独立）和老师所提供的（更多的控制）相矛盾。高中老师更相信学生的能力是固定的，而非教育指导能轻易改变的——这种看法会影响学生成绩。另外，教授高中和初中的老师不像其他老师那样，对自己的教学能力非常自信。

所以，学生在进入初中或高中后，鉴于学习环境的变化以及青少年发展性需要和学校的大环境间的矛盾，学习动力有所下降就顺理成章了。并不是说青少年一定会有一个转变，的确尽管学生的自尊在进入初中和高中后有一个转变，但在高中的前几年后再次回升，也就是说换学校并不是一个大问题。与此相同的是，那些选择更人性化的、更少分部的学校，或者选择那些学校环境更容易融入的学生，比那些进入制度严格、个性被埋没的学校的同龄人表现得更好。毫无疑问，如果是升入小型学校而非大型学校，孩子会更容易适应学校过渡。

为什么高中老师与小学老师不一样？答案并不是那么清晰。那些选择做高中老师的人并不和那些教授低年级的老师性格迥异。但是，高中的组织结构和没有个性特征对老师有着消极的影响，反过来，也会影响他们跟学生相处的方式。这也与大量的事实相一致——当老师更多地参与学校的工作时，学生也会相应地更加融入学校。

青少年的固定文化模式也会对高中老师的认知产生不良影响。如同我们在前面所说的，很多成年人认为青春期是一个不可避免的艰难时期，不仅对青少年来说是这样，而且对那些跟青少年一起工作的人来说也是如此。教师带着一定程度的对青春期的负面认知走进课堂（关于青少年天性顽固、不可教化或令人费解），他们的偏见会影响他们作为教育者的工作（回想这种过程也会影响那些对青春期怀有同样负面想法的父母）。我们将会在后面的部分看到，对青少年的学校经历有着重大影响的一个因素是他们的班级环境。

过渡阶段问题的个体差异　尽管进入中学的某些方面对于学生来说是很难适应的，但并不是所有的学生都会经历相同级别的紧张程度。毫无疑问的是，如果在升学之前就有学习困难和社会心理问题，这些学生会更难成功地适应。一项最近的研究发现了层叠效应，也就是说，如果小学就存在学习困难和行为障碍，在过渡进入中学时，问题会层层叠加。层叠效应也会反向作用，另一项近期的研究发现在升学之前,社交能力就有较大提高的学生,在升学过渡阶段,学习能力也会有较大提高。如同这项发现的研究者所述,在面对升学的挑战时,"社会心理强大的学生变得更强大,社会心理弱的学生变得更弱"。

除了学生之前的经历,还有其他的因素会影响他们升入初中或者高中的过渡。比如,在过渡之前或之中,有亲密朋友的青少年能更顺利地适应新学校的生活,尽管跟朋友待在一起的好处只有在适应良好的状况下才会不断增加。之前成绩不好的学生在跟朋友分开进入不同的学校时,如果能适应得更好,这可能是因为那群朋友导致了这些学生成绩差。

很明显,对全体学生来说,升入初中并不都是令人紧张的。越是脆弱的、有着较少社会支持的,以及升入较为没有人情味中学的学生,越是比同龄人容易受升学的负面因素影响。不难看出,市中心贫困家庭的青少年常常要面对来自经济压力、不良周边环境等问题,升学对他们的自尊、成绩、对学校环境的认知、社会支持和对课外活动的参与上都有着尤其负面的影响。一般来说,男孩、少数族裔和来自贫困家庭的学生更容易在青春期初期脱离学校。在黑人和拉丁裔学生中,升入一所同一种族背景学生的比例低于他们之前学校的中学,会使他们更容易脱离学校、成绩低下和更经常逃课(见图 6-3)。

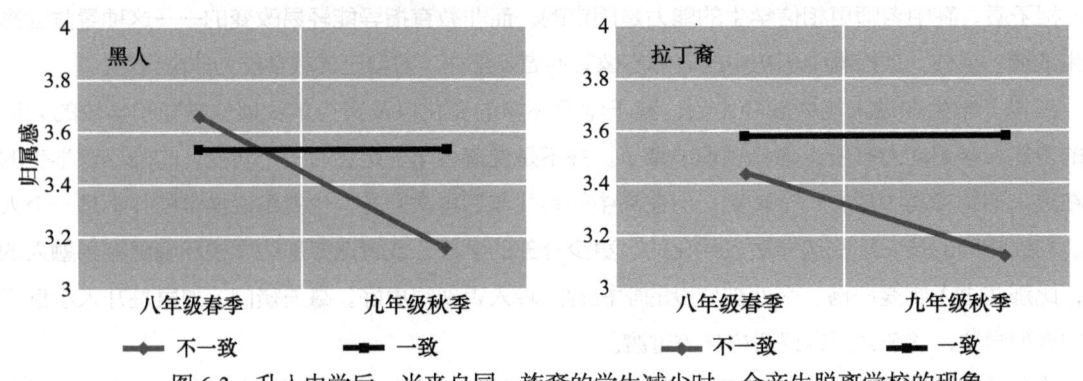

图 6-3 升入中学后,当来自同一族裔的学生减少时,会产生脱离学校的现象。"一致"表示的是学生的种族和学校的大部分人一致

资料来源:Benner & Graham, 2009

根据一项研究显示,来自低收入家庭的学生对进入中学的适应可以由来自父母的干预进行调节。研究者让父母参加一项为期 11 周的项目,来提高他们对青少年发展和父母教育效果的理解。父母参与该项目的孩子都在心理和行为上有良好表现,这种表现能立即显现并在一年后依然保持,父母没有参加该项目的同龄人则没有这些表现。此外,这些父母参与项目的孩子没有在升学后表现出成绩的下降。总体来说,父母的参与和支持与青少年更好地适应升学相关联。对低收入家庭的黑人学生的研究发现,能够在升学过渡阶段适应良好的学生,不仅是因为有家长的支持,还因为有来自老师的支持。

追踪溯源

在有些学校中,学习能力不同、兴趣不同的学生不会被安排在一个班。有些班级被设定为更加有挑战性和更加严厉的,专门为那些能力非凡的学生所准备。其他的班级则是一般的课程,适应大部分学生。还有些班级是补习性质的,专门为那些有学习困难的学生开设。在同一所学校将学生划分到不同等级班级的过程被称为能力分类，或者追踪。并不是所有的高中都采用追踪的系统。在一些学校中，能力不同的学生会在一起上课。

在那些使用追踪系统的学校，关于如何追踪，有着很多重要的不同点。有些学校的追踪更有包容性，允许相对较多的学生进入更高等级的班级学习（也许有些学生的能力并不能驾驭这种安排）。另一些学校则比较保守，高等级的班级只限制少量能力好的学生学习（甚至这意味着将一些能力好的学生置于低级班）。但也有些学校保持"中庸"，将学生按照能力准确地置于适合他们的班级中。

追踪的正反两面 教育工作者就追踪的正反面争论了很多年，但是研究并没有给出准确答案。支持者认为在追踪的系统中，按照能力划分学生，能使老师更好地进行课堂设计，在高中，追踪是尤其有效的，因为学生在学习特定的课程，例如，科学、数学或者外语之前就已经掌握了特定的基础技能。而对追踪系统提出批评的人士指出，相对那些高级班，那些被置于补习班的学生一般接受到的不仅是不同的教育，而且是质量低劣的教育。另外，追踪影响的不只是成绩。当你阅读第 5 章时，青少年选择朋友的过程中，学校扮演了重要的角色。当学生纳入了追踪系统，他们会倾向只和相同学习成绩的人做朋友。这样追踪系统就使得学生划分为了不同的亚文化群，并且互相有敌意。

有些关于追踪的批评指出追踪安排的过程中常常会有对贫困学生和少数族裔的歧视，这只会拖后学习进程，而非提高学习能力。有些学校的管理者也许认为少数族裔或者贫困学生无法完成高级班级的学习，并很自然地将他们分配到普通班或者补习班中，在这些班级中，条件不够好，学习也不是很有挑战性。一项最近对国家数据的研究表明，在黑人占少数的学校中，即使考虑了学生的学习能力，黑人学生尤其容易被纳入低级数学班。

然而，并不是所有的研究都表明追踪是有偏见的。另一些研究发现学生的能力而非背景能显著影响最初的追踪安排，但是最初置于低级班的中产阶级和白人学生更容易进入高级班，部分原因是他们的父母会为了让他们的孩子进入高级班而去学校成功地"游说"。相比家境一般的孩子，家境优越的孩子在选什么样的课程上会更多地寻求父母的意见，使得这些孩子能上更多的数学课和科学课程。

错误的追踪 早期的追踪开启了一种教育模式，在这种模式中，如果没有父母的刻意干预，是难以改变的。学生课程表的安排方式也许会导致学生被纳入不同的课程，只是因为他们在同一课程中被追踪，使得追踪的效果更加实际。如果在同一授课时间中，高等数学和英语同时教授，则这类学生只能选择补习英语而非高等数学。

关于高中的追踪研究清晰地表明不同追踪系统的学生有着不同的学习机会。高级班的学生能接受更有挑战性的指导和更好的教学，他们更能够融入强调批判性思维而非记忆性活动的课堂活动。置于高级班能对学生在学校取得的成就（规定时间内学生能学到多少东西），随后的课程选择（学生能学习什么课程），以及最终的学习成果（学生在校学习了多少年）起到积极作用。学生的家庭背景影响他们追踪安置的程度使得追踪有着保持现状的作用。

另外，因为学生一开始就被根据成绩和其他能力指标分配到了不同的追踪系统中去，因为低级班的学生接受了较差的教育，追踪的影响导致之前学生中存在的差距越来越大。最需要帮助的学生被分配到了教学质量最差的班级，毫无疑问，研究发现低级班中的学生不太努力，这样反过来也限制了他们的学习。尽管低级班的学生通常接受了教育的弊端，但是也有例外，例如，有些学校的低级班由坚持高标准、能力较强的老师来教授。

追踪对学生成绩的影响 实际上关于追踪对学生成绩的影响已经有好几百个研究项目。遗憾的是，这方面的研究显示出了积极和消极两种影响，更重要的是，对不同班级的学生有着不同的影响。追踪对高级班的学生有着积极的影响，对低级班的学生有着消极影响，对普通班的学生几乎没有任何影响。因此，对是否要在未实施追踪系统的学校实施追踪，在能力分级的学校取消追踪都是相当有争议的，高级班的学生家长赞成追踪，而低级班的家长反对追踪。

对追踪的研究表明，这对在高级班中的学生有积极影响，但是对低级班的学生有消极影响。

甚至在那些没有正式追踪系统的学校，老师也会根据能力在班级里将学生分组。在这种安排下，相比追踪系统，学生会与更大范围的同龄人进行对比，因为班级是个更加多样化的构成。这种对比对学生和老师的影响是相当有趣的。对于能力好的学生，课堂上的分组提高了他们对成绩的期望以及老师对他们的评价。对于能力低的学生，则正相反：他们会降低自己的期望并在老师那里得到更低的分数。可以假定，青少年和老师都基于未明确说明的对比做出他们的评估。相比使用追踪系统和不使用能力分组的班级中的学生，在学生能力参差不齐的班级中，能力好的学生看上去更好，而能力差的学生看上去更差。同样，在追踪系统中，课堂内的能力分组也会将不同组别的学生置于不同的教育质量中，能力好的学生接受更多有挑战性的任务并更多地参与到学习活动中去。

处于极端的学生 与追踪相关的问题是有天赋的学生和有学习障碍的学生如何安排。智力测试超过130的青少年都可以被认定为是有天赋的。有学习障碍的青少年是那些学习成绩比他们正常期望水平要低很多的孩子（例如，基于智力测试或者水平考试），并且他们的学习困难并不是因为情感问题，比如处理父母离婚、感觉障碍、听力或视觉损伤。大部分的学习障碍被认为是源于神经问题。通常学习困难的类型包括：诵读困难（阅读或拼写能力受损），书写障碍（书写能力受损），计算障碍（计算能力受损）。特定学习障碍是普遍的，五个学龄儿童和青年人中就有一个存在学习障碍风险，男孩中的学习障碍风险比女孩大很多。

教育者一直在讨论是否将有天赋的学生和有学习障碍的学生分开教学是最好的方法（例如，为有天赋的学生提供更多资源或是为有学习障碍的学生提供特殊教育），或者回归主流，让有特殊需求的孩子也和正常的孩子一起上课。每种方法都各有利弊。一方面，将两种特殊教育分开的项目会更合理地适应或满足适应学生的特殊需要。另一方面，基于学术能力将学生分开会引发社会隔离并遭到社会谴责——可能被认为是"愚蠢至极"，也可能被认为是"奇思妙想"。

总体来说，教育家倾向回归主流而不是为了特殊目的将学生分割开来。（对于那些残疾的青少年，只要条件允许，回归主流的统一教育是被美国法律保护的）。回归主流的支持者认为将有特殊需要的青少年与同龄人分开教育的心理成本是远远超过潜在益处的。对有天赋的学生进行研究发现，相比那些被安排在特殊班级的孩子，那些与普通班级融合的孩子有更加积极的学术自我认知，这些影响甚至会一直持续到毕业之后。

与较高学术能力的学生共处一个班有一个弊端，就是其他学生在与这些人比较时，会觉得不如有能力的学生，认为自己不够聪明；学生尤其喜欢和跟自己同一性别的同龄人相比。这种现象叫大鱼 - 小池塘效应，在世界各地都有发现，最近在一项对26个不同国家的超过100 000名学生的分析中，也发现了这个效应。作为小池塘的大鱼，在申请大学时，是有利的。在对三所著名大学的45 000份申请表的研究中发现，来自好学生较少高中的申请人比来自好学生较多高中的申请人被录取的概率要大。

大鱼 - 小池塘效应说明有天赋的学生在一个精英班级里不一定具有更好的心理素质，而那些认同回归主流的人则不这么认为，这对那些习惯回归主流但有学习障碍的学生来说是进退两难的事。成绩不好的学生回归主流之后，将会和那些成绩比他们好的学生进行比较，这将会让他们感到比之前在特殊学校和相同的同龄人一起学习时感觉更糟。也许正因为如此，研究发现，即使是回归主流，有学习障碍的青少年也会因学校中遇到的困难而遭受心理创伤。与普通学生相比，有学习障碍的学生会更容易出现社会和行为问题，并且毫无疑问，会在学校遇到更多的问题。相比同龄的其他青少年，他们也很难获得同龄人的友谊，而且也不太可能参与学校的课外活动，也更容易辍学。由于学校非常强调学业成功的重要性，这就不难看出为什么学习上有困难的学生会在心理上遇到双重的困难。

专家建议有学习困难的青少年应该接受学习技巧、时间规划、组织技能、记笔记技巧以及校对方面更多的辅导。另外，有学习障碍的学生需要在诸多方面获得更多帮助，比如提升学习动力，改善由于与同龄人之间糟糕关系而导致的社交和情感问题，帮助他们克服不情愿参与班级活动而依赖老师的习惯，改变他们对自己不如别人聪明的恐惧而导致的不自信以及他们长大成人后会变成失败者的想法。

注意力缺陷 / 多动症　尽管严格意义上说，这并不是一种学习障碍，但有注意力缺陷 / 多动症的青少年常常会因此而有学习困难。多动症常常在儿童时期被诊断出来，但症状一直持续到青少年时期的概率大约是50% ~ 70%，而持续到成年时期的大约在一半左右。

多动症即持续不断的注意力分散、冲动、极度活跃。有多动症的青少年可以分为三类：注意缺陷型（30% ~ 40%的青少年）、过动型（不到5%的青少年，且少见于青少年时期）、两者相结合型（50% ~ 60%的青少年都是如此）。多动症青少年数量随着年龄的增大而逐渐变少的原因是，很多个体在他们从儿童期过渡到青少年和成年期时培养了更好的注意力并控制好了冲动。除了学习困难，有多动症的青少年同样还有非学习性的问题，如滥用药品、焦虑和抑郁。我们在第13章中将提到，很多恶性的青少年犯罪中，很多是多动症患者。

多动症被认为是有很强遗传性的生物障碍。另外，在母亲怀孕期间（有时是因孕妇吸烟或饮酒）出现的胎儿脑损伤或是因为分娩并发症、出生体重过轻而导致的脑损伤都会导致多动症。最近关于青春期大脑发育的研究指向了大脑进行自我控制的特定区域的发育迟缓或发育不良，比如前额皮质，这一区域缓慢地突触削减会发生在有多动症的青少年大脑而非正常人的大脑。有意思的是，没有多动症的个体,但是比同龄人活跃且冲动的青少年的大脑是介于有多动症的青少年大脑和有良好自控能力的青少年大脑之间的,也就是说多动症也许是在连续体上的一个极点而非定性为一个片区。

常常用于治疗多动症的是中枢神经兴奋剂,例如利他灵。中枢神经兴奋剂对超过70%的人有效。特定抗抑郁药品也被认为是有效的,尤其是个有多动症的青少年和情绪紊乱者,比如抑郁的患者。给多动症青少年广泛使用中枢神经兴奋剂的一个担心是很多使用该药品的青少年和没有该病的朋友们一起分享,他们只是为了娱乐或者是为了帮助他们学习(不论使用者是否有病,中枢神经兴奋剂会使大部分个体改善注意力集中的情况)。对多动症的心理治疗也同样普遍,常常和药品一起配合治疗,尽管这种治疗方法应用于儿童比青少年要多。

班级氛围

目前,我们已经看到学校的社会组织形式中的特定因素如规模、年龄组、追踪系统等会影响到学生的积极性、行为和成绩。但是这些因素对学生的影响并不大,它们之所以重要主要是因为它们会对班级里的活动和其他学校环境认知有影响。确实,很多社会学家和教育家目前都认同,学校里的校园和班级是面对学生的直接窗口,这些才是对处于青春期学生学习和心理发展影响重大的因素。

校园环境的不同因素对年轻人的学习和成绩有着重要的影响。尤其是教师如何与学生互动、班级时间是如何利用的,以及教师持有的标准和期望,这些都比学校的规模、年龄组合以及学校的族裔构成要重要得多。

对青少年最有益的班级氛围

什么样的环境能够培养出最好的学生?综合考虑几项研究的结果表明,能够在家中激起青少年积极适应的因素在学校也同样适用。确切地说,学生能在学校取得更好、更多的成绩归因于他们所属的学校是有责任心和有要求的。并且,学术能力和心理适应能力是相互影响的,所以说积极的学校环境,即师生关系良好,老师不仅鼓励学生也对学生提要求会促进青少年的心理健康发展以及成绩提升,一定程度上使学生更多地参与课堂活动。

一般来说,在对来自不同社会经济背景、种族和国籍的学生进行研究时发现,在学生高度参与和老师高度支持的环境中,学生和老师都能感到满意。在这样的班级中,老师鼓励学生参与,但并不会让课堂失控。那些过于强调完成任务的课堂,一般教师控制也较多,会使学生焦虑、没有兴趣且不愉快。当老师能将较多的时间花在课程上(而不是布置仪器或者管理纪律),准时上课,按时下课,提供学生关于他们的期望表现所做的清晰的评价反馈,学生表现良好时,给予充分的肯定,这种情况下学生能够做到最好。同样,学生会在注重合作而非竞争的课堂

学生的表现会影响老师的期望,反之亦然。

环境中表现更好。

毫无疑问，学生到底有多喜欢去学校的一个很大的因素是他们认为老师有多尊重和关心他们。当老师支持且肯定他们，并对行为和学业有很高且详细的要求时，学生会对学校有更强的归属感并且会有更加积极的学习动力。这些信念和情绪反过来会使学生问题更少，出勤更多，犯罪率降低，收获友谊更多，考试中取得更好的分数。而相比同龄人，那些家庭义务比较重的学生则不会获益这么多。

实际上，好老师与好家长有许多共同之处，如果你回想在第4章读的，你会发现课堂模式的变量与积极的学生行为和态度相关，这让人想起权威型的家庭环境。同样的，过于强调对班级的控制而缺乏支持让人想起专制型家庭，而缺乏清晰度和组织让人想起溺爱型家庭和冷漠型家庭——班级中的这些模式似乎对青少年影响不利，就像他们在家那样。最近，一个旨在提升学生学业的项目在评估中有了重要的发现，这个项目设计的目的是改善老师与学生之间相互影响的方法，积极的师生关系加上一个有序的、良好管理的班级和学校环境不仅有助于提高学习成绩，而且能够降低行为方面的问题（见图6-4）。相比其他学校，那些既提供结构支持也提供鼓励的学校被暂停的概率更低。

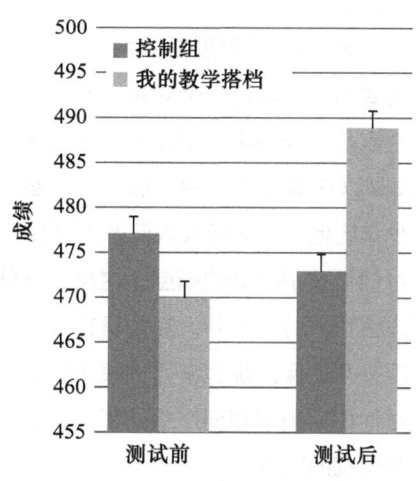

图 6-4 最近的一项为了改善师生互动方式的评估项目在学生成绩方面有了重要的进展

资料来源：Allen et al., 2011

老师的期望和学生的表现

除了对学校氛围的研究，一些研究也指出了老师期望的重要性。老师的期望和学生的表现之间有很强的相关性，这不仅因为老师的期望经常是他们学生能力的准确反映，也因为老师的期望实际上创造了一种自我实现的预言，这最终影响他们学生的行为。许多研究发现老师的期望对学生的成绩有一个累积的长期影响，如果老师预言学生比他们实际的能力要差，学生的表现力会降低。

哪一个途径更加有力？是学生的表现对老师期望的影响，还是老师期望对学生表现的影响？大约80%的老师期望和学生表现之间的关联是因为老师有正确的预言，大约20%是自我实现预言的效果（自我实现预言对于那些学业较弱的学生似乎更有效，这些学生的表现与老师的期望更加相关）即使自我实现预言的效果相对来说较小，在积累多年的教育之后它也可能变得相当有力。

因为老师的期望影响学生的表现，去了解这些期望从何而来很重要。遗憾的是，研究表明老师容易将他们的期望部分建立在学生的种族和社会经济背景上。而这些因素有时候几乎以相同的方式影响追踪决策，就像我们之前看到的，他们可能有意识和无意识地塑造老师的期望，这反过来影响学生的学习。因此，比如说，老师会比较少地去看望贫困的或者少数族裔学生，比较多地去看望富裕的学生或白人学生，这传达了一个非常明显的信息：老师认为谁的反应更加值得班级关注。一些研究报告显示黑人学生和拉丁裔学生认为老师对他们的期望低，对他们可能的错误行为持有刻板印象。一些证据表明，白人老师相比于黑人老师，对黑人学生的错误行为责骂得更加严厉，你将会在本章中读到，这导致黑人学生在和他们的同龄人一样违反校规之后会接受更严厉的训导和惩罚。不难看到，多年遭受这种待遇会对学生的自我意识和他们对学校的兴趣产生不利影响。事实上，老师对低阶层或者少数族裔青少年的偏见会使这些学生想取得一定的学术成就变得困难，这些学术成就需要有上进心。此外，老师对一些种族群体持有低期望，而对其他人抱有高期望的偏见会导致来自不同种族之间的学生产生敌意。

家长在老师期望和学生成绩的关系中也扮演着重要角色。最近一个对拉丁裔学生的研究发现，学生家长参与到学校中如何直接影响他们高中孩子的成绩（在其他研究中，那些家长参与到学校中的青少年比他们的同龄人表现得更好），同时也影响老师对他们孩子成绩的期望，这反过来使学生表现更好（见图6-5）。此外，其他研究发现了一个因素可以用来帮助保护那些来自低收入家庭的学生对抗老师对他们期望不高而产生的影响，那就是家长对成绩产生高的期望。

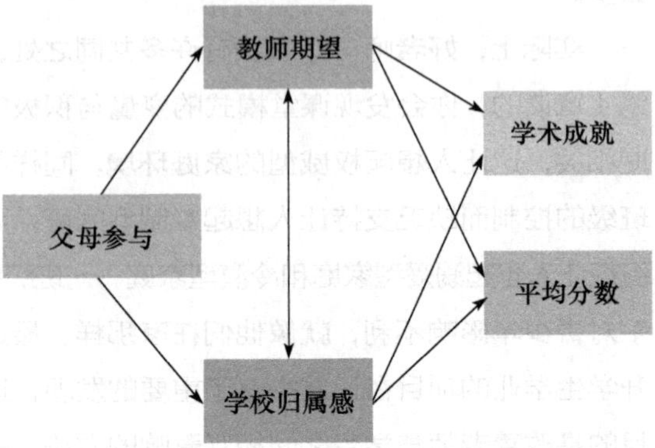

图6-5 父母参与学校活动会直接或间接地影响他们上高中的孩子的表现，会提升教师对他们孩子的表现产生的期望

资料来源：Kuperminc et al., 2008

学生参与的重要性

要记住，学生和老师都会影响到班级氛围。正如家长和青少年之间的关系是相互的，家长影响孩子的发展，同时青少年影响他们父母的所作所为。老师和学生之间的关系也是相互的，有用的老师可以吸引和激发学生，而被吸引和受到激发的学生敦促老师变得更加有效率。

然而，根据全国调查，美国学校学生参与校园活动的程度和积极性并不高。大约一半的高中二年级的学生说搞破坏的学生妨碍他们学习，而那些行为不正的学生被默许做了坏事而不受惩罚。研究也表明美国高中的学生参与度非常低，许多学生在学校只是过场，高中老师经常面对一屋子人在心不在的学生。让学生融入校园活动对他们整体的心理健康也有好处。研究发现那些不融入校园活动的人更容易行为不正和滥用毒品。不论是男生还是女生，融入学校生活能够降低犯罪率和吸毒。

无聊的课程，无聊的学生 针对"无聊的课程，无聊的学生"命题，几个研究者提议说如果我们想要知道班级氛围对学生成绩的影响，我们需要更好地了解如何增强学生的参与程度：学生从心里想要学习和掌握教材而不是简单地完成布置的作业。学生经常说在学校觉得无聊，尤其是高中学生，他们比初中学生更加觉得学校无聊。你将在图6-6中看到在工作日的上午8点~下午3点的大部分时间里学生都觉得无聊，学校生活一天的结束比晚上进行的任何特别活动更能改善他们的情绪。许多专家相信，大部分学生被迫学习，课堂组织死板、一成不变，在这样的班级中，老师对学生讲课而不是鼓励他们参与讨论，使大部分学生疏离学校，破坏了他们学习的欲望。

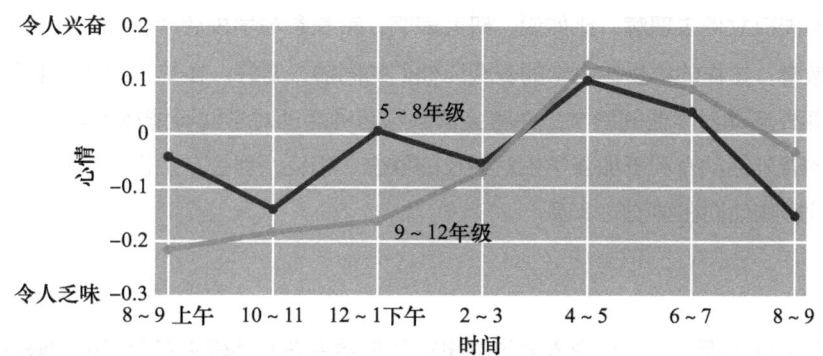

图 6-6 对学生一天课程的心情浮动研究显示，学生中尤其是高中生会觉得在学校简直无聊至极
资料来源：Larson & Richards, 1998

许多学生觉得学校无聊、没有挑战性并游离在学校之外的现象已经在无数对当代美国学生的研究中得到证实。根据一项名叫"过得去"的美国青少年如何看待学校的研究，我们可见一斑。

> 学生普遍承认他们有些是虚张声势，有些是懊恼，他们经常绞尽脑汁，只为了能拿到理想的分数。对于目标是进入私立大学或精英公立大学的年轻人而言，"过得去"的概念暗示了一个特定的平均分，其他年轻人似乎满足于任何及格分数。来自全国各地的学生坦言，他们可以"买到"自己可以接受的成绩来通过他们的课程并获得学位，而在他们的学业上投入最少的努力。全国大约 2/3 的青年（65%）说如果他们在学校更加努力他们能做得更好。

回想你自己的高中经历。是什么把好的班级和乏味的班级区分开来？纽曼提了一些影响学生参与度的具体因素。首先，老师需要给学生提供机会让他们真诚地展现他们的能力。其次，学校应该试着提升学生对学校的归属感。最后，也是最重要的，老师应该布置真实的作业，即有吸引力的、有趣的和真实世界相关的作业，那些无聊的、无趣的和无相关性的任务只会让学生更疏离学校。最近一个评估结果显示，帮助学生找到他们在科学课上所学知识与现实生活联系的介入手段，能帮助那些抱有较低期望的学生提高学习成绩和参与度。

校外对学生参与度的影响 老师和学校工作人员并不是影响学生在学校表现的唯一因素。一些研究者指出同龄群体的价值观和行为规范也发挥了重要的影响，尤其是在高中。高中与高中之间的区别很大程度上取决于当前的同龄文化是如何将学业成绩作为通向地位和名声道路的通行证的。在那些学业成绩不被学生看中的学校，学生更加不会去获取与他们测试能力相符的学分。一些其他研究者将注意力集中在青少年校外的经历（在家时、在工作时以及在课外活动时）以及这些经历对他们学业成绩和校园参与度的影响。这个研究证明，学校对青少

很多青少年抱怨学校很无聊的一个原因是，学校很少把时间投入到能使学生更智慧地参与进来或鼓励他们进行批判性思维的活动。

年成绩的影响不能孤立地去理解。比如说，研究表明，家长参与学校活动，鼓励并强调学业成功，采用权威型家庭教育，这样的学生在中学的表现比他们的同龄人要好。在第 7 章中，我们会更详细地研究工作和参与课外活动对学业的影响。你将会读到这两种活动对学业可能有不同的影响。总的说来，参与学校发起的课外活动有利于加强学生对学校的依恋。相反，那些在工作上花费过多精力的学生可能会不可避免地影响他们在学校的表现。

校园暴力

对于今天的美国人而言，一个令人难过的事实就是学生去的学校中有着严重的破坏行为，甚至是暴力行为，而这成了学校氛围的一个普遍的特点。根据美国公立学校的一项对全国中学的调查研究发现，每 4 个人中就有一个是学校内或学校附近暴力行为的受害者，每 6 个人中就有 1 个担心在学校遭到身体上的攻击或伤害。这些问题在中学尤其常见。一项研究发现将近一半的中学生在学校被威胁过。在另一项研究中，在洛杉矶一所多种族学校的六年级学生中，被调查的学生中有一半报告在前两周中被口头骚扰过，大约 1/5 的学生说曾受到身体上的伤害。总的来说，这种伤害在种族多样化的学校比较少见，但是在这样的学校里，那些在最小族群中的学生最容易成为受害者。在那些坐落于拥挤的城市边缘的贫困学校中，暴力行为更加常见。

通过采访一些居住在暴力行为常见社区的学生，他们阐述自己如何通过安排他们每日的活动来避免自己受到伤害。一些人确保他们避开那些有暴力行为名声的学生，如果无法避免就勉强装作友好。另一些人知道镇里的哪些地方应该避免去。仍然会有人和那些可以保护自己的人交朋友，就像 16 岁的拉蒂娜做的，有人在学校威胁说要杀了她：

> 我感到非常害怕。我不知道该怎么办。我跑进屋子叫我的朋友达里尔，我确实是哭着说"我不知道该怎么办"。达里尔什么都没说，只是问"他的号码是多少？他的号码是多少？"我把号码给了他。那天之后，那个威胁我的人不再来打搅我，因为达里尔走到他面前告诉他最好不要来打扰我，否则，他和他的家人就会遭殃。

一项在多种族城市高中做的关于暴力的研究发现，亚裔学生经常是黑人同学和拉丁裔同学暴力和口头骚扰的受害者，部分原因是他们的老师喜欢亚裔学生而歧视非亚裔学生。根据这些研究者：

> 学生报告说当他们走在门廊时，会有来自男生或者女生的无缘由的"扇耳光"。这些耳光都来得很快、很急，且常常在学生走过大厅或者其他地方时被打到头。亚裔学生形容他们是令人不安的且随时出现，当女生扇男生耳光时，男生会因被羞辱而反抗，这是令人痛心的。除了扇耳光，亚裔美国学生被推搡、被拳打、讥笑以及被非亚裔美国同龄人模仿嘲弄。当亚裔美国人经过时，常会听到带有种族歧视意味的"日本佬"或者"呆子"。

专家对于在学校如何更好地应对暴力有不同意见。一些教育者建议将好斗的学生交给法律执行,许多学校有值班的警官来制止攻击以及逮捕那些制造麻烦的学生。但是一些研究者认为强硬的"零容忍"措施并不能有效地阻止校园内的暴力,而应该通过尝试创造更人道的环境,这样学校的暴力行为才会更有效地减少。零容忍政策中一个计划之外的结果就是许多学生以被逮捕收尾,或者因一些过去被学校官员认作只是纪律违反的行为而触犯法律系统。这对于黑人学生有不同程度的影响,这些黑人学生比其他学生更容易报告学校规定不公平和执行不一致,被停课或开除,尽管他们并不一定更容易做出违反规定的事。在这些由美国心理协会一个工作组提出的建议中,在对这些研究证据做了一个仔细的回顾后,学校对违规行为做了仔细的定义,并训练员工如何恰当地对此进行反应,只对那些最严重的破坏行为采取停课或开除的措施,要求学校的警官接受关于青少年发展教育的培训,执行预防性的措施来提高学校氛围和增加学生对学校的依恋。当然,其中一个方法是通过在更早的年龄段介入改变他们的行为减少捣蛋学生的人数。

致命的校园暴力 一系列广为人知的美国校园枪杀案(比如说哥伦拜恩中学校园枪击案或者桑迪小学校园枪杀案)引起了对于校园致命暴力这个问题的国际性关注。很多相关话题在媒体上引发热议,很多声称是校园枪击案的,最后查实并非如此。尽管校园暴力确实是一个重要的问题,但致命的校园枪击是极其罕见的事件,尤其当你考虑到美国学校和学生的数目时(在美国大约有 5 000 万学生,而每年在美国校园被杀的学生不超过 20 个)。

实际上,更多的孩子和青少年是在家或者社区被杀的,而不是在学校或学校附近。事实上,学校对于青少年而言是最安全的地方。实际上,一个美国青少年被闪电击中的可能是被枪击可能性的 4 倍。此外,尽管引起公众关注的校园枪击案通常涉及白人青年,但其实更多的校园凶案涉及非白人青年,其中既有犯罪者也有受害者。也许最重要的是,想要预测哪个男生会进行致命的暴力行为几乎是不可能的。有心理健康问题的学生和那些能轻易拿到枪支的青少年比其他人更容易卷入校园枪击案,但是要鉴别出有这些特征并会在学校引发致命犯罪的学生是一件完全不同的事。大部分专家相信,在缺乏一个确定的方法来提前辨认那些将会在学校犯下致命暴力行为的青少年之前,最有效的政策包括限制青少年获得枪支,辨认以及治疗那些有心理健康问题的年轻人。

高中毕业之后

上大学

20 世纪早期不仅对于美国中学的发展很重要,对于高等教育机构的发展也很重要。尽管学院和大学已经存在一段时间了,但一直到 19 世纪的后期高等教育机构的多样性才开始发展。早期的高等教育机构都是典型的比较小的、私立的、不拘一格的艺术学院,经常带有强烈的神学特征。但是在一个相对短暂的连接 19 世纪和 20 世纪之间的时期内,这些学院也加入了一些其他类型的机构,包括大的私立大学、技术学院、专业的学校、公共资助的州立大学、政府赠地的大学、城市大学以及两年制的社区大学。

大学招生的增长 尽管高等教育机构数量增加了并且在 20 世纪早期变得更加多样化,大学招生仍是极少数年轻人的特权,这种情况一直持续到 19 世纪 60 年代。在 1900 年,18 ~ 21 岁的人中只有 4% 进入大学。到 1930 年，这个比例也仅仅提升到 12%。甚至到 1950 年，不足 20% 的年轻人进入大学。在 20 世纪的前半叶，学院和大学在大部分美国青年生活中才变得不再那么突出。

今天这是多么不同啊！随着 1920~1940 年中等教育的兴起，高等教育在 1950~1970 年期间有了大幅增加。到 1960 年，1/3 的年轻人从高中毕业后直接进入大学。今天，超过 2/3 高中毕业生在毕业之后就进入大学。这种招生方面的增长在女性方面表现得尤其明显，在 1970 年，将近 70% 的本科生是男性；而在最近 10 年的后期，大约有 60% 的大学生将是女性（见图 6-7）。尽管在 20 世纪 70 年代，大量增加了对少数族裔青年在高等教育方面的招收，但这一比例在 20 世纪 80 年代早期又下降了，主要是因为可利用的经费资助减少了。今天，在高中毕业生中有超过 90% 的亚裔美国学生，70% 的白人学生，60% 的黑人学生和西班牙裔学生直接进入大学，那些来自移民家庭的年轻人，尽管他们的家长本身不是美国大学毕业的，尽管他们不得不在经济上支持他们的家庭，但他们也能像那些在美国出生的年轻人一样进入大学并在大学取得成功（见图 6-8）。

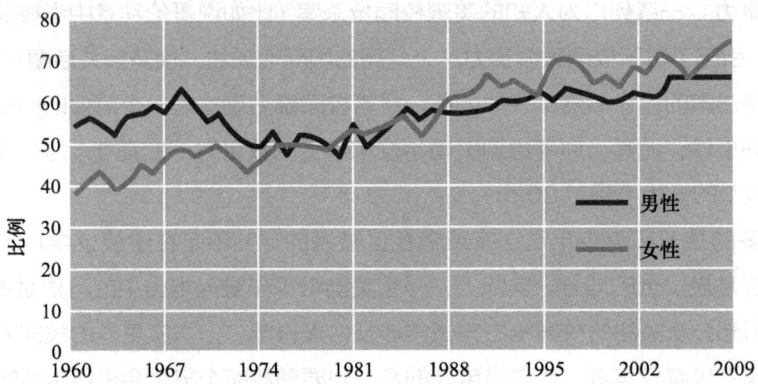

图 6-7　美国的大学招生不断增长，尤其是女性人数。这张表展示了高中毕业生在毕业后那年上大学的比例
资料来源：National Center for Education Statistics, 2011b

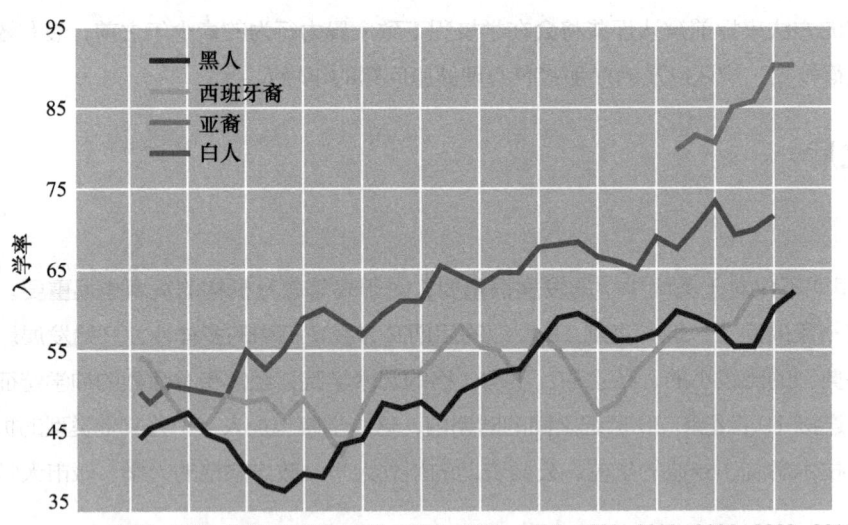

图 6-8　应届高中毕业生大学入学率继续上升（亚裔学生在 2003 年之前的情况并未单独列出）
资料来源：National Center for Education Statistics, 2011b

美国高等教育 美国的高等教育与世界其他地方的高等教育的两个最大不同是：多样性和普及性。在其他国家，高等教育往往被庞大的公立大学体系所垄断。青少年往往很早就被标准化的国家级考试区分为大学道路和非大学道路。在美国，所有的中学生都在普通高中里学习，但在其他发达国家，学生在青春期初期或中期就会在普通高中和职业高中之间做出选择。在美国，高等教育由种类繁多的公立和私立大学组成，有些注重文科教育，有些注重技术、职业的培训，学制2～4年不等。

学生上大学的目的也各种各样。比如，在社区大学，学生的年龄通常比四年制大学要大，他们中有些很有志向，想要通过这种方式转入四年制大学学习，也有些只是想获得某方面的专科学位或资质（这两部分人大约占到社区大学的1/2）。当然，也有些学生目的不是很明确，上课不够积极，还有的学生完全对专业没有兴趣，经常翘课。四年制大学中的学生在积极性和目标方面也存在着类似的差异。

从高中到大学的转变 从高中到大学的转变在某些方面与小学到中学的转变是类似的。对于许多人来说，进入大学就意味着进入一个更大的、更可怕的、更没有人情味的环境当中。对于某些人来说，这种转变也伴随着其他生活上的变化，比如离开家庭、感情的结束或开始，或者第一次处理居住与经济问题。许多西班牙裔学生反映说，家庭上的责任与经济上的负担，连同学业与工作，使得这种转变非常艰难，尤其是对于那些第二代移民，他们往往会在大学的环境与父母的压力间不知所措。

在这些因素的共同作用下，尽管进入大学的青少年每年都在增长，仍然有大量的学生无法毕业。四年制大学中不到60%的学生能够在6年内毕业，在营利性私立大学中，这一数字还不到25%。也许是因为普及性太高、学生素质不够和学生缺乏"消费者"理念等，使得大学辍学率相当高：大约有1/3的二年全日制大学的学生在入学一年后辍学，在四年制大学中，这一数字为1/5。许多学生在离开大学一年后会换个学校获得自己的学位，也有大约1/3的学生再也没有完成自己的学业。换句话说，尽管有很多措施让上大学变得越来越容易，但毕业率还是远远落后于入学率。

非大学道路

与没有进入大学的学生相比，大学生的问题就不算什么了。总的来说，大学毕业生一辈子的薪水比大学没能正常毕业的人要高得多，而后者又比没能进入大学的人要高得多。而连高中都没能正常毕业的人，其经济状况尤其不佳，而且还面对着各方面的问题，我们将在第12章中详细介绍。

美国目前的大学很容易进入，人们进大学的愿望也很高，但这种情况的一个负面效应就是人们忽略了那些没能直接进入大学深造的人，尽管他们占到青少年总人数的1/3。正如许多学者指出，我们的中学教育几乎都是针对要上大学的人。在当今的美国高中，所有的建议都是帮助想要上大学的学生如何进入大学。数十亿美元的资金通过财政补助和学费补贴的形式落实到这些学生身上（见图6-9）。有些批评者指出，我们应该为另外1/3没能直接进入大学的学生付出同样多的时间和资金，来帮助他们尽可能顺利地完成向成年人的转变。

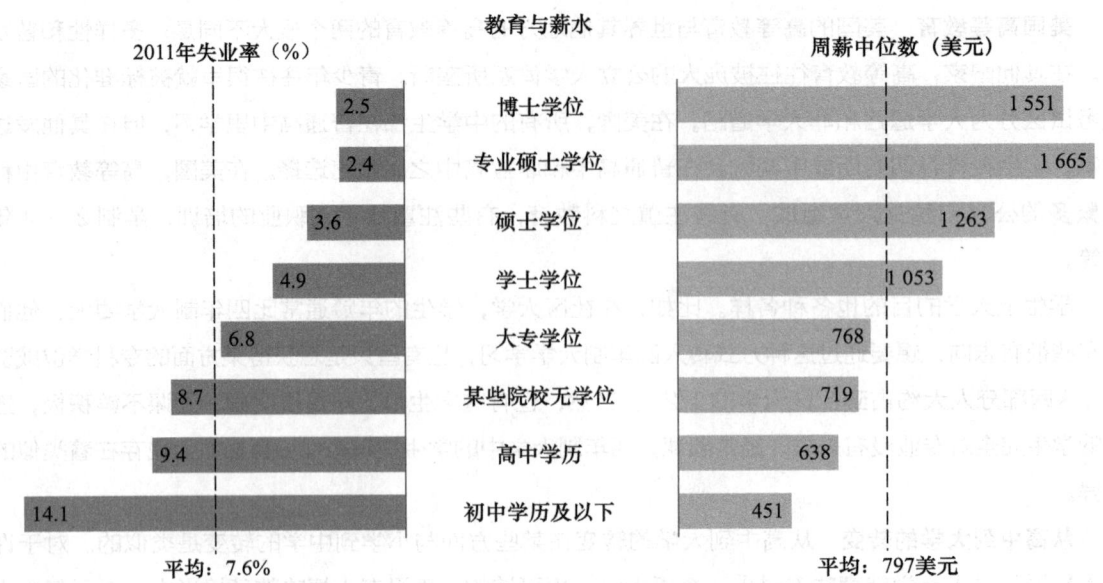

图 6-9　一般来说，接受教育时间越长的人薪水更高，就业率也更高

资料来源：Bureau of Labor Statistics, 2012

　　我们以前就注意到，在为上大学而准备的教育中，学习和训练批判性思维的机会比在普通教育和职业教育中要多得多。而且，不想上大学的学生，有些是主动的，有些因为无法避免的客观原因，他们都发现高中没能教给他们在社会上工作的能力。即使是那些高中毕业取得学位的人，他们已经达到了自己在青春期的目标，但还是会在一段时间内苦苦挣扎于求职当中，而且在一定时期几乎无法获得理想的待遇。结果，许多不想上大学的学生在青春期的早期就苦苦挣扎于各种兼职、低水平工作，或者找不到工作的困顿中。

　　那些不去上大学的青少年必须面临一个对持续困难有重要影响的因素，那就是在此章前面提到的工作的改变。就像制造业的工作被最低工资的服务性工作所取代，没有至少两年的大学经历而想过上一种得体生活的机会明显更少。在今天，没有大学经历的年轻人经常必须在最低工资的工作下试着维持生计，而这些工作没有多大的提升和进步空间。同样，没有上过大学的年轻人要面对的经济问题是一些生活必需品问题，比如说房子和医保成本逐步上升的复合问题。毫不奇怪那些没有上过学的年轻人比那些上过学的年轻人沮丧的概率明显要高很多，而这个概率在那些既没有上过学也没有稳定工作的人中尤其高。

学校与青少年发展

优秀学校的品质

　　尽管对于中学应该如何建立和改革有许多讨论，但是专家们在对青少年发展有利的好学校应该具有的特点这方面已经达成了一定程度的共识，至少就学生的成绩而言（这部分内容你将会在第 12 章读到，那些拥有高水平学生成绩的学校特点与拥有低辍学率的学校并不相同）。

　　第一，也是最重要的，好学校强调智力活动。他们用不同的方法创造这种氛围，但是这些好学校有一个共同的目标，即素质教育，学生、老师、行政人员以及家长都非常注重。对于学生而言，学习比运动或者课外活动更加重要，对于老师和行政人员而言，看到学生学习比看到他们毕业更加重要。所有的学生都被期望去学习，所有的学生都接受老师那些已经被证明有效的教育方法。

第二，好的学校有对学生负责的老师。行政管理人员赋予老师大量的自由和管理权力，同样老师也会在教室里清晰地作出承诺。当然，所有这些学校，老师都要完成必须的课程要求。但是在好的学校，老师会拥有更多的权力去决定他们的课程如何安排以及如何管理他们的班级。当老师在学校管理中被给予这样的权力时，他们会发现更容易去实现学校共同的价值观。

第三，好的学校能和他们服务的社区很好地融合在一起。学校尝试各种努力让家长参与到孩子的教育中，这对于提升学生的成绩以及阻止学生辍学有很大的影响。高中与当地学院和大学之间建立联系。这样，优秀学生可以去修更多有挑战和刺激的课程来拿到高学分。高中和当地的雇主建立桥梁关系，这样学生会看到学校的教育与他们未来职业之间的联系。

第四，好的学校是由好的班级组成的。在好的班级中，学生积极参与教育进程而不是消极地接受教学材料。班级氛围应该是有序但不压抑的。创新项目取代死记硬背作为鼓励学生学习的方法。学生尝试批判性的思考并讨论重要的事件，而不是被要求简单地回忆昨天所学的课程。

第五，好的学校雇用的应该是那些接受过良好教育并懂得如何具体教育青少年的老师。在许多不同国家进行的研究发现，如果一个学校的老师能证明他主修过自己所教的科目，并有丰富的经验，这样的老师在学校中所占的比例越大，这个学校的学生成绩越好，也比被不具备这样资质的老师教育出的学生更容易毕业。不幸的是，对那些最需要帮助的学生，即来自贫穷家庭或者语言不通的学生，他们反而更不容易拥有具备资质的老师。

学校教育对青少年发展的影响

无论学校有什么缺点，在未来收入方面还是在认知的发展方面，待在学校要比辍学好。几年前挪威一次法律修改分析发现，当全国增加教育的年限，年轻人的平均智商就显著增加。另一项研究基于一连串的标准化考试成绩的表现对比那些青春期后期辍学和毕业学生之间的差异。这项研究充分考虑到了辍学的学生离开学校之前就存在成绩水平的不同（在评估进行两年之前），因为辍学的学生比毕业的学生更容易在接受教育早期出现学业问题。和辍学的学生相比，那些待在学校的青少年在智力上发展会在不同的领域超前两年。更重要的是，结果显示在那些社会经济处于弱势的年轻人中，辍学的不利影响更加明显。然而，矛盾的是，这些最容易离开学校的学生在毕业之前这样做危害更大。

另一种评估学校对青少年智力发展贡献的方法是通过比较青少年在校期间与暑假期间的智力提高。一些研究所用的就是这个方法。通过在三个时间点测出学生学业进步方面的信息，学年开始时、学年结束时和下个学年开始时，研究者可以看到学生在暑假的学业进步和在校期间取得的学业进步相比较有什么不同。在那些有更高社会经济地位的学生中，在学校取得的学业进步与在暑假取得的学业进步差不多。然而，在那些弱势的学生中，这个模式是不同的。尽管他们在学校取得的进步和这些更高的社会经济地位的学生差不多相等，在暑假的时候，弱势学生的分数下降。换句话说，如果不是学校对学生的认知发展做出贡献，富裕的学生和贫困的学生在成绩分数方面的差异会比目前大得多。为弱势学生开办暑期学校的一个好处是它能帮助学生减少成绩的下降，否则这种成绩的下降可能会出现在春秋学期之间。

很多尚未知晓的是学校对青少年心理发展的影响。评论员早就指出大部分学校的构建目的并不是促进心理发展，而是过度地关注于整合、服从并且缺乏对学生创新、独立和自力更生的鼓励。但是也有许多好的学校，他们的学生不仅学习课堂上的教学材料，同时也认识自己、认识他们与别人的关系以及他们所处的社会。进入一个有着积极氛围的学校甚至可以帮助青少年远离一些不良影响，这种影响包括处在一个酒精和毒品使用高风险的家庭环境或者同龄人群体。

意识到下面这一点也很重要：尽管成年人有各种意图和目的，学生认为学校不仅仅只是一个学习的地方。成年人评估一所学校可能是看这所学校在青少年的认知和事业发展方面能有什么贡献，但是对于典型的青少年，学校是主要的社交场所。一项针对英国 11~12 岁孩子的最新研究发现，学生在学校的幸福大部分取决于他们与同龄人之间的关系。当我们问及过早离开学校产生的后果时，我们不仅要考虑这对于个人认知发展的影响，也必须考虑它对于个人社会能力发展的影响。

研究也表明，根据跟踪报道他们所属的同龄人群体，以及他们参与的课外活动，可以发现同一个学校学生的经历也可以很不相同。在学术上有才华的学生和在经济上得天独厚的学生比起他们不是那么聪明或者不那么富裕的同学，在学校有更加积极的经历，这样说似乎没有问题——这种积极不仅仅关乎他们在课堂上学的东西，还有在学校他们作为个人的自我感觉。他们从老师那获得更多的关注，更容易在课外组织中掌握领导权，更容易经历吸引人的、有挑战性的课程。换句话说，一个学校的组织架构，即它的规模、跟踪政策和课程设置为那些在学校中处于不同位置的学生提供了不同的智力和心理发展的机会。对于"学校如何影响青少年的发展"这一问题最好的回答是另一个问题"什么样的学校、什么样的学生，以及哪种方式？"

第 7 章
工作、休闲与媒体

我们知道，工业化社会中青少年生活的特点之一就是他们有大量的时间和金钱来选择自己想参加的活动。针对工作、闲暇与媒体对青少年发展影响的科学研究并不如其他方面那么完备。但是，你可能会惊奇地发现如今的青少年在休闲活动上花费的时间比在学校里学习、同家人相处都要多。他们每周做兼职的时间是写作业时间的 4 倍，同时他们花在听音乐、上网和看电视的时间也比"待在"教室里的时间要多得多。本章中，我们将目光转向青少年生活的其他环境，即工作、闲暇和包括互联网在内的媒体。

当代社会中青少年的空余时间

当代社会中青少年充裕的空余时间来自好多方面。有趣的是，最主要的来源是义务教育的普及。在此之前，青少年通常需要参加全职的工作，每周都需要工作很长时间，他们几乎和大人一样忙碌。从 20 世纪初开始，中学教育逐渐普及，青少年开始脱离体力劳动。他们从事的兼职工作与现在十分相似（比如在快餐店打工等），但是这种在课后做兼职机会并不多。

高中义务教育的直接影响之一是增加了青少年的空余时间，过去他们在这些时间里需要参加工作，但是现在不用了。20 世纪初，大人们很担心青少年拥有过多的空余时间，因此，他们开始组织许多青年俱乐部和各种活动（比如童子军和各种体育活动等），防止他们"游手好闲"。在闲暇时间参加有组织的活动成为青少年充实课余时间和替代全职工作的一项制度。

当代社会中青少年空余时间上升的第二个原因是，第二次世界大战后美国的人口开始逐渐富余。我们在第 3 章中提到过，"少年"这一概念的诞生，尤其是人们在广告和营销过程中将发现青少年的价值，使得青春期的本质发生了变化。随着青少年的自主性逐渐增强，他们有了足够多可供自由支配的钱，成了消费者。看看一周之内电视上、杂志上和互联网上针对青少年的各种广告，你会发现许多针对青少年的广告都与休闲消费有关：音乐、电影、饮食、电子产品、漫画和运动装备等。

当代美国利用时间的不同形式

青少年是如何利用他们的空余时间的呢？图 7-1 向我们展示了两项针对美国 15～17 岁青少年时间利用情况的调查结果，一项是在 20 世纪 70 年代进行的，另一项则是在 10 年前进行的（见图 7-1）。男孩和女孩的数据都显示，他们参加工作赚钱的比例都出现大幅下降，而参与休闲活动的时间则大幅上升。男孩花在家务上的时间出现下降，而在女孩中则没有这一变化。

图 7-2 则通过最新的实验进一步细分了青少年参加的各种休闲活动。在该实验中，女孩平均一天要花超过 6 个小时参加休闲活动，而男孩则要花超过 7 个小时。但是我们可以看到，男孩和女孩都在被动活动上花费了大量时间，如看电视、讲电话和做放松。事实上，调查中有超过 1/3 的女孩和超过 1/4 的男孩说自己将全部的空余时间都花在了被动活动上，平均一天超过 4 小时。与此形成对比的是，他们平均每天花在阅读等益智活动、学习乐器或者对身体有益的体育活动的时间则不超过 30 分钟。

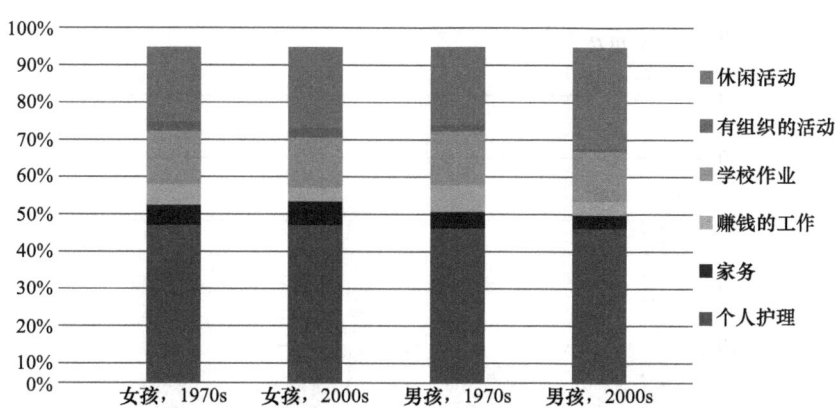

图 7-1 在最近几十年中，青少年参加工作赚钱的比例出现下降，而参与休闲活动的比例则出现上升
资料来源：Zick, 2010

但是群体的平均数有时候也不是那么可信，因为青少年在利用自己的空余时间上具有很大的差异性。在一项追踪研究青少年在高中时间利用的研究中，研究人员区分了几种群体。一种是特别忙碌的群体，大约占了各年级总人数的 1/3，他们将大量的时间花在参加各种活动上，包括课外活动、兼职赚钱、学校作业、与朋友相处和家庭唱诗班等。第二种群体大概占样本数量的 1/4，他们也很忙，但是不去做兼职赚钱。第三种群体在高中一年级中的比例是 12%，在高中四年级则上升到了 20%，他们将主要的时间都花在兼职赚钱上，但是也会花少量的时间参加别的活动。第四种群体既不参加兼职也不参加课外活动，他们基本上把自己时间都花在与朋友厮混上。

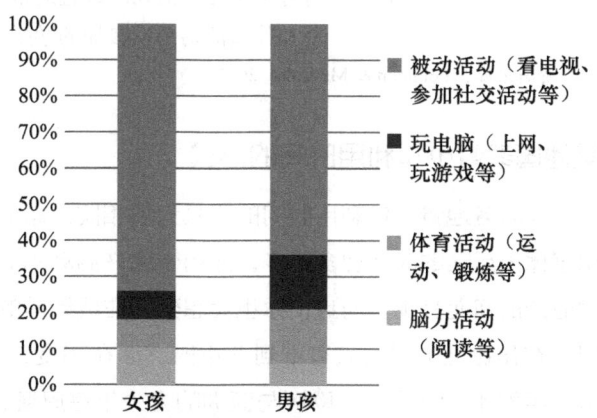

图 7-2 青少年的闲暇时间都被被动活动占据了，比如看电视、与朋友聊天等。他们花在有益身心发展的活动上的时间要少得多
资料来源：Zick, 2010

尽管这项研究显示青少年利用时间的形式会随着年龄发生变化（随着年龄的增长，青少年多少都会花一点时间在兼职上），但是在高一就很忙碌的个体到了高四也照样很忙。总体上，研究结果显示青少年的空余时间并不是一种典型的"零和"现象，根据这一现象如果他们参加某一种活动就必定会牺牲参加其他活动的时间。但是，确实存在着个别"多面手"，他们参加了各种各样的活动，也有集中精力只参加一种活动的人（通常是体育运动），还有一些什么活动都不参加的人（见图 7-3）。通常，大部分的研究都发现相对较忙的青少年拥有更强的适应能力，相比其他同学更容易取得成就，但是我们尚不清楚是不是他们的忙碌造就了更强的适应能力。一项针对低收入少数族裔青少年的研究发现，通常在参加某项活动的同时（比如运动）也参加一些别的活动（比如学习活动）的青少年发展得会比较好，只参加一项活动的青少年则发展得差一些。其他研究也发现参加多项课外活动比只参加体育运动对青少年发展更有益。

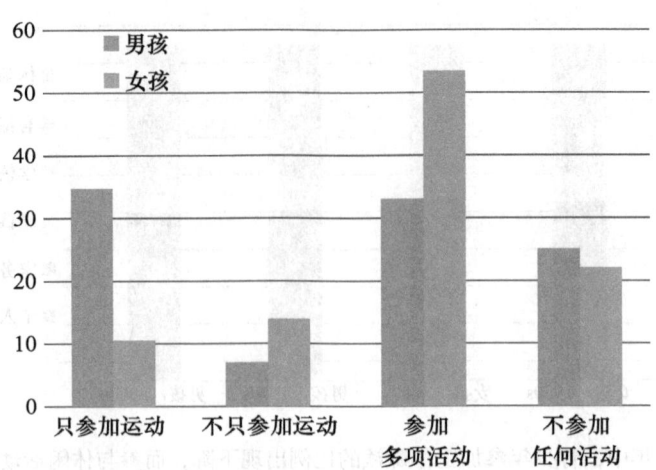

图 7-3 对青少年课外活动的调查通常都会发现有参加多项活动、只参加一项活动和什么活动都不参加的学生非常多

资料来源：Feldman & Matjasko, 2007

其他国家青少年利用时间的形式

世界各地青少年利用时间的形式大不相同。总体来说，与其他国家的青少年相比，美国青少年用于休闲活动的时间要多得多，而用于生产活动的时间则要少得多。美国学生的空余时间中，用于学业的时间尤其少。而且，你也会想到，在成绩差的学生中更是如此。比如说，美国高中生平均每周花在作业上的时间只有不到 5 小时，而在印度、日本和中国台湾地区等亚洲地区，这一数值是每天平均 4～5 小时。欧洲与亚洲的青少年每周通过读书来打发时间的几乎是美国青少年的 3 倍。相反，美国青少年花在运动、社交、打扮和校外活动上的时间则相对较多。

这些空余时间对青少年的行为和发展有什么影响呢？他们能从兼职工作中了解现实世界吗？课外活动对他们是否有益处呢？青少年是否会受大众媒体的影响而接触性和暴力？他们听的音乐、看的视频和游戏中的暴力是否真的会对他们造成影响呢？日益增加上网时间会不会影响他们在现实中与人交流的能力呢？关于青少年在网上接触到过多成人影片和性暴力的担心是合理的还是言过其实呢？我们将在本章中悉数讨论这些问题。首先，我们将讨论课外兼职对青少年的影响。

青少年与工作

美国的大部分高中生在毕业前都会从事兼职工作。尽管一边上学一边打工的现象在美国十分常见，但直到 20 世纪 80 年代，课余的兼职才在美国青少年之间流行开来。当时，大约一半的高中生（3/4 的高年级学生）都有从事课余的兼职工作。这种现象在 21 世纪初期开始减少，

许多青少年都在从事课外的兼职。研究人员开始质疑这些活动究竟是否有利于青少年的发展。

如今从事校外兼职的高中生比例已经降到了近年来的最低值（见图 7-4）。接下来，我们会讲到，青少年兼职的变化揭示了当代社会中青春期本质的有趣变化。

20 世纪早期青少年的学业与工作

在 1925 年之前，除了一些特别富裕的家庭以外，所有 12~15 岁的青少年都会离开学校并从事全职工作。根据阶级的不同，青少年要么在读书，要么在工作，没有人两项都在做。

随着中学教育在美国社会的各个阶层中不断普及，越来越多的青少年到了青春期的中后期还待在学校里，直接参加工作的人越来越少。美国的大部分州都通过了义务教育法，要求青少年都要在学校里待到至少 16 周岁，而且兼职的机会也并不多，同时美国实施了一系列有关童工的法律来限制青少年就业。由于这些社会和立法上的变化，20 世纪前 40 年，美国青少年的就业率一直在持续下降。如今，我们看到超市收银台和快餐店里打工的青少年，或许很难想象在 1940 年，只有 3% 的高中生在从事课外的兼职。

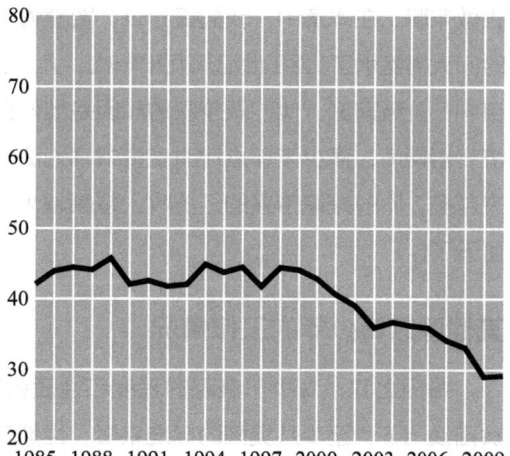

图 7-4 如今青少年中从事课外兼职的比例达到了近年来的最低值。经济不景气、学校要求增多和休闲活动的增加都是造成这一现象的原因

资料来源：Bureau of Labor Statistics, 2012

学生工作的起伏变化

20 世纪下半叶，随着零售和服务业的发展，情况开始有所改变。雇主需要一些愿意接受较低薪水的年轻人来做兼职和短期的倒班。许多企业都将目光瞄准了青少年来填补这些岗位，在第 5 章中我们也讲到，20 世纪 70 年代中期，青少年的数量很大。所以，在 20 世纪 70 年代，美国高中生从事兼职的比例开始大幅上升，从事校外兼职也成了一种生活方式。

大约 15 年前，这一趋势开始有所下降，主要有如下几个原因。首先，在第 6 章中我们提到，在过去的 20 年里，教育改革要求高中实行更为严厉的标准。于是，高中对学生的要求开始提高，许多学校都开始有了毕业要求。随着越来越多的高中生想上大学，更多的人开始学习大学预修班的课程，布置的家庭作业加重了学生课外的负担。

其次，正如 20 世纪下半叶服务行业的扩张加大了对青少年兼职的需求一样，21 世纪的前十年里，经济开始下滑，几十年前青少年开口就能找到的工作，现在则需要面临日益激烈的竞争。随着经济进一步衰退，许多成年人都失业了，于是许多餐馆和零售商都开始雇用失业的成年人来做原先由高中生担任的兼职工作。同时，移民人口的增长也增加了愿意从事低收入兼职工作的成年人的数量，而过去，高中生才是从事这些工作的主流人群。在 20 世纪 80 年代的餐馆里，你会惊讶地发现很大一部分的员工都是青少年。而如今，虽然餐馆里学生员工的人数还有很多，但是他们的同事还有很多人的年龄是他们的 2 倍、3 倍甚至 4 倍。

最后，21 世纪初期新技术的发展增加了青少年选择休闲活动的机会，许多人在课后宁可把时间都花在玩电脑、看电视上，也不愿意去商场做收银员。在过去的 30 年里，在被问到他们最想从工作中得到什么时，越来越多的青少年都认为自己休闲的时间更重要，很少有人在自己有钱的情况下还会去做兼职。在本章中，我们提到过，随着青少年花在休闲活动上的时间逐渐增多，他们做兼职赚钱的时间大幅缩水了。20 世纪八九十年代，几项针对学生雇员的研究发现，绝大部分从事兼职的学生都来自中产阶级家庭。他们做兼职的原因是他们自己想要做，并不是因为他们迫于生计而不得不做。在经济衰退期间，青少年那点计时工资根本无法赶上他们喜欢商品的涨价速度。随着有意思的休闲活动越来越多，同时兼职带来的经济收入越来越少，青少年曾经"非要不可"的那些东西现在已经变得可有可无了。

其他国家青少年的工作情况

各国之间，青少年兼职的程度和性质各不相同。在工业化初期的发展中国家，大部分人口处在贫困线上下，至少从美国的标准来看，当地青少年停止学业的时间较早。在许多发展中国家，工作的重要性要先于学业。在这些国家，大部分青少年在十五六岁就开始全职工作，工作内容与成年人的工作差不多。通常，青少年工作的目的是为了养家。这种模式与 100 年前的美国十分相似——十分富裕的青少年才能上学，其他的人都得工作。然而，发展中国家的青少年在学业与工作之间的平衡也在发生改变。随着当地有越来越多的青少年继续学业，这些国家劳动力市场上的青少年也在以相同的比例下降。拿中国来说，近几十年来中国的教育机会大幅增加，尤其是在中心城市以外的地区。20 世纪 80 年代末期，16 岁的青少年中大约有一半人在工作，但是过了十年，这一比例则不到 1/4。

在一些社会经济条件与美国较为相似的工业化国家，青少年的就业情况也各有不同。在加拿大与澳大利亚，课外兼职的现象十分普遍，大约有一半的学生会去做兼职。但是在日本和韩国，这种现象却很少见，因为当地的青少年在下午、晚上和周末都要花大量时间来应付课业压力。在西欧国家，做兼职的青少年比例在上述两个极端之间，但是各国之间的差异也很大。在法国、意大利和西班牙，这种现象很少见，而在英国、荷兰和瑞典则十分普遍。总体上来说，在大部分欧洲国家，兼职工作的时间安排与学生的日常课业并不能很好地契合。比如，大部分欧洲的学校下午放学都很迟。而在美国，许多青少年下午很早就放学，然后直接去做兼职工作，一直做到晚上九点或者十点。同时，在大部分现代化国家，童工还是与贫穷联系在一起的，家里有孩子在工作会被认为是一种耻辱。因此，许多中产阶级家庭的父母都认为让孩子一边上学一边做兼职是不合适的。

当今青少年的工作环境

普通的青少年工作 绝大部分青少年从事的都是零售和服务行业的兼职工作。总体来说，高年级的学生从事的工作（如零售、餐饮等）比低年级学生的工作（如照看婴儿、修剪草坪等）要更为正式（见图 7-5）。正如人们预期的那样，农村地区的青少年从事的通常都是与农业相关的工作。

正如图 7-5 所示，少数的几个工作占据了很大一部分青少年劳动力。在八年级（相当于初中三年级）的学生中，从事照看婴儿和修剪草坪这两项工作的人数占了大约 60%，像餐饮工作（快餐店点餐员）和零售工作（服装店收银员）这种仅限年长青少年的工作机会，占所有青少年兼职工作的一半以上。现在已经很少有青少年在农场或者工厂做兼职了。

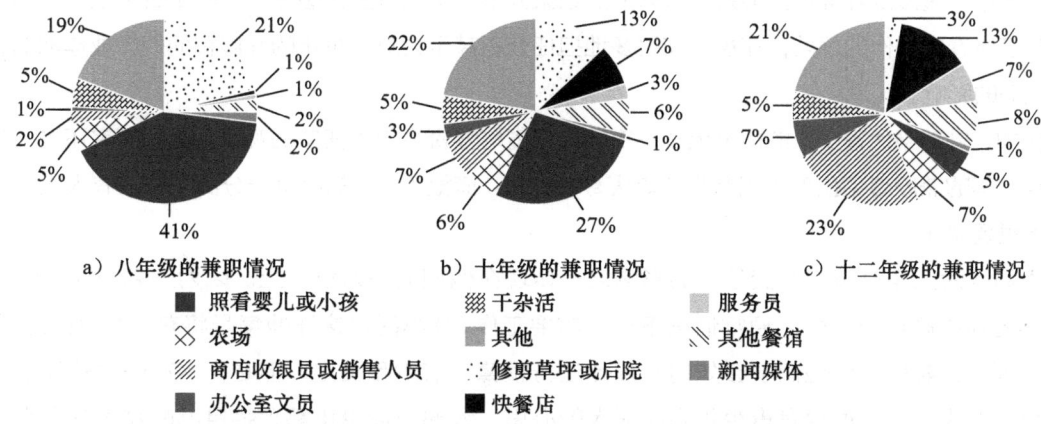

图 7-5 随着年龄的增长，青少年会逐渐脱离照看婴儿之类不够正式的工作，转而进入正式的劳动力市场，主要集中在零售商店和餐馆

资料来源：Staff et al., 2009

青少年的工作环境 青少年从事的兼职工作大都非常枯燥，很少有工作能让他们有自由活动或者自主决定的机会，他们很少能得到同事的指导，而且几乎用不到自己在学校里学到的技能。除了少数的一些例外，大部分兼职工作都是简单机械且不需要动多大脑筋的。有些工作甚至有很大的压力，要求青少年在有限的时间里不停地工作，甚至接触一些可能导致受伤或者触发意外的事情。但并不是所有的工作都是这样乏味或者充满危险的，有些研究人员指出一些好的工作能让青少年在工作中学到一些有用的技能，为他们将来的就业做好准备。虽然理论上是存在着这样的工作，但是事实上真正能让青少年在工作中学到更新、更高层次技能的机会非常少。

然而，青少年自身并没有很在意兼职工作的枯燥性。他们中的大部分人看待兼职的态度都比较正面，他们认为自己在兼职中学到了东西，也喜欢他们的同事，兼职还能锻炼他们的责任感，对于兼职的薪水，他们也比较满意。

对于大人们和青少年自身对兼职看法上的差异，我们该如何解释呢？这可能是因为学校的环境非常无聊且缺乏挑战性，因此，在大人看来那些十分乏味的工作也能让青少年感到十分满意。还有可能是，不论工作多卑微，那种自食其力和承担责任的感觉让青少年对自己更有信心并且能让他们以更积极的心态面对工作。在本章的后续小节中，我们也会讲到，当青少年处于一个需要自己肩负起责任的位置时，他们的责任心也会变强。

工作与青少年发展

工作对青少年心理发育的影响是许多研究的重点。本次研究中，有三个大问题：第一，工作是否利于培养青少年的责任感并为他们日后向成年期的过渡做好准备呢？第二，工作是否会影响学业等其他活动呢？第三，工作是否会刺激青少年出现吸毒、饮酒等不当行为呢？我们将会讲到，影响这些问题答案的因素有很多，包括工作的性质、每周工作的时长和研究的具体方面。

责任感的培养 大多数人都认为工作有利于培养健全的人格，它能让青少年体会现实世界，并为他们向成年期过渡做好准备。但是本次研究的结果并不完全支持这些假设。有不少研究已经表明，人们高估了青春期工作的好处，在校期间过多地担任兼职甚至会对青少年的发展和他们向成年期的过渡产生负面的影响。

比如，针对当代青少年的研究大多不支持工作能培养青少年责任感的观点。某项研究还进一步发现，青少年的兼职者中出现不当行为（如从商家盗窃、谎报工时）的比例十分高，在没有大人监管的岗位上更是如此。

人们认为工作对青少年责任感的影响之一体现在他们的理财意识上。因为一名担任低收入兼职工作的高中高年级学生，通常情况下一周需要工作20小时，这样他每月将有500美元以上的收入。因此，兼职能让他们学会如何有效地进行预算、节省和支出。但是，本次研究却显示，在管理自己的收入上，很少有青少年会花很大的心思。大部分青少年都会将自己的收入花在个人消费上，比如服装、汽车等。在兼职的青少年中，只有不到10%的人将自己的收入存下来作为将来的学费，而将收入用于家庭开销的则更少。许多做兼职的青少年都会受到过早富裕的影响，过早富裕是指个体在有足够的经济能力之前，过早地适应了奢侈的生活条件，如房租、食物和生活用品等。在高中时期赚得（或者花得）较多的青少年在成年的初期会对自己的经济状况较为不满意，因为他们已经习惯了不现实的生活环境，在这样的环境下他们有大笔可随意支配的收入却不需要肩负多少责任。讽刺的是，大人们认为能健全青少年人格的兼职工作反而会让他们对金钱产生错误的观念。

有些研究曾直接问青少年，兼职工作是否能增强他们的责任感或者使他们变得更成熟。结果显示，青少年自己的认知与观察的客观结果并不一致。许多成年人认为他们在青少年时期做的兼职工作提高了他们的时间观念，教会了他们如何有效地与陌生人交流，甚至如何处理自己并不想做的工作等。以下是一位成年人回忆自己在洗车场兼职时所说的话：

很少有青少年会把自己赚的钱存起来作为他们的教育费用，而将收入用来补贴家庭开支的就更少了。大部分做兼职的青少年都会把大部分收入花在衣服、汽车、娱乐和吃饭上。

> 那份工作并不需要多少脑力，最大的困难反而在于如何打发无聊的时间，我们常会想出一些奇特的方式让自己兴奋起来。但是这对我来说却是一段很重要的经历：我知道了工作的不易，也变得更自信，而且还交到了一些到现在还在联系的好朋友。我用赚到的钱买到了我的第一辆车，交到了我第一个真正意义上的女朋友。

如果我们要总结一下工作对青少年发展的影响，最合理的就是这种影响取决于工作的性质。有些工作需要青少年肩负起真正的责任，做出重大的决定和应对一些有难度的任务，在这些工作中，他们更能感到自己变得成熟、能干而可靠。有些工作只是机械地重复、压力巨大或者没有多大的难度，青少年从这些工作中收获较少。但是我们在了解了青少年的工作机会以后，便会觉得尽管工作有可能让青少年得到某些好处，但是考虑到工作的性质，这样的概率并不是很大。最近的一项分析显示，像快餐店和商店推销员这样的工作对青少年是最常见的，但是它们却是压力最大的，对生活的影响也是最大的，但是对青少年学习技能和就业带来的好处却是最少的。

对学业的影响　第二个问题是工作对青少年其他活动的影响，尤其是对学业的影响，针对这一问题研究人员也进行了不少研究。这些研究中的主要议题不是青少年是否有参加兼职工作，而是做了多少。

许多专家都认为每周工作 20 小时以上会影响青少年的学习成绩和出勤情况。长时间参加兼职的青少年缺课的频率更高，参加课外活动更少，对学校的兴趣更低，花在作业上的时间更少，学习的成绩也更差。出现这些现象的原因，一方面是因为对学业不感兴趣的青少年更倾向于去做兼职，另一方面是因为长时间的工作会使青少年脱离学校。没有证据表明暑期兼职，即使是长时间的兼职，也不会影响学习。兼职工作对学习产生负面影响，使青少年将原本属于学校的时间花在了兼职上。

过度地参加兼职工作，甚至会增加青少年辍学的概率。在兼职上花费过多时间的学生对自己学业的要求会更低，甚至更早地辍学，这可能是因为对学业没什么期待的学生会比同龄人花更多的时间在兼职上。但是需要注意的是，每周工作少于 20 小时并不会给青少年带来这些负面效果。一些研究发现，只要能控制好兼职的时间，许多学生都能处理好工作和学习的关系，而且他们还能学会如何有效地管理时间。

问题行为的滋生　有人认为工作能使青少年远离不良的犯罪行为，因为忙碌的工作能让他们没时间去惹麻烦，不少研究对这种看法进行了检验。与流行看法相反的是，工作并没有使青少年远离问题行为。实际上，一些研究显示长时间的工作可能会提高青少年出现暴力倾向、学业问题、未成年犯罪和过早性行为的概率。但是，也有证据表明做兼职的青少年之所以出现问题行为是因为问题少年更愿意花更多时间在工作上。

许多研究都发现参加工作的青少年抽烟、饮酒和吸毒的比例都比不工作的青少年要高，在工作时间较长的青少年中更是如此。这既是因为饮酒和吸毒的青少年更愿意长时间地工作，也是因为长时间的工作又反过来增加青少年吸烟、吸毒和饮酒的比例。

长时间做兼职的青少年较少参加学校的课外活动，比如音乐剧等。

对于工作与吸烟、饮酒和吸毒之间的关系，人们有许多解释。过度工作对青少年在吸毒和饮酒等方面的影响主要体现在长时间的工作能使他们获得更多的可支配收入，因此他们有能力去购买香烟、酒精和其他的毒品。此外，在工作时长和收入相当的情况下，在高压力工作环境下青少年更容易染上毒品和酒精，而许多青少年的工作环境都是有很大压力的，比如快餐店等。还有种原因可能是因为长时间的工作会影响青少年与家长的关系,进而促使他们出现问题行为。不管出于何种原因,在校兼职对青少年吸毒和酗酒的影响是长期的。长时间工作的青少年到了20多岁的时候吸毒、酗酒的情况还是比很少工作或者不工作的同龄人更严重。

对贫困青少年的潜在益处 在研究青春期就业的研究人员中存在的争论焦点之一就是工作对中产阶级和贫困青少年的不同影响。一些研究人员发现,即使是从事那些收入十分低的兼职工作,也并不一定会增加来自贫困家庭、在校表现较差或者有过犯罪前科的青少年出现问题行为的概率。反而有可能对这些来自城市贫民区的青少年有特别的益处。但是在高中低年级阶段从事兼职工作会增加少数族裔青少年辍学和出现问题行为的可能性。这是为什么呢?可能是因为在青春期初期工作会使学业显得没那么重要,而在青春期后期,由于向成人角色过渡的逼近,学业显得更为重要。近期的一项关于青少年犯罪的研究发现高中的兼职只有对正常上课的学生才是有益处的。

总的来说,尽管大多数青少年都喜欢做兼职,但是除了城市贫民区的一些贫困青少年外,很少有证据表明兼职工作对青少年心理发展有显著的正面效果。此外,有证据表明每周超过20小时的工作时间所耗费的精力比带来的好处要多得多。研究发现工作与青少年发展之间的因果关系十分复杂,并会随着时间发生变化。总体上,对学业不感兴趣和问题行为较多的青少年通常会选择更长的工作时间。长时间的工作又会使青少年脱离学校并诱发行为问题。换句话说,对于经不起过度工作影响的学生来说,在校期间过度的工作对学业和心理健康的影响是最严重的。

青少年失业问题

尽管在当代美国,青少年兼职的现象十分普遍,但还是有一些想工作的青少年找不到工作。但是总体上,除了暑假以外,青少年失业的现象并不是很常见,因为平时很多学生都待在学校里。比如,2012年,16~19岁的青少年中,有86%的人在上学(包括高中和大学),剩下14%不上学的青少年中,有40%是有工作的,20%正在找全职或者兼职的工作(其余40%既没有工作也没有找工作)。总体上,16~19岁的青少年中只有很少的一部分,大约3%的人离开学校去找工作。

尽管青少年中既不上学也不工作的比例小,但是他们的问题却很大。你可能也会猜到,大部分不在学校的失业青年都没受过太多的教育。但是当你发现近年来不上大学的高中毕业生中的失业率与那些从高中辍学的学生没有差别的时候,可能会感到有些意外(2011年,不上大学的高中生中的失业率为34%,高中辍学学生的失业率为38%)。而仅仅在五年前,高中辍学学生的失业率还是不上大学的高中毕业生的2倍。

几十年来,辍学学生的高失业率一直是个大问题,但是没上大学的高中毕业生的高失业率则是近几年来才出现的现象。随着当前经济的进一步衰退,很多专家都担心这种现象很难得到改善。因为要在就业市场上获得成功,接受过大学教育正在日益成为一项必须的条件。过去,我们认为应该集中精力找到方法来帮助高中辍学学生和只有高中毕业的学生,使他们能成功地从高中顺利过渡到工作环境。但是,考虑到现在的就业市场日益变化,对就业者教育要求也越来越高,或许我们更应该考虑针对学校进行改革使所有学生都能具备成功升入大学的学业成绩。

青少年与休闲

在美国和其他西方国家，青少年醒着的时间里几乎有一半都花在休闲活动上，包括利用各种方式与朋友进行社交活动，看电视、听音乐、上网、打游戏、运动、玩乐器、从事业余爱好等，有时甚至只是无所事事。

休闲活动与其他活动的重要区别在于，青少年可以自主选择休闲活动，而他们在学校和工作的时间需要受到别人（老师、管理员等）的监管。结果，不出意外，研究显示青少年在休闲活动中的心情比在学校和工作中要好。青少年自愿参加有组织的休闲活动，如运动、业余爱好、艺术活动和俱乐部等，对他们的心理健康尤为有益。

青少年课余时间与他们的心情

想要通过传统的观察法或者问卷法来研究青少年的心情是很困难的。关于青少年情绪状态的问题尤其难以捉摸，因为个体的情绪在一天内会发生变化。假如研究人员想要了解青少年的心情是如何受不同的活动影响的，比如上学、看电视或者与家人吃晚餐等，他在实验时测得的心情无法反映一天内其他时段的心情。尽管我们能访问调查对象，让他们回忆起当天某一时段的心情，但是我们无法确保他们的回忆是否准确。

经验取样法 青春期研究中，研究人员为了克服上述以及其他的一些困难，创造性地设计了这种有趣的实验方法。运用这种经验取样法（ESM），研究人员收集到的关于青少年一天中各种感受的信息将更加详细，进而阐明青春期在各个方面的不同体验。这种方法已经被运用到了青春期研究各个方面，如详细记录青少年的心情、监控青少年的社交关系，以及用具体得多的方式来记录青少年的活动等。

最早在青少年发展研究中运用经验取样法的是心理学家里德·拉尔森和他的同事。在运用这种方法的实验中，青少年会携带诸如智能手机之类的电子设备，一旦收到信号，他们需要及时汇报他们此刻正与谁在一起、在做什么以及心情如何。汇报结果可以通过书面填写或者直接录入智能手机等设备的方式来加以记录。

在一项早期的经验取样法研究中，在智能手机还未问世的情况下，拉尔森让 500 名 9～15 岁的青少年带着寻呼机和印有报告表格的小册子进行为期一周的实验，他让他们每收到一次信号就填一张表格。表格包括了各种问题，如同伴（"你和谁在一起或者正和谁打电话？"）、位置（"你在哪里？"）、活动（"你在干什么？"）和心情（青少年用一张清单来汇报自己的感受）。每天上午 7:30 到晚上 9:30，研究人员会在每两个小时的时段内向青少年发送一次信号，一共七次。通过对青少年报告结果的研究，研究人员可以将青少年在一周内活动和同伴的变化以及随之产生的心情变化制成表格。这样，研究人员就能就诸多问题进行研究，比如年龄是如何影响青少年的活动、同伴的变化和他们心情的；青少年的活动是如何影响他们的心情的；以及他们的同伴又是如何影响他们的活动和心情的。针对青少年的同伴（包括父母、同龄人或者独处）对其心情的影响以及与同伴之间的关系是否会随年龄增长而发生改变的问题，研究结果可见图 7-6。

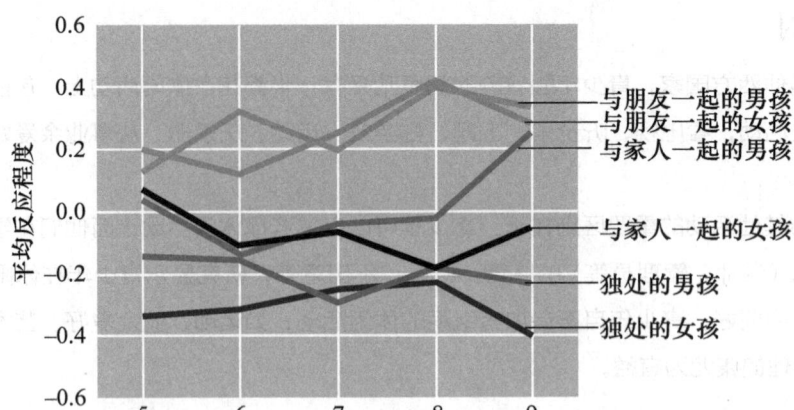

图 7-6　不同年龄段的男孩和女孩独处、与朋友相处,以及与家人相处时所汇报的平均反应程度
资料来源:Larson & Richards,1991

如图 7-6 所示,通常情况下,青少年与朋友相处时,心情处于最积极的状态,而独处时的心情最差,与家人相处时的心情介于两者之间。更有趣的是,从五年级到九年级期,青少年与朋友相处时的心情变得越来越积极,而与家人相处时的心情则出现了一种曲线型变化(一种呈"U"形或者倒"U"形的变化)。也就是说,小学到初中期间(五年级到七年级),青少年与家人相处时的心情变得越来越消极,而在初中到高中期间(八年级到九年级)则变得越来越积极。有研究表明,青春期初期青少年与父母之间的关系会出现紧张的情况,这正好与上述"U"形变化相同。

地点与同伴会极大地影响青少年的情绪。根据青少年自己的汇报,当他们在学校时,专注度较高,但是对课业的积极性和兴趣都较低。当他们与朋友相处时,积极性和情绪较高,但是专注度较低。只有在运动或者参加艺术等其他课外活动的时候,他们才表现了较高的专注度和兴趣。这种情况下,青少年会经历心理学上所谓的心流体验。当你在从事某项既有趣又享受的活动时,就会有这种感受。

在另一项经验取样法的研究中,研究人员发现青少年在从事运动或者艺术活动时,最有可能同时出现高专注度、高积极性和高参与度。当他们在从事看电视等某些无组织的休闲活动时,与在学校从事社交活动相比,他们的兴趣也较高,但是专注度要低很多。据调查,参加运动和业余爱好等有组织的课外活动是青少年最积极的休闲方式,对他们当前和未来的心理发展都有好处。

有组织的休闲活动

对世界上大部分青少年来说,学校组织的课余活动是他们主要的休闲活动。最近的几项研究表明,美国的高中生中大约有 2/3 的人会在课余时间参加一项或者多项活动,但是不同学校之间学生的参与程度各有不同。在美国,最受欢迎、普及度最高的课余活动是体育运动,大约有 1/2 的青少年会选择参加。另两项

对世界上大部分青少年来说,学校组织的课余活动是他们主要的休闲活动。

参与程度较高的课余活动分别是音乐（如乐队、合唱团、交响乐团等，青少年参加的比例在 1/5 左右）和学术及职业活动（比如科学俱乐部、语言俱乐部，以及一些针对就业的俱乐部等，参加人数大约占 1/4）。

影响青少年参加课余活动的因素有很多。总的来说，在富裕家庭的青少年和成绩突出的青少年中，课余活动比较流行。而对于一些小地方和小学校来说，课余活动不再是青少年的专利，它在大人的生活中也有很重要的地位（比如在小地方，可能整个社区的人都会在周五晚上去学校观看橄榄球或者篮球比赛）。如果青少年的父母有参加社区工作或者有志于培养孩子兴趣，那他们就更倾向于参加这些活动。总体上，课余活动的参与度是比较稳定的，从高中一开始就参加各种课余活动的青少年在整个高中阶段都会保持这种状态。

参与课余活动对青少年发展的影响 尽管早期的研究表明参加课余活动与青少年的良好发展存在某种相互联系，但是这并不足以表明参加课外活动一定能促进而不是阻碍青少年的良好发展。最新的纵向研究表明，参加课余活动有利于提高学生的在校成绩并降低他们辍学的概率，有利于减少犯罪、吸毒或者做出其他的冒险行为，同时还能促进他们的心理发育，提高他们的社会地位，这些积极的影响一直到高中毕业后都还能体现出来。对于那些邻里环境较差的青少年来说，参加有组织的社区活动能让他们远离暴力的影响。尽管有人担心过多的课余活动会分散青少年，尤其是富裕家庭青少年的注意力，并对他们的心理健康造成不利的影响，但是已经有研究表明这些影响其实并不存在。

参加体育运动等学校组织的课余活动有利于提高青少年的在校表现。

但是也存在着一些例外的情况，有研究发现尽管参加团队的体育运动能给青少年带来许多好处，比如促进心理健康、改善睡眠、提高在校成绩等，但是这些活动同时也有可能增加青少年酗酒和犯罪的概率。这种现象在"运动健将"和经常参加学校组织的体育活动的男生中尤为明显。

高中时期对课余活动的热情可能会一直延续到大学甚至工作以后，正如高一就开始忙碌的学生在整个高中阶段都会比较忙碌一样，青少年时期就比较好动的人到了成年的初期甚至中期都会比较好动。同理，在青少年时期比较热衷于运动的个体成年以后也同样会对运动保持热情。最近的一项研究发现，高中时期每周花较多时间参加有组织课余活动至少两年，为个体带来的好处最长可以持续到高中毕业八年以后，但前提是这些活动是由学校组织的。参加学校组织的课余活动之所以能有如此好处是因为它能提高学生对学校的参与度，从而提高他们的课业成绩。这种现象被称为"溢出效应"，在贫困学生和贫困地区的学校中尤为明显。

最近的一项研究发现，高中时期参加戏剧演出有助于青少年的情感发展。在准备演出的过程中，学生能学会如何更好地控制自己的感情以及如何处理愤怒、失落和压力等情绪。尽管青少年可以在许多情形下学会这些东西，但是只有在成年人的建议和指导下，这些经历才能最大限度地对青少年产生积极的影响。这也正好与一些人的观点相符，他们认为在课余活动中处理好与成年人的关系对青少年的发展尤为重要。

研究人员认为课外活动普遍都能带来正面的影响，因为这些活动能增加学生和学校教职人员间的交流，从而增强他们对学校的重视程度（比如球队教练或者辅导员会与学生讨论他们的升学计划）。同时，参加这些活动本身也能提高学生的自信。还有些教育家认为，课余活动能让学生和家长都参与到学校的活动中来，尤其对于那些成绩不理想的学生来说更是如此，这些活动才是他们每天来学校的原因。因此，那些既参加运动又参加其他活动的学生有多重上学的动机，他们在学校取得的成绩比那些只参加运动的学生要好很多。

参加课余活动之所以能带来这么多好处，另一个原因就在于这些活动能使青少年多接触身边优秀的同龄人，让他们交到许多新朋友。如果青少年能够参加围绕学校而开展的各种社交活动，增强与同龄人之间的联系，那对他们的个人发展和成就都有益处。但是并不是所有围绕学校开展的社交活动都是如此，正如上文提到的，参加某些运动项目会使青少年出现问题行为。比如，根据一项针对男性橄榄球运动员和摔跤手的研究发现，与一般的男性相比，他们更容易卷入激烈的斗殴事件中（而在参加其他运动的男性则没有这一现象）。如果个体的朋友也都是橄榄球运动员，这种现象最为显著。另一项研究也发现，参加运动会导致青少年出现一些犯罪行为。参加运动的男生更喜欢与朋友们厮混，导致他们更容易卷入一些反社会行为中（尽管并不一定都是暴力行为）。下文中我们也会讲到，青春期肆意而毫无约束地与朋友厮混会导致许多麻烦。

也有人对于青少年参加体育运动这件事提出了一些需要注意的事情。随着对抗性的增强，青少年在运动中受伤的概率急剧上升。据估计，大约有25％的青少年在运动过程中出现过受伤的情况。另外，许多社区举行的校外运动充满了紧张和压抑的气氛，这让许多青少年都感到了不适。因此，对一些人来说参加运动能给他们带来快乐，而对另一些人来说却只能带给他们压力。

无组织的休闲时间

青少年可以参加有组织的休闲活动，比如学校和社区举办的课外活动等，也可以与朋友一块漫无目的地闲逛，两种活动的明显区别在于它们对青少年的发展影响各不相同，这一点大人们也早就意识到了。参加有组织的休闲活动能对青少年产生许多积极的影响，而无组织的休闲活动却只能适得其反。

日常活动理论　社会学家韦恩·奥斯古德和他的同事认为如果青少年缺乏成年人的组织管教而过多地与同龄人在一起会导致他们出现犯罪或者其他问题行为。他们的观点被称为"日常活动理论"，该理论认为："活动越缺乏组织，个体就越容易出现问题行为，因为他会认为自己实在没别的事好干。"由于在青春期期间，同伴压力不断增大，青少年更容易受到同龄人的影响，同时阻止青少年出现问题行为的一大震慑就是成年人，因此，如果青少年的活动缺乏成年人的监管，都是一帮同龄人聚在一起，他们就更容易出现各种问题行为：抑郁、犯罪、吸毒、酗酒、暴力以及过早性行为等。

即使是有些听起来十分积极向上的活动，比如参加社区的娱乐活动等，在缺乏成年人组织和监督的情况下也会增加青少年出现问题行为的概率。在没有成年人监管的情况下，青少年在夜间和朋友出去玩会大大增加他们出现问题行为的概率，有研究发现每周有五天及以上的晚上在外面玩的青少年卷入反社会活动的比例是那些两周出去不到一次的同龄人的 4 倍以上。正如一组研究人员写道："不管你喜不喜欢父亲，趁他不在的时候抽点大麻总是更容易些。"

课后时间 2006 年，6 ~ 17 岁孩子的母亲中有将近 75% 都是有工作的。因此导致青少年在学校下午下课到父母下班回家的这段时间出现了没人组织和监管的情况。他们中有些人会去参加学校或者社区组织的课外活动，这些活动都有成年人的监督，而有些人则会在这段时间避开大人的监督，自己待在家里，或者与朋友出去玩，或者到周边的商场里逛逛。家境富裕、住在城郊的孩子和白人孩子在没人监督的情况下更喜欢待在家里，而家境贫困、少数族裔、住在城区的孩子和农村的孩子则相反。

针对青少年在课后自己安排时间的情况究竟是有利于提高他们的自理能力还是更容易使他们出现问题行为的问题，心理学家进行了激烈的讨论。针对前者，大部分研究都发现从心理发育、在校成绩和自我意识等方面来说，这些孩子的自理能力并没有比同龄人强。这一研究结果正好与一些人的观点相悖，他们认为自主安排课余时间有利于青少年的自立和责任感，这让人不禁想起关于青少年兼职的那些研究结果。

更重要的是，有研究表明与课后有成年人监督的同龄人相比，自主安排自由时间的青少年更加孤僻、情绪更低，更容易出现问题行为，也更容易较早出现性行为、吸毒、酗酒等问题行为。所有这些研究共同表明，自主安排时间对于青少年来说有点得不偿失。如图 7-7 所示，青少年在工作日的下午出现犯罪行为的比例比在其他时间要高。

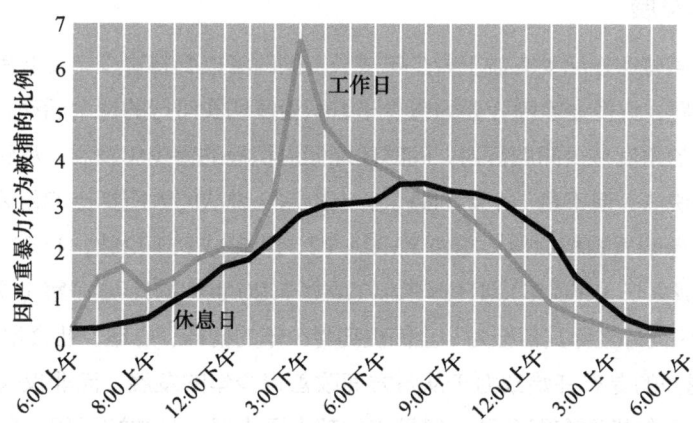

图 7-7 工作日下午出现被捕的比例比其他时间更高，可能是因为这段时间内青少年受到的监督最少
资料来源：Osgood et al., 2005

针对无人照看的青少年的研究有一点局限性，那就是他们把所有无人照看的青少年都归集到了一起，忽略了他们个体之间和不同活动之间的差异。有研究就表明活动的环境会对结果造成影响：放学后直接回家的青少年卷入问题行为的概率比去朋友家或者出去玩的同龄人要低得多。另外，父母较为专制以及父母喜欢通过电话等手段进行远程监控的青少年出现问题行为的概率并不比父母不在家陪伴的青少年要低。上文中我们曾提到，在各项针对青少年如何打发自由时间的研究中，最一致的结果就是在缺乏成年人监督的情况下，与同龄人在一起更容易导致青少年出现问题行为。

在某些环境下，课后在缺少监督的情况下与朋友在一起比其他环境下更容易出现问题行为。一项研究表明，如果增加青少年吸毒和酗酒概率的并不单单是缺乏监督，只有在缺乏监督且同伴喜欢吸毒和酗酒的情况下，由于受到同伴压力的作用，青少年出现这些行为的概率才会急剧增加。另一项研究表明，在集体效能（第3章中曾提到）较低的地区，如果父母不在，社区的其他成年人不会代行父母的职责，因此监管缺失造成的影响格外恶劣。在另一项实验中，研究人员对七年级的学生出现问题行为的比例进行了研究，他们归结了三个可能导致学生问题行为的变量：第一，课后是否有人监管；第二，父母是否会监督他们的动态；第三，他们居住的区域治安是否良好。在所有的实验组别中，父母的监管是预防问题行为的主要震慑力。不出意外，一年后，经常在没有监管的情况下与同龄人混在一起的青少年出现问题行为的可能性比其他人要大得多。在治安较差的地区，在和同龄人一起活动时缺少父母监督和管教对青少年造成的负面影响格外明显。在治安较好的地区，即使和同龄人一起活动时没有父母的监督，青少年出现问题行为的概率也没有那么高。这项研究提醒我们，要透彻地了解父母、同龄人及其他因素对青少年的影响，必须充分考虑他们身处的环境。青少年本身对无人看管的负面效应反应也各不相同，本身已经出现过问题行为的青少年在无人看管的情况下"犯事"的概率比同龄人要高得多。

所有这些研究都表明，课后无人看管的状态对青少年没有多大益处，在某些条件下，如果父母平时没有教育孩子的行为，那他们很有可能会出一些行为问题。如果父母实在没有精力在课后管好自己的孩子，那他们应该怎么办呢？专家建议这些父母要告诉自己的孩子下课后去哪里、去干什么，并且让孩子到家后及时向大人汇报。同时，父母还应该教会孩子如何处理可能遇到的紧急情况。

促进积极的青少年发展

由于有证据证明某些课外活动有益于青少年成长，同时考虑到将青少年在课后置于无人看管的状态可能会引发许多问题，许多专家呼吁要为青少年组织更多切实可行的课余活动。他们认为正确的活动不仅能通过成年人的角度减少问题行为，同时还能促进积极的青少年发展。尽管所谓的"积极的青少年发展"是一个新说法，但不是一个新的概念。支持这一说法的人所提出的目标与许多百余年前的青少年组织的目标有着明显的相似性，比如YMCA（1844年成立于伦敦，1851年迁至美国）、全美男女生俱乐部（最早成立于1860年）、4H俱乐部（成立于20世纪初）、童子军（成立于1910年）等。1866年，YMCA组织向外宣称其目标为"全面提高青少年的精神、心理、社会和体格发展"。

近年来，越来越多的专家开始致力于从各方面改善青少年的发展，而非仅仅是防止他们卷入麻烦。积极的青少年发展的模型有很多种，但是它们都大同小异，其中被运用最多的是心理学家理查德·勒纳的模型。勒纳的模型提出了5C的观点，即能力（Competence）、信心（Confidence）、交际（Connection）、人格（Character）和关心（Caring/Compassion）（见表7-1）。这些方面正是社区青少年组织活动的目的所在，如社区服务、志愿者活动、成年辅导和技能培训等活动，都旨在提高青少年上述五项中的某项或多项能力。

表 7-1 积极的青少年发展 "5C" 标准

能力	对个体在特定领域的积极看法，包括社交、学习、认知、职业等各方面。社交能力是指在大家关系方面（比如解决矛盾等）。认知能力指的是个体做出决策等认知行为的能力。在校成绩、出勤率则属于学习能力。职业能力包括工作习惯和职业选择等

（续）

信心	个体内在对自我价值和自我效能的积极看法，是个体对自己的宏观看法，与特定领域相对
交际	个体与其存在相互交流的人或机构，如同龄人、家人、学校、社区等，存在着良好的关系，双方关系和谐
人格	尊重社会和文化法则，有正确的是非观念，为人正直
关心	同情和关心他人

资料来源：R. Lerner et al., 2005

怎样才能促进积极的青少年发展活动获得成功呢？最近的一项评估发现，成功的关键因素是将参与者融入所需角色，激励他们从严要求自己，要求他们为自己的行为承担责任，同时帮助他们明白自己不履行义务会造成的后果。正如一名参加活动的女孩所说的那样：

> "你必须要独立。贝克先生和简森先生（活动的策划者）会鞭策你、鼓励你，但他们不会帮你做事，一点都不会。"

这些要求使得青少年明白自己的行为对团队成员都非常重要。然而在一些失败的活动中，活动的领导者"对参与者的要求比较低而且经常'越俎代庖'。有时候，如果队员没有完成任务或者完成的情况比较糟糕，领导者甚至会自己揽下责任。"也就是说，要求青少年为自己的行为负责有利于培养他们的责任感和能力。在有些家庭，这样做能帮青少年在父母心目中树立起自立的形象，从而提高青少年的自主性，进一步促进青少年的独立。

青少年、媒体与互联网

利用媒体的方式

2009年，洛杉矶一所高中的老师要求班里的学生隔绝一切电子媒体生活一周。这是其中一名学生的报告，她的情况在同学之间十分普遍：

> 对我来说，离开媒体的这七天里最难受的是没有家里那台46英寸的大电视，以及所有的电视节目。以前，我几乎每天都看电视，只要电视一开我就忍不住要看。本来我以为隔绝媒体的生活只是一开始会比较难熬，但是没想到随着时间的推移，日子变得越来越难熬了。第一天是最难受的，我身边一片寂静，好像与世隔绝了一样。以前我脑子里经常会闪过自己的一些念头，我喜欢在心里默默地听自己讲话。但是现在这个时候，自己心里的声音会让我觉得很烦躁，我根本听不进去。

正如这位小姑娘所描述的那样，大众媒体如今已成为青少年生活中不可缺少的一部分，保持

"在线"已经成了一种瘾。实验中另一名学生这样写道:"生活在没有媒体的环境中比我想象的要困难得多。一开始我以为这是小菜一碟,并没想到会这样苦不堪言。我总是在想要不要放弃,最后只能自言自语度日。"许多学生都在报告中写道:为了打发时间,自己睡觉的时间比平时多了很多,平时他们都会用媒体来使自己从消极的情绪中转移注意力。一周结束后,大部分学生都觉得这个实验很有意思,让他们明白自己平时过于依赖媒体了。但是他们都还是迫不及待地奔向了自己的手机、电脑、iPad和电视。

过去大部分针对媒体对青少年影响的研究都将注意力集中在电视、电影和唱片上,直到最近十年,情况开始有所改变。在过去的20年里,青少年对新媒体的运用呈现出爆炸式的增长,其中部分原因是电子媒体设备的快速普及。如今青少年如果想要听音乐、看视频,他们不仅可以通过常用的设备(MP3、电视),还可以在电脑上做到这些,还有越来越多的人开始使用智能手机。还有部分原因则是因为如今的媒体资源实在是太丰富了。一些研究人员对新媒体抱有一种先入为主的观念,认为它们会带来负面的影响,他们对于新媒体的研究也正是在这些观念的基础上进行的,就如同之前对老媒体的研究一样。比如,摇滚乐是否会诱导人们吸毒、看电视是否会使"大脑生锈"、电子游戏是否会催生暴力等。让我来读一下下面这段话,选自美国参议院委员会在一场关于青少年犯罪问题的听证会上的报告,这场听证会是1955年举行的,当时讨论的话题是漫画书对青少年犯罪的影响:

关于青少年运用媒体的研究必须考虑到如今的青少年都同时在运用好几种大众媒体。

> 当今孩子们的成长环境是过去几代人想都不曾想到过的,他们的所见所闻都与过去大不相同。这些见闻既有可能成为宣扬正义的有力手段,也有可能成为催生罪恶的幕后黑手。这些信息数量庞大,因此我们在为成形期的青少年塑造良好的成长环境时必须妥善处理好这些信息。

如今对新媒体与青少年发展关系的研究也出现了类似的问题。诸如在网上接触关于性的内容是否会诱发性行为,频繁地使用社交网络是否会让青少年遇到坏人,网上游戏是否增加青少年的暴力倾向,电子交流的手段是否会阻碍青少年获取社交技能,以及是否真的有部分青少年沉溺于网络等,都是研究人员经常会提出的问题。我们会针对这些问题以及其他一些问题进行探究,但是在此之前,我们先看看媒体在当今青少年人群中的普及程度。

媒体饱和 不论从哪个方面来看,媒体在青少年中的使用都十分庞大,当今青少年生活在一个不单单是"媒体丰富",而是"媒体饱和"的世界。美国每一户家庭都至少有一台电视机(其中有一半可以收看美国家庭影院这样的付费频道),40%的青少年家里有车载电视。今天,几乎所有的美国家庭，不论收入如何，都能用电脑来上网。2009年，全美接近85%的青少年都能在家里上网，有超过1/3的人在自己的卧室里就能上网。2/3以上的青少年拥有自己的手机，他们在电话里和他人交流的时间比在其他活动里要少。2011年，每名青少年平均一天要发100条短信息，其中有接近1/5的人每天要发送200条以上（见图7-8）。尽管数字鸿沟（即不同的群体接触互联网的机会不同）仍然存在，但是随着互联网的迅速普及和智能手机的日趋流行，这一差距已经缩小了很多。

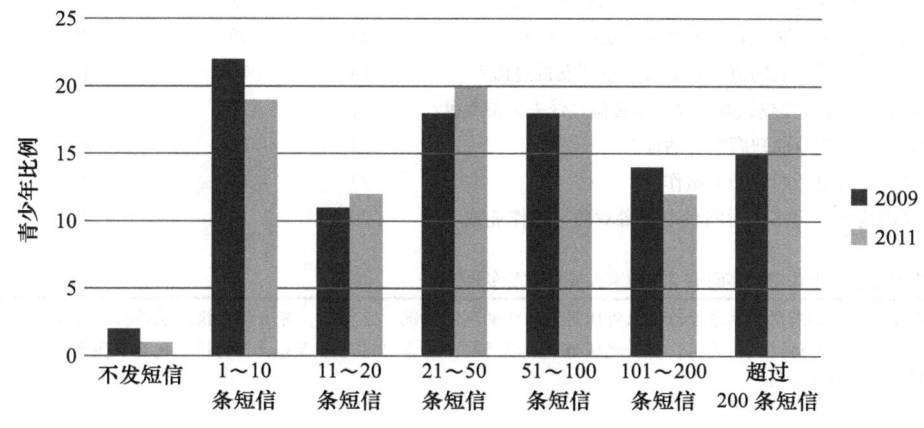

图7-8 平均每名青少年每天要发100条以上的短信

资料来源：Lenhart, 2012

青少年的媒体接受总量，即他们每天使用某一种大众媒体的总时间十分高，与10年前相比已经发生了质的变化。每名青少年平均每天使用一种或多种媒体的时间达到了接近8小时，这其中包括了他们同时使用多种媒体的时间（也就是说，如果在一个小时的时间里同时看电视、上网和聊电话虽然只被记录成1个小时，实际上应该算3个小时）。尽管青少年看电视节目的时间有所下降，但是由于通过其他设备来观看节目录像的普及增加了青少年观看视频的总体时间。如果考虑到青少年同时接触多种媒体的情况，那他们每天实际接触媒体的时间则达到了11小时。年纪较小的青少年、黑人和西班牙裔的青少年使用媒体的时间是最多的。过去的10年里唯一一种使用率没有增长的媒体是纸质媒体。2009年，青少年平均每天用在阅读纸质书籍上的时间只有20分钟。

过去10年里，青少年花在互联网上的时间大幅增加，一方面是因为智能手机的普及，另一方面是因为许多过去用其他方式进行传输的内容如今都是用互联网进行传输的（比如在Hulu上观看电视节目，在网上玩电子游戏而不是用Xbox、PlayStation等游戏设备）。有研究表明，将近10%的青少年和大龄儿童由于过度沉溺于电子游戏而成瘾（见表7-2）。在一项关于注意力和自制力的实验中，认为自己有游戏成瘾问题的青少年人数与沉溺于其他事物的人数相当。网上游戏与个体难以克制的上网冲动有很大的关系。考虑到许多网上游戏都包含暴力的内容，许多个体都说自己有时会做出暴力行为也就不足为奇了。但也有很多研究显示很难确定这两者之间的因果关系（比如，有暴力倾向的青少年就更喜欢玩暴力游戏）。很多父母都对自己的孩子该看些什么、听些什么有规定，但是等孩子到了青春期，这些规定就开始变得不那么适用了。

表 7-2 游戏成瘾的表现

症　　状	样本总计		"是"细分	
	是	有时	男孩	女孩
你是否长时间一直想玩电子游戏、学习游戏攻略或者计划下次去玩电子游戏的时间?	21%	19%	29%	11%[b]
为了体验相同程度的刺激，你是否需要在电子游戏上花费更多的时间或者金钱?	8	9	12	3[b]
你是否尝试过要少玩电子游戏，最终却失败了?	2	22	2	3
在尝试不玩电子游戏的过程中你是否会感到焦躁不安?	2	6	2	1
你是否曾经为了逃避问题或者坏情绪而去玩电子游戏?	25	20	29	19[b]
你是否就自己玩电子游戏的情况对父母或者朋友说过谎?	14	10	17	10[a]
你是否从店里或朋友那里偷过游戏盘，或者偷过钱去买游戏盘?	2	2	3	1[b]
你是否因为玩电子游戏而缺席家庭活动?	33	21	40	24[b]
你是否曾经为了玩电子游戏而不做作业?	23	19	29	15[b]
你是否曾经因为花了过多的时间玩电子游戏而导致作业或者考试成绩很差?	20	12	26	11[b]
你是因为在游戏装备上花费太多而不得不向家人或者朋友多要钱?	9		13	4[b]

注：每项症状中，都采用了卡方检验法来对比男女之间的不同情况。总体上，男女的汇报结果存在显著差异（$p<.001$，男孩 M=2.8，女孩 M=1.3），同时，男女之间游戏成瘾（11 项症状中占 6 项及以上）的情况也存在显著差异（$p<.001$，男孩 12%，女孩 3%）。

媒体影响和使用的理论

考虑到青少年在大众媒体上花了大量的时间，人们在媒体对青少年行为的影响这一问题上展开激烈的讨论也就不足为奇。但是研究媒体使用与青少年行为关系的最大问题在于很难厘清两者之间的因果关系，选择何种媒体和使用媒体的时间都是青少年自己的选择。第 6 章中，我们曾提到过这也是研究同龄人与青少年行为关系的问题所在，因为身边的朋友都是青少年自己选的。尽管人们推测暴力的电影画面会催生暴力行为，但是我们也需要注意到有暴力倾向的青少年也更喜欢看这些电影画面。同理，性行为确实与带有性内容的音乐和电视节目有关，但是我们也很难说究竟谁是因谁是果。尽管很多有分量的研究发现大量使用媒体的青少年更容易陷入麻烦（出现无聊、压抑情绪，在家里或者学校里遇到麻烦等），但是也很难说到底是大量使用媒体造成了这些问题，还是有这些问题的青少年更喜欢用听歌、上网等方式来转移自己的注意力和发泄自己的负面情绪。当然，也有可能是两者兼而有之。当然，我们也要注意到并不是所有媒体都和负面影响有关系。有些青少年通过互联网来追踪新闻，同时大众媒体在宣传性安全，劝诫青少年远离吸烟、吸毒方面做得也很成功。

关于媒体对青少年发展的影响的问题，有三种不同的观念流派。第一种观念认为青少年接触的内容会影响他们的发展，因为这些内容会影响他们的世界观、价值观和人生观，进而影响他们的行为。很多人都认为，暴力游戏会催生青少年的暴力行为，含有性内容的电影会刺激青少年的性冲动，互联网上的色情内容会影响青少年的性观念，说唱音乐会鼓励青少年卷入暴力和犯罪，"超级碗"[○]比赛间隙的啤酒广告让青少年喝啤酒等，这些说法你可能都已经听了不下一千遍了。这种观念被称为"涵化理论"，认为媒体决定了青少年对世界的兴趣、动机和信念。

○ 全美橄榄球联盟决赛。——译者注

第二种观念被称为"使用和满意度法",强调媒体的使用是青少年自主的选择。根据这种观点,青少年接触的媒体和他们做事、思考方式之间的联系与媒体本身无关,青少年选择的媒体与他们自己兴趣有关。根据这种观点,青少年对媒体的选择有某种目的,可能是为了娱乐、获取信息、彼此保持联系、寻找自我认知等。因此,有暴力倾向的青少年更喜欢购买暴力游戏,因为他们更享受暴力;对性感兴趣的青少年更喜欢上网找色情片,因为他们想寻找性冲动;喜欢喝啤酒的青少年更喜欢看橄榄球和比赛间隙的啤酒广告。根据这种观点,青少年自身的兴趣和动机决定了他们对媒体的选择。

根据第三种观点,青少年的偏好和他们接触的媒体是相互作用的,而且青少年不仅选择他们使用的媒体,还会根据他们的理解来解读媒体对他们的影响。这种关系被称为"媒体实践模型"。想象一下,如果有两名青少年同时不小心点开了色情网站,其中一名对性很感兴趣的青少年自然会乐在其中,而另一名对性不是很感兴趣的青少年看到同样的东西却不会有太大的感觉。色情片不仅没有让第二名青少年兴奋起来,反而让他在日后对性也失去了兴趣。同样两名13岁的青少年在看到啤酒广告时也会有不同反应,其中一名会想:"以后我长大了也要玩得像他们一样疯。"而另一名则会想:"这群人看上去真是太傻了,原来啤酒会让人变笨。"两名同样在浏览电视频道的青少年,其中一名喜欢说唱音乐的看到李尔·韦恩(美国知名说唱歌手)的画面就会立刻停下来,而另一名喜欢乡村音乐的则根本不会。根据这种观点,媒体影响青少年的方式依赖于青少年自身的经历和理解。

我们在判断青少年和媒体之间的关系时,需要区分相关(两事物之间存在关系)、因果关系(一事物会导致另一事物的发生)、反向因果关系(两事物之间的关系不是前者导致后者,而是后者导致前者)、虚假因果关系(两事物都与某个第三方因素存在关系)之间的区别,因此,要确定接触媒体会影响青少年的发展几乎是不可能的(见图7-9)。

要准确地揭示媒体的影响,唯一的途径是将实验对象随机地置于某种媒体环境中并观察媒体对其的影响。这种实验非常少见,因为要做得好实在太困难了。即使是坚信媒体影响力的人也承认单单的一则广告、一首歌、一部电影、一个网站不太可能会改变一个人的行为。但是如果一种媒体的影响是积累递增的,那么常年下来可能会造成一种明显的影响,但是这种影响很难通过一项简单的实验体现出来。所有这些要求我们在看待某种媒体的存在或者缺失对青少年发展的影响时需要多加思考。

接触有争议的媒体内容对青少年的影响

尽管上述这些"鸡和蛋"的问题让人很难理清楚,但是还是有足够的证据证明媒体的使用会对青少年的发展造成影响。尽管这些证据并不一定十分直接,但是也足以使业内的专家达成一定

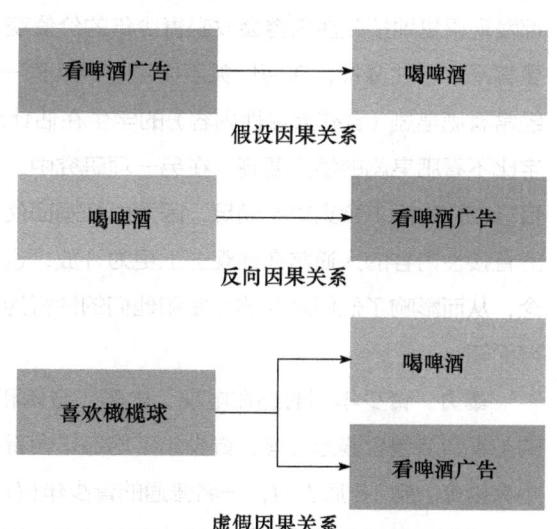

图7-9 两事物相关的形式可以是因为前者导致后者(假设因果关系),或者第三种因素能导致两者发生(虚假因果关系)。要研究媒体对青少年的影响很难将三者区分开来

的共识。大部分相关的研究都集中在电视对青少年的影响上（这也造成我们对其他媒体的影响知之甚少），研究的内容也主要集中在成年人最为关心的三大问题上：性、暴力和毒品。

性　电视上的性内容十分普遍，在受青少年欢迎的所有电视节目中有超过70%的节目包含性内容，平均每小时会出现七个性场面。几乎所有类型的电视节目里都有性内容，所以不管青少年是喜欢喜剧、动作片还是戏剧，他们都会接触到性内容。实际上，自2000年以来，受青少年喜爱的电视节目中的性内容已经有所减少了。这可能是因为"美国偶像"之类的真人秀节目取代了包含更多性内容的节目，成为青少年最喜爱看的节目。电视节目通常都会把性描述成一种潇洒愉悦的体验。大部分黄金时段的电视节目里都不会含有直接的性场面，而是一些幽默的、暗示性的内容。但是在许多白天的节目里，都会包含一些性场面，比如热吻、爱抚等。另外，性内容在一些MV里面也十分常见。

这些性内容通常会传递一些信息，比如女人是男人的性猎物，性是判断男子气概的标准，性是比赛，是有趣而刺激的等。上述信息中的第一条是青少年最容易相信的。在大部分的音乐MV里也传达了类似的心思，MV里的男性通常是强势而占支配地位的，而女性则是男性在性上的附属品。目前青少年对于性可能对身体造成伤害（比如怀孕、性病等）的认识相对较少，尽管媒体工作者在描绘性时做到了更负责任，这些信息已经比以前普及了很多，但是许多性教育者仍然感到十分担心。在新媒体上也有许多的性内容，而且形式比媒体上更为直接。有研究发现半数的青少年都在网上看过色情片。

接触媒体上的性内容是否会影响，又是如何影响青少年发展的？这一问题引起了很大的争议。有研究认为，接触电视上和网上的性内容会加速青少年的性行为，使他们较早地出现性行为，也有研究认为对性感兴趣的青少年会更多地去观看性内容，而他们本身并没有受这些内容的影响，还有研究则找到了同时支持上述两个说法的证据。

尽管关于接触媒体上的性内容究竟会不会改变青少年性行为的问题还存在着争议，但是许多研究都发现重复地接触性内容会改变青少年的价值观、信仰和喜好。比如，音乐MV看得比较多的青少年更容易容忍性骚扰，在两性关系中更容易认同一方至上。无独有偶，另一项研究发现，在大学生中，经常看肥皂剧（含有大量性内容）的学生在估计现实生活中出轨、未婚先育、离婚等事件时给出的数字比不看肥皂剧的学生要高。在另一项研究中，认为电视里的角色拥有令人满意性生活的青少年通常自己在性生活上会觉得不满足，因为电视画面使他们对性产生了过高的期待。还有研究发现接触网上的直接性内容的人通常在性观念上更为开放，也更容易容忍性骚扰。接触性内容改变了青少年的性观念，从而影响了他们对性的态度和他们的性行为？或者这只是引起了青少年的性冲动？我们目前还不得而知。

暴力　青少年同时还在电视、电影、音乐和游戏等媒体上接触到了许多暴力画面。有超过60%的电视节目包含暴力内容，青少年平均每年会看到大约1万个暴力场景，电视上超过1/5的暴力事件中有枪支。到18周岁时，一名普通的青少年仅在电视上就已经看过大约20万个暴力镜头了。

我们无法准确地统计热门游戏和其他视觉媒体中出现的暴力场景数目，但是还是有很多人担心暴力的电子游戏对青少年的行为和价值观所产生的影响。有研究发现，长时间玩暴力游戏的青少年与同龄人出现打架、争吵的情况更多。但是我们无法得知究竟是游戏让他们变得更冲动还是有暴力倾向的人更喜欢玩这种游戏。另外，青少年受游戏的影响会因为玩伴的不同产生变化，研究发现，如果与父母一块玩暴力游戏，青少年的暴力倾向会出现下降。

关于电子游戏对青少年行为影响的实验都无法得到一个准确的结论，有些实验找到了一些影响而有些实验则没有。尽管有控制实验表明接触暴力歌词的歌曲会增加个体的暴力思想，但是专家们怀疑暴力游戏和暴力歌曲是否真的会导致青少年卷入校园枪击事件等严重暴力事件中。有人注意到，暴力游戏的游戏盘卖出了上百万张，如果玩游戏真的能引起暴力行为，我们身边的暴力事件应该早就层出不穷了，但是青少年暴力的高峰时期是在20世纪90年代，当时暴力游戏都还没开始流行。确实有细心的研究发现，2010年美国的一家游戏公司状告当地的州法院禁止该公司在该州发售其游戏的做法是违宪行为。高院邀请一批优秀的社会学家做了一个仔细的研究，在专家组向法院提交的报告中，他们指出暴力游戏并不会真的增加青少年的暴力倾向。该报告同时指出，尚不确定在游戏盘标上暴力标签来警告青少年及其父母的方法是否能有效地减少青少年的暴力倾向，因为有研究发现，这些标签反而会让青少年觉得更加刺激。

没有确切研究证实接触暴力的电子游戏会增加青少年的暴力倾向。

与电子游戏相反的是，许多研究都发现大量接触电视上的暴力画面会滋生儿童及青少年的暴力行为，尤其是那些有过暴力前科的儿童及青少年（见图7-10）。然而，值得注意的是，其他的一些因素，如家庭及社区的暴力经历等，对青少年暴力行为的影响比媒体要大得多。但是现在人们普遍都认为在儿童时期过多地接触暴力与青少年时期以及成年后的许多暴力问题都有关系，如更容易对他人施加暴力、更加容忍暴力行为、更容易漠视他人遭受的暴力等，尽管这其中有些问题可能是与有暴力倾向的人更喜欢看暴力节目有关。比如，尽管有研究在大脑解剖实验中发现经常接触电视、电影中暴力画面的青少年的大脑与不经常接触这些画面的青少年大脑存在一些不足之处，但是我们无法确定究竟是暴力画面的刺激改变了他们的大脑结构还是大脑具有这些结构的青少年更热衷于暴力的刺激。

毒品 许多研究发现，酒精和烟草普遍存在于青少年日常接触的大众媒体中。有接近3/4的黄金时段节目、几乎所有的热门电影以及一半的音乐MV中都会出现酒精、烟草和违禁药品。青少年在电视上看到的广告中有接近10%是关于酒类饮料的，青少年每观

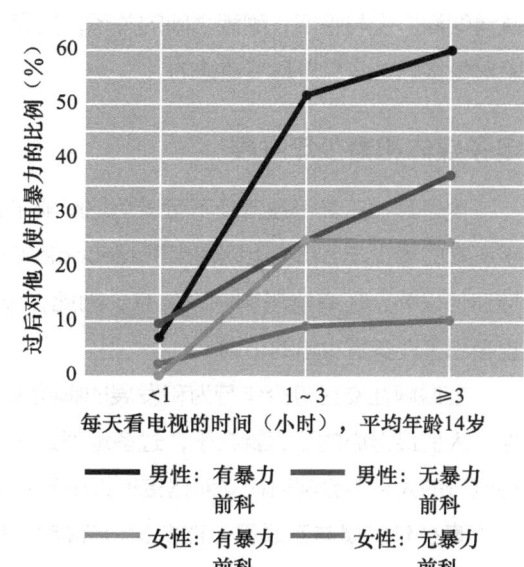

图7-10 青春期接触电视中的暴力画面与成年初期的暴力倾向有关，尤其是对于有暴力前科的人来说

资料来源：Johnson et al., 2002

看一个政府部门关于戒酒的通告时会看到 25 ~ 50 个酒类饮品的广告。电影也是青少年接触酒精和烟草的渠道，电影中经常会出现人物喝酒、抽烟的画面，尤其是青少年喜欢的演员在戏中抽烟，他们也会学着去抽。奇怪的是，受电影中吸烟画面影响最大的是那些原本不大可能吸烟的青少年，这与一些人的观点刚好相反，他们认为有吸烟欲望的青少年更喜欢看电影中的吸烟场面，而不是吸烟的场面会导致青少年去吸烟。鉴于这项发现，电影的发行商现在都会在含有吸烟场景的电影光盘上贴上戒烟的广告。

关于青少年接触酒类广告和禁烟广告的研究发现，二者对青少年的影响都十分显著。但是对旨在减少青少年吸烟、酗酒、吸毒的各项媒体进行评估后，专家发现某些手段的影响效果可能比另一些要好。比如，一些揭露烟草行业可疑动机的活动（如美国的"真相"活动等）取得了良好的效果，而重复的播放禁毒运动的广告却使青少年认为毒品其实在生活中非常普遍，导致其中一些人对毒品跃跃欲试。

我们无法确定改变青少年接触到的关于饮酒和吸烟的信息会不会真的改变他们的行为。青少年本身并不是白纸一张，他们已经形成了一些自己的价值观和信念，并会选择自己想要看的电视、听的音乐。这些事先形成的价值观和信念会影响他们获取和记忆信息。尽管报告称自己看过烟酒广告的青少年的确更喜欢吸烟喝酒，但是这种关系可能只是因为使用和享受某样东西的人通常更容易注意到这样东西的描述，因此他们也更容易报告说自己看到了烟酒类的广告或电影场景。比如，如果你想买辆车，你就会更容易注意到汽车广告。为了解决这一问题，一些研究将研究对象设定为烟酒类广告更为普遍地区的青少年，并观察他们出现吸烟和酗酒的概率是否更高（实验结果确实更高）。但是我们也很难判断两者之间的因果关系，因为烟酒商通常会在有更多人购买烟酒的地方才会投入更多的广告。要厘清烟酒广告与吸烟、酗酒之间的关系，还有一大问题就是，为了厘清两者之间的关系而人为地让实验对象接触这些广告是不道德的。

电子媒体和青少年发展

电子通信工具日益普及不可避免地影响了青少年的社交方式。据最近估计，80％的少年儿童（几乎所有的青少年）都会上网使用 Facebook 等社交网络。大众普遍认为青少年使用媒体的目的除了保持通信以外，还有娱乐和获取信息，因此，像 YouTube（娱乐）和 Google（获取信息）这样的网站也吸引了许多青少年的访问。

互联网社交对青少年行为和发展的影响十分有意思，人们对它还缺乏了解，因此具有很大的争议性。人们最担心的话题就在于，过多地通过电子手段进行交流是否会影响青少年的发展，以及有些居心叵测的人是否会利用社交网络接近青少年并对他们进行伤害。

青少年发展与互联网　许多父母都担心孩子花太多时间上网会对他们社交能力的发展产生负面的影响。有人担心电子交流已经取代了面对面的交流，从而使人们的社交能力出现退化。还有人则担心，青少年会在网上和一些陌生人成为所谓的朋友，但是却减少了与"真正的"朋友相处的时间。当然还有人担心上网时间的大量增加对青少年来说是不健康的，因为这会挤占他们参加其他一些更有意义的活动时间。

互联网在青少年中的广泛普及是否真的影响了他们的发展和心理健康呢？研究发现，这一问题的答案十分复杂，但是不管是正面的还是负面的，互联网对青少年的影响都没有人们所宣称的那么大。

我们确信，由于上网挤占了青少年参加运动的时间，互联网的确对青少年的身体健康造成了一定的负面影响。而且看电视、玩游戏也会影响青少年参加运动的时间。美国一名普通的 15 岁青少年平均每天要花 8 个小时坐在屏幕前，适当参加运动的时间则只有不到 1 小时。健康专家担心青少年长时间久坐上网会引起肥胖、高血压等症状。大部分专家都认为，美国的青少年之所以肥胖现象严重部分原因就是长时间地坐在电视机和电脑屏幕前。2009 年，据估计美国青少年在屏幕前的时间接近每周 60 个小时，而且这一数字还在持续上升。在中国的青少年中也同样出现了这一问题。我们需要注意到，上网挤占了青少年体育运动的时间，但是却很少挤占他们看电视的时间。

研究人员同时还提出青少年能否通过互联网来获取对自己身心有益的信息。如果青少年能利用互联网来准确地获取信息，那互联网就能成为一种积极的因素。这在发展中国家对青少年进行健康教育（例如安全性行为）是尤为有效的，因为在这些国家，能通过课堂来获取这些信息的青少年并不是很多。但是互联网作为教育工具的最终价值还要取决于它所传递信息的质量和内容，最近两项关于饮食不规律的调查正好反映了这一情况。一项研究发现，互联网的干预能有效地减少暴饮暴食的情况，而另一项研究却发现许多青少年之所以饮食不规律就是因为听信了一些网站上提供的错误信息。同样的，一些关心自残行为的网络论坛能为有自残冲动的青少年提供一些相关的信息，而另一些网站却会指导他们各种自残的方法。一项有关青少年种族交流的研究发现，互联网上既有带有敌意的种族主义观点也有关于种族包容的理性讨论。另一项研究发现，有青少年通过社交网络来处理同伴去世的消息。显然，不考虑青少年获取信息的内容就断定互联网作用的好坏是不合适的。

互联网上的交流，就像面对面交流和电话交流一样，也能同时带来正面和负面的影响。有 2/3 的青少年表示，互联网上的交流使他们自我感觉更为良好，而有接近 60% 的青少年认为互联网拉近了自己与他人之间的关系。另一方面，有 25% 的青少年表示，网络发生的事导致他们与人发生了当面的争执，还有接近 25% 的人表示，因为网上的事而失去了某位朋友，但是 85% 的人都表示自己劝阻过别人不要在网上发布过激的言论。

尽管很多大人都担心青少年在网上交的朋友会取代他们在现实中的朋友，但这种担忧似乎并无多大的根据。青少年使用社交网络无非是想找到一个有效的途径来与朋友保持联系。如今在社交网络上活跃的青少年和在社交网络出现前的青少年是一样的。实际上，大部分青少年的网友在现实生活中也是他们的朋友，即使是那些既有网友又有现实生活中朋友的青少年，也会在两者之间找到平衡。但是对有些人来说，事情就变得无法控制了，他们患上了所谓的"网瘾"。网瘾有六种症状：突出性（上网

尽管很多大人都担心电子通信工具的日益普及会对青少年的社交发展造成不利影响，但事实似乎并非如此。

是生活的中心)、情绪变化(情绪随着互联网上不同的体验而发生改变)、耐受性(需要越来越多的上网时间才能满足)、难以戒除(一不上网就会产生负面情绪)、冲突(互联网造成了人际关系或者其他方面的问题)以及反复性(在网瘾得到控制以后又重新沉溺于网络)。有部分青少年对社交网络过于沉迷,甚至患上了所谓的"Facebook忧郁症",这种病症的原因就是长时间沉浸在社交网络中。频繁地与并不亲密的普通朋友在社交网络上互发信息,会让青少年沉迷进去,一旦没有收到对方的信息,就会让他们觉得很失落。当然,我们也无法确定究竟是这些青少年本身就容易情绪失落,还是他们在现实生活中没有太多朋友所以格外在意网上的这些朋友。同时,有证据证明沉溺于网络的人更容易动怒,更难做出妥协,同时情绪上也更不稳定。

有研究表明,网上交流拉近朋友间的距离。这可能是因为:一方面,网上交流更能将自己展现给他人;另一方面,对于有社交恐惧的青少年来说,通过网上交流能使他们感觉自在很多。但是,这些研究同样也发现在网上的其他活动花费太多时间会影响他们与好朋友之间的关系,这可能是因为上网占据了他们与朋友交流的时间。青少年与朋友之间的关系与朋友的来源也有关系,如果他们是通过学校或社区认识的,那么网上的交流会使他们变得更亲密,而仅仅是通过网络认识的朋友之间则没有这种效果。这样看来,互联网似乎能增进青少年与已有的朋友之间的关系(从这点上来说,使用互联网来保持联络与通过见面或者电话保持联络之间的差别并不是那么明显),但是如果青少年并没有一起参加网上的活动,则有可能影响朋友之间的友谊。

正如其他关于媒体影响的研究一样,关于互联网的研究也能区别因果关系。研究互联网使这些问题变得更为复杂,因为实验对象都是一些上网相对较多的个体。有证据显示,与同龄人相比,有心理问题或者家庭关系较差的青少年更容易在网上与陌生人形成亲密的朋友关系,但是我们无法确定这种网上的亲密关系究竟是不是造成他们在现实中不良关系的根源。问题青少年更倾向于在网上建立自己的朋友关系的说法似乎是讲得通的。尽管各方对这一问题都给予了很大的关注,但是心理问题与过度使用互联网之间的联系还是很难定夺。有些研究显示沉溺于网络与失眠、抑郁、孤僻、逃学等都有关系,而其他一些研究的结果却并非如此。

互联网与认知发展　有人希望愈加便利的信息获取能让青少年从中获益,也有人担心互联网会减少青少年通过阅读等方式来获取信息(这种担心很奇怪,因为在电脑出现前,青少年看书的时间就已经被看电视挤占了),但是很少有人研究过互联网对青少年认知发展的影响。目前的研究显示,这些期望和担心都被夸大了。没有证据能表明互联网对青少年在学校的表现带来益处还是伤害。有一些研究甚至发现,玩电子游戏能增强青少年视力、手眼协调能力等。

性侵害者　一些父母担心互联网的匿名性会使自己孩子暴露在一些居心叵测的人眼中,比如性侵害者和网络流氓。在第5章中,我们曾提到,尽管媒体对网络暴力十分关注,但实际上网络暴力的问题比现实中的暴力要小得多。大部分的网络暴力手段都是比较轻的,主要表现为对受害者的冷漠和不尊重。那么网上的性侵害者是否也是如此呢?媒体是否过分夸大了这个问题呢?答案是肯定的,的确如此。

根据美国司法部最近进行的一项"青少年网络安全调查"显示,2010年,有9%的青少年在网上被动收到了性诱惑,较2000年的19%和2005年的13%都有所下降。这10年间,这一比例下降了将近一半的原因有很多，包括对青少年进行了成功的网络安全教育、对性侵害者的犯罪行径进行曝光以及最重要的一点，网络社交的场所从聊天室变成了社交网站，这样就能让青少年对自己联系的对象进行筛选。

尽管很多大人都担心青少年会利用互联网来看色情片，但是大部分色情片都是青少年被动接触而不是他们主动搜索的。2010年，有15%的青少年称自己被动地收到了色情资源，但是当中只有一半的人说自己对这个非常反感。"性愿"，即用智能手机通过互联网发送色情图片的影响也被大众媒体夸大了。根据一项详细的调查，只有1%的青少年用手机发送过或者拍过露点的照片。但是显然这群青少年在发送图片时会有多个收件人，因为有6%的青少年称自己曾经收到过色情图片（收到这些照片的青少年很多会继续转发）。尽管大人们很担心互联网会给青少年带来危害，但是现实的情况却不是这样。绝大部分的青少年使用互联网的方式与他们的父母差不多——和朋友保持联系、下载娱乐资源以及看看周围都发生了些什么。

大众媒体与青春期女生的身体形象

如今许多针对青春期女生的刊物上都是一些年轻靓丽的女性形象，在第1章中我们也曾提到，青春期的女生普遍对自己的体型不满意，一些专家对此表示了担忧。这些刊物中的大部分文章关注的都是约会和异性恋，并且十分强调女性，尤其是年轻女性漂亮的外貌和苗条的体型。研究人员发现，这些刊物中的文章和广告都在明确地向读者传递一种信息，那就是通过美貌来吸引男性是女性获得幸福的真正途径。有趣的是，经常阅读时尚刊物的青春期女性对自己的体型不满意，控制实验也发现模特们苗条的形象使她们更不满意自己的身材。此外，经常阅读关于节食、减肥的文章会导致一些女生用不健康的方式来控制自己的体重，比如催吐、滥用泻药等。尽管很少有人研究媒体对男性身体形象的影响，但是也有研究发现男性在看过广告上阳刚的男性形象以后，也会对自己的身材产生不满。

美容广告里通常也都会出现苗条的模特，有人研究了女生对美容广告的反应，得出了与上文相似的结论。有意思的是，媒体一方面在暗示青春期的女生要瘦、男生要壮，另一方面却又在大肆鼓励他们去吃，而且是放开了去吃一些不健康的食物。美国青少年观看的电视广告中有超过1/4是关于食物、饮料或者餐馆的，其中糖果、零食、麦片和快餐广告是最多的。

与一般的女生相比，经常看时尚刊物的青少年女生对自己的体型更不满意。

青少年消费者

关于青少年媒体最后也是十分重要的一点就是经济利益。青少年人口数量庞大，他们中很多人都有去做兼职，但是他们却不会像其他群体一样去省钱，因此青少年成了各种商家眼中的重要目标。青少年每年要消费900亿美元，而每年花在12～17岁的青少年身上以及他们自己花的钱总额达到了2 000亿美元。尽管2008年以来，全球经济出现了衰退，但仍有75%的青少年表示自己拿到的钱比以前没有减少，甚至还更多了。他们的大部分钱都不出意外地由他们自主支配花在了娱乐活动上。而且，许多青少年都将钱花在了抽烟喝酒上，根据一项估计，美国人每年花在喝酒上的消费为1 000亿美元，而这其中有大约1/6是由还没到法定饮酒年龄的未成年人贡献的。

  对此，我们当然有必要讨论一下为这群年纪尚小、自制力又差的青少年培养出这么强烈的消费需求是否真的有必要。有人批评说，针对青少年的广告正是利用了青少年更为冲动而且更为自己着想的特点。但是，美国的经济正是被消费所拉动的，经济中的休闲娱乐板块依赖于青少年市场。这一板块中与青少年相关的最重要的产业包括电影、音乐、运动和电视节目。你只要去电影院里看看影片目录或者花几分钟在电视上浏览一下就会发现，青少年已经成为这些产业的消费者中不可或缺的一部分。

  青少年消费的支持者则指出，在购买商品时，青少年之间会对彼此产生十分重要的影响。而想要开拓青少年市场的商家看到了这一商机，纷纷利用互联网及其他新技术来增强这种影响。这种手段被称为"病毒式营销"（也被称为"置入式营销"），是指鼓励个体将营销信息传递给他人的营销策略。它旨在"激发增强信息的接触面和影响力的潜力"，"这种策略就如同病毒一样，利用快速的复制将信息传播到成千上万人手中"。由于青少年喜欢的那些新技术可以使他们轻松地联系上千个同龄人，因此利用青少年来传播新产品是一种十分有效的营销手段。

  青少年市场的影响已经远远超出了青少年人群，如今大人们在服装和音乐上的品位常常会受到青少年的影响。而且父母在购买商品时也常常会受到青少年的影响，这又为商家营销自己的新产品提供了新的思路。

空余时间与青少年发展

  大人对青少年的课外活动有着复杂的感受。从积极的方面来说，看着自己孩子参加体育比赛和创造性活动，大人心里总是充满了自豪感，而且他们也认为利用课余时间参加这种有意义的活动能培养孩子的品格，教会他们一些重要的技能，比如团队合作、坚持不懈等。同时，大部分家长都认为做兼职是一件有意义的事情，因为它能教会孩子们很多东西，培养他们的责任感。

  另一方面，大人认为许多青少年在空余时间的活动都是在浪费时间，甚至是在惹麻烦。他们担心青少年成群结队地在商场里瞎逛，取笑那些围在镜子前给自己化妆的姑娘们，担心自己孩子被"黏"在手机上，还担心青少年过多地接触电视、电影、音乐和互联网上的性和暴力内容。尽管我们可能会向往智能手机、互联网、卫星电视出现以前的"美好旧时光"，但现实是我们再也回不去了。而且，我们需要意识到，即使是在那些所谓的"美好旧时光"，当时的大人们也会担心青少年如何打发自己的课余时间，他们也担心"邪恶"的摇滚乐、"烂俗"的言情小说和"幼稚"的漫画书会腐蚀青少年的心灵。

  这种复杂的观点体现了现代社会关于青春期本质的有趣悖论。随着社会的工业化，青少年得到了大量的课余时间，大人都希望他们能有效地利用这些时间。在下章中我们会提到，一些研究青春期的理论学家认为，大量的不受约束的时间正是青春期的特征之一，这些时间可能会促进青少年的健康发展，它能为青少年带来的好处之一就在于青少年利用这些时间来参加休闲活动，并通过这些活动来发现自己的不同方面。

尽管如此，人们在支持还是反对青少年利用课余时间的观点上还是存在着许多的错误观念。大部分成年人都认为参加有组织的课余活动是好事，看上去好像也确实是这样。但是大部分人都认为兼职对青少年是有好处的，而研究却表明上学期间大量参加兼职实际上是弊大于利的。同时，尽管很多大人都认为大众媒体对青少年行为有负面的影响，但是研究表明，实际上是青少年自身的兴趣影响了他们对媒体的选择。

随着信息技术在青少年生活中的不断普及，大众媒体对青少年发展的影响也变得越来越有争议性。大部分成年人，尤其是孩子的父母都坚信电视、电影、游戏和互联网对孩子完全没有好处。他们将很多的青少年问题都归咎于大众媒体，尽管他们本身对青少年行为的影响比他们指责的这些媒体要大得多。同时，我们现在已经知道青少年接触的媒体是他们自主选择的，因此，我们也很难确定青少年是否真的会受到这些媒体的影响。这不是说媒体对青少年的行为和状态完全没有影响，只是说我们需要注意不要混淆了两者之间的因果关系。我们必须注意到大众媒体可以促进青少年的健康发展，能为他们提供世界变化的信息，同时也能让他们与他人保持联系。

由于大人只有在青少年合理利用课余时间时才认同它的价值，他们很可能忽略了休闲时间在青少年心理发展中发挥的重要作用。比如，有研究表明适当时间的独处（主要活动是发呆）对高中生的心理发展有十分积极的影响。课余时间对青少年发展至关重要，它能培养青少年的自我意识，使他们深入了解与他人的关系，从而更好地融入身边的社会。同时，大众媒体将全球的青少年都联结到了一起，从而萌生了一种全世界青少年所共有的文化。

第 8 章
认 同

本章中，我们将研究为何青春期时认同会发生较大的变化，为何每个人的认同发展会有所不同，当代社会生活是如何塑造认同发展过程的。因为青春期青少年对自己的看法和感觉会发生变化，所以对认同发展的研究是青春期研究和理论的一个重点，虽然对于一些青少年来说，这一时期的变化并不明显也更加微妙。下面是一个女孩在被要求描述自己时的回答：

我是怎样一个人？也许你不会明白。我很复杂！和真正的好朋友在一起时我很有包容心，就是说我很耐心、善解人意。但和一群普通朋友在一起时我就变得很闹腾。虽然我常常也很友好和快乐，但如果我不喜欢他们的行为我就会变得十分讨厌和不耐烦。我很希望始终都很友好和包容，那才是我的目标，但无法做到时我就会很失望。在学校里我很严肃，偶尔看起来非常用功，但另一方面，我也会混日子，因为如果你学得太认真你就不会受大家欢迎。所以我总是反反复复，也就是说，我的学习不是一直都好。但是，家庭矛盾总会因此发生，父母在我身旁时我会十分焦虑。他们希望我门门都得A，但当成绩单下来时他们总是很恼怒。我很在乎他们对我的看法，所以我就对自己很难过，但是这不公平！我很想取得好成绩，但是如果那样我就会在朋友面前没面子。所以我在家时常常会纠结，甚至被挖苦，因为父母总是对我唠叨。但是我真的不知道我为什么变得这么快。我怎么和朋友们在一起就那么开心呢，在家和父母在一起就那么焦虑，然后他们就打击和讽刺我呢？哪一个才是真正的我？

青少年的认同

我们看待和感受自己的方式在我们的一生中都在改变。你也许听过或看到过所谓的中年危机，也就是在中年时发生的认同危机。当然，在整个儿童期，自我形象和自我概念所发生的重大改变更多。当一群4岁的孩子和一群10岁的孩子被要求描述自己时，10岁孩子的自我描述要复杂得多。当小一点孩子将他们的描述限定在他们所拥有的东西和他们喜欢做的事情这两方面时，大孩子更有可能会说到自己的个性。

如果认同的变化贯穿整个生命周期，为什么认同发展的研究者如此关注青少年呢？其中一个理由就是青春期时发生的认同变化涉及个体自我感觉的第一次实质性重新构建，而且这一时期，青少年的智力水平可以完全分辨出这些变化。虽

青春期往往是青少年思考他们是谁和他们往哪儿走的时期，他们会更加注重外表。

然在儿童时期也有重要的认同变化发生，但是青少年对此变化的自我感觉更深也更加准确。

青春期发育与认同发展 研究者和理论家对青春期认同发展关注的另一个理由与这一时期青少年的生理基础、认知和社会变化等方面的特点有关。我们在第1章已经了解，青春期发育带来了生理外形上的巨大改变，也改变了青少年的自我概念和与他人间的关系。不难理解青春期发育在激发认同发展方面起到的重要作用。当你改变了外形时，比如当你改变头发颜色，或者换个发型，或减掉很多体重，抑或彻底改变着装时，你可能会感觉到你的个性都改变了。在青春期，当青少年在外形上发生巨

大改变时，他们自然也会对内心发生的变化产生疑问。对青少年来说，经历青春期生理上的变化也许会造成自我形象的冲突和对真实自我的一个重新评价。

认知变化与认同发展 正如青春期时智力的发展让青少年在思考遇到的问题、价值观和人际关系时有了新的方式，它也同样让青少年在新的方面对自己思考。我们在第2章中已经了解，在青春期之前人们就已能够用系统的方式去思考假设的和未来的事情。在两个对认同发展有影响的具体方面可以显现出这点。首先，青少年更加善于想象可能自我，也就是可能不会采用的可供选择的各种认同。这可能与在第2章讨论过的青少年自我意识的提高有关。脑部影像学发现，在个体被要求思考自己的时候，青少年和成人的脑部活动特征有着很大的差别。

其次表现在未来取向上，也就是考虑决策的长期后果以及对自己多年后的生活进行想象和趋势方面能力的显著地增长。由此，还没到青春期时，个体通常就开始想知道"我以后要成为怎样的人"或"我究竟是怎样的人"。因为青春期前的儿童思维已经成形，对于他们来说，把自己当作不同的人来进行严肃地思考是非常困难的。但是，青春期时思维的变化却开启了一个全新的有各种选择的世界。

社会角色和认同发展 最后，正如我们在第3章中看到的，青春期时社会角色的变化提供了一系列新的、之前未曾被注意的新选择和新决策。在当代社会，青春期是关于学业、工作、交往和未来决策的关键时期。面对这些决定社会地位的问题比问他们是谁和他们将到哪里去要更能激发青少年的思考。在生命中的这一阶段，青少年必须就教育和对他人的承诺做出重要的决定，而且思考这些问题促使他们更多地问自己"我到底想要什么""什么事情对我来说是最重要的"以及"我究竟想成为什么样的人"。关于未来的问题在为成年做准备的青少年阶段不可避免地出现，这些问题也会引出关于认同的问题。

认同的发展是复杂而又多方面的。实际上，它通常被认为是一系列相互关联的发展，而不是单一的发展。这些发展包括在与他人的关系以及在我们身处的社会中，我们对自己的看法。总的来说，研究者和理论家用三种方法来探求青少年的认同在青春期中是如何变化的。

第一种方法的重点在自我概念的变化，自我概念是个体认为的自身特征和属性。第二种方法关注的是青少年的自尊，或自我形象，也就是他们对自己积极或消极的评价。第三种方法的重点在于认同感的改变，认同感是指对自己是什么、从哪里来和到哪里去的感觉。

自我概念的变化

由于个体在智力上的成熟以及经历像第2章描述的那些各种认知变化，他们对自己的看法更加精确也更加分化。正如我们在第2章中看到的那样，青少年比儿童更善于思考抽象的概念，也更善于处理大量的信息。这些智力上的能力影响着青少年对自己特征的刻画。儿童一般只会用简单的和具体的词汇来描述自己，而青少年则更倾向于使用复杂的、抽象的和心理学上自我描述的词来描述自己。而且，他们的自我描述和他们的实际行为愈加相符。这也可以作为以下论点的证据，也就是青少年"理想中的自我"会随着实际而趋于稳定。

自我概念的内容和结构的改变

在儿童向青少年转变，以及整个青春期的过程中，自我概念的内容和结构都在变化。在结构上，自我概念变得越来越分化,更加有条理。我们首先考虑一下自我概念的分化。

自我概念的分化 在回答"我是谁"的问题时,青少年比儿童更倾向于将自身特点、属性与实际的情况联系起来,而不仅仅回答总体的特征。一名青春期前的青少年可能会说"我人很好"或"我很友善",但不会具体说明是在何种情形下。而青少年则更倾向于说"我在情绪好的时候人还不错"或者"我在遇到熟悉的人时非常友善"。根据不同的情况来描述自己的个性仅仅是塑造青少年自我概念分化情况的一个例子。

自我概念在青春期时分化的方式还有另一种。与儿童的特点相反,青少年的自我描述需要考虑描述者本身。青少年会将自己和其他人的意见区分开来。可以推测一下,当要求一群青少年来描述和别人共处的自己时,他们可能会说更为复杂的话,而不是简单的"我很害羞"或"我很外向"。比如,他们会说,"人们不认为我很害羞,但大部分时候,当我第一次见到其他孩子时我都会非常紧张。"青少年也会发现他们面对不同的人会有不同的表现,自我概念的另一种分化也只有在此时才会出现,比如,"我父母认为我很安静,但是我的朋友们知道我很喜欢参加派对。"神经影像学显示,青少年的自我概念对其他人的意见尤其敏感。

自我概念的组织与整合 随着自我概念的不断分化,其组织和整合的能力也会增加。当儿童被要求描述自己的时候,他们所列举的特点和属性多少有点无组织性。比较而言,青少年能够组织与整合他们自我概念的不同方面,使其成为有逻辑的、稳定的整体。年幼的儿童可能会列出具有相互矛盾的特点(比如,"我很友好,我也很害羞"),而青少年则会将信息中

尽管传统观念认为青少年心理问题多,但大多数青少年都拥有积极的自我概念。

差异的地方改进成高度组织化的表述(比如,"当我与其他人初次见面时我很害羞,但熟悉以后,我通常会变得十分友好")。

自我概念在青少年进入高中后在心理上会变得更加成熟。自我概念复杂性的增长会表现出一些困难,虽然此时青少年开始意识到他们个性中的不协调与矛盾,不过还并不能理解和协调。自我描述较为矛盾,并为此而困惑的青少年比例在 7 ~ 9 年级的阶段会出现增加,随后便会下降。在一项研究中,分别处于青春期初期、中期和末期的青少年在被要求对自己个性上的矛盾做出反应时表现出了不同的特点,下面是其中的例子:

> 我一般一次就想自己的一个方面,到第二天才会想另外一个方面。(11 ~ 12 岁时)
> 我认为我是个快乐的人,我想对所有人保持乐观,但我对家庭很苦恼,那并不是我想要的家庭。(14 ~ 15 岁)
> 你可以在约会时很害羞,然后和朋友在一起时很放得开,因为你是和不同的人在一起。你不可能总是保持一样的状态,而且也不应该这样。(17 ~ 18 岁)

虽然多重的，甚至矛盾的人格会带来困扰，不过从长期的角度来看，这种特点也有不少优势。一些心理学家认为出现一种较为复杂的自我赏识是个体看待自身错误和弱点的一种方式，这种看待方式能够增加青春期的自我意识（"我不是个坏人，我只是在别人捉弄我的时候才变得不好"）。与此相同的是，青少年自我概念越复杂，他们情绪忧郁的可能性就越小。

拥有不一样的自我概念的一项额外优势就是自己能够分清实际自我（自己的实际状态）、理想自我（想要成为的状态）和恐惧自我（害怕成为的状态）。拥有健康自我概念的一个重要方面就是拥有理想自我，以平衡恐惧自我。比如，一项研究发现，违法的青少年相对于守法青少年，他们较为缺乏这种平衡的自我观点。虽然违法青少年也害怕成为罪犯，但他们没有一个积极的理想自我（比如，有一份好的工作）来平衡自己的恐惧。

虚假的自我行为　　青少年自我认知矛盾的另一个有趣的后果与他们分辨真实与虚假自我的能力有关。青少年在约会和恋爱以及和同学在一起的状况下最有可能表现出虚假的自我，而和亲密的朋友在一起时出现虚假表现的可能性最低。有趣的是，这种虚假的自我行为在父母面前出现的概率要比约会时低，但却比和好朋友在一起的概率高。虽然青少年有时会表示他们不喜欢虚伪，但他们也表示，有时这种行为也是可接受的，比如为了给别人留下深刻的印象，或者为了隐藏别人不喜欢的特点。比如，很容易就能想到，这种虚假表现在第一次和别人见面时很容易就会表现出来。

虚假表现以及这样做的理由，青少年的表现程度有所不同。总的来说，受到父母和同龄人情感关心越少，自尊心越低以及相对忧郁和绝望的青少年，他们出现虚假自我行为的可能性越大。虚假自我表现和低自尊之间的关系表现在两个方面：一方面，有些青少年有虚假自我表现是因为他们自尊心较低，而有些人自尊心较低原因是意识到自己有虚假表现。有虚假自我表现的青少年忧郁和绝望比例是最高的，因为他们内心看不起自己。而另一方面，他们有虚假表现又是为了迎合他人，或者他们在尝试体验不同的人格。

了解青春期自我概念的变化过程有助于解释为何有关自我的问题在人生的这一阶段是如此的重要。由于自我概念变得越来越抽象，而且青少年也更懂得从心理学角度来审视自己，于是，他们变得更有兴趣了解自己的个性和他们行为背后的原因。对自我矛盾的了解所产生的苦恼也许能够刺激认同的发展。也许你能想起，当你十几岁的时候，你对自己个性发展的好奇，它影响了你性格的形成，以及你个性在今后的变化："我是更像爸爸还是更像妈妈呢？为什么我和妹妹差别这么大？为何我总是感到紧张？"虽然现在看来这类问题会很平常，但是你也只有到了青春期才会思考这些问题，因为这时你的自我概念变得更加抽象和成熟。

青春期个性的维度

许多研究者通过检测青少年的自我概念来研究他们的个性发展，而也有人使用标准量表来评定个性最重要的一些方面。如今，大多数的研究者使用五因素模型来进行个性研究。这个模型是基于对五种关键个性维度的观察，它们常常被称为"五大性格特征"：外倾性（一个人外向和充满活力的程度）、宜人性（善良和怜悯的程度）、尽责性（负责和有条理的程度）、神经质或情绪稳定性（焦虑和紧张的程度）和开放性（好奇和想象的程度）。虽然此五种因素的模型是在成人研究中发现的，但它也成功地运用于青少年的研究中。比如，违法青少年比同龄人在外倾性上得分更高以及在宜人性和尽责性上得低分的可能性更大，而成绩优秀的青少年在尽责性和开放性上得分更高。总的来说，个性结构在不同种族背景的青少年群体间是可比较的。

个体个性的不同受基因和环境的双重影响。个体能继承性情的倾向（比如较高的活跃程度或对于社交的爱好），这些在年幼时就可发现，而且对周围环境产生的反应在某种程度上会"固化"这些倾向，并且将其融入个性特点当中。所以，活跃和爱交往的孩子能够因这种行为而获得鼓励，此后便会变得外向。追踪研究显示，性情和个性都会随着年龄的增长而稳固，部分原因是我们倾向于处在一个奖励和加固这些特点以使我们形成这种状态的环境中。

总之，我们每天都更喜欢自己。也有证据表明，在青春期和刚成年之间，个体总体上变得更外向、更负责、更亲和、更有韧性以及情绪更稳定。也有证据表明，女孩比男孩早熟，但后来男孩能够赶上，所以在青春期结束时，两性在成熟程度上没有差异。

总的来说，大量证据表明，许多个性本质特征，比如易冲动或胆小，在儿童到青春期之间以及在青春期和成年之间都保持稳定。而且外倾性一直都会表现得尤其稳定。虽然这些特征的内向表现会随着年龄而改变（比如，在幼年的时候，焦虑表现为尿床，而到青春期时表现为紧张地说话），我们基本的特点则会保持相当的稳定。比如，在儿童时容易发怒，或者在婴儿时有着负面情绪的个体在青春期时更加容易表现得具有侵略性。同样，在学前时就难以控制冲动的个体，到了青春期和成人时也更加容易变得冲动、暴力和爱冒险，而在年幼时就比较腼腆的人，到了青春期时更加容易变得胆小、焦虑和羞涩。不出意料，在儿童时期就被认为调节能力很强的人，到了青春期时就倾向于坚韧和能干。尽管，人们的固有观点认为青春期是一次重生，但科学研究并不支持青春期会是让人个性颠覆的时期这样一种观点。

自尊的改变

青春期"暴风骤雨"的表现之一就是青少年自尊方面的问题，也就是他们如何评价自己。你将会了解，虽然青春期时自尊没有巨大的落差，但他们对自己的看法每天都在波动，尤其是在青春期初期。从 8 年级开始，自尊保持较高的水平。尽管大众媒体认为当今青少年的自尊过高，但严谨的统计分析显示，在过去的几十年中，美国青少年的自尊并没有提高。

自尊的稳定与变化

正如第 2 章所述，一个特点（比如智力和自尊）的稳定性与随年龄变化的程度无关，因为稳定性只不过是指青少年长期以来的相对水平。比如，身高就是一个稳定的特点（高个儿童往往长大后也高），它往往不随年龄而变化（个体在儿童到成人这段时间变得更高）。思考自尊是否也在青春期时发生变化（也就是平均来看，人们对自己的看法是否变得更加积极或消极）和思考自尊是否在这个时期保持稳定（也就是说，是否自尊强的个体在青春期时也保持较强的自尊）是不一样的。总的来说，从儿童到青春期初期这段时间，自尊往往变得更加稳定，也就表明青少年对自己的看法会随时间变化而趋于稳固（见图 8-1）。沿着相似的轨迹，在青春期初期到末期这段时间，每天情绪的波动也往往变得更小。

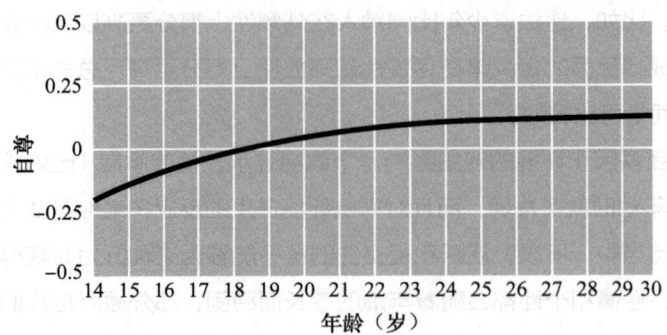

图 8-1　青春期时，自尊会有所上升，但是进入成年后会保持稳定

资料来源：Erol & Orth, 2011

对于个体在青春期时自尊变化的研究并未表现出一致的结论，部分是因为研究者关注的是个体自我形象的不同方面。作为后果，一些研究发现，个体对自我的感觉在青春期阶段会变得更加消极，而另一些研究却发现会变得更加积极。总的来说，自我感觉（无论是正面还是负面）的变化在青春期初期要比中期和末期更加剧烈。从青春期中期到成年，自尊要么保持不变，要么有所升高。虽然个体平均情绪在青春期时的总体趋势是积极程度的下降（也就是说，儿童通常比青春期初期的人更加积极），这种趋势在 10 年级左右的时候开始减弱（见图 8-2）。

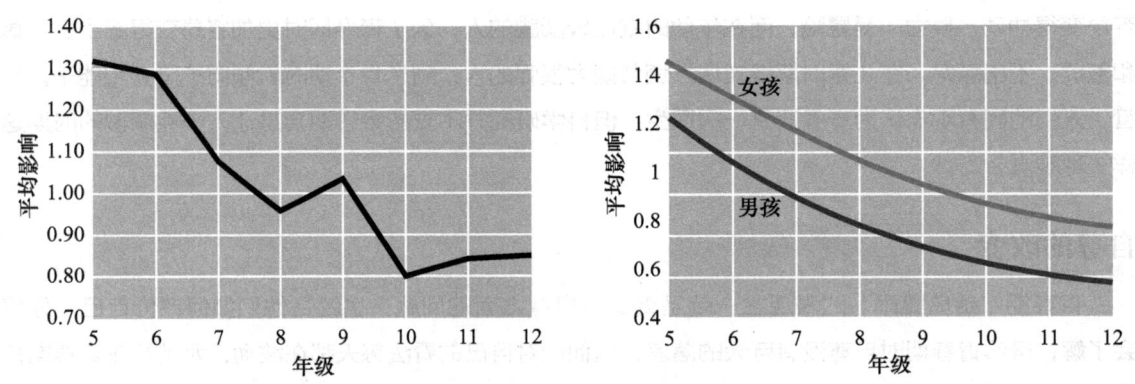

图 8-2　平均来说，青少年在五年级到九年级之间，情绪会变差。
大约到十年级，这种下降的趋势会趋于平稳

资料来源：Larson et al., 2002

虽然青春期并非是一个暴风骤雨的时期，但一些证据显示，自我形象上的一些小问题也许会在青春期初期突显出来。为了充分了解其原因，有必要将其与青少年自我形象的三个方面区分开来：自尊（他们自己积极或消极的感觉）、自我意识（对自我形象担心的程度）和自我形象的稳定性（自我形象是如何每天变化的）。

青少年自我形象的波动最有可能在 12～14 岁出现。与年长的青少年（15 岁以上）和准青少年（8～11 岁之间）相比，青春期初期人的自尊相对较低，自我意识更加强烈，自我形象也更不稳定。总的来说，准青少年与青春期初期个体的差别比年少和年长的青少年差别更大，这就表明自我形象的最显著变化发生在进入青春期的时刻，而不是青春期当中。与此相一致的是，一项针对纽约、巴尔的摩和华盛顿的贫困城市学生的研究发现，从小学进入初中的这一阶段相对从初中进入高中，最有可能破坏青少年的自尊。

有趣的是，个体自尊的波动程度也是一个稳定的特点。也就是说，自我形象较易波动的青春期早期的青少年到了青春期后期时也容易出现类似的情况。自我形象波动程度最大的青少年，其焦虑、紧张和调节能力的问题也是最严重的，尤其对于每天都面对较大压力的青少年。换句话说，拥有较易波动的自我形象会让个体特别容易遭受压力效应的困扰。

青春期早期自我形象波动源于多种因素的影响。首先，第2章就已探讨过，自我中心主义在青春期早期很常见，这让青少年极为在意别人对自己的看法。其次，随着个体社会交往的增加，他们开始意识到，人们在交流互动的时候很多都是敷衍了事，说的并不一定是真实的想法。这种模糊会让青少年对自己在别人心中的真实看法感到困惑和不适，他们还不太擅长这种"印象管理"。最后，由于同龄人在青春期早期越来越重要，这时的青少年会特别关心同龄人对他们的看法。他们会第一次感觉到来自父母的信息（"你剪的这个发型让你看起来更漂亮了——你还是留短发比较好看！"）和来自同龄人信息（"在你头发长长之前你还是戴个假发吧！"）之间的矛盾。这些矛盾的信息会让他们对自己产生某种程度的不确定感觉。

错误的问题　一些研究者认为，"青春期时自尊是否保持稳定？"不是一个好的问题，因为平均的状况往往掩盖了人们之间巨大的差异。根据一项研究，一些青少年的自尊能够长期保持高度的稳定性，而另一些人却不是。研究者发现在过渡到初中的过程中，青少年会有四种不同的自尊。大约有1/3的青少年属于持续的高度自尊，大约有1/6是长期的低自尊。不过，大约有半数样本会在2年的时间内出现巨大的变化，大约有1/5属于急剧下降，将近有1/3会有小幅但比较明显的自尊上升。当这些类型被平均的时候他们之间的差别就看不出了，于是就呈现出自尊保持稳定的样子。（正如一句老笑话，"统计学家可以淹死在平均深度为3英尺的河中。"）不出意料的是，有着更好的家庭和同龄人关系的青少年，他们更有可能拥有一个积极的自尊，或者一直保持自尊的提升。

在青春期早期，女孩的自尊是较低的，他们自我感觉意识较强，他们的自我形象要比男孩更加不稳定。

对于青春期自尊稳定性的研究，有些人质疑，从总体感觉去评价自尊的这种办法是否有效。虽然，大多数对于青少年自尊的研究都是针对青少年对自己的总体感觉，但现在的大多数研究者认为，青少年对自己的评价既是全面的（这是反映整体心理状况的很好的指示因素），也是多角度的，比如从学业、体育、外貌、社交和道德等方面。所以，很可能一个青少年在学业方面的自尊很高，而在运动方面的自尊较低，在外形、社交和道德方面有着中等的自尊。

自尊的组成　即使在宽泛的自尊层面（比如学业、运动或社交），青少年也会有着不同的自我赏识。比如，青少年对他们和父母之间、和老师之间以及和同龄人之间关系的评价会不尽相同。在同龄人关系方面，青少年的社交自尊会因他们对于友谊或恋爱的看法而不同。所以，衡量青少年的"社交自尊"而不涉及具体的关系是一种错误。学业方面也是如此，因为学生既通过与其他学生的比较（我的数学和班里其他同学比真是太差了）也通过和其他科目的比较（我的数学要比历史好多了）来衡量每科的成绩，所以对青少年在学业方面的自我形象一概而论往往是不明智的。

自尊的某些方面对青少年的整体自我形象的影响要大于其他方面吗？是的。总的来说，青少年对于外在形象的自尊对总体自尊来说最为重要，其次是对于同龄人关系的自尊，再往后就是在学习、运动或道德方面的自尊。有趣的是，虽然研究者发现外形自尊对总体自尊来说最重要，但青少年往往嘴上都说外形其实最不重要。换句话说，青少年也许并没意识到外形对他们自我价值的影响程度。有必要强调的是，外形自尊对于整体自尊的重要性在女孩中比男孩更加显著，虽然男女的自尊都与其有关。综合来看，这些发现帮助解释为何青少年自我形象障碍会存在性别差异，以及我们将在第13章看到的忧郁的性别差异。

自尊的群体差异

一些研究显示，青春期早期的女孩比其他青少年群体都更容易受到自我形象问题的困扰。尤其是她们的自尊更低，自我感觉度更高，自我形象比男孩更加脆弱。结果，女孩比男孩更多地谈论自己的缺点，对自己的能力缺乏安全感，担心别人不喜欢和自己在一起。不过，青少年自我感觉上的性别差异在青春期时会变得越来越小。

为何女孩在青春期早期拥有的自尊问题较多？这也许和前面已经提到过的，外形以及同龄人接受度与其自尊确定上的重要作用有关。因为女孩比男孩更关心外表、感情和同龄人接受度，她们可能会经历许许多多的自我形象问题。因为黑人女孩对自己外形的感觉不会像白人女孩和西班牙裔那样负面，所以她们的整体自我评价更高，青春期自尊的下降程度也更低。

高自尊的原因与后果

一些学者研究了自尊和青少年行为之间的关系，目的是探求某种体验是否能决定青少年的自我感觉，无论是正面还是负面的。还有一些学者从相反的方面提出问题，高或低自尊是否会从某些方面影响青少年的行为呢？

对自尊的影响 针对第一个问题，研究发现，其他人的肯定，特别是家长和同龄人，还有在学校的优异表现能够提高自尊。实际上，这种相关在所有种族和文化群体中都有发现，尽管亚裔青少年似乎格外受到学业优秀的影响。所以，虽然不同种族间存在着自尊差异，但他们的自尊相关性是相似的。

过度地将自尊与他人（尤其是同龄人）的评价联系在一起的青少年往往发生自我形象问题的风险比较大，因为他们的被接受度会随着时间而波动，这就会导致他们自尊的暂时下降。与此相一致的是，更多地通过同龄人而不是老师和家长获得自尊的青少年显示出更多的行为和学业问题。事实上，关于青春期行为问题增多的一个解释就是，青少年随着年龄的增长更加需要同龄人而不是社会的支持。

高或低自尊的后果 高或低的自尊是如何影响青少年的调节和行为的？虽然一度认为提高自尊有利于提高学习成绩，但很少有相关的证据，却有许多的证据表明提高学习成绩有利于提高自尊。也就是说，是学习的进步而不是其他方面提高青少年的自我感觉。这些发现质疑通过提升青少年自尊来提高他们的学习成绩的计划背后的逻辑。青少年时期的高自尊并不能提高他们的幸福感，不过低自尊却能够导致不爱参与活动、心理不适和受到伤害，这种影响既是短期的，也能够延续到成年，尽管这可能是因为青少年时期产生高自尊的许多因素（比如学习成绩好）能够随着时间而一直保持稳定。

低自尊和情绪与行为问题之间的关系是复杂的。低自尊是忧郁的几种症状之一，但尚不清楚低自尊是否能导致忧郁，或者相反。似乎这得根据个人具体情况而定。在大约一半的青少年身上，忧郁可以导致低自尊，而另一半正好相反，低自尊会导致忧郁以及其他形式的情绪问题。低自尊导致忧郁的其中一个原因就是，对自己有着负面感觉的青少年寻求其他人对其积极反馈的可能性更小。

自尊和行为问题之间的关系（与情绪问题相反）更加不明确。虽然低自尊一开始可能会促使青少年做出违法行为，但与其他违法青少年在一起能够提高自尊，也许是因为涉及不法行为能够赢得某些同龄人的赞许。此外，拥有高自尊的青少年饮酒的可能性比低自尊的青少年更大，最可能的原因也许是高自尊往往与更受群体欢迎有关，而在群体中饮酒是很普遍的。

青少年认同危机

许多文学作品以及著名的小说都围绕着青少年的认同危机展开，比如《简·爱》《一个青年艺术家的自画像》《麦田守望者》以及更加当代的《蜜蜂的秘密生活》《芒果街的房子》《动物之神》和《真相大白》等。事实上，成长小说本身就是一种经典的文学类型。

如果你被要求写一篇关于你自己认同发展的小说，你将会写什么样的事情呢？也许你会谈论自己目标感的发展，或者说明你长久的计划或价值观，或者你如何渐渐了解自己以及人生方向的。如果在你思考青少年认同发展时这些事情进入你的脑海，那么你就是在思考心理学家称之为认同感的一个发展方面。对于青少年认同发展研究的主流观点精确集中在这些心理发展的方面，在此方面最有影响力的理论家应当是埃里克·埃里克森。

埃里克森的理论架构

埃里克森的理论源于他对不同发展阶段青少年的临床以及跨文化的观察。人在一生的发展中要经历 8 个心理危机。每个危机都在各个年龄有着一种或多种表现，并在生命特定的阶段产生特殊的影响，因为生理和社会的相互作用使这些危机得以突显。埃里克森认为，建立稳定的认同感，也就是他说的认同与认同扩散的矛盾危机，是青少年主要的心理危机。

认同和认同扩散

在青春期之前，儿童的认同就像许多没有缝在一起的碎布。但到了青春期的末期，这些碎布会被织成对个人来说独一无二的拼布床单。青春期时成熟和社会的力量的共同施压，迫使青少年对他们的社会地位做出反应，这种反应体现在别人看待他们的方式，以及他们对于未来的选择上。

获得平衡而且稳定的认同感是一个耗费智力和情感的过程。事实上，根据埃里克森的理论，在青春期之前，人们就在精神以及情绪上拥有这一能力。埃里克森认为，解决认同与认同扩散之间危机的关键在于青少年与他人的互动交流。青少年会对重要的人物对他们的反应做出回应，通过这种方式，青少年会在各种认同中做出选择，然后发展成成年时的认同。与青少年互动交流的人就像一面镜子，能够反映出青少年是什么样的人以及他们应该做什么样的人。于是，这些重要的人的反应便塑造和影响了青少年认同感的发展过程。通过他人的反应，青少年能够知道他们是否具有竞争力、是否漂亮以及是否善于交往。更重要的是，在他们认同感形成的过程中，他们从别人那里了解到他们应该保持或者放弃的行为。

在此期间出现的一个过程就是与他人分享重要的记忆。在向朋友和家人述说自己重要经历的时候，背后的目的有很多种，其中一个就是帮助我们理解我们是谁以及我们是如何被这些经历改变的。在一项针对大学本科生的研究中，学生们被问到他们在过去的一年中和别人分享的重要经历，有一位参与者是这样描述他在高中的一段经历的：

> 有一个晚上，我和我的好朋友在朋友的房子里。他们都在抽大麻、喝酒。我不太喜欢抽大麻的感觉。但是他们非要让我尝试，可我就是不愿意。有一个朋友（最好的朋友）支持我的选择。于是，我知道我真正的朋友是谁了。但更重要的是，我知道一旦做出决定我可以变得更加坚强，不论外界如何影响。

然后，他描述了是如何向他大学同学诉说这件事的：

> 我们聊到了毒品的话题，然后我便把上面的事情解释给他们听。他们很乐意倾听这个故事，而且赞赏我的坚持。现在，我大学的朋友都会事先问我是否愿意做某些事，并且不会因此骚扰我，无论我是否愿意。所以，当你想做某件事的时候你一定要保持坚强。

换句话说，发展认同的过程既是一个精神过程，也是一个社会过程。埃里克森非常重视他人（尤其是对青少年有影响力的人）在塑造青少年自我感觉时的作用。青少年的认同是自身与社会之间相互认可的结果，即青少年形成一种认同，但同时社会也在塑造青少年。

认同发展的社会环境

青少年认同形成的社会环境对这个过程的本质和结果有着极其重要的影响。很显然，如果青少年形成的认同不受社会的认可，那么社会将决定青少年应该换成哪种认同。在选择这些认同的过程中，社会将决定哪些是需要的，哪些是不需要的。于是，认同发展的过程在不同的文化，乃至亚文化，还有不同的历史阶段是不一样的。

青少年发展的社会环境也在很大程度上决定了青少年对于自我定义的寻找过程是否会成为全面的危机或是可掌控的挑战。总的来说，青少年的选择越多，以及需要做出决定的方面越多，认同的形成就越困难。比如，在当代美国，那里的青少年可以选择许多职业，所以在那里遇到职业认同危机的可能性要比青年人只能跟着家里种地的农村要大得多。

世界大部分地区的快速变化给青少年带来了更新、更复杂的问题去思考，不仅仅包括职业规划，还包括价值观、生活方式和诚信。如今，即便是在对生活道路选择不多的国家，青少年也必须要去思考未来做什么；是否要单身、同居或结婚；是否要生小孩。结果，认同危机延长和加重的可能性就大大加强了，在世界上的范围也前所未有的广泛。

心理社会性延迟　根据埃里克森的理论，现代社会认同发展的内在复杂性造成了对于心理社会性延迟的需求，这是一种青少年被过度的责任和义务所限制，妨碍追求自我发现，从而被"延迟"的现象。当代美国的青少年由于被鼓励接受长时间的教育从而被社会性延迟，他们可以认真地考虑他们未来的计划而不被不可撤销的决定打断。

在心理社会性延迟期间，青少年可以在允许和鼓励这种探索的情况下体验不同的角色和认同。这些实验过程涉及尝试不同的态度、人格和不同的行为方式，有时会让青少年的父母对孩子看似多变的人格感到担心。某天，一个少女会花几小时的时间化妆；到了下一周，她也许会告诉父母她对过分注重自己相貌已经感到厌倦了。一个青少年男孩也许会剃了光头穿了耳洞回家，几周后他也许为了成为大学预科生而放弃这种形象。虽然许多家长会对他们孩子经历这些过程表示担心，但这些行为中的大多数只是正常的角色和人格体验。

青春期的角色体验往往包括尝试不同的外貌、形象和行为方式。根据埃里克森等人的理论，拥有自由和时间去体验不同的角色是建立稳固认同感的重要前提。

体验这些角色是建立稳定认同感的重要前奏。但是角色体验只能够在受到允许和鼓励的环境中发生。没有社会性延迟，对于选择和替代的完整探索就无法发生，认同发展就会受到某种程度的阻碍。换句话说，根据埃里克森的理论，青少年必须成长为成年认同，而不是被强迫成为一种准成熟的状态。

不过很明确的是，埃里克森描述的那种社会性延迟是一种理想的状态，甚至有人认为这是一种极为奢侈的状态。许多青少年，也许是大部分，并没有充足的经济自由可以享受承担成年生活责任之前的延迟。对于许多年轻人来说，现实中并不存在任何选择，只有压力巨大的生存挑战。难道那些17岁就辍学到工厂做工的青少年就没有认同感吗？那些没有经历心理社会性延迟的青少年就没法解决认同危机吗？

当然不是。但从埃里克森的角度来看，一些青少年生活中的心理社会性延迟的出现是很可惜的，这种出现既是因为他们对自我的束缚，也是别人生活环境对他们的束缚。这些青少年付出的代价不是建立认同感的失败，而是失去了机会。你也许知道，那些迫于父母压力而企图提前工作的青少年其实并不想这样，无非是因为经济压力而已。根据埃里克森的理论，如果没有这样一个探索、实验和从失败中做出选择的机会，这些青少年不会真正明白他们能够成为什么样的人。不难看到，社会的大环境是如何对此产生影响的。比如可以想象，在2008年的经济衰退开始时青少年对未来的选择是如何产生变化的。

解决认同危机

建立认同感是一种有意识的行为吗？埃里克森认为，是的。这是一种幸福的感觉，一种"在内心的家"的感觉，一种知道人生方向的感觉，一种从对人们的认识中得到内心确定的感觉。这是一种贯穿时间的相同的感觉，即一种从过去延续到未来的感觉。

建立稳定的认同感是一个长期的过程。大多数青春期和青少年的研究者认为对认同的探索可以延续到成年。但青春期并非只经历单一的认同危机，最好把这种现象看成是由一系列危机所组成的，这些危机能够影响青少年多方面认同，并且长年累月地在青少年的各个时间点反复出现。事实上在青春期时，和认同感的建立联系在一起的幸福感往往稍纵即逝。最后，青春期时的认同危机如果能够得以成功解决的话，会在一系列生活基本事项上达到极致，比如职业、意识形态、社会、信仰、种族和性别。

认同发展中的问题

不同青少年青春期的发展历程和发展环境有着巨大差异，所以不同青少年遇到以及解决认同危机的方式会有所不同。当个体无法成功解决之前的危机，或青少年处在无法提供社会性延迟期限的环境中，认同的发展可能会产生问题。埃里克森特别注意三种问题：认同性扩散、认同早闭和反向认同。

认同性扩散 认同性扩散是指不稳定的、断裂的和不完整的自我感觉。认同性扩散可以分为多种程度。轻度的情况是根本不知道自己是什么样的人，中度是产生了认同危机，严重的精神病学上的情况是持续超越正常的探索期限。其特征有：个人对于事件的感觉是分裂的（有些事情发生得比实际更快，还有些事情似乎永远不会结束）；过度的自我意识，以至于无法做出决定；拥有工作和学习障碍；难以与他人建立亲密的关系；对性的过度重视。换句话说，认同性扩散不仅仅反映在认同障碍上，也反映在自主性、亲密、性和成就等方面。

处于认同性扩散中的青少年经典事例就是1951年小说《麦田守望者》中的霍尔顿·考菲尔德。他申请了几所预科学校都失败了，大部分友谊都离他而去，不知道自己该何去何从。比如，从该书的某一角度来看，霍尔顿在沿着纽约第五大道走的时候说："每次我到了街区尽头走下坡路沿时，我有了一种感觉，那就是我再也到不了街对面。我想我只是继续走，走，走，没人会再次见到我。乖乖，我真是吓坏了，你想象不出。"

认同早闭 一些青少年在形成健康的认同感之前也经历探索和实验的过程，无论是主动还是被动的。这些青少年并没有考虑一系列的选择，而是很青涩地将自己限定在一种角色或一系列的角色中，然后决定某种认同为其最终的认同。本质上，这些青少年并没有被赋予或利用一段心理社会性延迟。比如，一名想成为医生的年仅13岁的大一新生注册学习严格的医学预科课程，他并没有考虑其他职业选择。对于认同危机的如此规避叫作认同早闭。

认同早闭时采用的角色一般以父母或其他权威角色为青少年所设定的目标为中心。青少年在没有经历社会心理学延迟的情况下直接进入或被强制进入这些角色。也许，这位未来医生的父母为他安排了这些学校和暑期课程，所以他所有的课余时间都会用来上额外的科学课程。没有时间让他进行角色实验或反思。经历过认同危机的青少年会下定决心，不过在此之前，他们并未经历一段实验阶段。认同早闭就是认同发展过程中的中断，它干扰了青少年对其所有潜力的发现。

反向认同 偶尔，青少年会选择他们父母和所在群体明显不喜欢的认同。下面的例子似曾相识：地方检察官的女儿常常违法；条件优越、地位高的家庭的儿子不愿意上大学；有着虔诚宗教信仰家庭的孩子选择做无神论者。因为健康的认同感的建立需要青少年的监护人在一开始就对他们有所认知，所以反向认同的发生是认同发展出现问题的标志。采取反向认同的青少年能够被周围的人所发现，但是并不认为他们的成长很健康。

通常，选择反向认同表示在一种很难建立可接受的认同环境中打造出某种自定义的感觉。这种情况很可能会在从重要的人那里寻求积极认可的尝试不断失败后出现，于是青少年转而选择一种不同的，也许是更成功的道路来取得注意，也就是选择反向认同。考虑一下这个例子：成功的父母有一个儿子，他的成绩不错，但没有好到让他拥有很高期待的父母高兴。他感觉父母对他不屑一顾，所以他放弃学业，转而在乐队中玩吉他，这也是他父母所反对的事情。正如埃里克森指出的，大多数青少年都宁愿成为坏人而不愿被人不屑一顾。

性别角色的发展

虽然青少年男性和女性在生理发育上会有明显的不同，但他们在态度、能力和行为上的相同点远比不同点多。时尚书刊声称男性和女性完全不一样，男女来自不同的星球，男性和女性学习、说话和寻找方向的方式是不一样的，而且男女青少年应该分开学习和成长。但是事实却是，除了一些明显的生理区别外，青少年男女的差异并没有那么大。我很抱歉让你失望了（如果有的话），但是对于性别的科学研究就是不支持所谓"男女拥有不同思维方式的大脑"、"对道德有着不同的看法"以及"拥有不同的学习方式"等观点。

是否过去存在更大的性别差异而后来消失了（确实存在这个可能性，因为在过去男女确实面对着不同的期望和机遇），或者是否更大的差异仅仅是人们想当然的，这些都无法得知。但是不同种族间男女的差异要比同种族内部差异要大得多。在本章或其他章节中，我注意到有研究发现青少年在发展和功能方面有意义的性别差异。

除了在力量上的差异之外，青少年男女在能力方面没有差别，虽然女性更加具有"人的指向性"，男性更具有"物质指向性"，两性在兴趣和态度方面的差异要比大多数人们想象的更小。最稳固的两性差异存在于男性和女性表达侵略性的方式上（男性总的来说比女性更具肢体暴力，而女性则更具言语暴力），表达亲密的方式上（女性更倾向于用言语表达亲密，而男性则通过共同的活动来表达），还有男女易于出现低自尊和抑郁的程度上（女性更易倾向于这两者）。在家庭关系、成就测试的成绩以及与同龄人的竞争与受欢迎，还有健康的心理发育等方面都没有多少性别差异。

青春期时性别角色的社会化

尽管性别间的心理差异很小或不存在，但许多人都坚持认为男女有不同的"标准"，心理学家也对按照传统的两性行为方式行事所产生的结果感兴趣。一些研究发现，按照性别刻板方式进行行为的压力在青春期中期时会有暂时的上升，这种现象被称为性别强化假设。青少年对于性别角色的信念在经历过青春期后会变得更具灵活性，很大程度上是这个时期认知变化的结果，但是社会压力会让青少年倾向于性别刻板行为。事实上，环境因素对于性别角色行为的影响要比青春期激素变化的影响大得多。比如，当青少年开始约会的时候，对他们来说按照性别角色的期望来表现以及得到同龄人群体的赞同都变得越来越重要。不够男子汉气概的男性或者没有足够女性气质的女性往往受欢迎程度较差，也较为不被同性和异性接受。

并非所有的研究都认可青春期中期的性别刻板行为。这些研究间呈现差异的一个原因是性别刻板行为所呈现或者被要求的程度取决于所研究的行为领域、青少年的发展经历以及青少年生存的大环境。比如，虽然青少年在青春期早期以及中期时对于性别角色的态度趋于传统，但并不都是这样。一项对于性别角色态度变化的研究打破了性别、出生顺序和父母态度类型起决定作用的论断。第一胎出生的，其弟弟和父母有着传统的性别观念的男孩，态度会随着时间便得越来越传统，第二胎出生的，其兄弟和父母传统观念较弱的女孩则不会出现这种情况。

性别刻板印象行为的压力在青春期中期可能会暂时上升。

男性化和女性化

如果青少年更加期望自己符合性别刻板印象，我们能够预料，那些男性化尤其明显的男孩和女性化尤其明显的女孩要比性别表现出非典型特征的人在心理上更加健康。那些更加女性化的女孩和更加男性化的男孩对自己是否满意呢？

最近的研究发现，这个答案在男女之间是不同的。虽然比较符合典型性别特征的男女相对于不太符合典型性别特征的同龄人更加受欢迎，而且也因此自我感觉更好，但是拥有非典型性别特征的代价，男孩要比女孩大。不过，男孩在青春期时减少女性特征的行为（比如表现得很感性）并不让人奇怪，同时，男性和女性都不会减弱他们男性化特征的表现，比如功利性。对于女孩来说，在青春期时表现得男性化比男性偶尔表现出女性化要轻松得多。与对年幼儿童的研究相同，在青春期时，至少在当代美国社会，不符合传统男性特征的男性比不符合女性特征的女性要更容易被认为是不正常的。有趣的是，有着传统男性化倾向的男孩（这些男孩比其他男孩自我接受度更高）更容易出现各种行为问题，也许部分原因是当代社会男性化的特征也包括了足够的"强悍"，以至会尝试违法行为、毒品和酒精，还有无保护的性行为；或者是因为在行为问题较为普遍的艰苦环境中长大的男孩会接受一种"男子汉"的形象以便在社区中获得生存。相反,拥有传统女性特征的女孩较易产生更加传统的女性心理问题,比如饮食紊乱(见图8-3)。

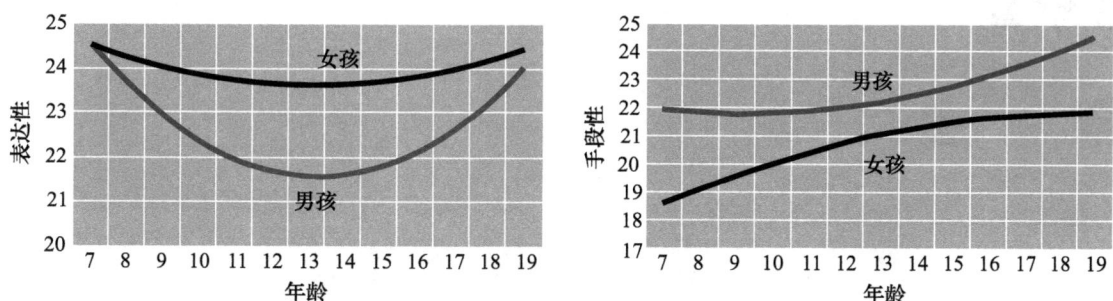

图8-3 青春期时,男性更加避免表现出典型的女性特征,但是女性避免男性特征的压力要小得多。于是,男性在情绪化表达上水平下降,但是在手段性上却没有这种下降情况

资料来源:McHale, Kim, Dotterer, Crouter, & Booth, 2009

与标准性别角色相符的压力在青春期时影响着男女两性,那么为什么在行为与自己性别不符的时候男性受到的伤害更大呢?答案就是,虽然女孩在青春期时也许会感受到适应或保持某种女性化特征的压力,但她们不会放弃所有的男性化特征。而男性在很早的时候就非常社会化,这个时候与性别不符的女性特征是不被接受的,并被人看作不正常。与此相一致的是,男性更可能认为自己是"典型的男性",而女性认为自己是"典型的女性"的可能性较小,而且男性对自己是男性的满意程度要比女性对自己是女性的满意程度要大,男性按照性别刻板的特征来行为的压力比女性要大。

换句话说,在不被惩罚或者被认为不正常的情况下,那些行为表现出男性化特征的女性向着女性化方向发展的压力较大。所以,对女孩来说,拥有男性化和女性化混合的特征是拥有独特女性特征可行的选择。当到了青春期的时候,女孩有越来越大的压力去穿得或者打扮得漂亮,但是没有感到压力去放弃运动或者其他男性行为。不过对于男性来说,从儿童时期开始,他们就感到不能像女性一样行事的压力。他们的性别角色社会化在青春期时没有像女孩一样增强,因为原本从开始就已经很强。

第 9 章

自 主

> 当我拿到驾照时，我把这看成是自由，走出父母的怀抱，去以前父母不让去的地方，不用担心被放下，被接走。可以去图书馆，甚至是舞会，去聚会，也没什么好担心的，谁知道呢，你父母还得来接你。我未必会感到尴尬，还好吧。我自己决定什么时候离开，我自己决定来到这儿，然后被放在这儿。我觉得自己更像个成人，也不是很清楚。我去海滩，去其他人家里，朋友的家里，还去看电影。

对于大多数青少年来说，例如上面引用青少年的话，成为成人过程中建立自主感和建立认同感一样重要。成为一个自主的人——能进行自我管理的人——是青春期时最基本的发展任务之一。

尽管我们经常将"自主"和"独立"两词混用，但在青春期研究中，它们的意思略有不同。"独立"通常是指个人独立行为的能力。青春期期间独立的发展当然是自主的一部分，但是本章会介绍，自主性中包含情绪和认知成分。换句话说，自主不仅仅是独立行动，还包括独立感受和自主思考。

在青春期时青少年逐渐脱离儿童时期一贯的依赖，开始转向成人期间的自主性——这一点不仅存在于人类青少年中，也广泛地存在于哺乳动物中（所有哺乳动物都要经历青春期）。但是青春期的自主性发展还是经常被误解。自主性经常被与叛逆混淆，成为一个独立的人通常就意味着脱离家庭。这种观点认为青春期肯定是压力和骚动期。但在前几章已经介绍过，青春期是压力和骚动期的观点一直被科学研究所质疑。现在这一观点在自主性发展上又重新被提出来。研究者没有将青春期看成是叛逆期，反而将青春期的自主性发展看成是逐渐的和进步的，尽管重要、但相对没那么激烈的过程。此外，很多研究者都指出青春期寻求自主是顺应自然的，表明青少年远离父母的需求有着进化的基础，反映他们需要更多的好奇感和探索，这能促进家庭以外的繁殖。

因为今天的青少年多数时候都在成人直接监督范围之外，要么是靠自己，要么是靠同龄人，所以学习如何负责地管理自己的行为是非常重要的。考虑到工业化国家中单亲家庭和双职工家庭的数量巨大，成年人都希望年轻人能尽量监督自己。很多人感到来自父母、朋友和媒体的压力，要求他们迅速成长，小小年纪就要像成人行事。很多出身贫困的青少年在成长中有着不一样的压力——人们希望他们在必要的时候承担成人压力来接济家庭。

这里存在悖论。人们要求青少年在心理上和社会上更自主的同时，他们在经济上却越来越不自主。因为20年代以来高等教育越来越普及，且近来的经济萧条让年轻人找不到工作，因此经济独立可能要在心理独立很久后才能实现。很多情感独立的年轻人发现只要自己经济上还不独立，就得听从父母的规定，这让他们很沮丧。他们可能会认为自主决策的能力与经济独立毫无关系。一个18岁的大一新生要做兼职，要上很多课，还得跟女朋友正经谈恋爱，在这些方面他可能独立，但他可能还得住在家里，因为没钱，他别无他法。父母可能认为只要他还住在家里，他们就该决定晚上他能在外待到多晚，但青少年会觉得自己的父母没有这个权利。这种分歧可能会在子女和父母间造成问题和混乱，尤其是当父母无法决定青少年的独立程度时。自主问题上的分歧最能造成青少年和父母之间的争吵。

自主：青少年问题

和认同感一样，自主性是一个社会心理问题，在整个生命周期内反复出现。独立行为的发展比青春期要早得多。学步儿童在开始独立探索四周，维护自己想做的事情时，就在初步建立自主意识。这个发展阶段对父母来说很头痛，通常被称为"烦人的两岁小孩"。一直在说"不"的儿童和不想让人知道行踪的青少年都在展示自己逐渐增长的独立和自主意识。心理学家将学步儿童的反抗行为视作是正常的，他们也将青少年对隐私的兴趣看作是正常的——不管这在父母看来是多么烦人。

尽管童年和青春期是自主性发展的重要阶段，青少年的自主问题不能到了成年初期就一下子得到解决。不管何时，只要个体认为自己需要不同程度的自立，就会出现独立行动的相关问题。例如，一个人多年来在经济扶持、指导或培育上都依靠自己的爱人，一旦离婚后，就必须找到更自主、更独立的行动方式。如果老年丧偶，个体会突然觉得有必要依靠其他人来获取帮助和扶持，此时，自主性可能是非常重要的。

如何建立和保持自主的健康意识是个终身问题，为什么该问题会吸引如此多对青春期感兴趣的学者呢？当我们将自主发展与青少年的生理、认知和社会变化联系起来时，这个问题就很好解释了。

能开车对于青少年来说可以在父母管制下大幅增加自主性。

青春期和自主发展 首先请思考青春期的影响。一些理论学家表示青春期早期的身体变化会给年轻人与家人的关系带来变化。青少年远离父母，转向同龄人寻求情感支持（这是建立成人独立的一部分）可能源于他们开始对性关系感兴趣，以及他们开始关注约会和亲密友谊等问题。事实上，从进化角度来说，青少年寻求独立可以看作是个人生理和性成熟的自然结果，青春期后的"离家"不是人类独有，灵长类动物里也有这样的现象。在某种意义上，青春期驱使青少年开始在情感上不仅仅依靠家人。此外，青春期体型和外貌的变化可能会带来父母和老师给予青少年自主度的变化。成人会赋予青少年更多的责任，可能就是因为他们看起来老成点。

认知变化和自主发展 其次，青春期的认知变化同样在自主发展中起着重要作用。自主也包括独立决策的能力。当个体向他人寻求意见时，经常会得到相左的意见。例如，在决定是否待在家复习还是出去聚会的问题上，教师和聚会举办人多半会给出不一样的意见。想要认清这一点，需要一定水平的知识抽象能力，但这个能力直到青春期才会具备。能考虑他人的意见，更成熟地推理，预见其他行为下的未来后果，都能帮助年轻人有效权衡他人观点和建议，然后独立地做出自己的决定。青春期的认知变化还为年轻人思考社会、道德和伦理问题的变化奠定了逻辑基础。这些思考上的变化是个人价值观系统发展的先决条件，价值观系统基于个人的对错观念，不只包括父母和其他权威人士传下来的规定。

社会角色和自主发展 最后，青春期的社会角色和活动变化必然会增加青少年对独立的关注，因为他们有了新的定位，需要更多的责任感和自立。例如有了工作或是拿到驾照后，就会促进独立决策能力的发展。青少年在结束一份工作前，可能不会真正思考与工作相关的责任。在青少年没达到法定饮酒年龄前，选择是否饮酒无关紧要。当年轻人意识到他即将享有投票权时，决定政治信仰就变得迫切起来了。

自主的三种类型　前面我们已经讨论过，青春期需要发展某种意义上的自主性。但是成为一个自主或独立的人到底意味着什么呢？心理学家用三种方式来描述自主。第一是情感自主，这方面涉及个人的亲密关系，尤其是与父母关系的变化。第二是行为自主，即自主决策并且坚决执行的能力。第三是认知自主（有时也称作价值自主），包括独立的价值观、观点和信仰。

情感自主的发展

在人的一生中，父母和子女的关系不断发生变化。无论何时，只要父母或子女的能力、关注点和社会角色发生重大变化，情感表达、权利分配和语言交流方式等都会随之变化。

青春期末期，个体对父母不再像儿童时期那般依赖。以下几方面可以说明这点。第一，年纪略长的青少年在自己难过、焦急或需要帮助时，通常不会马上冲向父母。第二，父母在他们眼里不再是无所不知、无所不能的。第三，在与家庭的关系之外，他们有着大量的情感能量，事实上，相比父母，他们可能与自己的男女朋友更亲。第四，年纪略长的青少年能将父母看成是普通人，而不仅仅是当作父母来看待和沟通。例如，很多父母发现能够向青春期子女吐露心事，而这些事在孩子小的时候是不可能说出来的，抑或是他们辛苦工作一天后，说出的这些事能够很容易引起青少年的共鸣。青少年和父母关系的这些变化都反映了情感自主的发展。

情感自主和分离

精神分析理论和分离　早期关于情感自主的著作受到精神分析理论家安娜·弗洛伊德的影响，她认为青春期的身体变化会带来家庭系统的严重混乱和冲突。弗洛伊德认为其原因在于，自童年初期就被压制的内心冲突在青春初期被复苏的性冲动所唤醒。这些冲突围绕着儿童无意识地受到异性父母亲的吸引，而对同性父母亲抱着复杂的感情而展开。这些冲突在唤醒后，会以家人间的剑拔弩张、争论增多和家里出现不适展现出来。因为这种冲突，青春期初期的少年最起码会在情感上与父母分离，然后会从同龄人，尤其是异性同龄人处寻求情感能量，心理理论家称之为分离，在他们看来，青少年初期似乎在努力切断对父母的依赖，这种依赖在婴儿时期形成，在儿童时期得到加强。

弗洛伊德及其追随者将分离和随之而来的家庭风暴和压力看作是青春期情感发展中正常、健康和不可避免的部分。事实上，弗洛伊德认为青少年和父母间如果没有冲突，就意味着该年轻人有成长问题。

对分离的研究　但是对青少年家庭关系的研究结论却与弗洛伊德的观点不一致。即青少年和父母间的紧张冲突是正常的；青少年会远离父母；他们因为严重的家庭冲突而被逐出家门，等等。至今相关的主要研究都表明大多数家庭在孩子青春期间都能融洽相处。尽管父母和青少年可能相比以前有更多争吵，但也没有证据表明这种争吵能长期地大幅降低他们的亲密度。大多数人表示在青春期后期与父母更亲密，尤其是在他们上大学后。

换句话说，尽管青少年和父母的关系在青春期时确实发生了改变，但是他们之间的情感纽带是不会被切断的。这点很重要，因为这意味着青春期的情感自主包含"转变"，而不是切断家庭关系。换句话讲，青少年不必与父母脱离也能在情感上自主，尽管在个人主义不如西方社会受到强烈推崇的文化环境下，轻松达到这种平衡会更显困难。有趣的是，青少年如果能更好地处理自主和与父母亲密关系的平衡，也能在恋爱中更好地平衡自主和亲密关系。

有观点认为青少年和父母的冲突是常事，与此相反的是，至今青春期家庭关系的所有主要研究都表明大多数青少年和父母相处十分融洽。

情感自主和个性化

在青少年分离的研究上，除了经典的精神分析法外，一些理论学家提出情感自主的发展可以从青少年不断发展的个性来考虑。个性的发展始于婴儿时期，一直持续到青春期后期，指的是年轻人自主、能力和与父母分离意识的逐渐形成。因此，个性化与自主意识的发展有着密切联系，因为个性化涉及青少年是如何看待自己的。

但个性化并不包括压力和骚动。相反地，个性化发展过程中孩子对父母的依赖会减少，与父母的关系会越来越成熟、负责且更自主。具备健康自主意识的青少年可以接受自己选择和行为的责任，而不是让父母代替他们。例如，一个有独立意识的女孩不会故意在外待到很晚，违反父母规定的晚归时间，她会在出门前将父母拉到一旁，对他们说："今晚的这个派对可能到半夜还不能结束。如果真到那么晚，我会还在外待一会。十一点我给你们打个电话，然后告诉你们我什么时候回来，可以吗？"

个性自主的研究

研究表明情感自主的发展是一个长期过程，发生在青春期早期，一直持续到成年期初期。某项研究对 10～15 岁的样本进行了问卷调查，这份问卷考察情感自主的四个方面：①青少年将父母去理想化的程度（"我父母有时也会犯错"）；②青少年将自己父母视为普通人的程度（"我父母跟他们朋友在一起与跟我在一起时表现不一样"）；③非依赖性，或者是青少年依靠自己而不是父母来获得帮助的程度（"当我做错什么事，我不会总是依靠父母来解决"）；④青少年在与父母的关系中感受到个体化的程度（"我的有些事连父母也不知道"）。四项中有三项，即除第二项外的分数都是随着年龄的增长而递增的。

通常而言，在青春期早期，父母对青少年行为的了解减少，部分是因为父母不大可能监督自己的孩子，还因为青少年不大可能主动向父母吐露心事。例如，在一项研究中，研究人员发现随着青少年长大，他们父母知道的朋友数量会大幅下降，这更大程度地反映了个性化和隐私。其他研究表明，随着年龄的增长，青少年不大会表明他们跟父母的观点一致或是他们赞同父母。这又与青少年对父母权威信赖的变化有关。第2章中已经讲到，在父母有权进行规范和与父母不相关的事情上，青少年很有可能划出界限。

青少年与父母间的情感关系也在发生着重大变化。例如，一项研究考察了青春期男孩在夏令营中的思家报告。研究发现，思家情绪——青少年会经历，就像焦虑和沮丧一样——在青春期中期不像青春期前期或青春期以前那样普遍。青少年在父母面前表达愤怒、悲伤等负面情绪的意愿在青春期早期时最强烈，这可能是因为与父母保持一定的情感距离是自主化过程的一部分。

去理想化 儿童经常将父母看成是偶像来崇拜，青少年却正好相反。心理学家认为，将父母去理想化可能是情感自主发展的第一个方面，因为青少年可能会在塑造父母更加成熟的形象时，会先隐藏以往自己对父母的孩子气形象。尽管在青春期中期孩子们不如青少年初期那样会继续保留对父母的理想化形象，但当谈到将父母视作普通人时，10~15岁的孩子们情感自主的程度是一样的。换句话来说，去理想化只是个开始，而不是结束，这个过程使青少年对父母逐渐形成更现实的观点。即便是在高中时期，青少年似乎还不能将父母从父母的角色脱离出来，将他们看成是普通人。情感自主的这方面一直到很晚，可能是成年人早期才会发展。相比与母亲的关系，青少年在与父亲的关系中，要更晚才能将父亲当成普通人看待，因为父亲将他们视为个体所进行的交流较少。

保持联系的重要性 有趣的是，以前的观点认为青少年如果想要健康成长，需要断绝与父母的联系，现在却有一些研究发现，情感自主的发展，尤其是个性化，可能对青少年产生不同的心理效应，这得看父母与孩子的关系是否密切。情感自主，但感觉与父母疏远或分离的青少年在心理调节的测量上得分很低，那些也有情感自主，但与父母关系亲近的青少年则比同龄人心理更健康。

例如，在一项针对黑人、墨西哥裔美国人和白人青少年的研究中，来自各个种族情感与父母有分离且家中冲突更

随着青少年情感自主的发展，他们会更加频繁地怀疑和挑战自己的父母。

多（分离的一个综合表现）的青少年也会逐渐喝更多的酒，但是对于更加自主且家庭联系更为密切的青少年来说，情况却相反。综合以上来说，这些研究告诉我们，区别与父母分离但仍保持情感亲密（健康的）和带有疏远、冲突和敌意意味的与父母分离（不健康的）是非常重要的。与此一致，对父母撒谎或向父母隐藏一些令人讨厌的事情通常意味着分离，而不是健康的个性化，这通常与心理问题有联系。不足为奇的是，随着个体由青春期走向成年，他们会越来越觉得对父母撒谎是不可接受的。

什么引发个性化 什么引发了个性化进程？对此人们提出了两种模型。几位研究人员表明，青春期是主要原因。青少年身体上的变化带来了人们对青少年看法的变化——不仅仅是青少年看待自己的看法，还有父母看待青少年的看法，由此也使得父母和子女间的关系发生了变化。第4章中讲到，青春期开始后不久，很多家庭都会出现更多的争吵和口角。有些研究者认为，冲突的增多可以帮助青少

年从不同的角度看待父母，进而形成个性化意识。与此一致，在青春期初期，青少年情感与父母联系减少，这时家中也会有更多的争吵，但这段时期过后，到了青春期后期，情况会相反，家中的争吵也会减少。

其他研究者认为青少年个性化的发展是受到了他们社会认知发展的刺激。第2章中提到过，社会认知指的是对自己和人际关系的认知。青春期情感自主的发展可能是因为青少年对自己和父母有了更深刻的认识。青春期前，个人经常会接受父母对他们的看法（"我父母认为我是个好女孩，那我一定是"）。但随着个体在青春期初期和中期形成了越来越分化的自我概念（第8章中有提及），他们逐渐认识到父母的观点仅仅是众多观点中的一个——这一个可能还不是完全对的观点（"我父母认为我是个好女孩，但实际上他们不知道真正的我是什么样的"）。青春期后期，个体会认识到他们的自我概念和父母观点之间的明显区别是完全可以理解的（"这只不过是我的有些方面他们知道，而有些方面他们不知道罢了"）。

这并不表示个性化的过程通常是顺利的。有些研究者认为随着青少年将父母去理想化，他们会开始更自主，也会感到更不安全——一个研究组称之为"双刃剑"。也就是说，尽管父母在孩子心中无所不知、无所不能的形象有可能不准确，但这种形象仍然带有情感慰藉的意味。抛弃这种形象对父母和子女来说会带来自由，但也会带来恐慌。事实上，一些研究者发现情感自主的发展不仅仅与青少年的不安全感相联系，也与父母的焦虑和排斥有关。当青少年对自主的要求早于父母所允许的年龄，个性化过程中也会出现难题。青少年还认为自己在父母允许的年纪前就该得到自主。

情感自主和教养方式

不管是出于青春期还是更高级的认知能力发展，不管自主化过程中存在信心还是恐慌，有一点是确凿无疑的——健康的个性化和积极的心理是由亲近而非疏远的家庭关系培育出来的。青春期间紧张的家庭关系表明有问题存在，而非积极的发展过程。例如，研究人员发现，最能感受到自主的青少年，是那种最能感受到父母给予自由的青少年，而不是那种与家人断绝关系的人。事实上，情况正好相反，自主的青少年与父母关系亲近，喜欢与家人一起做事，与父母很少有争吵，随时随地可以询问他们建议，并且表明愿意成为父母那样的人。叛逆、消极论以及过多加入同龄人群体更容易发生在心理不成熟的青少年身上。即使在大学期间，不住家的学生与仍住在家中的人相比，与父母的感情更深，交流更多，对这段关系的满意度也更高。换句话说，青春期紧张的家庭关系似乎与自主性缺失而非自主性的存在相关。

同时，如果父母在情感上太具侵入性或太过保护，即动用过多的心理控制时，青少年在个性化过程中就会面临问题，并最终导致抑郁、焦虑和社交能力下降。如果父母阻止青少年的个性化过程，则会使青少年出现焦虑、抑郁及其他心理困扰的症状。过度保护对那些从一开始就能力欠缺的青少年来说尤其不利。结果，当青少年对自我进行负面评价时，父母的心理控制所带来的影响更为不利。如果青少年自我感觉不佳，而其父母又具有侵入性时，则孩子很有可能陷入抑郁。与此相反，从全球范围来看，如果父母能在孩子对自主有更大兴趣时提供支持，那么孩子对生活会更加满意（见图9-1）。

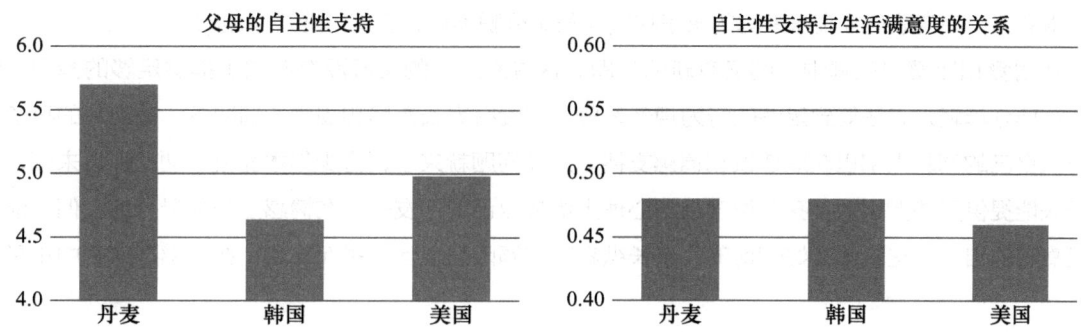

图 9-1　尽管不同文化背景下的青少年在情感自主过程中获得不同程度的家长支持，但自主支持和他们生活满意度之间的相关性在不同的文化下是相似的

资料来源：Ferguson, Kasser, & Jahng, 2011

情感自主和育儿方式　在第 4 章中我们已经了解到，青少年的发展会因不同的育儿方式而受到不同的影响。值得一提的是，有权威的（友好、公正、坚决）的家长才能培养孩子的自主、责任心和自尊，那些专制型（过于严厉）和宽容型（过于仁慈）的家长则做不到。在这些差异中，至少有一些可能跟不同家庭类型中情感自主的发展存在相关性。

在权威型家庭中，家长会对青少年的行为做出规范，制定标准，但这些都很灵活，也有讨论的余地。尽管在孩子行为问题上，父母可能有最终发言权，但最终的决定是经过大家磋商和讨论的——这其中也包括孩子。例如，在讨论孩子晚上必须在家的时间时，权威型父母会和孩子一同坐下，说明他们是怎样做出这个决定的，以及他们为什么选择这个时间。他们还会征询孩子的意见，并在做最终决定时仔细斟酌。

由此我们不难看出为什么权威型家庭中的互让和妥协适合情感自主的健康发展。因为家里制定的这些标准和规范都很灵活，而且能很清楚地向孩子解释。随着孩子身心、智力上的成熟，对这些标准规范进行修改也不是什么难事。家庭关系中的渐变给予年轻人更多的自主性，鼓励他们勇于承担责任，但是并没有威胁到父母和孩子之间的情感纽带，换句话说，一个有灵活的、不断调整家庭关系的家庭更易于做出改变来促进情感自主。

在专制型家庭中，规则是要严格执行的，也很少能得到解释，要想根据青少年进行调节更加困难。独裁父母可能会将孩子不断加强的情感自主看成是叛逆或不敬，所以他们可能会抵抗孩子对自主性不断增长的需求，而不是去接受它。例如，专制型父母在见到自己女儿对男生开始有兴趣时，可能会对女儿晚上在家时间做出更加严格的规定，以此来限制她的社交。专制型父母不会鼓励自主，相反地，他们可能会保留孩子在儿童时期的依赖性，不让孩子更多地尝试做决定，对自己行为负责。本质上来讲，专制型教养可能会干涉到青少年的个性化。

当缺乏亲密性和对自主的支持时，问题会更显复杂。在家庭中，如果家长管制过度，追求极度冷酷和惩罚，孩子有可能会对父母的标准做出明显反抗，试图以显而易见的方式来宣称自己的独立性。最近有项对孩子处于青春过渡期的家庭进行追踪的研究，发现当家长反应过强时，孩子更有可能"出岔子"（行为不当）。另外一项研究发现家长让孩子接听电话的次数越是频繁，孩子就会越不诚实。这些叛逆无法表明真正的情感自主，倒更像是孩子面对父母的刻板和缺乏理解时挫败感的宣泄。前面也提到过，当青少年在冰冷和敌对的家庭环境下试图建立情感自主时，他们心理健康多半会受到负面影响。事实上，来自敌对或高压家庭的孩子在主动与父母脱离后，表现可能是最佳的。

在溺爱和冷漠型家庭中，则又有新的问题。这些家庭中的父母没有向孩子提供足够的指引，因此，这部分年轻人无法得到足够的行为规范教导。在没有家长指导和规则的情况下，被宠坏的孩子通常会从自己的同龄人那里获取建议和情感支持。这样问题就来了，青少年本身就年幼，涉世未深，当父母未能提供足够指引时，孩子更容易在心理上依赖自己的朋友——在情感上与父母分离，但可能并不是真正的自主，这没什么好惊讶的。家长纵容的问题因为缺乏亲密而加剧，在冷漠型家庭中正是这样。

在青春期前一直比较放任孩子的父母会被最后的结果杀个措手不及，后悔自己最初没能更加严厉。在同龄人的影响下，宽松型家庭中的孩子可能会做出父母不认可的举动。最终，那些一直在孩子儿童期持宽容态度的家长在孩子进入青春期后会转变态度，逐渐变得专制，想要去控制一个他们已经觉得无法掌控的孩子。例如，在小学时，家长从来不会对女儿下午的活动做出任何限制，但她进入初中后，父母会突然监控起她的社交。类似这样的转变对青少年来说是极其残酷的，在他们寻求更多的自主时，他们的父母却给他们设置了更多的条条框框。他们已经适应了过去父母相对的宽容，现在父母突然半路杀出来改变规则，在第一次要严格执行规则时，他们很难接受。

行为自主的发展

尽管情感自主在青春期父母与子女的关系中得到最大展现，但行为自主，即独立行动能力的发展则在家庭内外都能得到观察，体现在与同龄人和父母的关系上。广义上来讲，行为自主指的是独立决策的能力。具体来说，行为自主方面的研究人员关注青少年决策能力的变化、对他人影响的敏感性以及自立感受。

决策能力的变化

第 2 章提到过，青少年已经运用更成熟的推理过程，这能让他们同时衡量、比较多种观点——这是衡量他人观点和建议时至关重要的能力。此外，因为青少年比儿童更能进行假设，他们在决策时更有可能考虑长期后果。青少年角色互换的能力更强，能够从他人的视角来思考问题。这在判定建议人是否有某方面的专业才能、特定的偏见或既得利益时十分重要，年轻人应该牢牢记住。综合说来，这些认知差别能提高决策技巧，并最终提高个人自主决策的能力。

决策能力的提高　很多研究都表明，在青春期中后期，决策能力会得到重要提升。随着年龄的增加，青少年更有可能去考虑他们所做决策的风险和效益，也会权衡选择的长期后果，而不仅仅只关注眼前。这些提升看上去得益于独立的两方面，实质上是这两方面在联系中发展。

第一个影响是在青春期做决定时，由决定带来的直接回报的影响变弱。很多情况下，我们需要做出决定（我该待在家学习还是跟朋友们出去？我们应该偷溜进电影院还是乖乖排队买票？我是应该现在就跟女友上床，还是等到明晚拿到套套再说？），这里面是潜在回报和潜在成本的综合，我们最后的决定是分析回报和成本有多大之后的结果。你可以想象一个人在考虑跟朋友们找乐、免费看电影或上床之后所做出的决定跟一个考虑不好好学习后的考试分数、逃票被抓住的后果或者使女友怀孕的后果的人所做的决定有多么不同。

在青春期早期，相比潜在成本，个体更容易受到决策潜在效益的吸引。随着他们逐渐成熟，回报和成本的相对平衡不断发生变化，所以在青春期后期，这些因素得到了平等的权衡。心理学家现将这种发展映射到大脑活动方式的变化上，表明大脑中对回报敏感的区域在青春期早期和中期更容易受到刺激，尤其是当青少年对回报有所期待，早早开始想着自己能得到多少乐趣的时候。青少年中一些显著的"回报敏感"甚至是无意识的。他们跟成人一样清醒地意识到决策潜在的回报和成本——只不过受到的影响不同罢了。

青春期早期的孩子比大人更容易受到回报的吸引，他们尤其容易受到即时回报的吸引。思考以下问题：你是希望明天就有 200 美元还是一年后拿到 1 000 美元？明天 600 美元跟一年后的 1 000 美元呢？这是评估即时回报对个体来说到底多么重要的方法，因为愿意尽快拿到钱而接受小数额的人更容易受到即时回报的诱惑。图 9-2 基于我跟同事的一项研究，表明不同年龄段的个体相比一年后，愿意在明天就到手的钱数。可以看出，前青春期和青春期早期的青少年只要能早点拿到钱，情愿少拿点。

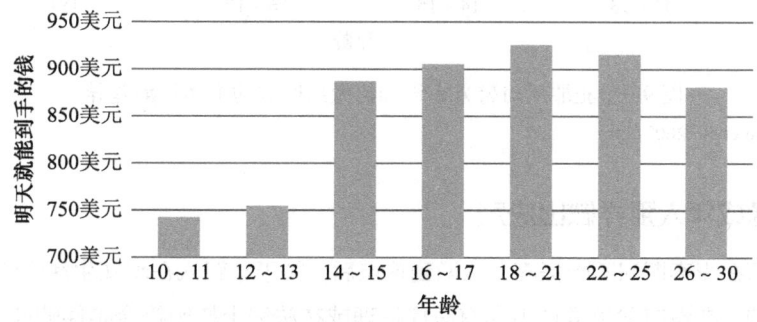

图 9-2　在青春期早期，孩子尤其容易受到即时回报的吸引。上图显示个体相比一年后获得 1 000 美元，情愿明天拿钱所能接受的金额数在年龄上的差异

资料来源：Steinberg, Graham, et al., 2009

对决策变化的第二个影响涉及个体控制自身冲动的能力。第 2 章中讲到，大脑中负责自控的部分在青春期和成年初期仍在发育。这点对决策来说很重要，因为这意味着随着年龄的增长，个体更具有前瞻性，能想象和分析决定带来的结果，征询和评估他人的建议，不再仓促做决定，或过度受到情感的影响。第 2 章中还提到，显著回报敏感性和未成熟的冲动克制结合在一起，可能会导致青少年做出很多冒险的，甚至是危险的决定。

合法决定　决策能力变化研究的一个有意思的分支探究了青少年的合法决定。在典型研究中，青少年和成人都会思考如下问题：如果一个人犯法，他会如何处理以下情况：警方审讯时、咨询律师时、是否认罪以减轻处罚还是接受庭审时，或是在宣判结果上冒险时。研究人员发现相比成年人，青少年更少思考自己决定的长期影响，更多地专注于直接后果，也不如成年人那样能理解他人立场是如何造成自己利益偏差的。例如，当被问到罪犯被警方审问时应如何应对，青少年更倾向于回答罪犯应该坦白（律师通常不推荐），而不是保持沉默（这正是大多数律师极力推荐的）。青少年想的是行为的直接后果（"如果我将实情告知警方，他们就会让我回家"），而不考虑长期影响（"如果我坦白，可能在法庭上会对我不利")(见图 9-3)。

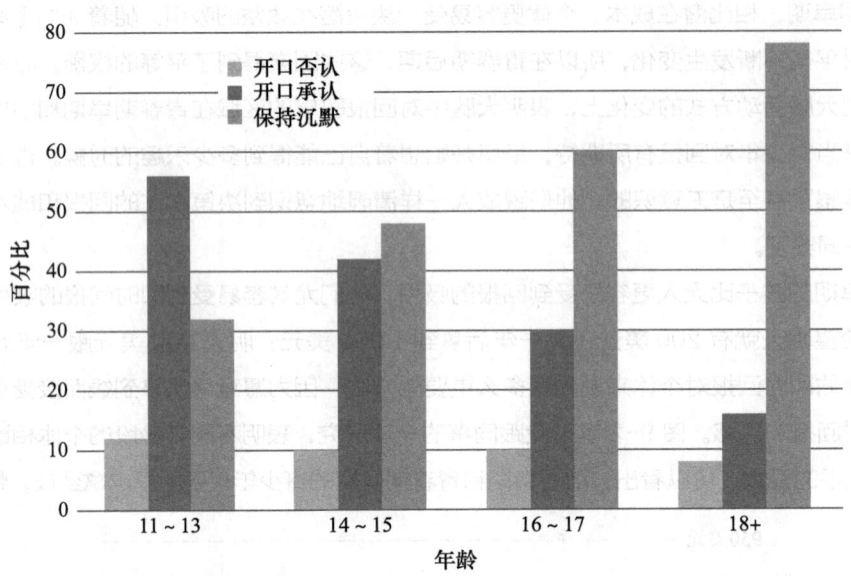

图 9-3　犯罪后对警方审讯如何做出回应的个体年龄差异

资料来源：Grisso et al., 2003

青少年何时能像成年人那样做出决定

个体决策技巧在青春期间不断提高，认识到这点后，关于年轻人在现实生活中的决策能力就引发了很多讨论。例如，在没有父母准许下享有医疗护理或在法庭上按照符合条件的被告人行事等问题。很多这样的讨论围绕着在驾驶、购买烟酒或在成人法庭上接受审判等事情上如何划清青少年和成人的法律界限而展开。

我们之所以不知道如何划清成人和青少年之间的界限，部分原因在于成熟的决策是认知能力（例如能够进行逻辑推理）和社会心理学因素（例如能够克制个人冲动）共同作用的产物，这些发展的不同方面似乎是沿着某种时间表前行的。例如，第 2 章中谈到，16 岁左右时，基本认知能力才完全成熟。基于此，很多研究者认为青春期后期的少年在不告知父母或不获得父母同意的情况下，也应该有权利寻求医疗保险服务（包括流产和避孕）。同时，冲动克制、提前计划、风险评估等方面都在成年初期不断提高，在某段时间，青少年可能会像成人思考，但是行为略不成熟。有些人反对像审判成人那样审判青少年，借用上述证据来说明青少年判断还不成熟，所以应对犯罪青少年从轻处理。

解决该问题的一个方法是，保证对青少年的依法处理符合我们对该法律问题下青少年发展的了解。换句话说，一种决定所需要的技巧如果比其他的成熟得更早，那么针对不同决定设置的年龄界限也应不同。

对影响敏感度的变化

随着青少年在家以外的时间越来越多，他人（包括同龄人和成人）的意见和建议显得更重要。例如某些时候在穿什么的问题上，青少年会向朋友们询问意见，而不会问父母。在学校里选什么课程的问题上，他们可能会去问老师或者指导顾问，而不会把这种问题带回家。在越来越多的情况下，青少年可能感觉到父母的建议不如其他人有效，这也是可以理解的。

有些问题青少年可能会与多人进行讨论。例如，一个十几岁的小姑娘想要在课后做兼职，她不仅会跟父母讨论利弊，也会询问朋友们的意见。当朋友跟父母都持反对意见时，青少年必须调和观点差异，自己独立地得出结论。

如果父母和朋友给出的意见相左，青少年会追随一方而舍弃另一方吗？人们经常认为青少年对同龄人压力的影响极其敏感，即比儿童和年轻成年人对同龄人压力影响要敏感得多，对父母的影响却顽强抵抗。但是，在人的一生中，青春期时的同龄压力比其他阶段都要显著吗？

同龄人对青少年的穿着打扮和日常行为都有重大的影响。

父母和同龄人的影响 通过让青少年在父母和同龄人的期盼中或是在他们自己和其他人（一般是父母或朋友）的期盼中二选一，研究者研究了青春期时的从众和同龄人压力。例如，研究人员会让青少年想象自己和朋友在老师休息室外发现下场考试的答案，他的朋友让他保守秘密，但他告诉了妈妈，妈妈让他告诉老师，研究人员问他接下来会做什么。

比较父母和同龄人影响的研究表明，一般而言，在一些情况下，同龄人的观点更具有影响力，但在其他一些情况下，父母的观点更有力。具体来说，在短期的、日常的以及社会问题上，包括衣服风格、音乐品味、休闲活动的选择等，青少年更可能与同龄人保持一致，在初中和高中初期尤为这样。在教育或职业规划等长期问题上，或涉及价值观、宗教信仰、伦理等问题时，青少年主要受到父母的影响。整体而言，当青少年的问题集中在与某个同学的关系上时，他们会转向同龄人，这个倾向随着年龄增长会不断加强。但是在遇到问题时，尤其是涉及与父母相处的问题时，青少年仍然会在很大程度上寻求成年人的意见，这种趋势在青春期后期还会不断增强。这说明年长的青少年非常乐意求助成人专家，注重他们给出的意见。简言之，在不同情况下，青少年会向不同的人征询意见。

回应同龄人压力 比较同龄人和成人影响力的研究并没有真正揭示出有关同龄人压力的所有疑问，但是，当青少年身边没有成人时，如去聚会了，从学校开车回家或者周末跟朋友出去玩，这个时候同龄人压力就出现了。为了进一步探究这个问题，研究人员研究了当青少年面对朋友压力和自己观点时必须做出选择时怎么应对。例如，青春期男孩可能会被问道，他是否会迫于同龄人压力而肆意破坏财产，即使这不是出于他的本意。

通常而言，运用这种方法的大多数研究表明从众心理在青春期中期比青春期后期要显著。有些研究发现在青春期早期和中期从众心理会加强，在14岁左右达到高峰，但是有些却发现从众心理在该期间没有变化，或者青春期之前比青春期更易受到同龄人的压力影响。当讨论中的行为是反社会的，例如欺骗、偷窃或非法入侵时，14岁左右最易受到这种同龄人压力的影响，对男孩子的研究中更是如此。这些发现都与不良行为的研究一致，多是青春期中期男生以团伙形式开展。有些研究指出，与身边那些更自主的朋友相比，易受同龄人压力影响而参与到违法活动的青少年更容易出现行为不当。相比其他同龄人来说，文化适应能力更强的拉美青少年对反社会的同龄人压力更为敏感，而出生在美国的拉美人相比出生在其他国家的拉美人也对这种压力更为敏感，这与研究表明文化适应能力更强的青少年不良行为的概率更高是一致的。当然，容易受到同龄人压力影响所带来的结果取决于这些同龄人是什么样的人。例如，对同龄人压力的高敏感性意味着如果朋友们是吸毒者，那么他们也会转向吸毒，但是如果朋友们不是，同样程度的敏感性就无法预测是否吸毒（见图9-4）。

尽管我们知道同龄人压力下的从众心理在青春期早期比较显著，但我们不知道这其中的原因。有一种解释说，青少年在这段时期对同龄人影响更敏感是因为他们是以同龄人群体为导向的。实验研究发现，青春期朋友的存在能激发大脑中与回报体验相关的区域，但是成人与朋友间就不存在这样的效应，图9-5说明了这一点。因为青少年更关注朋友是如何想他们的，他们更容易随大流来避免被人排斥。与此相同的是，在一项实验研究中，青少年被引导去相信他们正在聊天室里与高地位或低地位的同龄人（由实验者让同龄人按照他们的兴趣来操作）在讨论各种非法或冒险行为的可接受性，这样一来，他们更容易受到高地位同龄人观点的影响。关于这个实验，还有另外一个版本，就是个体对同龄人压力的敏感在整个青春期内会一直持续，但是同龄人压力在个体14岁左右时会格外强烈。换句话说，青少年群体比幼年或成年群体更能在各自的群体内对成员产生影响，这种影响甚至会强大到使最具有自主性的孩子屈从。

当我们把对同龄人压力、同龄人趋同和父母影响方面的研究所得到的结果综合起来时，出现了以下情况：在儿童时期，男孩和女孩更多地以父母为导向，较少地以同龄人为导向，同龄人压力不是很显著。但当他们接近青春期时，孩子不再像以前那样以父母为导向，更多地倾向同龄人，而且同龄人压力会不断增加。在青春期初期，与父母保持一致的趋势仍不断减少，同龄人压力持续加强。直到青春期中期青少年行为自主性才会真正变强，因为在这段时期（9~12年级）内，即使同龄人压力不断增长，他们与父母或同龄人保持一致的

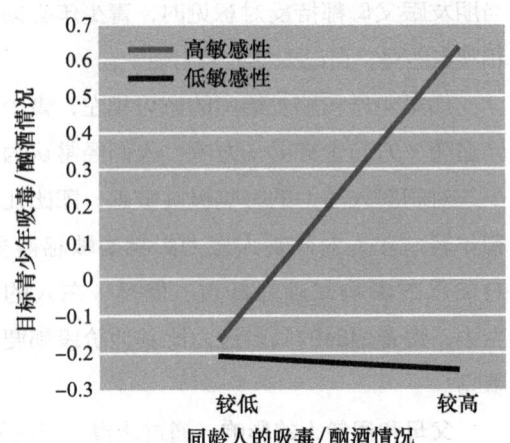

图9-4 对同龄人压力敏感的结果取决于可能会影响个人的同龄人

资料来源：Adapted from Allen et al., 2006

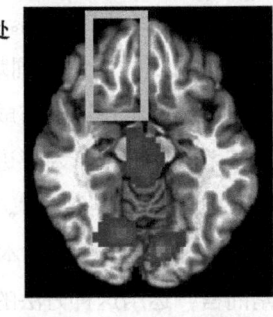

图9-5 青少年比成年人对同龄人的影响更敏感

注：该图展示了两幅脑部扫描，其中一幅摄于青少年在玩驾车游戏，周围有很多朋友在观看时，另外一幅摄于青少年在单独玩游戏时。当我们体会奖励时，大脑框选区域内被激活。青少年与同龄人在一起时表现得更为鲁莽，其中一个原因可能是同龄人的出现使得他们更加关注冒险选择的潜在奖励。

情况也会下降。

对同龄人影响敏感性的个体差异　同一年龄的青少年群体中，有一些高度自主，有一些则很容易受到同龄人的影响，有一些以父母为导向，但有一些仍然在父母和同龄人之间摇摆不定，这也得视情况而定。女孩子没有男孩对同龄人压力那么敏感，黑人青少年相比其他种族的小孩也是如此。相反地，亚裔美国青少年对同龄人压力尤为敏感，这可能与亚洲文化强调集体重于个人是一致的。研究还发现，单亲家庭中的青少年对反社会的同龄人压力尤为敏感，在缺乏家长支持和参与的家庭中，情况也是这样。

青少年大脑发展的研究使我们对青少年对同龄人影响敏感性的个体性差异有了更多的了解。最近的一项调查发现，个体如表现出了对社会排斥的高度敏感性行为，则对同龄人影响的抵抗会更弱。另外一项研究则发现人之所以能够抵制同龄人压力，与大脑区域在决策时与其他脑区联系更为紧密有着很大关系，这可能意味着能抵抗同龄人压力的个人能更好地控制冲动、情绪化的决策，这种决策在同龄群体中经常发生。在最近另一项脑成像研究中，如果青少年的神经活动反映出在面对情绪面孔的图片时有着更好的情绪调节能力，也说明他们对同龄影响的抵制力更强。该脑部研究说明，青春期积极发展的一个重要方面包括自我监管的发展。

和情感自主一样，行为自主似乎与权威的，而非宽容、专制或冷漠的家庭养育相关。与此相同的是，与父母讨论过性问题的青少年在性行为上比较不容易受到同龄人的影响，这点上要强于没这样做过的成年人。如果青少年的父母强烈反对抽烟，那他受到同龄人抽烟的影响就会小于父母没这样做的青少年。其他研究发现冲动的青少年在做决定前不大可能会询问自己的父母。

真实的情况可能还要复杂。权威型父母在青少年对同龄人压力敏感性上的影响取决于同龄人压力的本质。权威型家庭中的青少年对反社会同龄人压力的敏感性没那么强，但可能对积极同龄人的影响更为敏感。例如，权威型家庭中的青少年不像其他青少年那样易受到吸毒朋友的影响，但是他们也比其他人更容易受到在校表现良好同学的影响。有一些青少年对同龄人过度依赖（摒弃父母规则，并且因为想要在学校受到更多人喜欢就对学习不怎么上心），有一些在询问同龄人意见的同时不会忽略父母的指导，区分这两类非常重要。用同龄人来代替父母的地位会导致不端行为，但是只要青少年的咨询名单上有父母，那么再添上同龄人也不会出现这样的问题。换句话说，与父母的脱离，而非与同龄人的脱离，才会有潜在的危害性。

根据相关研究，父母和青少年就行为自主的变化进行协商的方式为青少年自身的调整带来一些启示。与父母关系不佳的青少年更有可能以同龄人为导向，与品行不端的同龄人混在一起，或者在缺乏监督的环境下与同龄人消磨时间，增加不良行为的风险，这也并不令人奇怪。研究还表明父母需要在掌握控制权和给予自主权上保持平衡。通常来说，在青少年未准备好时就给予他们过多的自主权，或者在青少年成熟到自立时仍然给予过少的自主权都会造成青少年以同龄人为导向。父母越是权威（更严厉，也不大可能让青少年自己做决定），越会造成青少年以同龄人为导向。很多父母极力压制青少年的独立性，因为他们担心如果不这样做，自己的小孩就会在同龄人的"邪恶"影响下误入歧途，但是这样的策略常常是事与愿违的。很显然，在渴望和期望更多自主而受到父母的限制时，青少年就会远离家庭，转向自己的朋友。

对自主期望的种族和文化差异

行为自主的发展因文化而异，因为青少年和成人对独立行为的年龄期望有所差异。通常而言，当青少年对自主的渴望与父母愿意给予的时间正好一致时，他们的心理状况为最佳。例如，白人青少年和他们的父母与同国的亚裔青少年和父母相比，对自主的期望会更早。正因为如此，亚裔家庭中的青少年不像白人青少年那样会从父母处寻求自主，而白人青少年也不似亚裔青少年那样会从与父母的关系来定义自己。可能是因为这点，美国青少年因其较好的情绪管理能力而需要更多的自主性，亚裔青少年中这点却不明显。

令人惊奇的是，在行为自主的研究中，性别和出生顺序的差别非常小，而且不一致——人们却常常相信父母会给予男孩比女孩更多的自主权，或者是后出生的孩子会早点拥有自由，因为他们的哥哥或姐姐已经铺好了路。有些研究发现，性别和出生顺序的差别可能会导致父母给予不同的自主权，但是这种方式却取决于家庭中儿子和女儿的特定星座，以及父母对性别角色的态度（在较传统的家庭中，父母会给予男孩更多的自主权，但如果父母教育程度较高，则会给予女儿更多的自主权，可能是因为女孩子更好管教的缘故）。青少年被给予自主权的性别差异主要发生在黑人家庭中。与其他种族群体相比，黑人中男孩得到的自由比女孩更多。

很多移民家庭都会遇到这样一个问题，父母和青少年在什么时候给予自主权上可能有着不一样的想法——尽管这取决于在初始和新环境下双方意见的差异度。但一般来说，一个家庭从较晚给予青少年自由的环境中（大多数亚洲国家都是这样）转移到较早给予青少年自由的环境中时（比如美国），青少年比父母能更快地融入新文化中，这个时候，由于父母和青少年的期望不一样，很有可能就会产生冲突。青少年对自主的期望很大程度上是在了解朋友们有多少独立性后形成的。

自立感受的挑战

行为自主研究的第三种方法重点考察青少年对于自身自主性的判断上。例如，当不同年龄的青少年完成有关自立的标准化测试后，结果表明自主性的主观感受在青春期是递增状态，青春期女孩比男孩有更多的自立感受。女孩子更能抵抗同龄人压力，这与女孩在社会心理上比男生早熟的观点是一致的。从前面谈到的对同龄人压力敏感度的方面来说，这一点显得格外有趣，因为这表明青少年在对同龄人压力敏感度增加期间，可能会说自己更自立。尽管成人认为青少年对同龄人压力的屈从意味着自主性下降，青少年却不这样看。自立感更强的青少年更自信，行为更端正，这也就不足为奇了。

认知自主的发展

认知自主的发展包括青少年的信仰、观点和价值观，主要观察青少年对道德、政治和宗教问题是如何看待的。青春期间认知自主有三大趋势值得注意。第一，青少年思考道德、政治和宗教问题越来越抽象。试想一个18岁的孩子在考虑是否要在首都参加一场破坏性游行，来抵制他认为间接地保护了环境破坏者利益的政策。他没有仅仅从具体细节来看待这个问题，而有可能会思考在知情情况下触犯法律的后果。第二，青春期时，信仰已慢慢扎根于一般原则中。18岁的孩子可能会说反污游行可以接受，因为环境保护比遵守法律更重要，所以面对环境恶化，触犯法律也是合法的。第三，信仰也逐渐融入青少年的价值观中，而不仅仅只存在于由父母或其他权威性人物传达的价值观体系中。

认知自主的发展大多数都可以追溯到认知变化，这也是青春期的特征。随着青少年推理能力和假设能力的不断提高，他们对意识形态和哲学问题更感兴趣，也开始用更成熟的方式去看待这些问题。去思考其他可能性和参与思考的能力有助于他们探索其他价值系统、政治意识形态、个人道德和宗教信仰。

但是情绪和行为自主的发展也能促进认知自主的发展。我们可以看到，一些证据表明认知自主（18~20岁）要晚于情绪和行为自主的发展，后两者多发生在青春期早期和中期。情绪自主的建立可以让青少年更客观地看待父母的观点。当青少年不再将父母看成是万能可靠的权威时，他们会重新思考他们还是小孩子时毫不怀疑接受的观点或价值观。个体如具有更强的认知自主能力，在其他心理领域（例如认同发展或自我意识）也会更显成熟。

当青少年开始用行为对自主进行试水时，他们可能会经历一系列认知冲突，这是由于他们得比较父母和朋友的建议，还得处理不同表现形式的竞争压力。这些冲突可能会让青少年认真深思他们到底相信什么。例如在青春期，当青少年认为父母的建议是不道德的时（例如，当父母禁止孩子与另一个种族的人约会时），就很可能会对父母撒谎，忤逆他们的意思。他们的努力表明了自己的立场，在一定程度上体现了行为自主，这是认知自主过程中的关键部分。

青春期的道德发展

道德发展是青春期认知自主领域中被研究最多的一个方面。道德发展的研究包括推理（个人是如何思考道德困境的）以及行为（在需要道德判断的情况下他们是如何做出行动）。与此相关的是对亲社会行为的研究，亲社会行为指的是个人帮助他人的行为。

评估道德推理　道德推理研究中占主导地位的理论观点植根于皮亚杰认知发展理论。第2章中我们讨论了青春期思维过程的变化，皮亚杰理论，也就是认知发展理论的重点在于青少年思想的结构和组织上而不是内容上的变化。而在认知发展理论的观点上发展起来的道德发展理论也同样比较强调个体在进行道德决策时运用的各种推理方式的变化，而不是他们的决策内容和因此而采取的行动。尽管认知发展理论最初是由皮亚杰本人提出的，但是这一理论后来由劳伦斯·科尔伯格进行了发展。科尔伯格的研究与青春期期间道德发展更为相关。

为了测试个体的道德推理水平，研究人员模拟了现实中的道德困境来观察个体的反应。研究人员有的通过访谈将困境摆在实验对象面前，随后记录下他们的反应并对其进行分析解码，有的则通过问卷的形式进行调查。以下是研究人员常用的几个困境：

> 朱迪是一名12岁的小姑娘。妈妈答应只要她自己通过给邻居照看孩子或者省下午餐费攒够门票钱，那她就能去看过几天在镇上举办的演唱会。通过努力，朱迪不仅攒够了15美元的门票钱，还另外多攒了5美元。但这时妈妈反悔了，她打算让朱迪自己花钱去买新的校服。朱迪很不开心，她最后还是决定去看演唱会，然后她告诉妈妈自己只攒了5美元。周六，朱迪去看了演出

并跟妈妈说自己和朋友出去玩了。事情过去了一星期,妈妈也没有发现。朱迪把自己去看演唱会并对妈妈撒谎的事情告诉了姐姐路易斯,现在路易斯十分纠结要不要把这件事情告诉妈妈。

姐姐路易斯到底是应该把真相告诉妈妈还是应该保持沉默呢?

有两名年轻人,他们是兄弟,惹了一个大麻烦。他们打算偷偷出城去玩,但是他们现在手里还缺钱。哥哥卡尔从一家商店里偷了1 000美元,弟弟鲍勃则来到一名热心肠的老人那里,告诉他自己得了重病需要1 000美元来做手术。鲍勃希望老人能借钱给他并且保证等自己康复了就会还钱。实际上,他根本没有生病,也根本没有打算还钱。尽管老人跟鲍勃不是很熟,但最后还是借钱给他了。最后,兄弟俩带着各自的1 000美元一起溜出城去玩了。

究竟谁的行为更恶劣呢?是卡尔的偷窃行为还是鲍勃的欺骗行为?

科尔伯格假设的困境中,最有名的是关于一名男子是偷药来治愈自己的妻子还是让她继续面对不治之症:

一名妇女因为严重的癌症而奄奄一息。医生说有一种药或许能救她一命,那就是镇上一名药师最近发现的放射性物质镭。这种药的制作成本十分高,而药师提出的售价是他制药成本的10倍。他买原材料的成本只有200美元,但是一小粒最终售价却高达2 000美元。这名妇女的丈夫海因茨为了筹钱,把所有能借的朋友都借遍了,但最终也只凑到了1 000美元,只有药品售价的一半。于是他向药师求情,问他能不能便宜点把药卖给他或者让他以后再把余款补上。但是药师说:"这药是我发现的,怎么定价我说了算。"海因茨十分绝望,最后他偷偷潜入药店,偷到了能救妻子性命的药。他这样的做法究竟是对还是错呢?

道德推理的不同阶段 在科尔伯格看来,比上述这些问题的对错更重要的是隐藏在答案背后的道德推理过程。他提出,随着个体的发展,他们对于问题的推理也变得越来越复杂。科尔伯格将道德推理水平具体分为三种:在儿童时期占主要地位的前观念道德推理,在童年后期和青春期初期的观念道德推理,以及在青春期期间或者在成年早期出现的后观念道德推理(有时候也被称为原则性道德推理)。

前观念道德推理的特点是外部或者肢体的反应。根据前观念道德推理做出的决定并不是以社会的标准、准则或者观念(因此被称为前观念)为基础的。这一时期的儿童处理道德困境时主要考虑不同的行为可能带来的奖励和惩罚。这一时期的孩子可能会认为海因茨不应该

青春期时个体处理道德困难的方式会发生改变。

去偷药，因为这样他会被抓进监狱。也有孩子会说海因茨去偷药是正确的，不然人们会怪他对妻子见死不救。这两种看法的首要关注点都在于海因茨的行为可能带来的后果。

观念道德推理在考虑道德问题时并不是那么关注有形的奖励和惩罚或者人们对个体的某种行为的判断。在观念道德推理中，人们更注重社会的规则、法规和观念对人们要求。个体之所以能行为得当，是因为这样做能使他们得到他人的认可并维护社会秩序。社会规则的正确性是不容置疑的，个体必须遵守、尊重社会规则。观念道德推理的人可能会认为海因茨不应该去偷药，因为这是违法的。但也有人会说海因茨的做法是正确的，因为这是一名好丈夫应该做的。大部分关于道德推理的研究都发现，大多数的青少年和成年人运用的都是观念道德推理，他们会依据人们应当遵守的一系列社会法则来评判道德问题。

后观念道德推理比较少见。这种水平的推理将社会法则和观念看作是相对的、主观的，而不是绝对的。个体可能是有道德义务来遵守社会的行为标准，但是只有当这些标准支持道德规范并为之服务时才是如此。因此，一旦传统观念受到质疑，并且有更重要的原则，如公正、公平和人命等取代了现有社会法则的优先性时，情况就有所不同了。比如，后观念道德推理会认为海因茨不该去偷药，因为这样就破坏了社会成员之间的潜在共识，正是这种共识才让每个人能自由地追求自己的生活。但是奉行另一项原则的人则会认为海因茨的做法是正确的，因为人命关天，救人比保护尊重个体的自由重要得多。观念道德推理是以社会法则为准绳的，而后观念道德推理则是以更加宽泛的抽象原则为准绳的。因此，后观念道德推理与认知自主性尤为相关。

科尔伯格认为在童年和青春期过程中，个体的道德推理变得越来越有原则性，许多研究都已证实了这一点。研究也发现，个体道德推理的发展轨迹也正好与科尔伯格的理论相同。儿童时期，个体主要采用前观念推理，临近青春期，个体开始出现观念推理并一直持续整个青春期；而后观念推理要到青春期末期才有可能出现。根据科尔伯格的理论，当青少年到达一定阶段以后，他们的道德推理能力会上升到更高的水平。这时候他们的道德推理主要集中在某一较低的阶段，但是部分推理已经上升到了下一阶段，或者他们接触到了具有更高推理水平的个体，如父母、同龄人等。个体道德推理能力的发展遵循从巩固期（这期间他们的道德推理能力处在一个稳定的时期）到过渡期（这期间他们的道德推理能力出现更多变化）再到新的巩固期（这期间他们的道德推理能力较为稳定，但是比前一阶段要高）的模式。

皮亚杰理论中认为，认知发展的最高级阶段是形式运算，不是所有人都能达到这一阶段（见第2章）。道德推理能力也是一样，并不是所有个体都能到达后观念道德推理阶段。从小在权威家庭中长大的孩子更容易到达这一阶段，因为父母从小就会鼓励他们多参与家庭讨论。这一过程中，家庭讨论产生的冲突不高不低，父母能让孩子接触到超过孩子道德推理能力的道德问题。证据表明，黑人青少年的高级道德推理能力的发展需要他们认同传统的非裔价值观。

尽管并不是所有的个体都能在青春期进入后观念思维的阶段，但是确实很多青少年都会逐渐注重抽象的价值观和道德原则。同时，不同年龄段的青少年在面对道德争论时，年龄稍长的会更容易用科尔伯格理论中更加高级的道德推理方式。由此可见，青春期期间，青少年的后观念思维会逐渐增强，同时他们的前观念和观念思维则会逐渐减弱。有趣的是，青少年的后观念思维能力会随着年纪和年级的增长而逐渐增强，大部分成年人的道德推理能力在正式教育结束以后便停止增长了。多年以来，心理学家一直在争论个体处理道德问题时是否存在性别差异，也有不少著作认为男女在处理问题上存在着不同，但是目前还没有研究支持这一点。

道德推理与道德行为　　对假设的道德问题进行高级的道德推理是一回事，但是要做到言行一致又是另一回事。毕竟，对一件事高谈阔论（比如考试作弊是不道德的）和自己却也难以遵守（比如考试快结束时忍不住去偷瞄别人）是很常见的事情。于是有人对科尔伯格的理论框架提出了批评，认为尽管他的理论为人们处理虚拟的道德问题和生死攸关的情形提供了参考，但是在碰到人们对于自己在日常生活中可能遇到的道德问题时就失去了参考价值。

科尔伯格理论的研究对这些批评做出了有效的回应。研究显示，人们对生死攸关的问题与日常问题进行道德推理的方式是一样的。同时，研究也发现，人们的行为与自己对道德问题进行推理的方式是一致的。尽管在大体上，个体行为并不总是与其道德推理保持一致，但是推理能力更高的个体通常能表现出更强的道德水平。比如，道德推理能力更高的个体做出反社会、作弊行为的可能性更小，也更不容易向他人的压力屈服，同时他们还有更强的包容性，更喜欢参加政治抗议活动，也更愿意参加志愿活动去帮助他人。他们也容易影响身边的朋友做出道德决定。相反地，道德推理水平较低的个体则更具有暴力倾向，更容易接受暴力，也更容易对他人的不当行为视而不见。

当然，道德行为与道德推理并不一定是携手并进的。大部分人做出过低于自己道德水平的行为。我们无法要求道德行为能与道德推理保持完全的一致，因为有许多其他的因素会使情况变得更复杂。关于道德推理能力的测试都是在"社会真空"的状态下进行的，但是在现实生活中很少会存在这种真空的状态。比如，高速公路上限速能有效地减少交通事故，因此大部分时候你也会遵守限速的规定。但是有时候当你正赶着要到达某个地方，你当时的需求就会胜过你的道德观念，于是在这种情况下你可能就会选择超速，但实际上这与你的道德观念是相悖的。环境因素会影响人们在道德问题上做出的选择，他们同时还会影响道德推理能力。当个体意识到更高级别的道德推理会为自己带来严重的伤害（比如支持某人会使自己受到严厉的惩罚），他们做出更高级别道德推理的可能性就会更小。道德推理对道德行为有重要的影响，但是我们必须也要考虑环境的因素。

当青少年将问题看成是个人选择而非道德问题时，他们的道德推理和道德行为出现脱节的可能性就更大。如果个体将各种危险行为（比如尝试吸毒、没有保护措施的性行为等）看成是个人的决定而非道德问题，那么在预判他们的行为时，他们的道德推理能力就派不上什么大用场了。换句话说，在个体认为某件事只是个人的喜好问题无关乎对错时，他就更容易做出一些危险行为（哪怕这是不道德的）。但是，我们并不清楚将冒险视为个人选择是否会增加个体冒险的概率，或者一旦个体尝试过危险行为以后，为了替自己的行为开脱而更容易将其看作个人的选择。不管怎样，如果不能使青少年意识到自己的行为是属于道德问题而不仅仅是个人的选择，那么针对刺激青少年的道德推理而设计的干预手段对减少青少年做出危险行为的影响就会很小。在经常使用道德脱离手段（为不道德的行为进行辩解，比如将偷窃解释为对他人的报复）的青少年中，出现犯罪和暴力的现象更为普遍。

亲社会推理、亲社会行为与志愿者活动

亲社会推理的变化 大部分关于青春期道德发展的研究都将注意力集中于青少年在违反某项法律制度的情况下做出的行为，但是目前有越来越多的研究人员开始将注意力转移到青少年行为中的推理过程上了。总的来说，个体对诚实、善良等亲社会现象的看法在青春期的后期变得越来越复杂。比如，在青春期期间，个体普遍不喜欢出于个人目的（比如为了得到回报、提升自己的形象等）的亲社会行为，而比较喜欢出于对他人由衷的关心而做出的亲社会行为。在青春期末期，青少年的亲社会推理能力持续进步，并一直持续到20岁出头。

有些研究人员疑惑道德推理和亲社会推理的能力是否与父母的某些教育方式有关。总的来说，我们在前面也曾提到过的那些有利于促进青少年情感自主的教育方式，也同样能促进亲社会推理能力的发展。如果父母能鼓励孩子参加家庭讨论、表达自己的看法，那他们的孩子通常会展现出比同龄人更强的亲社会推理能力。父母的这种教育方式能让孩子对别人感同身受，从而促使他们做出亲社会的行为。同时，父母积极的教育方式能使孩子更关心他人、更好地控制自己的情绪，这两项都有利于亲社会推理能力的发展（见图9-6）。

亲社会推理与亲社会行为 拥有更高级的亲社会推理能力和更注重亲社会行为的青少年通常在行动上也会和思想保持一致。比如，经常参加各种志愿者服务的模范少年道德推理能力要强于同龄人，他们更关注社会的和谐，而且作为孩子来说，他们

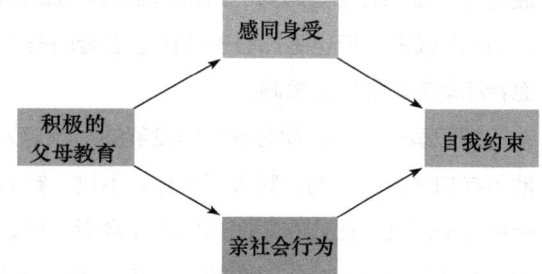

图9-6 父母积极的教育会提高青少年控制自己情绪和同情他人的能力，从而促进其亲社会行为的发展

资料来源：Padilla-Walker &Christensen, 2011

也比同龄人更能体会他人的不幸。在亲社会推理能力方面得分较高的个体同时也展现出了更多的关心和同情，会做出更多的亲社会行为。他们即使在目睹了暴力行为以后，也不大会做出暴力行为。总体上，女性青少年在亲社会道德推理方面比男性要强，而不管在男性还是在女性中，女性特征相对较强的个体也会展现出更高的亲社会道德推理能力。

尽管青春期期间，个体的亲社会推理能力会逐渐提高，但是研究却发现青春期期间亲社会行为的变化情况并不一致。研究发现有些个体在青春期以后变得更体贴和关心他人，但是也有很多个体并没有。还有研究发现一些个体在高中阶段反而变得更加不乐于助人。各种研究较为一致地发现，亲社会行为比较稳定（也就是说，在学校乐于助人的青少年到了商场里也更乐于帮助陌生人）。同时，女孩子普遍比男孩子更关心他人，这可能是因为父母在教育女儿的过程中更加注重亲社会行为的教育。鼓励青少年多花时间去思考什么对自己更重要，这能增强他们亲社会的倾向。身边有亲社会的朋友也会增加青少年的亲社会行为。

公民参与 各种形式的公民参与是青少年展现自己亲社会行为的最显著方式之一。公民参与是一个宽泛的概念，它是指能体现个体参与政治及社区事件的一系列活动，包括关心时事、参与常见的政治活动（比如就某一问题询问议员、参加竞选和投票等）、参与一些自发的政治活动（比如游行示威或者抵制活动）以及参加社区的服务活动等。由于大部分国家的法定投票年龄都在18周岁以上，因此

针对青少年参与政治事件的研究还比较少，但是仍有不少人对青少年在各种政治问题上的了解和看法进行了研究。大部分研究都发现只有一小部分的青少年参加政治活动，不仅美国如此，全世界范围内都是这种情况。在美国，年轻人的投票率一直都比成年人要低。青少年对政治问题的兴趣和知识储备都十分有限，除非是碰上一些重大的全球性政治事件（比如"9·11"恐怖袭击事件等）。专家认为一方面是因为美国的高中普遍比较缺乏公民教育，另一方面是因为青少年将自己的精力都集中到了与自己直接相关的一些组织中，比如学校、宗教团体、课外的俱乐部等。

大部分关于青春期公民参与的研究都将注意力集中在了社区服务上。参加社区的志愿服务活动有时候也被称为服务性学习，在美国十分常见，现在的许多学校都将其作为一项必备的学习内容。研究人员研究了青少年志愿者活动的先行条件（是什么促使青少年参加这些活动）及其结果（即这些活动对青少年造成了何种影响），最后得出的结论不止一个。除了一些学生会参加学校要求的社区服务外，最有可能参加志愿者服务的是那些积极参加宗教活动（很可能是因为许多志愿者活动都是由宗教团体组织的）或者父母也是热心于社区志愿者服务的那群青少年。同时，成熟、外向和无私的女生参加志愿者活动的可能性也较高。

要记录志愿者活动对青少年发展的影响更为困难，因为参加志愿者活动的青少年在起步上就与其他不参加这些活动的同龄人不一样。不过，针对青少年志愿者的长期研究显示参加社区服务能为他们带来许多好处，比如在短期内培养社会责任感、培养个体乐于助人的精神以及他们对文化差异的包容性。有证据证明青少年时期的志愿者活动也会持续到成年期，持续时间的长短在一定程度上取决于志愿者活动的长度，活动的时间越短，参与活动带来的好处持续得也越短。

在过去的几十年里，许多地方的学校都开始要求或者开始考虑要求全体学生参加社区服务活动。人们对这种做法褒贬不一。支持者认为这些服务活动能使青少年更关心社区，同时促进他们亲社会能力的发展。反对者则认为强迫青少年去参加他们不喜欢的活动，会使他们对社区服务产生更负面的情绪，降低他们在日后参加类似活动的兴致。有些人甚至认为，将一项原本青少年喜欢做的事变成学校规定的义务，会改变它的本质。

为了解决这一问题，研究人员进行了几项研究，将自愿参加社区服务和被迫参加社区服务的青少年进行了对比。研究结果发现，不论之前是否有参加过志愿活动，被迫参加社区服务似乎都没有使青少年对此产生负面情绪。但是社区活动对自愿参加和完全被迫参加的青少年的影响是否存在差异？实验结果各不相同。有些研究发现不论是否出于自愿，参加社区服务对青少年都有积极的影响，但是也有研究发现参加社区活动对青少年几乎没有什么影响。然而在自愿和被迫参加的青少年之间却有一个重要的区别，那就是自愿参加社区服务的青少年在毕业后更有可能会继续自己的志愿服务，而对于本身对社区服务没有多少兴趣的青少年来说，即使强迫他们参加这些活动也无法提起他们的兴趣。如果要从这些研究中得出一个最合理的结论，那就是青少年服务的接受者（比如他们教课的孩子、慰问的老人和打扫的公园）能得到的好处比青少年自身得到的好处要大。

第10章

亲　密

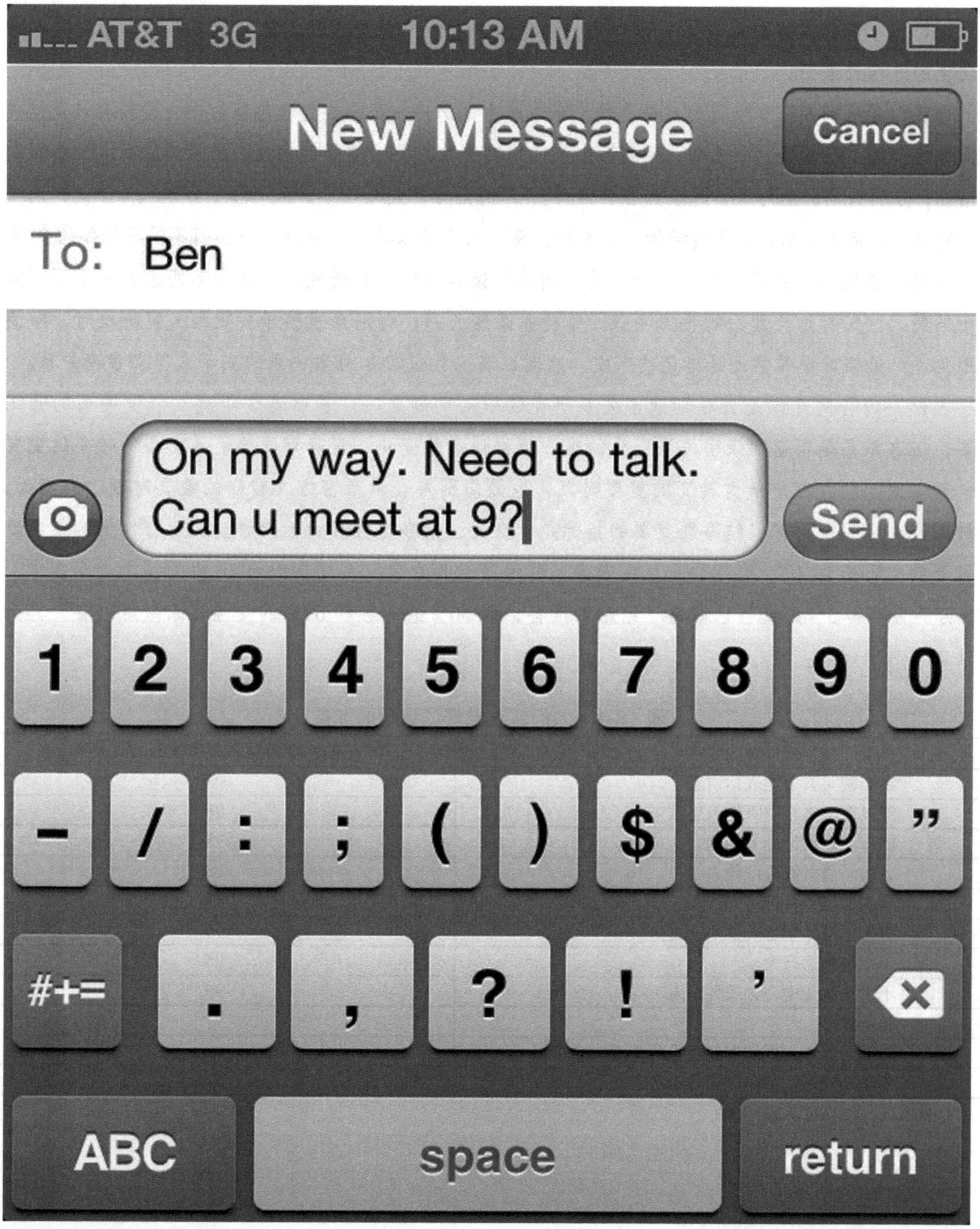
AT&T 3G
10:13 AM
New Message
Cancel
To: Ben
On my way. Need to talk.
Can u meet at 9?
Send
1 2 3 4 5 6 7 8 9 0
- / : ; ( ) $ & @ ”
#+= . , ? ! ’
ABC
space
return

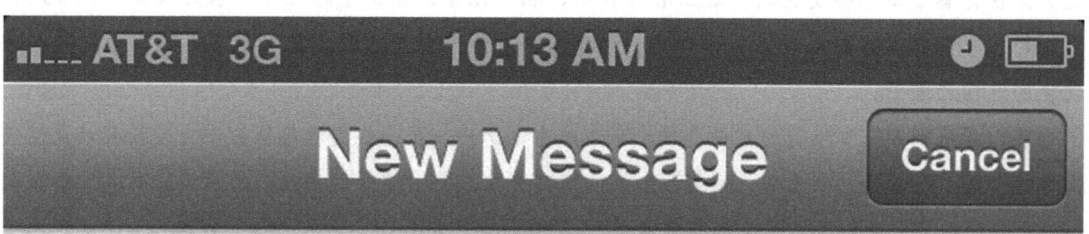

有一个夜晚，我和男友一起睡在我家（那时我 15 岁）。我们面向对方，蜷起身子。看着他的面容，我渐渐入睡。那晚我做了一个梦，梦到自己在不停坠落……惊醒后，看着他的眼睛，我便知道我们做了相同的梦。随即我们紧拥对方，无须言语，只需望着对方的眼睛，一切便了然于心。（当被要求回忆"一段生动难忘、意义重大且'能有力传达出如何成为现在的自己'"的记忆时，一位 21 岁的女子如是说）。

青春期最值得注意的事情之一就是亲密关系的变化。想一想自己儿童期的友谊，并与青春期的友谊做一番比较。想一想儿童期与青春期各自所拥有的男朋友或女朋友。想一想父母与孩子间的关系以及这关系在青春期是怎样变化的。这三者皆表明，相比儿童，青少年的人际关系更亲密、更私人、涉及范围更广、情感主导更明显。总而言之，青春期的人际关系更亲密。在本章中，我们将探究这种现象发生的过程及原因。

首先，要区别亲密和性行为这两个词。亲密这个概念——至少在青春期研究中——没有涉及性关系和肉体的含义。确切地说，亲密关系是两个人的情感交往，关心彼此的幸福；愿意袒露私人又略微敏感的话题；分享共同的爱好，一起参加各种活动。（可简记为"关心"、"勇敢"和"分享"。）因此，两个人可以建立一段亲密关系，而不需要性。同样地，两个人也可以建立一段性关系，而不需要格外的亲密。

虽然青春期亲密关系的发展总与同龄人间的友谊和爱情一起研究，但青少年的亲密关系不可能仅限于同龄人。父母总与他们的青少年孩子维持着亲密关系，特别是当孩子成熟到一定阶段时。即使多年不见，兄弟姐妹也通常还是自己的密友。有时，青少年也与非血亲关系的成年人建立亲密关系。

显然，约会的开始是青春期亲密关系研究的中心问题之一。虽然青少年建立恋爱关系的开始很重要，但这并不是青春期亲密关系发生的唯一值得注意的变化。青春期同样是寻友条件转变的重要时期，是与两性朋友相处能力转变的重要时期，也是向别人表示亲密方式转变的重要时期。的确如此，当被问及决定一个人可以结婚最重要的指标是什么时，大多男性和女性大学生认为与伴侣的亲密度是最重要的（见表 10-1）。有趣的是，在来自不同地区近 800 名、平均年龄为 20 岁的美国大学生中，仅有 9% 的男性和 5% 的女性已做好了结婚的准备，而 60% 的男性和 67% 的女性还未做好准备。其余则无法做出明确判断。

表 10-1 人们何时做好了结婚的准备

指 标	美国大学生认为必须做到的百分比
在亲密关系中能表达情感	98
能以理解之态倾听他人想法	98
能与他人讨论个人问题	98
处理矛盾时能尊敬他人	98
承担自己行为的后果	97
有过一段长期恋爱关系	96
无粗俗暴力行为	95
不以自我为中心，关怀他人	95
经济独立	91
如果是男性，要能在经济上负担起一个家庭	91
如果是女性，要善于料理家务	91

资料来源：Carroll et al., 2009.

青少年之亲密问题

亲密是人的一生中极为重要的关注点。在儿童时期，没有朋友总是会和一系列心理与社会问题联系起来。在成年时期，拥有至少一段亲密友谊对自身健康有好处：若有可以寻求情感支持的人，患身心疾病的可能性更小。毫无疑问，亲密关系对各种年龄的人都很重要。那么，为何亲密关系的发展在青春期尤为重要呢？

其中一个原因就是直到青春期，以直率、诚实、自我公开和信任为特征的真正的亲密关系才出现。当然，儿童也有珍贵的友谊，但这种友谊与青春期形成的友谊确有不同。儿童的友谊有活动倾向；这种友谊以游戏、共同参与的活动为基础。对儿童来说，朋友就是有共同爱好的人。而青少年的友谊往往有强大的情感支撑；这种友谊以相惜、相知和理解为基础。

另一个原因就是青少年社交领域不断变化的特性——在青春期早期，同龄人的重要性不断加强，而在青春期中期和后期，同龄异性重要性的加强尤为明显。在第9章，我们把青少年偏向同龄的成长视为情感自主发展的一部分。在本章中，我们将再次聚焦青少年同龄关系的变化，但以一个新视角来看待，即作为亲密关系发展的一部分。不可置否，家庭对最初的社会技能增长相当重要，但与友谊相伴的经历对社会竞争力的增强作用远大于家庭，青春期的友谊经历更是如此。

青春期与亲密关系发展　为何亲密关系在青春期会发生如此重大的转变？一些理论家指出，青春期亲密关系发展与该时期的生物、认知和社会变化存在重要联系。自然而然地，青春期性冲动的萌芽引起对性的兴趣，这就造就了恋爱关系的发展。另外，青春期和性欲也带来了新的问题和担忧，这些问题和担忧需要严肃而深入的探讨。事实上，一些年轻人通常会犹豫是否要和父母探讨性或约会这些话题，或者犹豫是否该向家庭成员外的人请教这些问题。而青少年和朋友们谈论得最私人的话题就是与真实或潜在约会对象的事。这些类型的担忧也可能会促进同龄异性间的亲密关系。

认知转变与亲密关系发展　思维的进步（特别是在社会认知领域）也与青春期亲密关系的发展有关。在第2章中我们看到，青春期社会认知发展是青少年对社会关系深入理解的反映，是青少年个人理解和交流概念成熟的反映。这些变化使青少年建立并维持以高度共鸣、自我公开和敏感为特征的关系。儿童转换立场来看待事物的能力有限，这也会导致儿童在建立亲密关系时认知上的缺陷，因为没有共鸣就很难成为亲密朋友。

社会角色转变与亲密关系发展　青少年社会角色的转变在潜移默化中影响了亲密关系的发展。简单地说，从儿童时期到青春期通常会经历行为独立的转变，这种行为独立使青少年有更多机会与朋友独处，从而参与亲密讨论。可以说，青少年在与朋友谈话上花了最多的时间。另外，青少年作为"即将成年人"通常会成为父母及其他成年人寻求帮助的对象。分享工作经历或情感自主的发展历程也许会帮助青少年与父母建立起友谊与沟通的坚实基础。最后，青春期早期时学校结构的变化，即通常会使年幼的青少年与稍长的青少年有更多接触，可能会促进新型同龄关系的形成。

从儿童时期到青春期，儿童间友好但以活动为目的的关系逐渐发展为成人世界更具自我意识，剖析能力的亲密关系。下一节，我们将探究这种转变发生的原因及过程。

青春期亲密关系的发展

友谊性质的变化

友谊定义的变化 当问及什么特性使人拥有朋友时，儿童和青少年都会提及诸如分享、帮助和共同活动之类的事，但直到青春期早期，个体才会提及诸如自我表露、共同爱好、相似人生态度和价值观或忠诚之类的事。换句话说，在儿童时期，友谊以同伴关系来定义；直到青春期，亲密才是定义的一部分。

在青春期早期，友谊概念中的亲密、忠诚、共同价值观和人生态度等比重增大，而这符合沙利文理论。随着青少年对亲密的需求增大，他们也会把亲密当作友谊的一个重要因素。这个发现也与我们知道的青春期早期其他认知变化相符。正如我们在第2章中看到的，青少年对诸如亲密、忠诚等抽象概念的判断更复杂、更具心理性，不易搞混这些概念。

嫉妒 一些研究指出在青春期早期和中期，亲密作为定义密友这个词的一个典型特征，其重要性在不断增长。但是在14岁左右，有一个有趣的变化。在青春期中期（13～15岁左右），特别是女孩，会更担忧忠诚和拒绝，并可能暂时掩饰对亲密自我的表露。与此一致，青少年与朋友的矛盾在这段时期会改变；然而较年长青少年的矛盾主要在私事上，较年幼青春期的矛盾经常在感知到的公众不认可上。

在青春期早期，女孩明显对朋友的朋友更加嫉妒。自尊心较弱且拒绝敏感性强的女孩尤其可能嫉妒朋友与其他女孩的关系。在某种程度上，亲密友谊对青春期女孩来说是一件喜忧参半的事——她们可以从倾诉问题的密友身上获益，但是她们的友谊更脆弱，更易因背叛而破裂。所以，女孩的友谊平均来说不会像男生那么长。

沙利文是怎样解释这种模式的呢？为何忠诚对青春期中期的女孩会是这么大的担忧呢？一个可能是，在这个时期，女孩开始发展恋爱关系。这种转变，正如沙利文提到的，会让个体感到不安全。可能正是约会中的焦虑和增强的不安全感导致青春期女孩一时特别看重密友的信任和忠诚。的确，相比普通的同龄朋友，对独有关系的密友，个体通常会做出更具侵犯性的行为。

在矛盾类型和解决矛盾方式方面，青少年的亲密友谊也与他们的普通友谊不同。虽然相比与其他同龄人间的矛盾，青少年与密友的矛盾较少，但这种矛盾争吵更情绪化（让人很生气、很伤心）。更重要的是，虽然相比普通朋友，密友间的矛盾更易让人去努力重修关系，而不是冲突。但是，一些最珍贵的友谊可能因此而不复存在，一些人从最好的朋友"降级"成了"好朋友"。

亲密表现的变化

相比儿童，除了在定义友谊时更强调亲密和忠诚，青少年也更可能在关系中表现出亲密，如表现出他们对朋友的了解、多敏感、易移情以及会怎样解决争论。

知道谁是自己的朋友 随着个体步入青春期，他们会更了解朋友的私人生活。比如，青春期前期及青春期的孩子对最好的朋友的特征了解程度相近，但这种了解并不涉及极其私人的事（比如朋友的电话号码或生日），而青少年了解更多可视为亲密的事（比如他们的朋友担忧的事或引以为傲的事）。类似地，从5年级到11年级，越来越多的青少年同意这样的话："不用他告诉我，我知道（我的朋友）对事情的感受是怎样的"，"我认为可以和（我的朋友）畅谈所有事"。青少年友谊质量报告显示，在青春期过程中，青少年友谊质量稳步增长。这些友谊质量的提高使青少年社交竞争力增强，而这反过来也会使青少年友谊质量进一步提高。虽然种族间存在平均友谊质量水平的差异，例如据报道称，亚裔美国青少年的友谊满意度最高，但随着时间的推移，友谊质量提高的速率相同。与沙利文观点一致，在青春期前期和青春期早期，青少年的友谊变得更具私人性。虽然担忧花时间进行网络社交会削弱青少年的社交能力，但研究发现，青少年在网上交流的对象大多也是在现实中交流的人，你可以从图10-1中看出，青少年使用社交网站主要是为了与在现实中有关系的人交流。事实上，与同龄人相比，因社交网络而上网的青少年不易自我封闭。

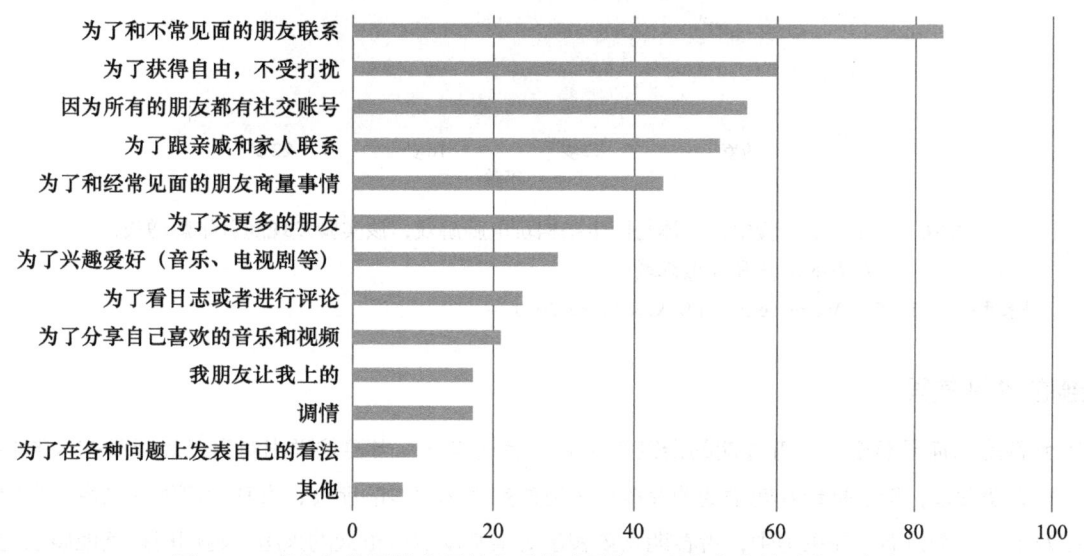

图 10-1　青少年使用社交网站主要是为了与在现实中有关系的人交流。

资料来源：Reich et al., 2012

关心与担忧　在青春期，个体对密友会更敏感，更缺少控制力，对朋友的性格会更具忍耐性。而这可视为他们亲密能力增强的另一种指标。比如，在青春期前期，事实上儿童更愿意帮助其他同班同学，与其他同班同学分享，而不是这样对待朋友（可能因为儿童与朋友间的竞争更激烈且不甘心落后于人）。大约到四年级时，关于分享与合作这个问题，儿童对待朋友和班上其他同学是一样的。到八年级时，朋友彼此间会变得互帮互助，慷慨大方。在一个实验中，个体与陌生搭档玩电脑游戏，该实验发现随着年龄增长，双方的信任和互惠都增强了（见图10-2）。青少年同样会在身心上对朋友产生回应：研究表明，与熟人相比，密友经常会同步做出相同的行为或产生相同的情感，或者说"波长相同"，甚至当朋友和熟人在参与同一件事。

也许由此，在帮助和宽慰他人时，青少年表现出更强的移情和社交理解力。与儿童相比，当朋友有困难时，青少年更可能理解和承认朋友的感受。确实，在青春期时，对于有各种私人问题的朋友，个体会努力为这些朋友提供支持，而不是仅仅想方设法分散他们的注意力。

冲突的解决　在青春期时，解决冲突的方式同样会改变，当个体从儿童期进入青春期，从青春期迈入成年期，他们会更易以协商来结束争议（努力妥协或找到一个双方都可以接受的解决办法），不易强迫或压制对方以接受自己观点。相比朋友，爱人之间的协商更普遍，相比熟人，密友之间的协商更普遍。

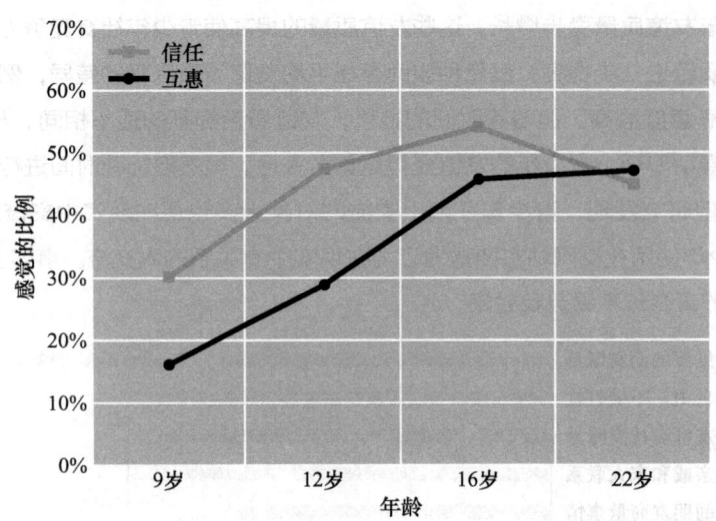

图 10-2 在一个实验中，个体与陌生搭档玩电脑游戏，该实验发现随着年龄增长，双方的信任和互惠都增强了

资料来源：van den Bos, Westenberg, van Dijk, & Crone, 2010

亲密的性别差异

女性是如何更亲密的 青春期的亲密有明显的性别差异。当要求说出对自己最重要的人的名字时，青春期女孩，特别是青春期中期的女孩会比男孩列举出更多的朋友，女孩更可能把亲密作为定义亲密友谊的一个方面。在采访中，青春期女孩表示对亲密友谊有更大的兴趣，她们更频繁地展示与朋友间的亲密交谈，表现出对朋友忠诚更强烈的担心和被拒绝时更强烈的焦虑，在评估恋爱对象时，女孩则更看重情感亲密。相较于男孩，女孩更可能区别亲密和非亲密朋友，并为关系而争吵；女孩更喜欢独占友谊，不太愿意接受其他同学进入自己团体的活动。在交流中，女孩合作程度更高，而男孩控制欲望更强。

如果自我表露是衡量亲密的一个依据，那么直到青春期晚期，男孩间的友谊才接近女孩的友谊。女孩似乎比男孩更敏感，更易移情，特别是宽慰苦恼的朋友和了解朋友感到沮丧时。事实上，女孩更易向朋友吐露秘密的一个原因是，女孩期望自我表露会让她们好受些，然而男孩认为这是浪费时间，这只会让他们感到"古怪"。在这些众多且很重要的关系中，青春期女孩比男孩更会表达亲密。

虽然这给女孩带来了好处，但它也带来一些问题。当朋友一切顺利时，女孩必然比男孩更愉悦，但当朋友遇到麻烦时，女孩会更痛苦。同样，女孩也比男孩更易花大量时间来讨论彼此的困扰——这个现象叫作共向反刍。共向反刍经常出现在讨论恋爱关系问题时，其实它是一把双刃剑，至少对女孩来说是，因为它使朋友间关系更近，但同样也会使女孩感到沮丧和焦虑。事实上，由于彼此感染，或因为倾听他人问题本身就是令人烦恼的，或通过"情感模仿"，无意识地呈现他人的情感，共向反刍使焦虑和沮丧变得"可传染"。对于男孩，共向反刍加深了友谊，且没有像女孩那样加深沮丧或焦虑感，而这在某种程度上，可能因为当听到朋友有问题时，女孩更易心烦意乱。但这不意味着青少年应该完全避免与朋友讨论情感和问题，他们需要做的仅仅是把握好度。青少年同样需注意不要参与太多"消极反馈寻找"（让别人核实他们的裂隙，比如"我的声音很扰人，对吗？"）；太多这样的东西会遭到别人的拒绝，这只会让人感到更糟。

在本质上，青春期亲密好友间的矛盾也有一些有趣的性别差异。男孩的矛盾更简短，主要是关于权利和控制的（比如在一个游戏中现在轮到谁）；但很有可能上升到身体攻击；也经常没有做任何努力，问题就被解决了，通常只怀着"让事情过去"这种想法。与之相比，女孩的矛盾要长久些，主要关于关系中的一些背叛（像打击自信心或忽视一方），而且只有当一方道歉时，矛盾才得到解决。而当一段友谊结束时，女孩通常会更难过。

她们如何表现不亲密 然而，在一些友谊的衡量中，青春期男孩和女孩表现出相同程度的亲密。虽然在定义亲密友谊时，女孩更可能提及自我表露这一点。报告称，女孩友谊中有更多的自我表露，女孩和男孩对最好的朋友的了解程度相当。当男孩与朋友在一起时，他们就像女孩一样分享彼此的情感状态。虽然普遍来说，女孩考虑更周到，但在互助方面性别差异很小。

通过实质的一些衡量，女孩比男孩在友谊中展现出更多亲密。

可以说，至少亲密对青春期女孩来说更是一种自觉关注。但这并不意味着亲密在男孩关系中不存在。事实上，他们以不同方式表现亲密。男孩的友谊更面向共同活动，而不是为了满足情感需求，而这在女孩友谊中经常如此。青春期男性之间亲密的发展可能是一个更难以捉摸的现象，这更多地反映在共同活动而不是在自我表露上，甚至表现在成年早期和网络交流的活动中。另一个可能性是男性之间亲密友谊的发展比女性起步晚。比如一项研究发现，13岁时友谊质量有明显的性别差异，但是18岁时这些差异就消失了（见图10-3）。我们再回顾一下一个熟悉的模式：在青春期早期和中期，女孩在情感和社交上比男孩更成熟，但到青春期晚期，男孩会赶超女孩。（我怀疑很多女性对此不认同，但研究结果的确如此）。

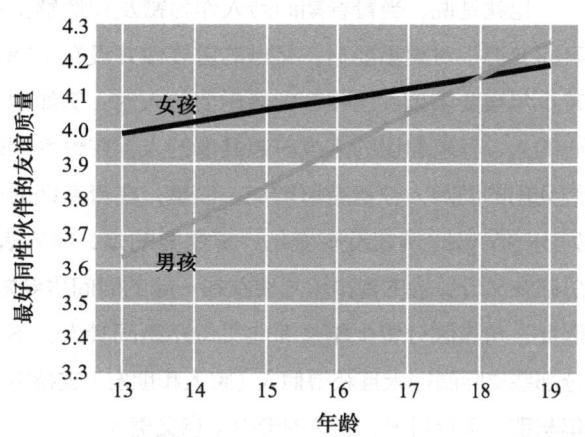

图10-3 友谊质量会随着时间而改变
资料来源：Way & Greene, 2006

性别差异的起源 很多理论学家表示，亲密的性别差异是社会化的不同模式造成的，女性被更强烈地鼓励去发展和表达亲密——特别是口头亲密。当然，其他因素可能也在起作用。青春期男性和女性面临的社交压力有很大不同,这可能会导致某些特定关系中亲密表达的不同。正如我们在第 8 章中提及的,相比女孩以男性方式行动受到的惩罚,男孩受到的以女性方式行动的惩罚更严重,特别是在强调男子气概的民族中尤其如此(一种强烈且有时过度的男子气概),这在墨西哥裔美国人中经常如此。青春期男性在友谊中不如女性亲密的一个原因可能是,男孩认为亲密的表达会成为缺少男子气概的表现。

虽然很多研究总结道,女孩在关系中比男孩经历更多亲密,但这些研究主要是依据白人青少年得出的结果。

亲密对象的变化

根据沙利文的观点,青春期是亲密行为"对象"有显著变化的时期。在青春期前期和早期,与同龄人的亲密可能会代替与父母的亲密,在青春期晚期,与同龄异性的亲密会代替同性朋友的亲密。事实上,这个观点的准确性似乎欠缺。正如我们将会看到的,新的亲密对象不会代替旧的亲密对象,新旧会共存。

亲密对象:父母与同龄人　关于青少年和父母与同龄人的亲密研究多为两个结论,至少在美国的研究中是这样。首先,从青春期早期开始,相比父母,青少年与最好的朋友以及恋人更亲密。其次,在青春期时青少年与父母间的亲密度可能会略微下降,但进入成年期早期后则会上升。

比如,有一项关于在儿童期和成年期早期与父母、朋友、恋人的亲密自我表露的年龄差异研究,看看这项研究的成果。正如图 10-4 表明,在 5 ~ 10 年级,个体与父母的亲密度下降,但从 10 年级到成年期早期则上升。与朋友的亲密度在青春期平稳上升,其中在青春期早期上升较快。与恋人的亲密度在青春期同样平稳上升,在高中后期增长最快。

也就是说,当青春期同龄人作为密友和情感支持源泉而变得相对更重要时,父母的重要性并没有下降。当青少年被要求列举出生命中最重要的人时,例如他们关心的人、寻求建议的人或一起共事的人,在青春期时他们列出的同龄人数量有所增加。但是,在青春期时个体列出的父母比例却没有变化。更重要的是,研究表明,总陪在父母身边的青少年与朋友在一起的时间也会较长。因此,与其区分青少年是面向父母还是同龄人,不如区分那些交际圈很大且获得他人(家人和朋友)支持的青少年与那些自我封闭、孤单的青少年意义更大。

的确,从青少年与同龄人和家庭关系中得出最一致

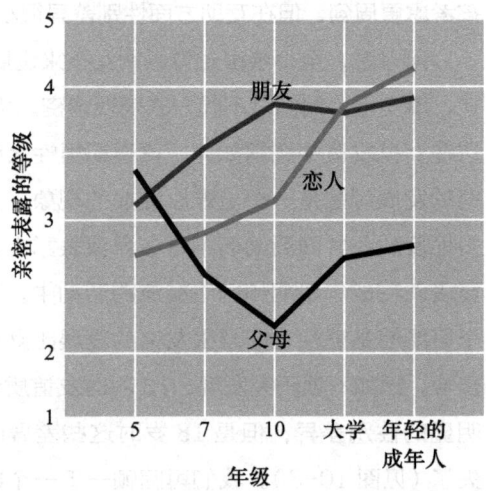

图 10-4　对父母、朋友还有恋人之间的
自我表露会随着年龄而改变

资料来源:Buhrmester, 1996

的发现是,这两种关系的质量密切相关。换句话说,从青少年与朋友和恋人的关系中,我们可以看到青少年与父母的关系及父母婚姻关系的特征,即亲密程度、独立性、矛盾处理方式、对孩子朋友圈的控制力等。在理论水平上,这为青少年社交学问和依恋观点提供了证明,这表明青少年在家庭亲密关

系中的所学为建立亲密关系提供了或好或坏的模板。在实践水平上，这些发现表明，提高青少年与同龄人关系的途径之一可能是关注他们家庭关系的质量。

同样，关于青少年偏爱社会支持的研究表明，遇到困难而寻求同龄人帮助的可能性在青春期有所提升，但寻求父母帮助的可能性不变。在一项关于美国黑人、拉美裔美国人和白人青少年的研究中，研究者发现7~14岁从近亲属处获得的支持总量相当稳定，但从朋友处获得的支持有所增加，且三个种族群体都是如此。换句话说，虽然青少年开始越发看重朋友的情感支持，但他们也需要父母的支持。此外，青少年对社会支持的偏好因具体问题有所不同。

有趣的是，青少年可能觉得与家人在争论时表露出生气情绪是无碍的，大概是因为生气可能会结束一段友谊，但不会结束亲情。也许因此，青少年与父母发生冲突后会表露出更多生气的情绪。当要求回忆过去造就认同感的关键事件时，大学生回忆与父母关系时更强调冲突和别扭，而回忆与朋友的关系时更强调亲密。

亲密模式的文化差异 青少年与父母和同龄人的关系模式因文化而不同。然而，这可能会误导对美国或加拿大青少年的归纳总结。比如，对比美国青少年和印度尼西亚青少年可发现，印度尼西亚青少年在社会支持方面更看重父母，而美国青少年则更看重朋友。同样地，对比加拿大、比利时和意大利可发现，意大利青少年与家人的关系更近，而加拿大青少年与朋友更近。然而，自觉假设美国青少年更面向朋友是不正确的。事实上，一项研究发现，相比美国青少年，日本青少年（特别是日本男孩）更不可能提及父母，而视同龄人为重要的人。另一项关于荷兰青少年的研究发现，亲子关系在青春期晚期重要性最低，而不是如美国发现的青春期早期。

尽管有关父母训练模式（在第4章中讨论过的）和种族文化在美国不同种族群体中有明显不同，但青少年与父母间表达亲密的差异相当有限。相比白人青少年，美国少数族裔青少年更可能认为尊重、帮助和支持家人很重要，但是青少年信仰和期望的种族差异似乎比青少年与父母到底如何相互作用更重要。确实，除了是最近移民到美国的家庭，美国青少年和父母的关系在不同种族群体中有惊人的相似性。

然而，青少年与父母的关系存在显著差异。总的来说，相比父亲，青少年与母亲交流更多、更亲密、争吵也更多，这种模式在男性、女性及各种文化中都是如此。对于父母，青少年认为母亲更善解人意、更有接受力、更愿意洽谈、不太妄下结论、不太监视，并且不太有防御性（见图10-5）。对父母认知的不同在女孩中尤其明显；通常，母女关系最亲密，其次是母子和父子关系，而父女关系最生疏。

总的来说，亲密关系的一个重要转变在5~8年级的某个时刻发生。在这段时期里，同龄人是陪伴和亲密自我表露的最重要源泉——胜于父母和其他家庭成员，比如兄弟姐妹。同龄人作为亲密目标越发重要不只是简单地因为年龄相仿，而且包括家庭组成不同。随着青少年开始个体化，他们可能需要在家庭外寻找亲密关系，以作为建立认同感的一种方式。虽然亲密关系的转变是正常的，但这个年龄基本依恋对象的转变并不如此：说自己最依恋朋友或恋人的青少年更可能与父母为不安全型依恋。

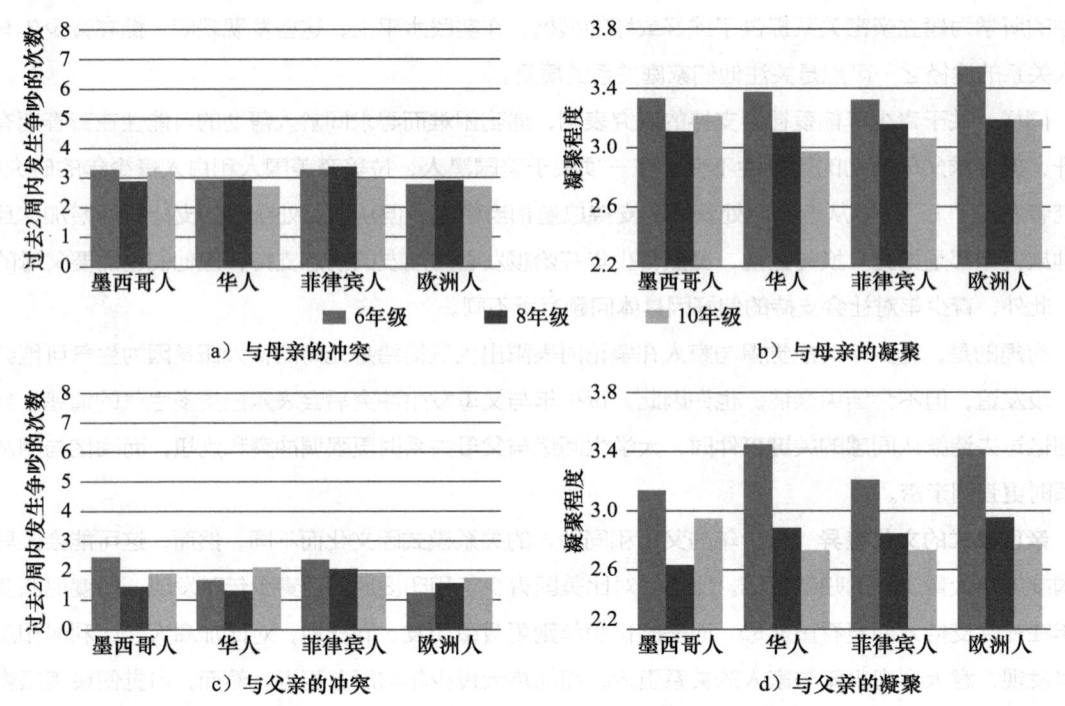

图 10-5 四个种族群体的青少年与父母的冲突和凝聚

资料来源：Fuligni, 1998

父母与同龄人角色不同 青少年与父母和同龄人有不同的亲密关系，这些不同可能导致他们社会发展的方式不同。甚至在亲密家庭中，由于经验丰富、知识渊博，父母作为青少年可寻求帮助的养育者、劝告者和解说者，亲子关系以权力不平衡为特征。相反，青少年与朋友的交往更是相互的，和谐的，更可能给他们提供表达不同观点、参与情感和信仰平等交换的机会。青少年和父母间的冲突更可能以"胜利者"和"失败者"结束，然而青少年和朋友间的矛盾更可能以妥协结束，至少以平等告终。

相比一种关系，与其把另一种关系视为或多或少的亲密，把两种类型的亲密都认为是重要的才是更准确的，因为它们会影响青少年个性发展的不同方面。与父母亲密，能向那些更年长、更睿智的人学习；与朋友亲密，能与有相似观点和学识水平的个体分享经历。研究发现，与此一致，相比只依恋父母或只依恋同龄人的青少年，对父母和同龄人都依恋的青少年适应能力更强。另外，当青少年除了有支持自己的父母，有支持自己的朋友的积极影响在青春期更大。

在一项关于进入一所新学校的社会支持研究中，与父母和同龄人亲密的不同功能正解释了此现象，回忆第 6 章，青少年换学校可能是有压力的，而社会支持，即别人的情感或工具支持也许能帮助青少年缓冲压力的潜在消极影响。研究发现，家人的支持预示着对新学校的适应能力，在分数和自我照顾上有所体现，而同龄人的支持预示着心理上的良好状态，体现为低水平的沮丧和焦虑。同龄人的支持对男孩来说尤其关键，可能因为当没有同龄人支持时，女孩更可能自己去寻找支持，而男孩不会。

父母或学校朋友支持的缺失与青春期早期低自我价值和较弱的社会适应力有关。如果一方（比如朋友）的支持缺失，从另一方（比如家庭）得到的社会支持可能会尤其重要。对于没有亲密朋友的青少年来说，家庭支持对他的状态调整更重要，然而对于家庭关系紧张的青少年来说，朋友的支持更为关键。父母、兄弟姐妹或非学校朋友的支持不能完全弥补同班同学支持的缺失，而兄弟姐妹、同班同学或别人的支持也无法弥补父母支持的缺失。换句话说，青春期最理想的社会发展可能需要与父母和同龄人都有健康的关系，家庭关系和同龄人关系相互影响，并非相互竞争。

一项关于父母和朋友作为支持源泉不同价值的研究表明，青少年可能向谁寻求帮助取决于遇到的具体问题，这在某种程度上表明，为何青少年需要父母和同龄人的支持。这项特殊的研究对青少年展开调查，如果他们有滥用药物的问题会向谁求助，回答者可以列举任何想到的人。在调查的青春期早期青少年中，只有43%的人列举自己的父母，然而60%的人提及了朋友；在青春期中期青少年中，比例为39%和70%。在青少年回答中也存在有趣的种族差异，美国黑人和拉美裔美国人孤立于社会的可能性是白人青少年的2倍（即无人可寻求帮助）。社会支持的缺失对少数族裔青少年来说可能是个突出的问题，面对高危生活环境中固有的压力和其他困难，他们总依赖同龄人的情感支持。

总而言之，与父母和同龄人亲密变化的研究结果与第9章关于自主的讨论发现相似：虽然在青春期同龄人关系的重要性无疑在增加，家庭关系的重要性也值得关注。父母仍有影响力，如我们现在看到的，是亲密对象的重要源泉。在整个青春期中，父母与青少年仍然亲密，父母（尤其是母亲）仍是重要的密友，父母仍对青少年行为和决定有重要影响。确实，甚至在青春期，相比朋友，青少年与父母亲密对心理健康更有益处。青春期过程中，同龄人在个体的社会生活中扮演日益重要的角色。虽然同龄人不能代替父母，但他们必然以一种独特且有效的方式影响青少年的社会发展。

亲密的其他对象　兄弟姐妹关系的亲密是一件复杂的事，经常包括爱与竞争。通常，与父母和朋友相比，青少年与兄弟姐妹并不那么亲密。相比亲密朋友，青少年与兄弟姐妹更易打架，更易争吵且不易妥协，往往是经由父母调停结束。在青春期过程中，可能由于恋爱关系和课外活动，青少年与兄弟姐妹待在一起的时间减少，与兄弟姐妹的冲突也减少了；若从好的一面看，兄弟姐妹的关系变得不那么紧张了。然而，虽然冲突有所减少，但热情和亲密也相应下降了；青春期早期似乎是兄弟姐妹关系的低谷，甚至大学生对自己的兄弟姐妹也有矛盾的情绪。

相比之下，我们对青少年大家庭成员或像老师、教练等非家庭成员的亲密则了解甚少。很多青少年与大家庭的实际接触都较少，那些家庭成员通常住得离青少年较远。在儿童期时孩子与大家庭成员的亲密度似乎略有加强，但是在儿童期与青春期之间，他们与祖父母或其他家庭成员的亲密度突然急剧下降。然而，青少年与祖父母的交往使他们受益。

虽然经常观察到青春期与祖父母亲密度有所下降，但在那些与单身母亲一起生活的青少年中这种情况并不这么普遍。父母离婚也许可以与青少年和他们祖父母联系加强有关，特别是青少年与外祖父。与祖母的联系在黑人青少年中尤其密切，特别是单亲家庭的女孩。有趣的是，似乎离异家庭的青春期男孩与祖父亲密度上升（可能是弥补了与父亲接触的缺乏），然而青春期女孩与祖父的亲密却下降（可能因为女孩性别的不适）。

研究者同样也调查了青少年与学校、工作场所或邻居等那些非家庭成员成年人的关系在青少年生命中扮演的重要角色。的确，研究表明，与非家庭成员成年人关系的发展是青春期的标准部分，并不是家庭关系紧张的标志，除了家庭关系，在家庭外与积极的人建立关系会帮助青少年健康发展，一直到青春期晚期。青少年与老师或工作上司的亲密友谊可能自然而然地建立起来，确实，把青少年与良师益友联系起来是成功的青少年活动的最重要要素之一。有一个大哥哥或大姐姐对于在家有困难的青少年可能尤其重要，会对他们有诸多益处，比如那些被收养的孩子。然而，不是所有与这些成年人的亲密关系都对青少年成长有益：当他们认识到较年长的朋友可能宽恕或采取反社会行动时，与年轻男性有亲密友谊的青春期男孩更可能采取反社会行动。

与异性的友谊

直到青春期晚期，与同龄异性的亲密友谊才开始变得重要。关于青春期前期的青少年研究指出，青少年友谊有巨大的性别分隔，男女之间几乎不建立友谊，这种情况至少会持续到青春期中期。

"性别分隔"的由来 青春期早期男女生之间的分隔由各种因素引起。首先，不管过去50年美国社会关于性别角色社会化可能有何变化发生，青春期之前和早期男女生的兴趣仍然不同，参与的同龄人活动不同，并且意识到自己与别人不同。青少年友谊的性别分隔更多是由于青少年偏爱的同性成员参与的活动，而不是对异性的讨厌，虽然男生对女生会表达更多的积极感受，而不是消极感受。

过渡时期——从无性行为的同性关系到有性行为的异性关系对青少年来说可能是一个艰难时期。这时期通常也是同龄群体从同性党派到男女混合转变的时期（我们已在第5章中探讨过）。转换中的人际负担和焦虑在高水平的开玩笑中有所表现，另外与异性过度亲密时，青少年经常会表现出明显不适。男女生共同玩耍的一个原因是由真正性趣激起了这种行为。然

随着异性关系开始发展，青少年可能通过与异性开玩笑来掩饰自己的焦虑。

而粗野动作——打架在男孩中很普遍，这会被视为拥有支配力的表现，男女之间的同样行为在本质上是半性的——有些被认为会"推动求爱"。

所得的观察正有力地支持了沙利文的主张，青春期男女之间的亲密发展得相对较慢，一般带有性的意味。他认为，这时期同龄异性亲密开始代替同性亲密，然而与此相反，研究者发现同性亲密友谊未被异性亲密的出现代替。虽然研究发现，异性同龄人成为青少年重要的人的可能性在青春期早期和中期上升，青少年与异性同龄人在一起的时间也有所增加，但同性同龄人被认为是重要人物的总量也有所上升，并且与同性同龄人在一起的时间也没有缩短。然而，对同性和异性关系的时间分配模式有明显的个体差异；一些青少年很早且突然就把精力从同性朋友转到异性朋友上，另一些青少年则在高中时逐渐完成这种转变，还有一些根本没有发生转变。

虽然青春期早期异性之间的亲密加强，但很多青少年不会把异性同龄人当作生命中的重要人物。在初中，异性友谊只有8％；在高中，数字只达到13％。而只有男同性恋青少年例外，他们往往有更

多的女性朋友。

当女性把异性同龄人列为重要的人时,她们所提及的男孩通常较年长,且通常来自其他学校;当男孩列举女孩为重要的朋友时,她们通常同龄或较年轻。与此一致,在青春期时青少年与异性同龄人相处时间有所增加,而这在女孩中会较早发生——11年级时,女孩每周与男孩相处时间为10小时,而男孩每周与女孩相处时间只有5小时。两种性别的青少年都会花很长时间来思考异性,但却花很少的时间与异性待在一起。有趣的是,随着青少年不断长大,思考异性的时间往往与消极心情更有关系。这可能因为在青春期早期对异性的幻想被对恋爱关系无报酬的渴望代替。

异性友谊的一些功能　虽然青春期早期出现的亲密异性友谊不是明确的恋爱,但它可能为以后的恋爱经历做了准备。比如,异性友谊的年龄差异始终与青春期早期和中期约会伙伴的年龄差异一致,男生一般都比女生大。另外,在青春期早期相比同龄人有更多异性朋友的青少年往往较早开始恋爱,并且往往也会维持更久的恋爱关系。这原因可能很多,包括青春期用异性朋友来"排演"以后的恋爱关系或发展社会网络以用来以后约会。无论怎样,9岁的青春期前的儿童已经能区分柏拉图式异性关系和恋爱关系。

当然,不是所有的青春期男女关系都是恋爱关系,拥有亲密异性关系是一次正常的经历。两种不同类型的青少年似乎都有亲密的异性朋友,即社会竞争性强、在同性同龄人中很受欢迎的青少年,以及与之相反的青少年。对男孩来说,异性朋友可以弥补同性朋友的缺失,而这会使人有更积极的心理。然而女孩不可同一而语。虽然一些研究发现"与男孩交朋友无好处,甚至有坏处",但是也有发现,在性不成熟的女孩中,与男孩有柏拉图式友谊与更积极的身体意象有关——可能因为这些友谊让女孩感到男孩喜欢自己,而没有性压力。然而,女性朋友则可能加大女孩参与反社会行为的可能性,特别是当她们的女性朋友是反社会时,这是讲得通的,男孩就是如此,并且青少年经常会模仿朋友的行为。

虽然,研究显示男孩从与女孩的友谊中收获更多。与女孩相比,和异性同龄人有一段亲密关系与男孩人际亲密的总体水平关系更大;但男孩表示他们与女孩的友谊比与男孩的友谊更值得,而女孩并不认为与男孩的友谊比与女孩的友谊更值得。这结果并不出人意料,相比与男孩的友谊,女孩的友谊(不管是对男性还是女性)往往更亲密,更有支持力。

一项关于圣地亚哥的低收入墨西哥裔美国青少年的同龄网络研究阐明了与女孩的柏拉图式友谊对青少年男孩发展更成熟关系方面的重要性。很多男孩把他们与女孩的无性友谊与姐妹联系起来,强调可以明确地向她们要求情感支持的安心感,而这正是很多青少年男性认为很难从同性朋友中获得的:

> (好像她就是我的姐妹,我是如此深爱着她)……无论什么事,我们经常互相支持;不管需要什么代价,如果她需要我的帮助,我会帮她,如果我需要帮助,她同样也会帮我。

一些男孩同样也讨论了女性朋友在帮助管理情绪方面的重要作用:

> 正如你所知，我四处闯荡并常常会生气……（我感到我想要搞破坏，也就是与人打架并伤害别人）。她就是这样的人，当她看着我，你知道的（傻笑），所有那些不愉快的感觉就不见了，天哪！就像她可以控制我一样，只要她看着我，就可以让我心情平复下来（笑）。

如同对非拉美裔青少年的研究，这项关于墨西哥裔美国青少年的研究指出，相比男性，异性友谊的好处对女性来说相对较少。很多像这样的友谊使女性变成了传统看护角色，从而加强了传统性角色。

约会和恋爱关系

相比过去，现今约会在青少年生活中扮演一个非常不同的角色。在早些年代，青春期约会不是求爱和择偶中如此具有娱乐性的活动（现今却是如此）。个体会为结婚而约会，未婚个体会在监护人的关注下进行广泛社交，这在确定下来前会有一个相对较长的时期。在 20 世纪初，大多个体直到 25 岁左右才结婚。20 世纪上半叶，平均婚龄逐渐下降，然而，结果是，个体开始较早就正式约会。在 20 世纪 50 年代中期，美国首婚平均年龄降到女性 20 岁，男性 22 岁——这意味着大部分人在中学就恋爱，在青春期晚期就结婚了。

然而，随着个体越来越晚结婚，青少年约会的功能改变了，这是 20 世纪 50 年代中期开始一直持续到现在的趋势（见图 10-6）。相比 50 年前，现在的平均婚龄更晚了，女性大约 27 岁，男性大约 29 岁。在最近一项关于西雅图个体样本的研究中，大多数个体出生在低收入家庭，只有一半的女性和 40% 的男性在 30 岁结婚（见图 10-7）。当然，这给了高校学生约会一个全新的意义，今天它的功能完全不是择偶。成年人继续管理、监控青少年约会，以免青少年做出早婚这样轻率和冲动的承诺，但在大多年轻人的观念中，高校约会几乎和求爱与结婚无关。现今的青少年也不认为同居（生活在一起）可代替结婚。

最近才有社会科学家开始系统地撰写关于青少年恋爱的文章。然而，青少年恋爱研究指出青少年恋爱关系很普遍：1/4 的美国 12 岁孩子、1/2 的 15 岁孩子以及 2/3 超过 18 岁的孩子在过去 18 个月中存在恋爱关系。美国青少年平均在 13 或 14 岁开始约会，几乎一半的青少年在 12 岁前至少有过一次约会。到 16 岁，超过 90% 的青少年至少约会过一次，在以后的中学时期，超过一半的学生平均每周至少有一次约会。只有 15% 的高中生一个月约会不到一次。到 18 岁时，实际上所有青少年已有过约会，有的人至少有过一段较稳定的关系。

女孩往往与稍长的男孩恋爱，而男孩往往与同龄或较小的女孩恋爱。在初中，恋爱关系的平均持续时间为 6 个月，大多青少年在最后一年有分手经历。可能这是为了保护自己免受更多不必要的痛苦。大多数青少年认为自己能控制分手（要么单独，要么双方同意）。然而，你将在本章后面读到，恋爱关系的终结对很多青少年来说是痛苦的重要源泉，正如你较早看到的，恋爱生活的起伏往往成为朋友之间的话题。

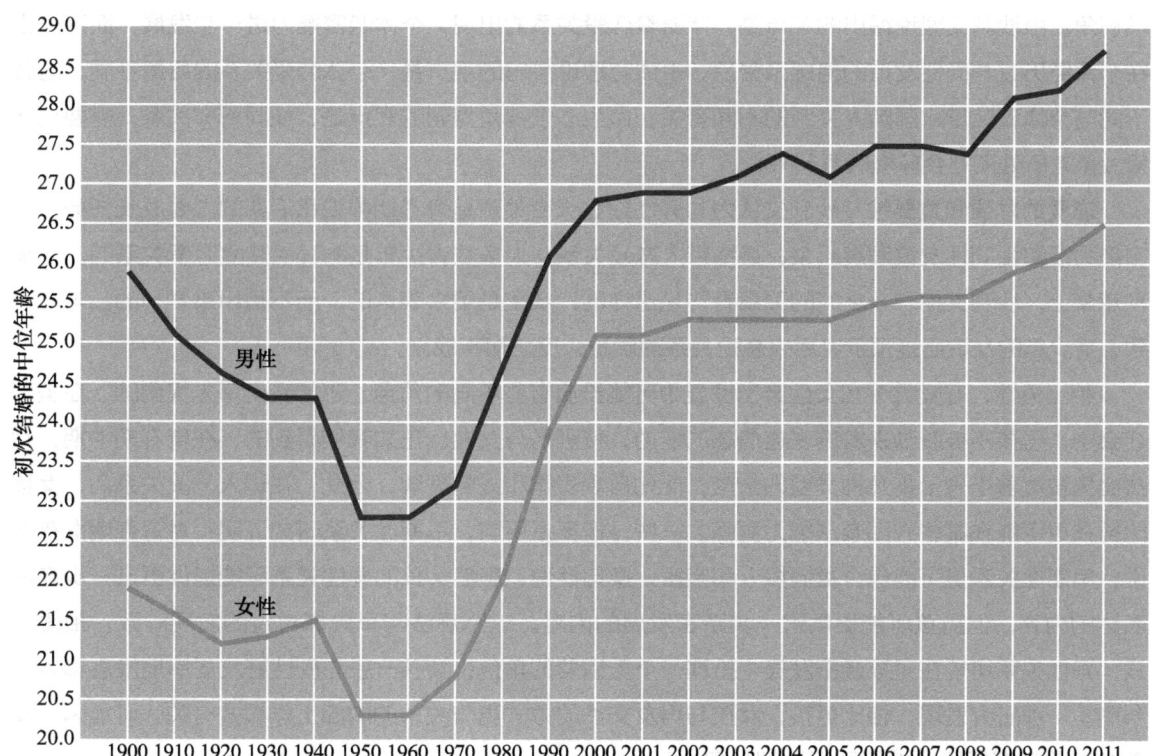

图 10-6　从 20 世纪初到 50 年代中期，美国平均婚龄持续下降，但在 20 世纪下半叶显著上升

资料来源：U.S. Census Bureau, 2011

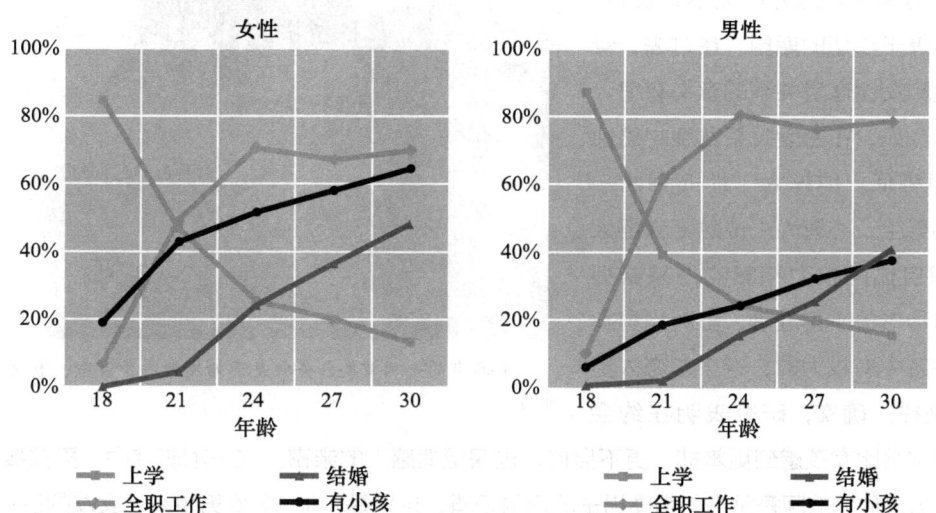

图 10-7　在一项对西雅图居民为样本的调查中，在低收入居民区，30 岁前结婚的女性只有一半，男性只有 40%

资料来源：Oesterle et al., 2010

约会与亲密关系的发展

青少年恋爱的当代讨论运用了三个理论，分别为沙利文的人际发展理论、依恋理论和发展的生态

学视角。由沙利文理论得出的观点是，伴随着恋爱关系的出现，个体亲密能力进一步发展，而这发生在个体经历过与同性友谊的情感亲密后。由依恋理论得出的观点是，个体恋爱关系的质量不同，这些不同与个体和父母、同龄人关系的不同有关。由生态学视角得到的观点是，如同所有关系，需要把恋爱关系与所处的社会环境联系起来看。

恋爱的本质和重要性　沙利文认为与异性建立亲密关系是青春期中期和后期的主要成长任务。亲密能力最初由同性友谊发展起来，最终带入恋爱关系，大多数青少年是与异性建立恋爱关系的。在某种意义上，沙利文把恋人之间的关系看作是这样的：亲密是用来表达的，而不是用来学习的。与此一致，青少年的友谊质量预示着后来恋爱关系的质量，反之却不成立。

相比男性，恋爱关系在女性亲密发展中可能扮演有些不同的角色。正如我们早先提到的，在美国社会中，男孩不被鼓励去发展表达情感的能力，特别是与女性。正如我们看到的，在青春期中期，女孩比男孩更善于表示某几种类型的亲密，比如自我表露和人际理解。因此，在进入一段关系后，女孩比男孩更可能在某些方面亲密能力更强。一些，但不是所有。早期性关系研究证明：对青春期女孩来说，早期性关系更可能包含爱情投入和亲密。换句话说，虽然女孩的异性关系可能提供更进一步亲密表达的内容，但男孩可能提供进一步亲密发展的内容。这个想法与早先探讨过的发现一致，相比女孩，异性关系可能在男孩亲密发展中扮演一个更重要的角色，女孩一般与同性好友更早地发展和体验亲密。一项研究发现，相比男孩，女孩与男友交往的方式更与关系的内部工作模式有关，可能因为女孩较早的亲密经验让她们更好地把如何做与真正的感受结合起来。

虽然男孩亲密能力可能不如女孩，但能力不等于热切的期望。在过去，青春期男性和女性恋爱关系的意义有很大不同，但今天，在恋爱关系发展中男性和女性更相似。纯粹为了性而开始一段感情的男生，心智尚未成熟却大摇大摆，利用自己的权力和影响力来获得性，但这种形象不再准确，虽然当男友在一段关系中有权力时，青少年恋人更可能有来往。确实，研究表明在约会中，男孩常常比女孩感到更笨拙，更不自信，也渴望情感上的亲密。在一项研究中，男孩接受了关于关系的采访，他们的回答常常与强硬男子的形象矛盾，这里是一位17岁男生关于女友的话：

青春期的一项重要任务就是开始发展对于亲密、浪漫关系的驾驭能力。

> 她一直坚持我不要与她发生性关系，我坚持说我想试试，就一个晚上，我说我睡不着，我给她写了一封信，然后第二天早上我把信给了她……这真的很伤感情，她深深地伤害了我，而且这是很不对的。

这是一位 18 岁男生的自述：

> 我想她比我更成熟，我想我不是她那个水平的，因为她比我更想要做这个（性）……她说我不够成熟，所有人都……我太年轻了，我很害怕。我还没准备好，我不知道自己在做什么。我认为我好像是太不成熟了……她是我的女友，而那又是她想要的。

青少年约会也有一些重要的文化差异，一项研究表明，拉丁裔青少年更可能强调恋爱的浪漫关系，更愿意接受关系中男女角色的传统观点，然而黑人青少年的态度则更实际，更平等。比如，比较一下这些关于关系的不同观点：

> ……你知道，女孩更喜欢童话般的爱情，并且结局是玫瑰！她们也时而会想要玫瑰。我是说一朵红色玫瑰，一朵，这没什么关系。要让这成为惊喜，比如放在她们的储物柜里，当女孩打开储物柜会这样，"哦天哪！"（拉丁裔，18 岁的女性）
>
> 他告诉她，自己有多在意她，有多不希望伤害她，多不在意别人，可能会对别人撒谎，"我告诉你这个，我是想让你知道，要是我对你撒谎是因为在乎你，我其实也不想撒谎"……他有很多花招。（黑人，16 岁的女性）

背景　青少年所处社区的基准和期望会影响他们开始约会的年龄。相比北美，在其他工业化国家较小开始恋爱更普遍，但到青春期后期，约会比例则相似。在美国和加拿大，亚裔青少年约会的可能性较小，虽然一些研究发现相比黑人或白人女孩，拉丁裔女孩较迟开始约会，然而约会在黑人、拉丁裔、美洲印第安人和白人青少年中同样盛行。在一个研究中，大多亚裔青少年向父母隐瞒恋爱事实，他们不想要父母担心自己在学校的表现：

> 他们知道我花很多时间与一个人相处，但我认为他们不知道这有多严肃。我真的不想让他们知道，因为如果我在学校发生点什么事，比如我逃课了，即使是我的错，他们必定会归咎于他。他很支持我，而且我也不与他总在一起，但他们会这么想。他们会认为他对我造成了不好的影响。（18 岁亚裔女性）

虽然早熟的人较早开始恋爱，在决定开始约会的年龄上，相比青少年的身体发育水平，学校和同龄群体里的正常年龄标准则更为重要。换句话说，相比一个 14 岁发育成熟的孩子去 16 岁才可以恋爱的学校上学而言，一个 14 岁身体发育不成熟的孩子去 14 岁可以恋爱的学校上学更可能恋爱。若同龄人在恋爱，则本来就早熟的人尤其可能恋爱。然而，我们将在第 11 章看到，性活动受生物发育影响会更大。有哥哥姐姐的青少年，父母不太管的青少年，与单亲母亲生活的青少年，特别是母亲自己也性活跃的青少年会较早开始约会。约会也与家庭不稳定（父母离婚或再婚）有关，特别是男孩，家庭不稳定的青少年更有可能约会，更有可能有多样的恋人。不论这是不是因为父母较松懈的管理，或是青少年逃避困难家庭环境的渴望，或两者都不是。

约会模式 当然，"约会"可以意味着各种不同的事，如让男女一起参与的群体活动（两性之间没有很多实际的接触），一群男女生一起出去的群体约会（一部分时间与恋人在一起，一部分时间与群体在一起），与恋人约会则较随意，与一个稳定的男友或女友交往则较严肃。一般地，与异性广泛社交，以及在男女性社交网络上的经历在恋爱关系发展前发生。结果，更多的青少年有像派对和舞会等异性活动经历而不是约会经历，他们有更多的约会经历而不是严严的男女朋友关系的经历（见图10-8）。然而，一对一恋爱并没有代替同性或异性的群体活动，像青春期亲密的其他方面那样，关系的新形式加入到青少年的全部技能中，旧的也得到保留。进入恋爱关系的顺序与种族群体的模式相似，虽然相比其他背景的同龄人，亚裔青少年似乎较晚发生这个转换，这与发现的关于青少年开始约会，参与其他成年人活动的合适年龄的种族差异相似。

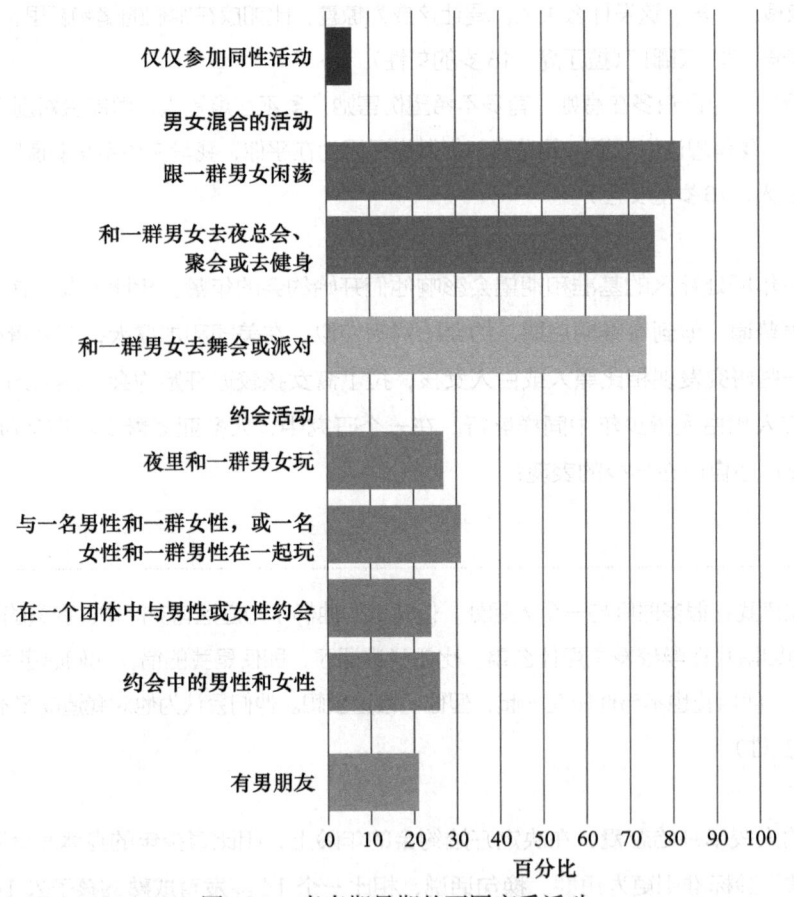

图10-8 青春期早期的不同恋爱活动

资料来源：Connolly et al., 2004

甚至对于与同性和异性同龄人有过亲密友谊的青少年来说，进入恋爱关系的转变也是困难的。在一项研究中,青少年要求讨论他们认为困难的社会场景,主题是与经常提及的异性交谈。很多青少年说到在开始和维持对话时的困难,面对面交谈("他会认为我是个傻瓜","有时你不知道,你是喜欢与一个人坐一起,看着篮球比赛或别的什么,你不知道你是否应该说话或只是坐着")或打电话("我认为打电话很难。一旦打了,你不知道如何结束")。有人说到邀请别人出去的困难("第一次约会邀请女生出去——十分恐慌!")或拒绝别人的困难("如果你在约会,但真的没兴趣,而他一直给你打电话呢?")。也有人提及做出恋爱承诺及结束承诺的困难("你不知道是否要与某人一起出去或只是看着他们""这很难说,'所以,我们需要做出承诺吗?'""我避免(分手)两星期,因为我努力在想要说些什么")。

恋爱关系的发展

青春期约会有很多服务宗旨,其中一项为亲密发展。确实,直到青春期后期,恋爱关系开始以一定水平的可以称为亲密的情感深度和成熟度为特征,而且直到青春期后期,个体才会与个体真正地发展为深度依恋,而不是与父母。一项研究比较了青少年与母亲、好友和恋人的相处方式,结果显示,青少年和恋人在一起时,比和朋友在一起时冲突更多、积极互动更少,比和母亲在一起时分心行为更多。在青春期过程中,相对于其他关系,恋人的重要性在上升,到了大学,典型的个体会把恋人列为最重要的人(7年级第四,10年级第三)。

青少年与恋人相互影响的方式也随着成长有所改变,他们变得更愿意通过争论来承认,分析和解决分歧。(男友与女友之间矛盾最大的根源是关于关系是怎样运作的问题,比如,猜疑、忽视、背叛和信任。)一个关于以色列恋人的矛盾解决研究发现,70%的青少年恋人或否认或不考虑矛盾是不重要的,只有20%的青年成年人这样做。有趣的是,谈话更像年轻成年人的青少年分手可能性较小。

约会的原因 在青春期中期和晚期前,相比对其他目的的重要性,约会可能对亲密发展不那么重要,其他目的包括从父母那里建立情感和行为自治,加深性别同一性发展,学习如何做一个恋人,建立并维持在同龄群体中的地位和人气。由于这些原因,相比关系本身的真实质量,较年幼的青少年对于约会对象的选择可能更与别人如何看待他们有关(比如,"长大成人""强壮男子""有人气")。与此一致,在小学和初中之间,在同龄人群体中出色的女孩对积极进取的男孩吸引力上升。

恋爱阶段 青少年在恋爱关系里的思考和行动方式与亲密和更精准的社会认知能力相关。一些恋爱关系的阶段理论有所进步。通过三个不同阶段,青少年生活中的恋爱演化有所进步。在第一阶段(大致是11~13岁),青少年首先发现与潜在恋爱和性的对象交往的兴趣。随着扩大自我概念,把自己当作别人潜在的恋爱对象,青少年这阶段活动的焦点主要是了解自己。真实的恋爱关系往往是短暂的(这年龄的恋爱关系平均只持续几星期),并经常是基于肤浅的迷恋。确实,该阶段恋爱活动的主要目的为建立、提高、维持同龄群体状态。与异性交往的成功成为同龄群体中地位高低的重要决定因素,而高地位的青少年一般会比其他同龄人较早开始约会。

在第二阶段(大致是14~16岁),青少年渐渐转入到更有意义的成对关系。在这阶段,约会很随意,经常在开始包含恋人的同龄网络群体中发生。虽然青少年仍在了解作为恋爱和性对象的自己,仍在觉察同龄人看待他们恋爱关系的方式,但他们现在完全进入恋爱状态,这完全遮蔽了对于个人和地位的担忧，而这正是恋爱较早阶段存在的问题。关系变成热情和注意力的源泉，回忆一下那些吸引青少年的流行爱情歌曲里所表达的主题。虽然相比青春期早期，该时段的关系会较持久，但平均恋爱时间仍只持续6个星期。其中一个原因是"约会'错误'的人或用'错误'方式进行恋爱"，这会严重影响一个人在群体中的地位，若关系太过于关注自身，则维持相互作用的质量以及满足恋人的需要会变得很困难。

最终，到高中后期（大约17～18岁），随着青少年开始思考恋爱依恋的留存与发展，关于承诺的担忧开始变成最重要的部分。在这阶段，恋人之间经常发生对亲密需要的紧张（这使得他们在一起）和对自治的紧张（这使得他们分开）。随着恋爱概念不断演化，青少年开始把承诺和关心作为关系的特征，至少像热情和愉悦一样重要。关系开始看起来更像年轻成年人那样，恋人渐渐独处，而不是在更大的同龄群体中一起活动。18岁的青少年恋爱关系平均持续时间超过一年。

虽然经过约会和恋爱的不同阶段，大多数青少年的关系有所进步，大量对女同性恋、男同性恋、双性恋和变性人青少年（LGBT）有兴趣的研究者指出，虽然公众对性倾向特殊的青少年的包容度和理解力有重大进步，相比普通同龄人，烙印和陈规仍是亲密关系的发展——不论是无性友谊、恋人或两性关系——在LGBT青少年中更复杂。比如，因为很少LGBT青少年有公开表示对同龄人恋爱和性兴趣的自由，即使不是不可能，他们也经常会认为很难参与异性恋好友允许参加的很多社交和人际活动。因此，很多LGBT青少年放弃在约会关系外追求性活动，因为别人的偏见和烦扰可能妨碍任何与同性恋人亲密的行为。同时，对于有些甚至对性身份开放的LGBT青少年，与同性同龄人亲密以及无性友谊的发展可能也会因别人的怀疑和憎恶受到阻碍。有一个研究者解释了LGBT青少年面临的处境，"少数青少年可能因为与别人不同而苦恼。让这种差异得到同龄人的承认或者可能受到的冷落是无法忍受的。"

对象偏好的性别差异 青少年寻求的恋爱对象存在年龄和性别差异，这些不同与已知的恋爱关系中的年龄和性别差异有关。在青春期中期，男孩更可能强调外表吸引力，女孩更可能强调人际关系质量，比如支持和亲密，虽然研究中对潜在约会对象的特征做过处理，但该研究发现女孩比自己认为的更受外表影响。然而，到青春期后期，男女都强调人际关系质量，一段令人满意的关系的组成要素对男性和女性来说很相似（也与成年人提及的很相似）：热情、交流、承诺、情感支持和和睦。然而，有趣的是，青少年对恋爱关系的满意不像成年人那样受诸如冲突或占有等特质影响。

约会对青少年发展的影响

考虑到约会对青少年发展和心理健康的影响时，区别群体活动和恋爱活动则很重要。参加群体活动，比如派对或舞会对青少年良好心理状态有积极影响，可能因为该发展阶段参与这些活动意味着地位的增强。我们会看到，更

约会对于青春期发育的影响取决于青少年的年龄和关系的强烈程度。过早以及程度过深的约会会对心理发育造成负面影响。

认真约会的因素很复杂，很大程度上可能由青少年的年龄决定。早熟的人（比同龄人较早开始恋爱关系）和晚熟的人（直到青年成年期才开始建立恋爱关系）可能都有风险，虽然原因和结果都不同。这不是说约会对青少年来说不是一种有价值的人际关系经历，只是说它的好处可能不只在某个年龄段的青少年身上发生。

早熟的人 大量证据表明，在标准年龄（15 岁）前有一段认真的恋爱关系与大量消极事物有关。这对男女性来说可能都正确，但研究者发现这样的人主要是女孩，因为男孩不太会这么早就开始认真约会。即使如此，一些关于男孩早恋的研究也没有一致的结果。

早恋与较差的心理健康之间的联系至少被不断报告了 50 年。与同龄人相比，较早开始认真早恋的女孩心理状态较差。例如，在社交上不那么成熟，不那么有想象力，不那么渴望获得成就，对自己不那么满意，不像表面上看起来那么开心，更沮丧，更可能饮食紊乱，在学校表现较差，更可能参与少年犯罪、药物滥用和危险行为等事情。早恋似乎尤其对白人女孩、家庭关系紧张的女孩、与较长男孩约会的女孩、早熟的女孩有消极影响。不受同性同龄人欢迎的青少年尤其可能因早恋而受伤，可能因为几乎没有同性朋友会使恋爱关系变得尤其重要。研究同样表明，早恋和有各种约会对象的青少年会逐渐体验到关系质量的下降，以及成年早期更差的关系。早恋的青少年更可能成为约会暴力的受害者。

有各种关于早恋和心理问题之间联系的解释，但在理解自我前，请记住区分选择和社会化的困难。我们不能随意安排一些青少年去约会，一些则保持单身，我们不能确定早恋是否会导致一些问题，但我们有各种理由去相信有心理问题的女孩更可能早恋。而且，早恋可能是一个包括参与很多成年人式活动的一个侧面，这通常因为她们的约会对象比自己大，有大量证据表明，这种"伪成熟"与一系列心理问题有关。这本身与很多已知的使青少年处于危险中的因素有关（比如，贫穷家庭、早熟或家庭不稳定），但无法准确确定早恋就是罪魁祸首。比如，最近一项研究发现，青春期前有较糟糕关系的个体更可能在 15 岁前恋爱。

（早恋的人更有可能较早性活跃）性胁迫和约会强奸在高校中很普遍。虽然男孩可能也有性活跃的同龄压力，但这与女孩感到的可能是完全不同类型的压力，即结果很不同。因为相比女孩，男孩一般较晚恋爱，当与年龄较小的人恋爱，开始以恋人身份约会对男孩来说可能不那么令人焦虑，他们有晚几年"成熟"的优势。

约会，还是不约会 大约 10% 的青春期晚期青少年没有认真的恋爱关系，另外 15% 没有超过几个月的关系。寻找"晚熟的人"的结果时，要区分因文化传统而延迟恋爱的青少年（亚裔美国社区经常如此）和那些因害羞、不吸引人、不受欢而延迟约会的青少年。虽然可能认为是后者的那个群体的发展最有危险，但没有足够的关于早熟者的研究能下定论。

一般，根本没有约会过的青少年会表现出迟缓的社会发展和不安全感的迹象，而经常约会、去派对的青少年则更受欢迎，有更强烈的自我形象，更易被朋友接受。相反地，自我形象降低和沮丧症状增加与认真约会后分手或较少约会有关。

当然，合适的年龄约会是否会带来更好的社交发展，或者社交发展更成熟的青少年是否更有可能约会，这都不清楚，可能两者都是正确的。但把正常约会，即直到15岁才认真恋爱，归纳为最可能有价值的模式是正确的。

这个结论必须由这样的研究得出，研究指出同伴关系、恋爱对象的特征在约会对心理发展的影响方面很重要。本身不是那么受欢迎，但与受欢迎的同龄人约会的青少年会逐渐变得受欢迎；本身存在问题，但与优良心理状态的同龄人约会的青少年会逐渐展现出心理机能的进步。同样地，在朋友选择方面，青少年往往会选择可以分享某种特质的人作为恋爱对象。(一般说来，研究表明"物以类聚，人以群分"常常比"对立物互相吸引"更正确。)关于友谊，与有过违法行为的恋爱对象约会会导致更反社会的行为，男女都是如此。

不管约会对青少年心理发展有无影响，研究显示恋爱对情感状态有重大影响。根据几项研究，相比家庭、学校或朋友，恋爱的一天中，青少年真实和梦幻的关系会引起更强烈的情感接受。无须惊讶，强烈情感这部分导致青春期前和早期间的恋爱关系大幅度上升，这同样包括青春期早期与中期之间的阶段。虽然青少年关于恋爱关系的大部分情感是积极的，情感的小部分，而事实上超过40%是消极的，包括焦虑、愤怒、嫉妒和沮丧。与此一致，与过去没有恋爱的青少年相比，在过去有恋爱关系的青少年有更多抑郁的迹象。

当然，分手不是对所有青少年都有严重影响。拒绝敏感性高的青少年最易因分手的潜在消极结果受伤，当然也包括那些经历过一系列分手，或有其他类型问题（比如酗酒、违法），或把自己鉴别为被甩的青少年（而不是主动提出分手的人）。

约会关系中的暴力 不幸的是，敌视、侵略和虐待是青春期很多恋爱关系中的特征。更苦恼的是，大部分青少年相信关系中的身体暴力是可接受的。在最近一项超过5 000人次的美国6年级学生研究中，超过一半学生说，如果男友让女孩生气或嫉妒，女孩打男孩是可以接受的，1/4的学生认为男孩可以打女友。几乎1/3的女孩，超过1/4的男孩曾有过对恋人身体暴力的恋爱关系（见图10-9）。虽然超过一半的父母与青少年谈论过约会暴力，但较少会谈论毒品、酒精、家庭理财、钱财管理甚至是节省等话题。

各项研究得出的评估不同，但最近国情调查发现，大约40%的美国青少年在恋爱关系中曾是暴力的受害者。恋爱虐待在青春期早期和中期有所增加，然后变得有些不那么普遍。男性和女性青少年在恋爱关系中成为暴力受害者的可能性相等，且暴力常与饮酒有关。相比郊区或城市社区，约会暴力在乡村地区更普遍，在少数族裔青少年中，在单亲家庭青少年中，在低经济水平家庭的青少年中，同样在LGBT和异性恋青少年中约会暴力也很普遍。在恋爱关系中争强好胜的个体在青春期早期更可能有侵犯问题。处于暴力关系中同样会增强青春期女孩做出像成年人那样的暴力行为的可能性。在恋爱关系中为暴力受害者的青少年更易沮丧、思索自杀或使用非法毒品，更易在青春期怀孕以及退学，这些问题中的大多数都会延续到成年早期。在未来，这样的青少年更可能成为受害者。

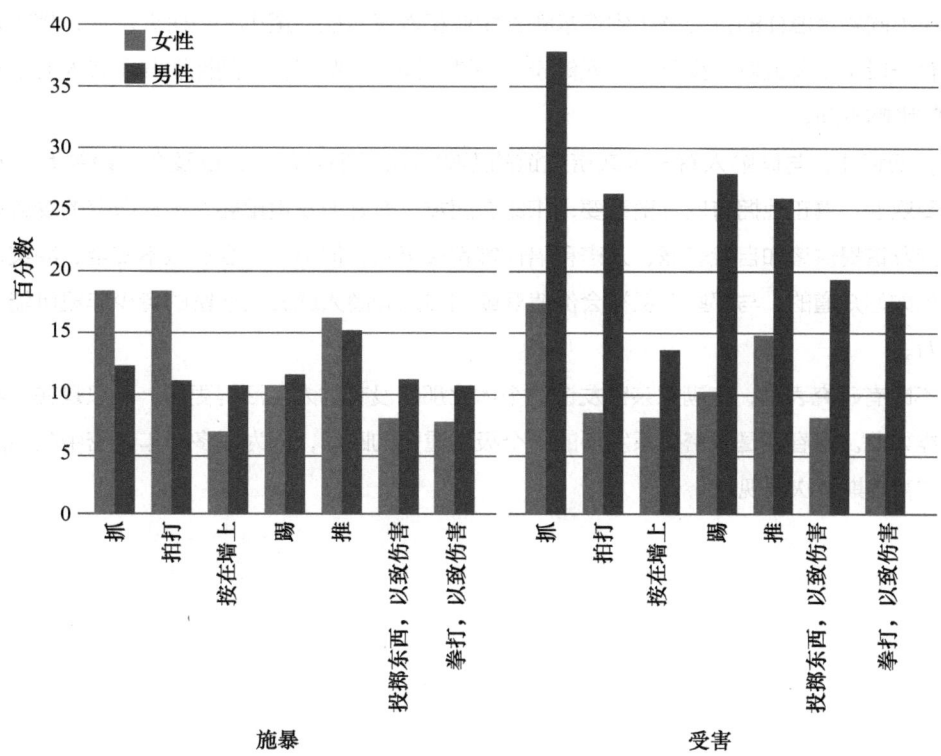

图 10-9 美国 6 年级学生在各种类型的恋爱暴力中作为受害者或施暴者的比例

资料来源：Simon et al., 2010

我们同样知道青少年在恋爱关系中的行为方式各异，受到男女性应如何行动的"脚本"塑造，即从家庭和大众传播媒体中学到的脚本。一般地，青少年在恋爱关系中处理冲突的方式与在家庭中看到的榜样有关。比如，看到父母间大量冲突（或身体上或口头上）的青少年更可能有口头侵犯、身体侵犯，与恋人关系艰难的问题，不论是作为施暴者还是受害者。其他研究发现，在恋爱关系中作为施暴者或受害者的青少年更可能有对他们虐待、严酷以及不恰当行为的父母。这些研究与早先讨论过的关于青少年依恋的研究，表明青少年恋爱关系的变化可能有它们的来源，即至少一部分来自青少年的家庭经历。

要记住最重要的是，青少年与他人关系的质量——不论是与父母、兄弟姐妹、朋友还是恋人——与关系的不同类型有关。有家人支持的和满意恋爱关系的青少年更可能有高质量的友谊，有高质量友谊的青少年更可能有高质量的恋爱关系。因此，个体的早期家庭经历与他们儿童期和青春期前期与同龄人积累起来的经历互相作用，从而影响他们青春期恋爱关系的成熟度和质量，青少年家庭关系的质量会影响成年期恋爱关系的质量。

亲密和社会心理发展

青春期时的亲密关系，不管是与同龄人还是成年人，家庭内部还是外部，是否有关性，都在青少年整个心理发展中扮演重要角色。亲密朋友会对青少年关于未来的幻想和疑问产生共鸣。青少年经常与朋友谈论想要从事的职业，想恋爱的对象，离家后想过的生活，朋友会提供一系列关于身份的建议——从在不同场合怎样的行为举止到追求哪种职业和教育途径。至少一项研究发现，相比儿童的心理健康，有一段亲密友谊对青少年的心理健康更关键。同样也发现，与同性朋友和恋人的亲密对青少年自尊心的影响不同。

然而，要记住，与同龄人有一段亲密友谊的影响取决于那人是谁，以及在该段关系中发生了什么。相比受欢迎，真正地拥有朋友更重要；相比有朋友，有好朋友更重要。不是所有的友谊都会一直很好。一些友谊提供诸如自我表露、亲密和陪伴等积极事物，但另一些会导致不安全、冲突、嫉妒和不信任。正如你知道的，与那些有反社会价值观或习惯的同龄人或恋人亲密的青少年更可能形成同样模式的行为。

不过不断有研究表明，有满意亲密友谊的个体比那些没有的人生活得更好，不只是在青春期，在成年期同样如此。青春期是亲密关系发展的一个极其重要的时间，因为很多成年亲密中关系的包容力和能力会在青春期首次展现。

第 *11* 章

性

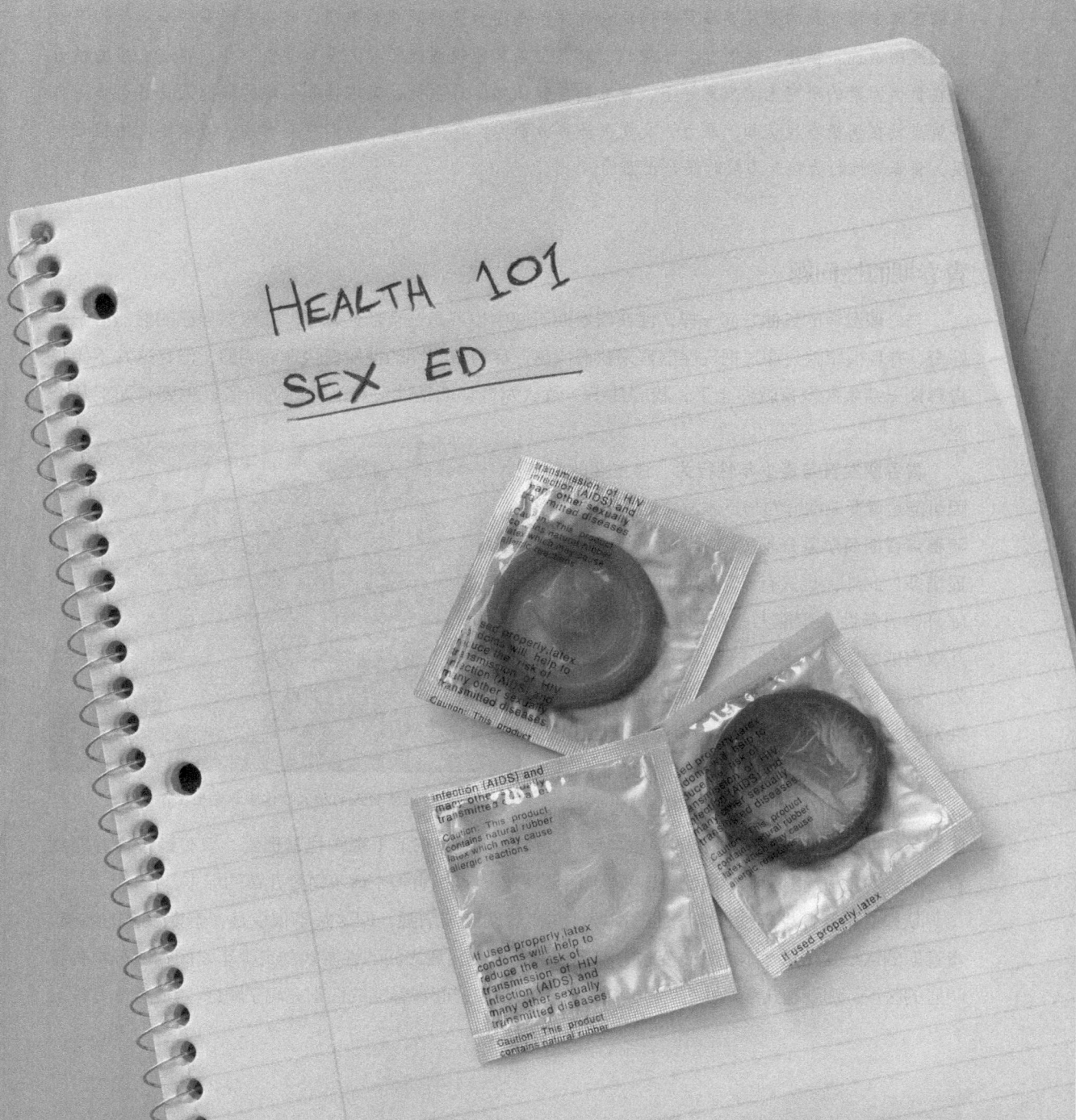

美国成年人对青少年性行为的态度十分矛盾。一方面，他们对此津津乐道，电视里随处可见青少年性行为或者性暗示的画面；另一方面，他们却又在谴责青少年性行为，将近80%的成年人都认为青少年性行为是不对的。可以说，他们处在一种爱恨交加的情绪中。

这种矛盾的心理也可以体现在社会学家研究青少年行为的方式上。性在青春期研究中一直是一个十分热门的话题，但是大部分研究并不是意在理解青少年的性行为，而是更关注得出一些数据：有多少人在多大年纪与什么人做了些什么事情。有些研究进行得更加深入，但是他们都会事先将青春期性行为定义为一种错误的行为，只有问题少年才会有性行为或者性行为会给青少年带来麻烦。正因为如此，青春期性行为的负面因素，比如幼年性行为、滥交、不实施避孕措施、强迫发生的性行为等，比它的正常方面受到的关注要多得多。这么说并不是因为这些问题不重要，确实有很多青少年受到了这些问题的困扰。但是，我们也会注意到，对青少年其他领域的研究并没有像性一样，将这么多的精力放在负面因素的研究上。想象一下，青春期自我认知、自主性、亲密性等领域的研究人员是否会一直将重点放在消极自我认知、暴力、交友失败等方面呢？在本章中，我们将会看到，与成年人的担心相反，青春期性行为在大多数时候是正面的。

青春期的性问题

与心理发育的其他方面一样，性在青春期研究中也不是一个新话题了。儿童对自己的性器官十分好奇，并且很早就会通过把玩性器官来获得快感。尽管青春期的性发育快速而明显，但是这并不代表青春期一结束性发育就停止了。我们几乎一致认为青春期是性发育最关键的阶段，主要有如下几个原因。

青春期发育与青少年性行为 最主要的原因可能是青春期性行为与身体发育之间的关系。随着青春期荷尔蒙分泌的增加，性冲动开始明显增多。此外，也只有到了青春期以后，个体才开始具备性生殖能力。在青春期发育之前，儿童有能力亲吻、爱抚、自慰，甚至发生性行为。研究表明有些个体在青春期之前也会出现性幻想，可见性感觉并不是在青春期突然出现的。但是只有经过青春期发育，男性才能射精，女性才能排卵，至此双方之间的性行为才有可

大多数人的初次性体验都发生在青春期。

能导致怀孕。这也改变了性交的本质与意义。最后，我们在第1章中也曾提到，只有经过青春期发育，个体才会开始出现第二性征，这是性吸引的基础，也是宣告个体不再是儿童的标志。

认知变化与青少年性行为 性的重要性在青春期逐渐增强，但这并不仅仅是青春期发育的结果。青春期的认知变化对性本质的改变也有着重要的作用。儿童之间的性游戏与青少年之间的性行为有着明显的区别，那就是儿童对性行为的反馈并不是很强烈，而青春期的性则充满了顾虑（"她愿意吗？"）、

犹豫("我应该去做吗?")、疑惑("要是他今晚要和我发生关系怎么办?")以及自我认知上的担心("我足够漂亮吗?")。在第10章中,我们曾讲到,青春期的首要任务是学会如何控制自己的性欲,并将性爱成功地融入社会关系中。从本质上来说,这项任务是属于认知上的,要实现它,最主要的就是依靠这段时期不断成熟的心智。

社会角色与青少年性行为 除了青春期身体发育的影响与对性的综合认知能力的提升以外,这段时期性行为与恋爱行为也被赋予了新的意义,因此性行为在青少年的社会心理发展中也开始变得尤为重要。青春期是性发育的一个转折期,因为青少年自身与其他人都开始意识到自己出现了一些以性为直接目的的行为。对于很多青少年来说(尤其是女孩),性行为是出于对爱与成熟的恋爱关系的渴望;而对于另一些青少年来说(尤其是男孩),性行为则是为了加强自己在同龄人中的地位。

积极的性发展 尽管过去针对青春期性行为的研究一直集中在它负面的影响上,但是近年来,也有越来越多的研究人员开始对积极的青春期性发展感兴趣。当家长和老师与青少年讨论何为积极的性发展时,可以从四个不同的方面出发。首先,青少年要学会适应自己日益成熟的身体,包括身材、体型与容貌等方面。其次,青少年应当意识到有性冲动是正常且合理的。再次,青少年应当可以自主选择是否要发生性行为,也就是说他们需要意识到健康的性发展是明白性对于自己和对方来说都是一种自愿的行为。最后,青少年需要了解并实施安全的性行为,防止早孕和性传播疾病。

青春期性行为

鉴于过去的研究都主要集中在青少年性行为的负面因素上,比如性早熟(过早发生性行为)、性滥交(与过多对象发生性关系)、强迫性行为(强迫他人发生性行为)、不安全性行为(有可能导致怀孕或染上性病的性行为)等,因此性交行为是以往研究者的主要研究对象。过去,口交的形式并不常见,因此成年人对除了直接性交以外的其他青少年性行为并不是十分担心。近年来,随着媒体大肆报道青少年之间有随意进行口交的行为,人们开始担心起来。但实际上,尽管一些研究显示全美范围内经历过口交的青少年人数比经历直接性交的人数略多,但与此同时,绝大部分有过口交经历的青少年也都有过直接性交的经历,而且这两种形式都极少存在滥交的现象。

尽管青少年之间的性交是研究青少年发展中一个十分重要的方面,但是我们更应该注意到青少年之间很大一部分的性行为都是亲吻、抚摸对方身体(指所有非性交的行为,通俗点说,就是"挑逗")等行为,而非直接性交,即使是一些已经有过性体验的青少年也是如此。同时,由于大部分个体的性体验都不是从直接性交开始,而是通过不同阶段的行为加强亲密性,最后发展成直接性交的,因此我们有必要将性交看作一个长期发展的过程,而非一个

尽管大多数对青春期性行为的研究都关注性交,但实际上,刚刚接触性时,青少年很少有过分亲密的性行为,直接性交对他们来说是一个渐进的过程。

孤立的行为。

性行为的不同阶段

在讨论青少年性行为的各种数据之前，我们需要先给大家提个醒。关于青春期性行为的各项研究由于本身目的的不同，其在问题的组织上和数据统计上也各有不同。在青少年回答自己"是否发生过性关系"、"是否有过性行为"以及"是否还是处女（男）"等问题时，我们不清楚他们是如何理解这些问题的。触碰生殖器算不算发生过性关系呢？有过肛交，但还没有阴道性交还算不算处女（男）呢？与成年人一样，青少年对此也看法不一。此外，青少年会将性行为区分为能刺激产生性高潮（这些行为通常会导致失贞）和不能刺激产生性高潮两类。这使得情况变得更为复杂。同时，有过这种性行为的青少年在接受调查时，通常会认为自己的行为并不算失贞，可见个人经历的差异也会使调查结果出现偏差。所以我们要提醒各位读者，下文出现的数据都只是大概的。

大部分青少年初次的性体验都属于自体性行为，即个人单独的性行为。调查显示，青少年中最常见的性行为是性幻想（被调查的青少年中大约有 1/3 承认自己有过性幻想）与自慰（根据调查对象的年龄与问题组织的不同，各项调查所给出的数据各有不同，但是大约有一半的男生和 1/4 的女生在 18 岁前有过自慰行为）。

在进入高中之后，青少年开始从自体性行为转变为有对象的共同参与的性行为。在 16 岁之后，大约有 80％ 的青少年已经与其他对象发生了非直接性交的性行为。有趣的是，在过去的 50 多年里，青少年之间性行为从不亲密向亲密的发展过程一直没有太大的变化，且异性之间各种性行为的发生顺序也是惊人地相似。根据最新几项针对美国青少年的大型研究，起初男女之间只是牵手，随后依次发展到接吻、长时间接吻、隔着衣服抚摸对方身体、伸入衣服抚摸对方身体、裸体抚摸对方身体，直至最后发生性交行为。一些研究发现，青少年的第一次口交经历通常是与第一次直接性交同时发生的，但是另一些研究的结果却截然相反。研究还发现，大部分青少年在初次性交后才会想到避孕措施，这点令人十分担忧。对于大部分青少年来说，上述行为是在一段较长的时间内逐步发生的，但是对于另一部分青少年来说，时间则要短得多。对于想尽快从父母身边独立或者已经有过吸毒、酗酒经历的青少年，他们在性行为上的时间进程要快得多，因为他们认为尽早发生亲密的性行为是他们成为"大人"的标志。

青春期的性交行为

性交行为的流行程度 针对性交行为在当代青少年中的流行程度，各项研究给出的结果并不一致，这是因为各项研究所调查的对象、时间、地区以及数据的可靠性和问题的措辞各不相同。有些研究认为，青少年在回答有关性行为的问题时，并不是十分诚实与准确。其中男性普遍喜欢"言过其实"，而女性则更倾向于"避重就轻"。在提醒完各位读者之后，接下来的几个段落中，我们会总结近些年来社会学家的研究成果。

由于地区和种族的多样性，我们很难概括出美国青少年发生直接性交行为的平均年龄。但是几项全国性的研究发现，目前青少年性活跃的年龄比过去要小。不过，自从 20 世纪 90 年代以来，青少年中有过性体验的人数比例有了略微的下降。换句话说，有过性体验的青少年人数变少了，但是他们的平均年龄也变小了。在这方面，我们目前最认可的数据是大约有 40% 的美国青少年在高中二年级就已经有过异性阴道性交的经历了（这项数据中并不包括同性性交与其他形式的性交，如口交、肛交等）。到了 18 岁，这一比例则会达到 65%（见图 11-1）。通过这组数据，我们可以得出一个结论：性在美国高中青少年之间已经是一种十分普遍而正常的经历了。

初次性经历年龄在不同种族之间的差异
不同种族之间的初次性经历有明显的差异，不同种族的男性尤其如此。在黑人男性中，初次性交的平均年龄为 15 岁（有超过 1/5 声称自己的初次性交在 13 岁）；在白人和拉美裔男性中，该数字为 16.5 岁；而在亚裔男性中，该数字则为 18 岁。在所有种族中，女性发生初次性交的年龄普遍比男性要大。尽管拉美裔和亚裔女性的初次性交年龄比黑人和白人女性要大，但是总体上不同种族的女性之间初次性交年龄的差异比男性要小得多。黑人男性发生初次性交的年龄较小的原因之一，是黑人中单亲家庭和社区治安较差的比例更高。下文中我们

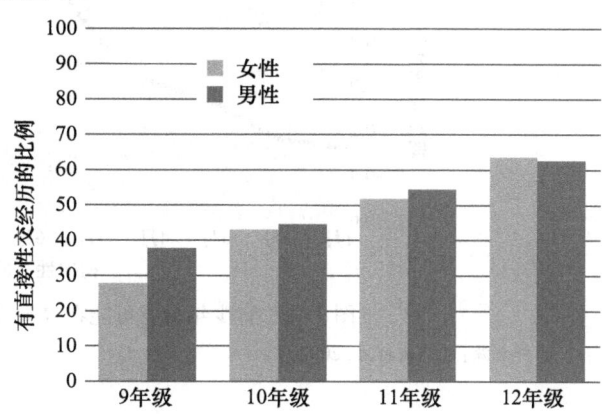

图 11-1　美国九年级的学生中，大约有 1/3 有过直接性交经历，到了 12 年级，这一比例达到了 1/4

资料来源：Centers for Disease Control and Prevention, 2012

也会提到，这两个因素是诱发早期性行为的重要原因。拉美裔青少年中，美国本土化的程度越高，就越有可能在较小的年纪发生性行为、拥有多个性伴侣、接触性传播疾病或者怀孕。研究同时也显示，在所有的种族群体中，经济情况较差的青少年发生性行为的比例更高，尽管与十年前相比，贫富青少年之间在性活跃程度上的差距已经明显缩小了。这同样也说明，性在美国青少年中已经是一个十分正常的话题了。在不同国家之间，青少年发生初次性交行为的年龄各不相同。一项针对欧洲青少年的研究发现，欧洲各国的 15 岁青少年中发生过性交行为的比例差别很大，在波兰，这一比例为 15%，而在格陵兰，这一比例则为 75%。

我们需要注意，很多女孩的第一次性经历都是被迫的。初次性经历在 13 岁以前的女孩中，非自愿与对方发生性关系的现象格外常见。有 1/4 的女孩声称自己的初夜并不是出于自愿的，而与此形成对比的是只有 10% 的女性表示自己的初次性经历发生在 18 岁以后。此外，许多年轻女性表示虽然自己是出于自愿，但是其实自己并不是真的想和对方发生性关系。在恋爱关系中，如果男生比较强势，那么双方发生性关系的概率就较高。如果女孩的恋爱对象年长自己 7 岁以上，那么发生性关系的比例是一般情侣的两倍以上。不论男女，只要恋爱对象的年纪与自己较为悬殊，双方就更有可能发生性关系。

初次性行为的时机　在某些特定的时期内，青少年更容易发生初次性行为，高峰期集中在 6 月与 12 月（见图 11-2）。不论双方是否处于恋爱关系中，6 月，其次是 5 月和 7 月，都是青少年发生初次性行为的高峰期，而 12 月则是处于热恋期的少男少女第一次结合的高峰期。对于这种季节性的现象，研究人员有几种解释。首先，高温或者低温都容易刺激人体的性欲；其次，在寒暑假期间，青少

年会有更多独处的机会。至于所谓的"假期效应"(即12月份,会有大量的青少年情侣发生初次性行为),或许读者自己可以找到原因。

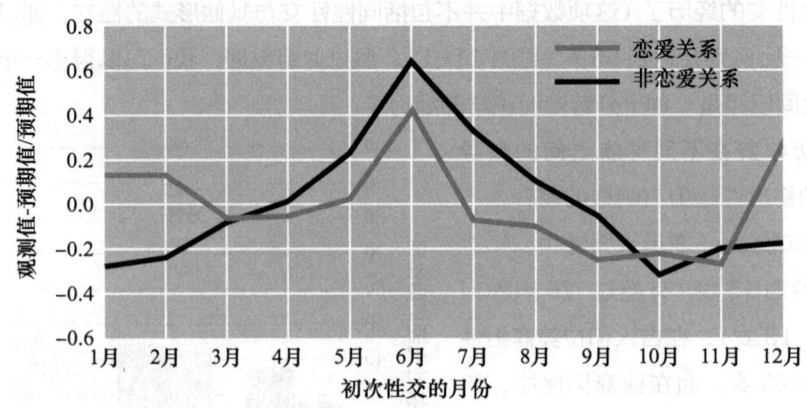

图11-2　青少年最有可能在夏天和12月份发生初次性交行为

资料来源:Levin et al., 2002

青春期性行为的变化历程

从20世纪60年代中期开始,对于青少年婚前性行为的态度就开始变得开明多了,与此相对应,青少年的性行为也发生了明显的改变。

近期的变化趋势　青春期性行为在近期有三大变化趋势。第一,从20世纪70年代早期开始,美国青少年中发生婚前性行为的比例开始显著上升,并于20世纪80年代末期再次上升,随后在1995年到2001年期间,开始逐步下降并趋于平缓,一直维持在略低于50%的水平。有趣的是,尽管近年来青少年发生直接性交行为的比例有所下降,但是他们中发生其他性行为的比例却没有发生相同的变化趋势。实际上,当代青少年在性上比过去几代人要活跃得多。由于艾滋病与其他性传播疾病的威胁,青少年开始用其他形式的性行为(比如口交)来替代直接性行为。尽管这些性行为相比阴道性交和肛交来说更安全一些,但是仍有一定的风险。于是,我们也可以发现只进行口交的青少年对自己行为的愧疚感更低,而且也更不容易染上性病。

第二,有相当一部分青少年在青春期早期就发生了性交行为。尽管很长一段时间内,青少年发生初次性交的年龄平均都在16~17岁,但是现在,大约有1/3的美国青少年在九年级时就发生了性交行为,有6%甚至在13岁时就有了性交行为。在没有发生性交行为的青少年中,主要原因是害怕早孕或者染上性传染病(包括艾滋病)。下文中我们也会讲到,这些数据是十分值得注意的,因为发生性行为的年龄越小,出现早孕或者染上性传播疾病的可能就越大。(也就是说,由于黑人男性发生初次性交的年龄比其他青少年更小,因此他们发生危险性行为的可能性也越大。)许多青少年在高中以前就有过性行为,所以我们在讨论性教育时,也必须将这一事实考虑在内。如果直到高中高年级才开设性教育的课程,对很大一部分青少年来说已经太晚了。

第三,在青少年性交行为的大幅上升和初次性交年龄的大幅下降过程中,最大的推动者实际上是女性。1956年以前,男孩和女孩之间的性活跃比例有十分明显的差距。但是从1965年至今,高中男生中有过性行为的比例增长了两倍，而女生中这一比例则更增长了 4 倍。目前，到了 16 岁之后，男女之间发生过性交行为的比例已经几乎没有什么差异了。

不论大人们赞成与否，我们都无可否认：性在美国青少年的生活中已经十分常态化了。尽管许多父母、老师和其他各方人士都对青少年的性行为持十分谨慎的态度，但是其实对大部分青少年来说，性其实包含许多意义，比如他们对彼此的爱慕、对感情的认真态度等。尽管性对很多青少年来说很常态化，但是滥交的现象十分少见。最新的数据显示，在有过性经历的高中生中，有 80% 的女生和 67% 的男生在过去的 3 个月中只有一名性伴侣。而过去十年中，青少年中有多名性伴侣的比例已经显著下降，但是目前这一比例也着实不低。当前的高中生中，有 15% 的人有过 4 名或以上的性伴侣。在本土化较高的群体中，滥交的比例明显更高（见图 11-3）。

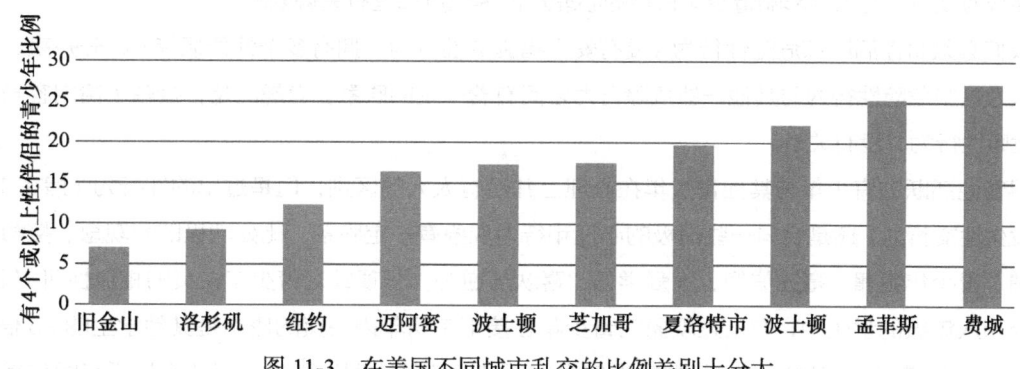

图 11-3　在美国不同城市乱交的比例差别十分大

资料来源：Centers for Disease Control and Prevention, 2012

在有过性经历的青少年中，大约有 1/3 的人与并不是和自己处于恋爱关系的人发生过性关系。尽管很多大人对此表达过担心，但实际上，青少年发生性关系时的对象通常是自己熟知的人，比如说好朋友或者前任男/女朋友（有的人将其称为"炮友"）。而在这些情况下，有 1/3 的人期望这种关系能发展成一段稳定的恋爱关系。也就是说，所谓的"乱性"其实范围很广，可能是一夜情，也可能是为了获得一段恋爱关系。

性与酒精　近年来，青少年在饮酒或吸毒后发生性关系的比例开始上升，许多人对此十分担忧。在一项全国性的研究中，大约有 1/4 的美国青少年承认自己上一次发生性行为前有过酗酒或者吸毒的行为。这种情况在白人和拉美裔青少年中更为常见。的确，由于意识模糊和控制力下降，酒后更容易乱性。一项针对英国青少年的研究发现，受访的青少年中有 1/4 承认自己在酒后与他人发生性关系后，由于醉得太厉害，甚至都不记得发生了什么事（这种情况也并不是只有英国才有）。以下的谈话内容分别来自两名 16 岁的男孩和女孩：

我醒来的时候发现自己身边躺着个女孩，但我根本不知道她是谁。于是我就问她："你是谁？叫什么名字？"她回答我以后，我还是想不起来是怎么回事。于是我就在想："这到底是怎么回事？我怎么可能一点都不记得呢？"但我真的就是想不起来。

我以前有过醉酒记不清事情的时候，第二天早上甚至接下来的几个星期我也一直记不起究竟发生了什么事情。但是突然有一天有人把真相告诉了我，我慢慢回想起来，简直不敢相信自己都做些了什么。

性活跃的青少年

性活跃青少年的心理与社交特征

多年来,研究人员在研究性活跃青少年在心理与社交方面的特征时,都理所当然地假设这些青少年属于问题少年(不论是在发生在性行为之前还是之后)。随着性在"正常"的青少年中越来越普遍化,这种观点才逐渐被纠正。

性行为与心理发育 大量的研究都显示,青春期性行为与心理异常并无关系。在较小年纪便开始性活跃的青少年在自我认知水平和对生活的满意度上与其他青少年没什么差别。不论短期还是长期,失贞对青少年的心理发育并没有妨害,即使失贞发生在非恋爱关系中也是如此。因此,只有问题少年才有性行为以及性行为会影响青少年日后的心理发育等观点都是有失偏颇的。

我们必须将性活跃和危险性行为(没有安全措施的性行为、拥有多个性伴侣等)区分开来。人们通常认为这些危险性行为与其他一些危险行为之间有着一定的联系。有趣的是,接触色情内容与青少年的危险性行为并没有关系。

尽管性活跃的青少年与其他青少年在心理上并没有太大的区别,但是过早的性行为(指在16岁之前发生性交行为)还是会与一些消极的心理和行为现象有一定联系,比如消极的性观念、接触毒品和酒精、青少年犯罪、毫无信仰、不爱学习、喜欢叛逆等。一项针对青少年失贞的相似性研究显示,七年级和八年级的学生中,有上述现象的青少年在接下来两年内失贞的概率是其他学生的25倍(见图11-4)。在美国,有过早性交行为青少年中出现抑郁症的比例也更高,但并不是所有国家都是如此。与此形成对比的是,研究发现,在16岁之后才失贞的青少年与没有失贞的青少年之间并没有很大的差别。我们对18岁后还保持处子之身的青少年研究不多,但是他们之所以守身如玉,最大的原因是宗教因素。

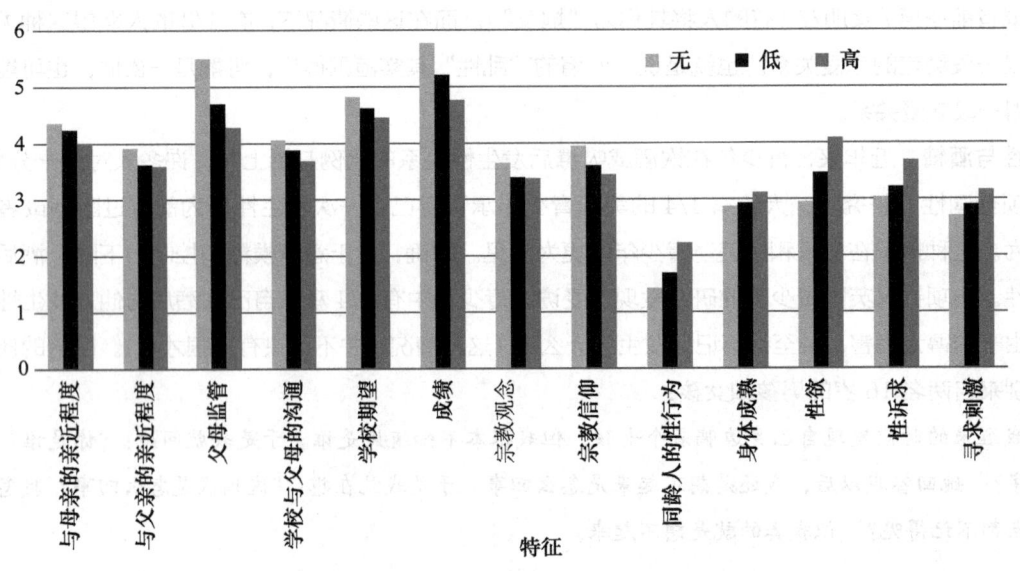

图 11-4 不同性活跃程度的青少年所具有的不同特征

资料来源:L'Engle, Jackson, & Brown, 2006

是因果关系还是相互联系 尽管许多研究都发现，早期的性行为与一些小范围的问题行为有一定的联系，但是它们之间是否有明确的因果关系还是值得商榷的。一些研究显示，青少年参与问题行为（尤其是酗酒、吸毒和暴力活动）会加速过早性行为的产生，但是也有研究认为问题行为和过早性行为是同时出现的，它们可能是某种更深层次原因的体现，比如嗜爱冒险等。不过，反过来认为过早性行为会导致其他问题行为的研究却少之又少。在本书的第13章中，我们将会讲到，许多专家都认为对问题行为的偏好和缺乏对冲动行为的克制会诱发许多复杂的问题，比如青少年犯罪、滥交、逃学、吸毒、酗酒等。最近一项研究结果与此一致，该研究发现，影响青少年是否会出现犯罪行为和滥交的是相同的基因，而影响他们恋爱关系的却是不同的基因，这与另一项从基因层面分析青少年喜欢寻求刺激、容易冲动原因的研究结果一致。因此，或许我们更应该把危险性行为看作一种具体的危险行为，而不是将它们等同起来。

研究显示，性活跃的青少年中出现的心理问题并不比其他同龄人多。但是，危险的性行为却与其他的一些危险行为之间有联系。

另一个影响青少年性活跃程度的因素是受父母或其他大人监督的程度。大部分青少年之间的性行为都是在其中一方家里发生的，而且通常都是在男生家里（除了双方的家之外，最常见的地点是某个朋友的家里）。而且，青少年发生性关系通常不是在周末，而是在工作日放学之后。因此，我们也不难推断出，在放学后既没人看管又不参加课余活动的青少年更容易发生性行为，也更容易有多个性伴侣或者染上性传播疾病。

荷尔蒙与环境对性行为的影响

与青少年初次性行为的年龄有重要联系的因素之一，是身体的成熟程度。身体成熟越早的青少年，初次发生性行为的年龄就可能越小。青少年在青春期对性越来越感兴趣既有心理的原因，也有生理的原因。具体来说，一方面，随着性激素分泌的增加，青少年的性欲日益强烈；另一方面，在同龄人之间，性行为是被普遍认可甚至被鼓励推崇的。要更全面地了解青少年的性行为，必须将生理、心理因素以及它们的相互作用结合起来，而非将它们单独割裂开来分析。而且，男性和女性的境况又有所不同。

荷尔蒙的影响 男孩和女孩在发育期间，开始对性感兴趣，这种兴趣来源于体内某种荷尔蒙，即睾丸酮的大量分泌。在调查中，体内雄性激素水平（睾丸酮属于雄性激素）高的青少年更容易出现自慰、性幻想等行为。荷尔蒙的大量分泌除了会激发青少年对性的兴趣以外，也会使他们在面对性刺激时产生性冲动，这对男女来说都是如此，但是女性的性欲还会受到雌性激素的影响。

性活跃与性冲动并不相同。体内睾丸酮水平的变化在诱发青少年初次性行为的过程中究竟有多大的作用？这个问题的答案因性别而异。对于男孩来说，雄性荷尔蒙的增加会直接影响其性活跃的程度。年龄较小但身体发育较成熟的男性青少年的性活跃程度可能会比年龄较大但身体发育较不成熟的男性青少年高。早熟的男性青少年也更有可能从互联网上下载色情内容。

但是，男孩发生性行为与否并不仅仅取决于其体内的荷尔蒙水平，因为性行为是双方行为，还需要考虑女孩的接受程度。在学校里，受女孩欢迎的男生更容易发生早期性行为。在本书第1章中，我们曾讲到，包括睾丸酮在内的雄性激素不仅会增加青少年的性冲动，还会影响身高、力量以及第二性征（第二性征是个体已经为性行为做好准备的标志）等各方面的发育。也就是说，雄性激素水平的上升不仅会增加男性青少年的性冲动，使他们想要发生性关系，同时还会改变他们的容貌使他们更受女孩欢迎，二者都有可能诱使他们发生性关系。

对于女孩来说，荷尔蒙对性欲和身体的影响则更为独立。尽管雄性激素也会引起女性性行为的增加，但是影响其身体发育的则是另一组荷尔蒙——雌性激素。因此，我们可以研究女性在青春期性行为的增加究竟是受性冲动的影响还是受身体容貌变化的影响（二者都会影响她们对男性的性吸引力）。结果表明，女性性行为的变化与雄性激素水平的差异并无太大关系，而是与雌性激素水平的差异有关。尽管过去有研究认为，雌性激素对女性性行为的影响主要是通过影响女性对男性的接受程度起作用的，但事实并非如此。雌性激素主要通过增加女性对男性的性吸引力来影响女性的性行为。

当然，女孩是否发生性行为并不完全由男孩是否想让其成为性伴侣而决定。女孩自身对性的兴趣和对男孩的接纳度也很重要。但是对于女孩来说，这些因素更多的是由环境而非生理因素决定的。

环境的作用　许多研究都表明，社会因素对女性青少年是否参与性行为的影响比男性要大得多。尽管雄性激素的上升会增加女孩对性的兴趣，而雌性激素的上升会增加女孩的性吸引力，但是这些变化是否会引发性行为，最终还是取决于环境因素的影响。比如同样是雌性激素水平较高的女孩，如果家长观念较为开放或者朋友中发生性行为的情况较多，那么她们发生性行为的可能性就较大。但是如果她们所处的社会环境不鼓励性行为，那么即使体内的雌性激素水平较高，她们发生性行为的可能性也比较小。也就是说，荷尔蒙对男孩的性行为有着直接而强烈的影响，但是它对女孩性行为的影响却取决于社会环境。

为什么会这样呢？有一种解释是环境更加包容和鼓励男孩发生性行为。男孩如果想发生性行为需要的只是身体上的成熟，环境对他们并没有太大的约束。然而，对于女孩来说，环境要复杂得多。有些女孩成长在包容甚至鼓励性行为的环境中，但是有些不是。尽管雄性激素的上升也会提高青春期女孩的性欲，同时雌性激素的上升会提高其对异性的吸引力，但是如果成长环境对性行为的管束十分严格，那么荷尔蒙的这些作用并不会直接导致性行为的发生。而社会因素中影响力最大的则是父母和同龄人。

父母和同龄人对性行为的影响

较早发生性行为的青少年与父母和同龄人之间的关系是否会与其他青少年有所不同呢？许多研究人员都问过这个问题。答案是显而易见的，鉴于早期性行为与其他各种问题行为之间存在的关联性，大部分研究都发现来自管束型家庭的青少年，由于生活中受到父母的管教较多，因此他们过早发生性行为或者发生危险性行为（比如不使用避孕套）的可能性更小。亲子之间的冲突与过早的性行为之间也有一定的关系，尤其是对于身体较为成熟的青少年来说。不论哪个种族，父母合理的管教与青少年进行安全的性行为都有着明显的联系。有观点认为，危险性行为的基础与其他冒险行为的基础是一致的。而最近一项针对黑人青少年的研究也发现，危险性行为是一系列连锁反应导致的结果，包括缺少父母管教、逃学厌学、与喜欢冒险的同伴为伍等（见图 11-5）

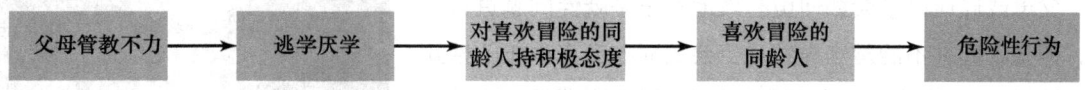

图 11-5　危险性行为的基础与其他冒险行为的基础是一致的

资料来源：Kogan et al., 2011

父母与青少年的沟通　研究人员对青少年与父母之间在性方面的沟通进行了大量的研究，但其实即使没有这些研究，我们也很容易知道，对于青少年和父母来说，这些沟通带来的影响是不同的。在双方谈论性时，父母主动提起的概率比孩子主动的概率要高得多。此外，父母经常会就某一特定的问题（比如艾滋病）与孩子进行交流，而孩子却不会。这样的不对称性还有很多，比如父母很容易低估青少年的性活跃程度，并且不切实际地认为只要他们禁止孩子发生性行为，孩子们就会乖乖照做。孩子们也容易低估父母对性行为的反对程度。总体来说，青少年更倾向于和母亲谈论性方面的问题，也更乐意将母亲作为自己在性方面的教育者。同时，青少年更愿意接受一段时间内分几次讨论性方面的问题，而不是将所有事情都归纳在一次谈话中。

在性方面，父母与青少年讨论的问题主要集中在安全上（比如如何预防艾滋病，如何使用避孕套等）。尽管在性上，欧洲的一些国家，比如荷兰，比较开放和进步，但是研究却表明，欧洲的父母在与孩子谈论性问题时并没有比美国的父母开放多少。在不同的国家，父母在与孩子讨论性问题时，采用互动的形式所取得的效果比完全由父母主导的形式要好得多。这点很重要，因为在有关性的问题上，母亲与女儿之间的交流比母亲与儿子之间的交流互动性更强。或许也正因为如此，亲子之间关于性的交流对女儿的影响比对儿子更大。尽管目前并没有很多研究是关于这种亲子交流在不同种族间的差异的，但是在美国的亚裔家庭中，这种交流并不是很常见。

我们通常都认为，与父母讨论性方面的问题对青少年是有好处的，但是这种交流的效果取决于谈话的对象和内容。总体来说，大部分的研究都发现，这种父母与孩子之间的交流对青少年性活跃程度的影响非常小，不过父母与孩子之间关于避孕措施的交流的确可以减少危险性行为的发生率，尤其在青少年性活跃前就进行这方面的交流，效果会更好。与年长的哥哥或者姐姐就安全性行为进行讨论也是非常有效的。

越来越多的研究都认为，父母在子女讨论性问题时传递的态度与价值观以及青少年如何理解这些态度和价值观都是十分重要的。比如，对于女孩来说，如果父母对性的态度比较开放，那么她与父母谈论的性问题越多，她发生性行为的可能性也会越大；但是如果父母反对婚前性行为，就不是这样了。在拉美裔的家庭中，父母对性的态度较为保守，他们与孩子谈论性问题时传递的观念是希望他们少发生性行为，只不过父母警告的严厉程度似乎对青少年影响并不大。此外，经常与父母讨论这些问题的青少年在遇到非自愿的性要求时，更有可能会顶住压力并予以拒绝。同时，研究还发现，在孩子经历青春期而变得性活跃并且十分叛逆时，父母与孩子继续保持亲近的关系是十分重要的。

需要注意的是，父母与青少年的交流在预防青少年危险性行为上较为有效，但无法要求他们禁欲。在这方面，父母的话作用很小。因此，尽管有父母认为自己与孩子的交流可以防止他们发生性行为，也有父母担心自己与孩子在性问题上的交流可能会无意中鼓励自己的孩子发生性行为，但研究表明，实际上，这种交流对青少年是否会发生性行为几乎没有影响。父母或许可以学会如何更有效地与孩子就性问题进行交流，但是我们并不清楚这样做是否会明显改变青少年的性知识、性观念或是性行为。判断青少年是否有可能发生初次性行为，看他们是否与父母有交流并不可靠；相反，看他们否有发生性行为的机会（比如是否处在一段稳定的恋情中），是否有性活跃的朋友，或者是否有滥用药物和酗酒要可靠得多。

性行为与家庭结构 从家庭因素中青少年的家庭结构，我们或许可以看出青少年，尤其是女孩是否会发生性行为。研究人员一致发现，父母处在离婚过程中的青少年以及单亲家庭中成长的女孩（不论父母何时离婚）较早出现性行为的可能性更大。有一种理论认为，离婚破坏了亲子关系，使得青少年过早出现滥用药物、酗酒、违法犯罪等行为。有研究认为，这些行为都有可能增加青少年发生性行为的可能性，也就是说，单

父母与青少年的交流并不能减少他们的性行为，但能诱导他们在发生性行为时注意安全。

亲家庭中的女孩更容易发生性行为的原因并不是她的家庭结构，而是家庭关系。另一种可能性是，一些影响大人婚姻稳定性的人格特征，比如容易冲动、药物滥用等，会从父母身上遗传到孩子身上，因此，单亲家庭中的孩子就更容易出现过早的性行为。换句话说，除了父母的后天行为以外，他们的先天遗传也会对孩子的性行为产生影响。家庭结构对女孩的影响比男孩要大，可见除了遗传以外，另外有一些因素也起到了一定作用。

为什么成长在单亲家庭中对女孩的性行为影响要更大些呢？对于这个问题，至少存在四种可能性。第一，正如我们在上文中提到的，社会因素对女孩性行为的影响要更大、更复杂。不管是单亲家庭还是普通家庭，对于男孩的性行为，父母可能并不会加以太多管束，因此，单亲家庭和双亲家庭中的男孩发生性行为的可能性是相同的。但是，女孩的性行为可能会受到父母更多的管束。在这方面，单亲家庭会比双亲家庭更加开明，这种差异足以对女孩的性行为产生影响。

第二，许多单亲妈妈会忙着约会，这无意中可能会成为青少年学习的"榜样"。一些研究显示，如果母亲本身就在较小的年纪发生了初次性行为，那么她的子女也很可能如此。这种"榜样"的作用在同性的两代人间更加明显，因此我们也会发现，成长在单亲家庭中对女孩性行为的影响比男孩要大得多。

第三，在出现家庭问题时，女孩更容易离家出走，去别处寻找温暖和关怀。如果家庭环境不好，女孩（不论是否为单亲家庭）更有可能通过寻找一段恋爱关系来弥补家庭环境的欠缺。在父母离婚期间或者离婚之后，女孩可能会从别人处寻求慰藉，这个人今后就很有可能与她发生性关系。

第四，还有些研究人员认为，成长在单亲家庭的女孩更容易过早出现性行为是由她们的基因决定的。他们发现，男性中使他们有离家出走倾向的基因如果遗传到女儿身上，就有可能使她们发育更

早,也更容易较早出现性行为。

父母之外的影响 一些实验研究了除父母之外,影响青少年性行为的其他因素。总体来说,如果同伴中有人发生性行为,或者他们认为自己的同伴有过性行为,或者家中年纪较大的同辈有过性行为,那么青少年发生性行为的可能性就更大。与此相一致的是,尽管宗教活动在一定程度上会延缓青少年发生性行为,但是这种延缓作用只有在青少年的同伴也同时参加宗教活动时才有效。有一点十分重要,如果青少年的父母能以开明和理解的态度与他们讨论有关性的问题,那么青少年受同伴的影响就会小得多。

同伴对青少年性行为的影响方式有两种,它们各有不同,但是却相互关联。首先,当同伴发生性行为后,青少年会认为性行为是可以接受的。滥用药物之所以会与过早的性行为联系起来,原因之一就在于这些药物会让青少年结识一群性观念更加开放的朋友。与此相一致的是,各个地区的青少年发生初次性行为的情况各不相同。在治安环境较差的地区,大人对青少年的管教较少,同龄人对青少年的影响很大,因此他们出现过早性行为的可能性就更大。总体来说,青少年生活中引起早期性行为的危险因素(比如吸毒、酗酒、交友不慎、父母监管不力、社区混乱等)越多,青少年发生性行为的可能性就越大。在不同种族之间,引起青少年早期性行为的因素是一致的。

同伴还会直接影响青少年的性行为。朋友之间会问诸如"你还没做过吗?是不是有什么问题?"、"你难道不想试试吗?"之类的问题,甚至潜在的性伴侣之间也会问。研究表明,同一社区内青少年性行为的传播就好像传染病一样,有过性经验的青少年会向没经验的同伴传授经验,并诱使他们发生性行为。随后,这帮先前没有经验的青少年又会去"感染"其他同伴。随着时间的推移,该社区内有性经验的青少年比例会越来越高。

贞洁宣誓 关于"贞洁宣誓"的研究为我们揭示了社会环境是如何影响青少年性行为的。在过去的 25 年里,有数百万美国人进行了贞洁宣誓,发誓他们会在婚后才发生性行为。这些誓言的效果又如何呢?研究发现,贞洁宣誓只对年龄较小的青少年起作用,对高中生没有一点约束力。在高中生中,宣誓过的人照样会发生性行为(包括直接性交、口交和肛交),和其他人没有区别。同时,纵向研究显示,这些人在发生性行为后甚至会否认自己宣誓过。一项针对美国青少年的纵向取样调查显示,在所有进行过贞洁宣誓的青少年中,有 82% 会在日后的 5 年内否认自己当初宣誓过。有意思的是,有没有宣誓的不同居然在于宣誓过的青少年在发生性关系时更不喜欢用避孕套,也就是说,鼓励禁欲最后却有可能会导致不安全性行为的发生(后文也会提到,事实的确如此)。更有意思的是,誓言约束力的强弱会根据同个学校内宣誓人数的多少而有所不同。在几

在过去的 20 多年里,有数百万美国青少年进行了贞洁宣誓,发誓他们会在婚后再发生性行为。然而,研究却发现这些人在进入高中后,发生性关系的可能性和其他人没有差别。

乎没有人宣誓的学校和几乎所有人都宣誓的学校，誓言的作用都非常小。同时，我们发现让个体对性行为进行自我约束比让他们当众宣誓的效果要好得多。

最后，有几项研究对大环境对青少年性行为的影响进行了探讨。比如，研究者发现，在贫困地区长大的青少年发生过早性行为的可能性更大。贫困会让青少年对未来失去希望，因此他们有可能会置工作和经济问题于不顾，只管自己发生性行为。对一个没有机会找到一份好工作的人来说，早孕的代价并不高，但是对于一个想上大学并想找到一份好工作的人来说，情况就不一样了。但是，相比居住环境，学校同学对青少年的性观念影响更大。

性对于不同性别的意义

在讨论青春期性体验在心理社会学上的重要性前，我们必须注意到，性行为发生的时间对于不同性别青少年而言有非常巨大的差异。尽管近几十年来男性和女性的性行为频率趋于相同，但青春期男孩和女孩的早期性经验仍然差别显著，因此早期的性行为对他们的意义也各不相同。换句话说，男女都有可能发生性行为，但是他们各自的性社会化过程却是完全不同的。

男孩的感受　对于男孩来说，初次性体验通常是青春期早期的自慰行为，因此男性的性社会化往往不会把性行为与人际交往联系起来。青春期男孩在开始恋爱之前，可能就已经体验过高潮了，并且知道如何唤起高潮。对于男性而言，青春期性发展的中心是，将建立亲密关系的能力与已有的性能力结合起来。

也许正因为如此，在第一次性交时，男孩通常将性和亲密关系分离开。他们的第一个性伴侣往往是一个刚认识的或者尚未与自己确立正式恋爱关系的人，而且性行为往往是由男性发起的。这些发现意味着男性的早期性体验往往不涉及亲密关系和情感因素，而是娱乐消遣。与之一致的是，男孩会比女孩更倾向于认为性欲而非亲密关系和感情投入是发生性行为的主要原因。而且在调查中，男性几乎一直赞成将自己的初次性行为告诉别人，尤其是男性同伴。所以，青春期男性对性行为的最常见的直接反应就是兴奋、满足、激动和幸福。

女孩的感受　女孩的初次性体验和事后的感受与男性差别很明显。自慰在女孩当中远远不如在男孩当中普遍，自慰的频率也低很多，因此，青春期女孩与男孩不同，她们的初次性行为往往是与另一个人进行的。与男孩不同的是，女孩的性发展包含了性行为与已有的亲密关系和感情投入的融合，因此，从一开始女孩的性观念就带有恋爱、爱情、友情和亲密关系的色彩。女孩比男孩更愿意用性行为来增强感情联系。

男孩和女孩也面临着截然不同的关于性的社会态度。出于怀孕的可能性，性行为潜在的负面作用对女孩来说更严重。鉴于这个原因，社会对女孩性行为的态度更苛刻，女孩对待性也更谨慎。女孩的性欲被身边的一些观点所抑制。这些观点认为，女孩不应该性解放，否则她们就会被贴上坏女孩或者不可爱的标签。也许正因为如此，女孩比男孩更容易对不恰当的性行为说不。

青春期女孩的第一个性交对象往往是当时与她们相爱的人。她们将自己的初次性体验告诉别人之后，也更容易从他那里得到不赞同的态度。尽管大多数女孩对于她们初次性体验的感觉是正面多于负面，但女孩比男孩更容易感觉到害怕、内疚和担忧，同时也会夹杂着快乐和兴奋。

很重要的一点是，性对于男女的不同意义既不是既定的，在不同文化或历史时期也不是相通的。同时，并不是所有青春期男孩都遵循男性的"模式"，女孩亦然。青春期性行为研究专家莉莎·戴蒙德和里奇·威廉姆斯注意到，与以往的研究结果相比，"我们发现女孩变得更加注重性本身，而男孩则比以前更受恋爱关系的影响。"此外，随着他们逐渐成熟，青春期男孩和女孩进行性行为的动机也趋于相似（男性更重视性在恋爱关系中的地位，而看轻性在提升他们社会地位方面的作用，而女性则开始弱化性在维持双方亲密关系中的作用）。

性取向

同性吸引 青少年与同性成员一起参与性游戏、对同性产生性幻想或对他们对同性的感觉产生疑问，并不是什么不正常的事。一项全美秘密调查的结果显示，大约有6%的男孩和13%的女孩称有过同性吸引、非异性性取向或在青春期进行过同性性行为。更小一部分青少年（2%~5%）认为自己是同性恋或者双性恋，而且这一比例在成年人当中增加到了约10%。2%~3%的青少年认为自己的性取向不确定；当他们长大一点儿之后，其中大约2/3认为自己是坚定的异性恋。

同性恋问题带来了很多困扰，因为人们有时会混淆性取向（一个人会被同性、异性或者双性性吸引）、性角色行为（一个人的行为会在多大程度上遵循传统的男性或女性方式）和性别认同（一个人在心理上认为自己是哪个性别，不管他们的生理性别或出生时的性别是什么）这三个概念。青少年的性取向、性角色行为和性别认同之间没有关联。表现出强烈的甚至独特的同性关系偏好的人也会与表现出强烈的甚至独特的异性关系偏好的人一样，有相同的男性和女性行为。换句话说，纯同性恋男人（与纯异性恋男人一样）可能表现得非常男性化、非常女性化或者两者都有，纯同性恋女人、纯异性恋女人和双性恋也是如此。同样，性别认同和性取向之间也互不相干。同性恋者与异性恋者一样，不会更容易或者更不容易产生与自己性别不同的性别认同。

尽管跨性别主体（性别认同与生理性别不同的人）常常会被区分出来，以便与女同性恋、男同性恋和双性恋放在一起讨论，但是实际上跨性别者在性取向上有多样性。不论在青少年还是成年人中，跨性别群体都是很小的一部分。一个近期的研究估计，美国大约每10万成年人中有一个跨性别女性（生理上为男性，但自认为是女性的人），每40万美国成年人中有一个跨性别男性（生理上为女性，但自认为是男性的人）。

研究人员目前还没有找到一个统一的指标可以用来区分在青少年时期尝试过同性关系后，哪些人会在成年后认为自己是同性或双性恋，哪些人后来认为自己其实属于异性恋。同理，大部分同性恋和双性恋成年人在青春期也经历过异性性行为。戴蒙德和萨文-威廉姆斯也注意到，"大家都有一种观念，青春期性欲、性行为和性别认同三者一起正可以表明明确的同性或异性取向，实际上恰恰相反，事实要远远复杂得多"。

我们需要区分纯同性恋还是同时存在强烈异性兴趣的同性恋。许多人错误地认为性取向是非此即彼的属性，一个人要么是纯异性恋，要么是纯同性恋。然而事实上，在没有表现出纯异性恋取向的人群（大约占成人总数的10%）当中，只有1/3的人是纯同性恋，其余2/3的人认为他们是双性恋，对同性和异性都会产生兴趣。有2%~3%的成年人称他们自己是纯同性恋。

这一小部分人的性取向发展遵循不同的模式。男性更多是在发现自己是同性恋或双性恋之前就已经发生过同性关系，而女性当中更常见的是与之相反的情况。更多的女同性恋和女双性恋者在第一次发生同性关系之前就有异性性行为经历，这一点正好与男性相反。此外，青春期就发生同性接触的女性在成年后往往也会追求同性交往（这一点和男性不同，只有60%的男性是这样的）。

同性恋的起源 同性恋起源的研究一般集中在两个因素上：生物学影响（例如激素）和社会影响（例如父母与孩子的关系）。人们已经对成年男性和女性的同性取向有了较多的认识，但是目前的证据表明青少年的性取向是由社会和生物学因素相互作用共同塑造而成的。

生物学因素对性取向至少有部分影响的证据来自两个方面。在第1章中，我们区分过荷尔蒙对行为的组织作用和活化作用。青春期荷尔蒙的变化引发了性行为，这种引发的模式可能受大脑中已有的某种激素通路影响。有证据表明，同性恋在胎儿时期就受到了某些激素的影响，理论上这些激素会通过早期脑组织的作用影响胎儿的性取向，诱发性别反常偏好。另外，有证据表明同性恋有明显的基因基础，因为相比远亲或异卵双胞胎，性取向在近亲或同卵双胞胎之间更相近。尽管在讨论这些相似性时，很难排除环境影响，但是我们也不能排除基因对同性倾向的影响。

一些研究结果也表明，与异性恋者相比，同性恋中有较大一部分自称在他们的早期家庭关系中，尤其是与父亲的关系中存在严重的问题。研究人员一度拒绝将同性恋者父亲冷漠、疏远的形象视作一种典型人格，也很少有研究涉及这种形象，但是一些设计更细致的研究已经对这种形象进行了部分讨论。相比异性恋者而言，同性恋和双性恋青少年更倾向于将他们的父亲描述成一种冷漠的形象。男同性恋者比异性恋者更倾向于称自己与母亲有更积极、亲密的关系，女同性恋者比异性恋者更可能认为她们的母亲是冷漠而严厉的。然而，同性恋青少年中拥有同性恋父母的比例并不比异性恋者高，事实上，研究发现同性父母和异性父母抚养的青少年几乎没有差别。

尽管这些研究指出了一些似乎对同性恋、双性恋者早期历史产生影响的因素，但并不是所有的同性恋者都有同样的发展过程。例如，尽管总体来说同性恋者比异性恋者更容易用负面的词语来描述他们的父母，但并不是所有同性恋者都是这样认为的。类似地，那些偏向女性行为的男孩在长大之后大部分会成为男同性恋，但也有很多不会发展成那样。

性别认同的发展 一些研究人员已经描述了男女同性恋者发现、忍受、公开他们性别取向的过程。这个过程传统模型的先后顺序为：儿童时期感受到异常，有性别反常行为，被同性吸引、对异性没有兴趣，意识到自己对同性有吸引力，有意识地质疑自己的性别身份。这描述了许多同性恋青少年的经历，但也不是所有人都是这样。有些研究人员也确实发现，相比于女同性恋者、双性恋青少年和非西方男同性恋者，这个模型也许对白人男同性恋者的发展过程更适用。例如，有证据表明女性的性取向比男性的性取向更容易变化，许多青春期后期为双性恋或同性恋的女性在成年后改变了她们的性取向。

社会对同性恋的偏见和无知可能会给同性恋青少年带来巨大的痛苦，特别是当他们遭遇周围人群的敌意时。这会给许多青少年在性别认同、亲密关系和性取向方面的发展带来巨大的挑战。这些挑战对于少数性取向特殊的青少年来说更为艰难，他们将会比那些异性性取向的同伴更难得到社会支持。（有趣的是，比起性取向，青少年对性别反常行为的同龄人的包容度更低。）许多研究发现，很多有特殊性取向的青少年在成长过程中受到过同龄人或者成年人的恐吓，以及身体上或者言语上的虐待。这种类型的虐待和冷漠的家庭关系是性取向特殊的青少年出现更高比例抑郁、自杀、药物滥用、离家出走和学习困难等问题的其中一部分原因，这些问题还将持续到成年，导致精神健康疾病。有特殊性取向的青少年在一些学校里会受到更多的敌意和歧视；农村学校、社会经济地位较低社区的学校、对学生行为规范较少的学校和学生种族较单一的学校更容易对他们产生敌意。这促使许多专家呼吁，要在学校中设立教育项目来提高对有特殊性取向青少年的包容度。例如，在2012年，Lady Gaga成立了"生来如此"（Born This Way）基金会，目的在于"推动建立一个更宽容的社会，接受多样性、赞扬个性"。研究也发现，在学校里建立同性恋－异性恋联盟对于学校的氛围有积极的作用。

性骚扰、强奸和青少年性虐待

性骚扰和约会强奸　尽管大多数青少年性行为研究关注双方你情我愿的情况，但越来越多的公众意识到有很大一部分青少年遭受了性骚扰，而且其中一部分青少年被迫发生了非自愿的性行为。后一种情况包括受到陌生人的强奸、家庭性虐待或约会强奸（年轻人，尤其是年轻女性，与她的约会对象发生非自愿性行为）。如果一个女孩和她的约会对象年龄差距较大（3岁及以上），他们之间发生性胁迫和酒后或药物作用后的性行为的可能性更大。

许多人对青少年在网上受到性骚扰表示担忧，然而相比而言，他们在学校遭到性骚扰的风险更多。近期的研究显示，在美国的公立学校里，同性和异性之间的性骚扰是很普遍的（见图11-6）。一项全中小学学生取样调查显示，超过80%的女生和超过60%的男生自称在学校里受到了非自愿的性关注。性骚扰尤其会给早熟的女孩带来困扰，因为生理上的成熟，她们总是更惹人注目。

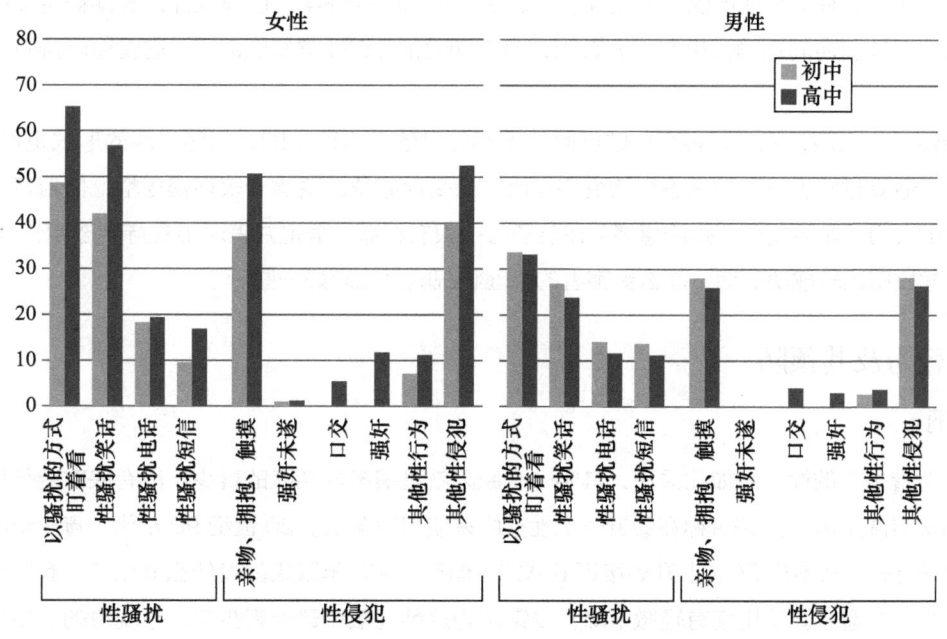

图11-6　受到性骚扰或性侵犯的百分比。被访者可以选择多种受害方式。口交和强奸相关的问题没有向初中生提问

资料来源：Young, Grey, & Boyd, 2009

因为遭受性骚扰的青少年大部分也曾经性骚扰过别人，而且许多性骚扰事件被教师或学校里的其他人目睹，有很大一部分学生称他们被老师性骚扰过，因此许多专家建议有必要明显改善中学的道德伦理氛围。说是一回事，做又是另一回事。研究人员对一个名叫"安全约会"的学校项目评估发现，这个项目启动一个月之后，心理虐待和性暴力有了明显的减少，但是一年过后便死灰复燃了。另外，一些研究人员则针对实施过约会暴力的人进行了研究，结果表明，施暴者很可能本身就是家庭体罚和虐待的受害者。研究发现，喜欢威胁恐吓他人的青少年有很大一部分也会性骚扰他人。鉴于性骚扰也是胁迫的一种形式，这也就不足为怪了。

性虐待 由于施虐者和受害者往往都不愿承认性虐待经历，因此获取准确的青少年性虐待受害者的估计数量是很困难的。然而，我们仍然可以确定性虐待的青少年受害者大多是女性和穷人。几项研究显示，报道中7%～18%的青少年在18岁以前有过非自愿的性交经历；受害者中女性数量明显高于男性，但不知这种状况多大程度上是由于性虐待的流行率不同导致的，多大程度上是由于受害者中男女接受报道的意愿程度不同导致的。（这些性虐待的数据不包括被强迫进行非性交性行为的青少年，因此其数值显然少于真实的青少年性虐待受害者数量。）最有可能在青少年时期遭受强奸的女性往往16岁前已与父母分居；身体、感情或精神上受到过挫伤；从小的生活条件在贫困线及以下或是父母酗酒、吸毒。的确，占了以上两个或三个危险因素的女性中，2/3在青少年时期被强奸过。与一般认知相反的是，比起年龄更小的孩子，青少年被（性、身体以及感情）虐待和忽视的比例要更高些。

有几项研究调查了在青少年时期遭受性虐待对受害者的心理影响。遭受性虐待的青少年自尊心会偏弱，学习上会感觉更困难，更容易出现焦虑、恐惧、饮食紊乱以及抑郁症；更容易做出危险举动；也更容易性活跃、有多个性伴侣、遭受性虐待、在青少年时期怀孕，以及卖淫。长期被生父性虐待的女孩是最有可能出现问题的。也有证据表明，青春期之前（即非常早的时候）遭受性虐待有可能导致性早熟。

遭受性虐待之后，受害者表现出的问题严重程度是依个人而定的，问题呈现的形式也各不相同。一般来说，遭受过性虐待和身体虐待的受害者比只遭受性虐待的受害者表现得更糟，但若青少年性虐待受害者的父母（如果父母不是施虐者）在孩子心中很有权威（坚定并表现出支持的态度），以及受害者本人在学校里比较成功的话，那么受害者的心理状况就会比较好一些。

危险性行为及其预防

避孕措施

成人对青少年的性行为如此关注，其中一个原因就是很多性活跃的青少年没有采取避孕措施。在美国性活跃的青少年中，40%称在最近一次性交中未使用避孕套。20世纪90年代，青少年的避孕套使用率显著提升（从不到50%上升到接近60%），但自2003年以来就没什么变化了。有些研究甚至发现，青少年的避孕套使用率有轻微下降，专家认为这种现象和最近青少年怀孕现象的增多是有关联的。九年级的性活跃学生使用避孕套的概率（62%）比十二年级的性活跃学生（56%）要稍微高一点，很可能是因为十二年级女生服用避孕药的比例（30%）几乎是九年级女生（8%）的4倍。当然，避孕药可以避孕，但却无法阻止性传播疾病。黑人青少年使用避孕套的比例高于白人青少年和西班牙裔青少年，而白人青少年服用避孕药的比例则更高。

在采取避孕措施的青少年中，目前最受欢迎的避孕方法是使用避孕套，有近60%的性活跃青少年情侣会采用；其次是避孕药，大约1/5的情侣会使用。在以前，青少年更倾向于使用避孕药而非避孕套，现在的状况比起之前可谓大有改观。（大约20%的服用避孕药的女孩称其伴侣也会使用避孕套。）还有就是体外射精，这种避孕方法效果较差，也无法防止性传播疾病，但不幸的是，仍有很大一部分青少年在使用它。将近60%的性活跃青少年至少用过这种方法一次。

研究者估计，青少年怀孕的风险约有一半来自缺乏避孕措施，另一半来自避孕措施的失败，且青少年要比成人更容易避孕失败。比如，很大一部分避孕套的使用者并未正确地使用避孕套（例如第一次进入前没戴上套，或者退出时没有拉住套），而且许多本可从紧急避孕措施（"事后避孕药"或"紧急避孕药"）中受益的青少年并不知道该如何正确使用这些措施。虽然说美国的青少年性行为比例与其他工业化国家的情况相当，但美国青少年怀孕比例却明显高于其他国家。

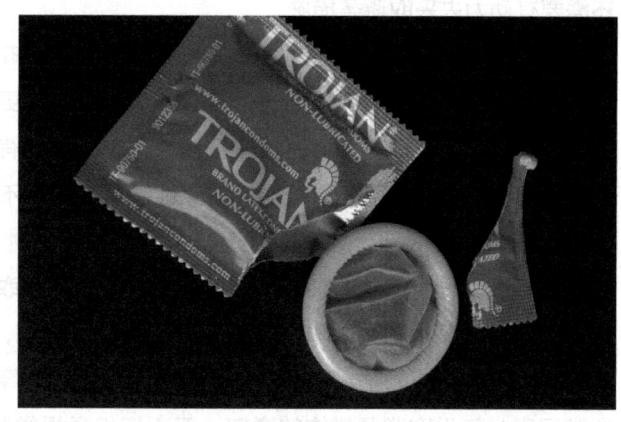

成人之所以关注青少年的性行为，其中一个原因是很多性活跃的青少年没有习惯性地采取避孕措施。

青少年不采取避孕措施的原因　为什么能经常并有效采取避孕措施的青少年这么少？社会学家指出了三个普遍因素：缺乏计划、缺乏途径以及缺乏知识。

目前，许多青少年未采取避孕措施的最重要原因就是其性行为是没有事先计划的。计划的缺乏可能反映出的是青少年不愿承认自己性活跃，这也解释了为何进行过童贞誓言的青少年在违背誓言、进行性行为时经常不采取避孕措施；为何信仰较保守的青少年一方面可能不那么性活跃，另一方面却在性交时不太会采取避孕措施。青少年不采取避孕措施也可能反映出青少年相较于成人而言，不太会提前计划并考虑自己的行为可能带来的后果。不论是上述哪种情况，服用避孕药或购买避孕套都意味着青少年承认自己正在或是将要发生性关系，并进行了提前计划。

同样，研究表明使用避孕套的最佳迹象之一，就是当事人想使用避孕套以及想与伴侣交流此事的意愿。旨在加强青少年使用避孕套的意向，提升他们与伴侣交流避孕相关事宜能力的家庭教育已被证明是有效的，可以提升对避孕套的使用率，哪怕是在高危人群中也是如此。

青少年不采取避孕措施的第二个原因不及第一个重要，即部分青少年负担不起避孕措施费用，或是没有获取途径。缺乏获取途径（或认为自己缺乏途径）对于青少年来说是尤其大的一道坎，青少年可能不愿与父母或其他成人讨论自己的性行为，但获取避孕物品却必须有成人的帮助和支持。是否能在无须父母同意的情况下接触到免费、可靠的计划生育服务站，将是决定青少年是否会坚持采取避孕措施的重要因素。研究发现，如果强制要求青少年须获父母同意方可获取避孕物品，那么青少年怀孕及分娩的比例反而会上升，而且针对采取避孕措施的性活跃青少年的研究表明，若必须告知父母才能获取避孕物品，那么1/5的青少年将会不再采取避孕措施。

最后，许多年轻人接受的性、避孕、怀孕方面的教育较少，因而对何时以及怎样采取避孕措施会有一些认知错误。例如，尽管教育青少年、使其知晓每次性交时采取避孕措施的必要性很重要，但仍然有这样的现象：相当一部分已采取过避孕措施的青少年，仍会有在性交时不采取避孕措施的行为。也就是说，仅仅是相关知识的教育不足以提升避孕措施的采取率，青少年不仅需要明白为何要避孕，还需要有动力去采取避孕措施。

了解了上述原因（缺乏计划、缺乏途径以及缺乏知识），就很好理解为什么青少年的年龄是是否采取避孕措施的最佳预测因素之一：年龄较大的青少年更擅长提前思考，相对而言，不太会为性行为产生罪恶感，更有可能与伴侣讨论避孕相关事宜，也更有能力去控制可能出现的意外怀孕所带来的负面影响。若其伴侣相对年长，较年轻的女性甚至更可能不采取避孕措施，进而更可能导致性传播疾病的感染。

改善避孕行为　总的来看，研究表明成人可以采取许多措施来改善青少年的避孕行为。第一，成人可以确保有需求的青少年能够获得避孕物品。第二，家长和学校都应当及早对年轻人进行性教育，灌输有关避孕措施的基本知识，而不要等到青少年已经性活跃了，才对其进行性教育；该教育应当旨在增强青少年采取避孕措施的意愿，而不仅仅是提供避孕知识。第三，父母在与青少年交流有关性，尤其是安全性行为的情况时，应当采取更开明、更负责任的方式，这样当青少年变得性活跃后，就更容易在没有罪恶感的情况下进行提前计划了。最后很重要的一点是，鼓励青少年多考虑未经计划的怀孕或性传播疾病的感染可能会给自己未来造成的影响。一个方法是让青少年多关注学校生活，这样可能会激起他们对未来的向往。不相信怀孕会对自己未来目标造成阻碍的青少年则会更倾向于不采取避孕措施。

艾滋病与其他性传播疾病

青少年性教育计划的一个重要目标是帮助年轻人理解性、怀孕以及避孕，另一个重要目标则是帮助他们避免性传播疾病。性传播疾病是由性接触过程中病毒、细菌或者寄生虫的传播导致的。每年有约300万青少年被诊断出患有性传播疾病。青少年中最常见的性传播疾病有淋病和衣原体感染（都是由细菌引起的），疱疹和人乳头状瘤病毒（HPV）（都由病毒引起），以及滴虫病（由寄生虫引起）。近期一项选取了美国青少年女性代表性样本的研究发现，1/4 14~19岁的女性，以及将近40%该年龄段的性活跃女性，都至少有上述一种疾病，其中较为普遍的是HPV。这些疾病会增加癌症和不孕不育的发病率，因此对年轻人的健康有很大威胁。不同国家的性传播疾病感染率不同，美国是目前世界上性传播疾病感染率最高的国家之一。

HIV/AIDS　20世纪80年代，一种新的、比以往都更严重的性传播疾病引起了世界的关注：艾滋病。引起艾滋病的病毒，即人类免疫缺陷病毒（HIV）是通过体液传播的，尤其是通过精液、性行为或是吸毒者共用针头时通过血液传播。艾滋病本身并无症状，但HIV病毒会攻击身体的免疫系统，干扰身体的自卫能力，使其不能抵抗肺炎和癌症这一类会危及生命的疾病。然而由于从感染艾滋病毒到发病的潜伏期很长，有时甚至会长达十年之久，因此感染了艾滋病毒的青少年可能暂时不会表现出任何症状，但在成人后开始发病。事实的确如此，在过去十年中，青少年中艾滋病例上升了7%，但在

20~24 岁人群中艾滋病例上升了 47%。

尽管美国的艾滋病发病主要集中在两种人群里，即同性恋人群和使用针头的吸毒者，但研究表明，对于青少年来说，通过异性性行为传播的艾滋病是非常危险的，而且在城中村的少数族裔年轻人中尤为普遍。HIV 感染也不仅限于穷困的城中村青少年。根据我们已知的青少年使用避孕套的情况来看，异性恋、双性恋和同性恋青少年都极有可能感染艾滋病。HIV 感染率在撒哈拉以南非洲尤其高，已经几乎达到传染病的比例了。

吸毒、进行无保护措施的性交、有多个性伴侣以及已经感染另一种性传播疾病（如淋病）的人群是最有可能感染艾滋病的。因为这些危险因素在青少年中比在成人中更普遍，所以青少年感染艾滋病的风险很大，因此近年来开展针对青少年的艾滋教育计划受到更多重视。

防止性传播疾病　青少年对于性行为好处（如拥有不同的性伴侣的乐趣，或者是未采取保护措施进行性交时的生理感觉）的认知，与他们对其代价（如感染性传播疾病）的认知都会影响其性行为。而成人往往会忽略，前者较之后者，对于青少年的影响是只多不少的。青少年之所以进行性行为，是因为想与伴侣建立亲密关系，想在同龄人中树立地位，当然还想获取生理快感。即使是知道这样很容易感染性传播疾病的青少年，在不想使用避孕套、更倾向于冒险以及当朋友们都进行未保护性交的情况下，可能也会在性交时不采取保护措施。研究者曾进行过一次大规模的有关媒体宣传对青少年影响的评估，该次媒体宣传的目标人群是黑人年轻人（他们感染性传播疾病的可能性是其他年轻人的 4 倍），目的在于向这些年轻人宣传，使用避孕套会让性行为更安全，这样性行为也就会更愉快，而且不进行未保护性交是对自己伴侣的一种尊重，以及"能成为稳定伴侣的，一定是安全伴侣"。现已证实这种宣传有效地改变了青少年的态度，并提升了其避孕套的使用率。

青少年不太懂得节制，因此对他们来说，使自己免于性传播疾病感染的最佳办法就是在性交时使用避孕套；坚持使用避孕套的青少年感染性传播疾病的可能性比那些不用避孕套的青少年要少一半。教育年轻人，使其知晓可能导致艾滋病的危险因素也是很重要的，因为研究显示，认为有可能会感染艾滋病、想要避开这种风险的青少年往往更有可能在性交时采取预防措施。然而，仅仅是提升青少年对于未保护性交容易感染艾滋病这一点的认知，还不足以促使他们去使用避孕套。

青少年怀孕

当前，青少年性活动的概率很高，而采取避孕措施的概率却很低，因此许多年轻女性在青春期结束前就怀孕这种现象并不令人惊奇。每年约有 75 万美国青少年怀孕，在所有发达国家里，美国的青少年怀孕率是最高的。若考虑性活动中的年龄差异，青少年意外怀孕的比例要比成人高。

青少年怀孕的常见程度　现如今，青少年怀孕的比例很大程度上与其种族有关：黑人的人数是白人的两倍左右；西班牙裔青少年是白人的 3 倍左右；早孕人数最少的则是亚裔青少年。尽管如此，有关数据表明，目前美国仍有近 1/3 的女性在 20 岁之前至少怀孕过一次。近几年，青少年怀孕的人数有所上升，但是这些数据与过去的几十年相比仍然有着明显下降的趋势，部分原因在于越来越多的人会采取避孕措施，另一部分原因则是性欲旺盛的青少年人数越来越少。青少年早孕比例的上升究竟是昙花一现，还是对长期下降趋势的一个逆转尚是未知之数，但是许多专家已经对这一状况表示担忧。

对于早孕青少年而言,并不是所有人都愿意将小孩生出来,很多早孕的人会采取堕胎等方式。每个国家早孕青少年堕胎的比例也各不相同,低的如爱尔兰的20%,高至瑞典的70%。在美国,大约1/3的早孕青少年会选择堕胎,自然流产的人数占15%左右。由此看来,近半数的美国早孕青少年或是堕胎或是流产,另一半人则会选择将孩子生下来,不论有没有家人的帮助。在美国青少年当中,仅有少数人在十月怀胎之后将孩子送去让别人领养。

堕胎 实际上,早孕青少年堕胎或是不堕胎的差别是非常大的。尽管许多研究表明,青少年做出堕胎这样一个决定似乎都有自己的一套道理,但是不同类别的青少年选择也是各不相同的。对于计划之外的怀孕,相当一部分女性会选择堕胎。这些女性往往是学业有成、来自中高产阶级家庭、父母受过良好的教育、居住在高档社区或者是身边重要的家人朋友支持她们去堕胎。青少年怀孕之所以会因种族和社会阶级有所不同,很重要的一个因素就是对于白人以及中产阶级女孩而言,她们清楚地知道与其他人相比,过早要小孩在经济和事业方面自己失去的将会更多。

每年,美国有75万名青少年怀孕,使得美国成为青少年怀孕率最高的发达国家。

有关专家也曾经做过许多调查,青少年堕胎究竟是否会带来心理创伤?得出的结论是:堕胎并不一定会对青少年带来负面的影响。情况的确如此,研究表明不论是在美国还是其他国家,一部分年轻女性在堕胎之后的经济状况有了明显好转,同时在心理状况、社交能力等方面也有一定的提升。对于那些怀孕的青少年来说,堕胎与不堕胎之间最大的区别则是,选择堕胎的年轻女性在接下来的两年里不太可能再度怀孕,并且更有可能进行避孕。

考虑到堕胎的女性在心理和经济方面明显的优势,就不难理解为什么一些社会学家会质疑法院严格规定青少年堕胎的渠道。然而,针对一些法律规定合法堕胎之前必须先通知父母这件事,调查显示这一举措会减少青少年选择堕胎的人数,但并不是所有的调查得出的结论都是如此。在得克萨斯州,就有一条法律规定青少年堕胎前必须通知其父母,有关数据显示,这条法律会导致堕胎人数的下降,同时孕晚期堕胎的人数有所上升。另一项调查结果发现,严格限制堕胎渠道会导致计划外的分娩人数上升,尤其是黑人、西班牙裔美国人以及穷人。

青少年怀孕的原因 一些关于青少年怀孕原因的谣言也将原本简单的东西复杂化了。对于年轻女性而言,她们在青少年时期怀孕与否,其中最重要的差别在于性行为的产生以及避孕工具的使用。正如前文所提及的,美国青少年的性行为概率非常高,但同时他们却是偶尔会使用避孕手段。尽管有证据表明,与白人青少年相比,黑人和西班牙裔青少年表示他们更愿意早一点成为人父或人母,但青少年早孕比例在种族上的不同主要还是由种族对意外怀孕态度的差异所导致的。

但是深入思考一下,那些早孕的青少年真的愿意把孩子生下来吗?这是社会学家一直难以解答的问题。一项全国性的调查显示,年龄处于15~19岁之间的母亲,她们中85%的人是意外怀孕的,有关数据表明很大一部分年轻的母亲并非有意怀孕。但是，进一步的研究数据表明，一些说自己不想怀孕的人实际上内心非常矛盾，对要孩子这件事他们并非持有明确的消极态度。例如，当被问及怀孕的事时，一个17岁的澳大利亚姑娘是这样回答的："我知道这是迟早要来的事，所以我并不会刻意去回避，一切都顺其自然，来了就来了。"她并没有明确地表示想怀孕，正如她没说自己不想怀孕一样。

那些对生孩子持矛盾态度或者那些认为孩子能为自己带来积极正面影响的人往往不会有效地使用避孕手段。尽管一些性活跃的青少年并不希望怀孕，并且很大一部分青少年认为过早成为父母会给他们带来很多麻烦，但是他们仍然会冒着怀孕的风险去尝试一些不安全的性行为。就像一些研究人员认为："一些青少年生小孩是不安全性行为的结果，而并不是自己理性的选择。"研究还表明，一些早孕青少年的姐妹自己本身也很有可能成为早孕母亲，其中一部分原因在于自己早孕的姐妹会告诉她们早孕早育也并非那么不可接受。

父亲的角色　针对少女妈妈的另一半，研究人员也进行了很多调查研究。结果显示，这些男性都有一些明显的特点，使他们与那些非早孕的同龄人有所区分。其中最重要的一点就是那些早育的父亲相对来说更自大、激进，甚至还会有一些吸毒、酗酒、犯罪等行为。同时，他们自己的父亲很有可能是在青年的时候就和母亲生下了他。当前，在媒体刻画的形象中，少女妈妈和孩子的生父在年龄上始终存在着较大的差距。但是数据显示，在过去的40年里，成年男性（20岁及其以上）早育比例与过去相比有所降低，而少女妈妈（大部分在18～19岁）与其性伴侣之间仅有2～3岁的年龄差，且这一年龄差与普通夫妻之间的年龄差相比并没有太大差异。此外，与其他人相比，那些选择与年长伴侣在一起的女孩很可能在这段关系开始之前就存在一些心理问题。初次性行为在16岁之前，且其性伴侣比自己大3岁以上的女孩在进行性活动时都不太可能进行避孕，这样一来就增加了怀孕的概率。不管父亲和母亲之间的年龄差距是多少，早孕伴侣中男性普遍存在着问题行为，因此对于年轻女性而言，结婚并不是最好的解决方法，这点在接下来的内容中将会做进一步阐述。

实际上，很多问题在怀孕之前就已经存在，早育对于年轻男性的教育发展和心理健康都会产生负面影响，即使他们并没有和孩子的母亲结婚。使青少年女性怀孕之后，男性很有可能会辍学，并且与同龄人相比，他们更焦虑、更沮丧。对于早育的男性来说，这种负面影响对白人和拉美裔美国人更大，其原因可能是对上述两个群体来说，早孕早育很难被接受。总体来说，青少年父亲在成为一名合格、富有责任感父亲的过程中很少能获得他人的帮助。

青少年父母

区分怀孕与分娩是十分重要的，人们在讨论少女怀孕带

相比成年母亲，青少年母亲更有可能处在未婚和贫困交加的环境下，因此她们的孩子也更有可能出现各种心理和社交上的问题。

来的后果时往往会忽略这一点。许多怀孕少年都会选择流产，否则青少年的生育率会比现在高得多。而且，当前青少年的生育率甚至比过去还要低，这着实让人感到惊讶。与主流观点相反的是，相比过去几十年，未成年产妇的人数有所上升，幅度还不小。

美国未成年产妇的比例是加拿大的3倍、爱尔兰的4倍、法国的6倍、日本的11倍，韩国的18倍。对于这一数字，各界给出了很多解释（通常，媒体会成为众矢之的，几乎青少年的任何出格行为都会让媒体受到指责）。但是，我们或许可以从图11-7中找到答案，该图显示了各个发达国家的未成年产妇比例与他们的收入平衡性和学校的出勤状况。总体来说，贫富差距越大，学校的出勤率就越低，未成年人生子的比例就越高。考虑到美国在这份名单中的贫富差距最大，学校的出勤率排在第25位（一共28个国家），我们或许也就不会这么惊讶了。

不同种族和社会阶层中未成年产妇的比例各不相同。中产阶级女性选择堕胎的可能性比贫困的女性更大，因此未成年产妇的问题主要集中在经济情况窘迫的青少年身上。由于少数族裔青少年出身贫困的可能性更大，因此未成年产妇在非白人社区中特别常见。

公众围绕青少年孕妇展开争论，主要是考虑大批的少女妈妈在产后需要面对一系列问题。在白人青少年产妇中，有2/3属于未婚先育，但是其中大部分已经和对方同居；而在黑人青少年产妇中，几乎所有人都属于未婚先育，并且其中绝大部分都还没有同居。拉美裔青少年的情况则处在两者之间。有趣的是，墨西哥裔青少年通常会在结婚后才生下第一胎，而波多黎各裔青少年则更有可能在同居的情况下生下第一胎。这表明，文化对婚姻和同居的态度在很大程度上会影响未成年产妇。

由于少数族裔青少年更有可能出现学业糟糕、就业困难等问题，因此我们可能会认为未成年产妇的出现是由经济和社会资源稀缺造成的。但实际上，造成黑人青少年未婚先育率居高不下的主要原因是单亲家庭的成长环境。在这样的环境下，他们有着更大的经济压力。此外，许多年轻的贫困黑人女性都认为青少年当母亲、40岁当奶奶是十分正常的，这种观念很有可能会传到下一代。

由于青少年产妇还会遇到许多其他问题，尤其是贫困，因此我们很难判断造成这些问题的原因究竟是她们的年龄还是其他的因素。弄清楚这些原因的重要性不仅仅体现在理论

	未成年生育率	收入不均指数	15~19岁非接受教育人群
韩国	2.0		21.4
日本	4.6		
瑞士	5.5	35.5	15.9
荷兰	6.2	30.2	14.0
瑞典	6.5	25.3	13.9
意大利	6.6	35.9	30.2
西班牙	7.9	32.4	23.5
丹麦	8.1	24.6	19.9
芬兰	9.2	24.8	17.9
法国	9.3	32.4	12.2
卢森堡	9.7	26.9	
比利时	9.9	27.7	13.9
希腊	11.8	35.6	22.4
挪威	12.4	25.7	13.6
德国	13.1	30.0	11.7
奥地利	14.0	30.4	23.8
捷克	16.4	25.8	25.1
澳大利亚	18.4	33.7	18.4
爱尔兰	18.7	34.6	19.3
波兰	18.7	35.8	18.6
加拿大	20.2	31.7	22.0
葡萄牙	21.2	38.2	23.8
冰岛	24.7		20.3
匈牙利	26.5	25.0	24.6
斯洛伐克	26.9	26.2	
新西兰	29.8	37.0	28.3
英国	30.8	36.6	30.5
美国	52.1	40.6	25.8

图 11-7 青少年生育率高的国家收入不均衡程度更高，而且在学校的出勤率较低

资料来源：UNICEF, 2001

研究上。如果青少年产妇遇到的问题只是由她们自身造成的，那么我们就有必要开展一些预防措施来防止她们怀孕（比如不鼓励性行为或者鼓励采用避孕措施）和分娩（比如鼓励领养和堕胎）。但如果是贫困而不是年龄的原因，那么我们采取的就是完全不同的策略了。我们关注的不是青少年的性行为，而是他们的经济环境，因此，了解少女妈妈的生育年龄是否会影响她和孩子的生活水平以及如何影响是十分重要的。

少女妈妈的孩子 许多青少年产妇的孩子会深受各种问题的困扰，这些问题并非来源于少女妈妈的年龄，而是主要来源于贫困和单亲的成长环境，以及少女妈妈的普遍特性（比如在校成绩差）。也就是说，同样是出生在中产阶级家庭的婴儿，母亲的年龄并不会对她们的孩子造成太大的影响；对于出生在贫困家庭的婴儿来说，也是如此。

尽管青少年母亲与成年母亲大体上是相似的，但是她们也有不同之处。那就是，少女妈妈对孩子的感知能力较差，并且较少通过互动的方式来促进孩子在认知和社交能力上的发展。少女妈妈在这方面的欠缺究竟会对孩子的发展造成多大的影响，我们目前还不得而知。但是，有研究表明，这些孩子日后在学习、行为和性发展上都更容易出现问题，也更容易像自己的妈妈那样成为青少年父母。总体来说，少女妈妈的孩子在认知和心理上的问题会随着年龄的增长而日渐明显（也就是说，少女妈妈和成年妈妈的孩子之间的差别会越来越明显），具体原因尚不得而知。同时，研究发现，少女妈妈对孩子产生的负面影响有时会在孩子成年以后才显现出来。造成这些负面影响的原因主要有两点，一是少女妈妈们本身的一些特征（比如受教育程度低）；二是少女妈妈们的家庭环境（比如贫困）。因此，我们也不难发现，文化水平较高、家庭条件较好的少女妈妈日后更有可能成为一名好妈妈。这些妈妈的孩子进入学校以后的表现会比条件较差并且有单身妈妈的孩子更出色。

相比成年母亲，少女妈妈更有可能单身且身处贫困，因此她们的孩子更有可能出现一些心理和社交上的问题。而这些孩子的问题行为也确实与成长在单亲贫困家庭的孩子有很大的相似性，也就是说，少女妈妈的孩子出现的问题行为实质上反映的是他们身处环境的问题，而不是他们的成长方式。理论上，我们可以将贫困和母亲的年龄对孩子的影响区分开来，但是实际上，二者通常是交织在一起的。这种交织的结果就是，少女妈妈的孩子一方面有可能会遭受营养不良（包括先天和后天），另一方面还要受到恶劣生活环境的困扰。

少女妈妈的境遇 一些针对少女妈妈的长期研究显示，此种现象引发的各种问题其实对青少年本身的影响更大。总的来说，过早生育会影响女性的学业和事业，而且一直影响到中年时期。少女妈妈不仅更有可能在学业和家境上存在一定困难，在毕业以后，她们的处境也还是会比原本条件差不多但生育较晚的同伴差。我们需要注意到，许多少女妈妈的学习成绩在怀孕前就非常差，而且使她们在学业上难以有所成就的那些因素可能很早就存在，甚至在童年时期就已经存在了。简而言之，贫困和学习成绩差既是青少年早育的原因，也是结果。

但是，过早生育并不是必然会让少女妈妈和她的孩子陷入贫穷和痛苦之中。研究也发现，少女妈妈在成年后的生活轨迹也会不尽不同。其中一项研究将她们分为三类：首先是问题组（占样本的15%），她们在生活的各方面都继续遭遇各种问题，包括一些反社会的行为；其次是心理脆弱组（占42%），她们中出现心理问题的比例较高，但还是能够较为顺利地转入成年人的角色；最后是榜样组

（占43%），她们打破了人们对少女妈妈的刻板印象，不仅没有穷困潦倒，反而十分顺利地过渡到了成年阶段。还有项研究也表明，黑人少女妈妈的长期境遇并没有白人和拉美裔的少女妈妈那样差，尤其在那些将青少年生育视为正常现象的地区。

总体来说，生育后回到学校继续学习，并且延迟生育第二胎的少女妈妈的境遇比辍学或过早生育第二胎的少女妈妈要好得多。继续留在学校也确实能减少他们怀上第二胎的可能性，而选择结婚则会遇到更多麻烦。在某些情况下，双方有着稳定的感情和经济基础，婚姻或许可以提高少女妈妈和孩子们的生活水平。但是还有些时候，在没有感情和经济基础的情况下草率地结婚，反而会引发更多问题。

宝宝出生后　研究发现，如果能在少女妈妈抚养孩子期间减少经济状况对她们的影响，很多负面的影响其实都是可以避免或者至少是可以减轻的。那么经济状况的影响主要有哪些呢？首先，很明显，如果孩子的父亲本身就没有经济收入来维持自己的生计，那就更不用提去维持一个家庭了。但是研究发现，如果孩子的父亲能找到一份好工作，那么他就可以在婚后给少女妈妈和孩子带来良好的精神和经济支持。我们也讨论过，少女妈妈的男性伴侣通常也有一些问题，因此他们的婚姻很有可能会恶化，而不是提升少女妈妈的经济状况。此外，结婚会让少女妈妈更有可能迅速怀上第二胎，这会进一步恶化她的经济状况，同时引发一系列其他问题。同时，青少年的婚姻最后很有可能会以离婚收场，这会给母亲和孩子造成更大的压力。

少女妈妈们并不能把改善经济状况的希望完全寄托在孩子的父亲身上，但是大多数时候，她们可以向自己的父母寻求帮助，而且这或许是一项非常有效的举措。黑人少女妈妈通常会在生育后暂时搬去与父母同住。比起没有这样做的少女妈妈，她们更有可能在学业和事业上获得成功，因为家人的照料可以让她们有机会继续学习或找工作。如果没有父母的帮助，许多少女妈妈都会辍学，并且花钱雇人来照看孩子，通常这部分开销会让她们入不敷出。如果连高中学历都没有，她们很难有机会改善自己和孩子的经济状况。

尽管与父母同住对少女妈妈有一定的好处，但并不是时间越长越好。几项针对三代黑人家庭的研究也证实了这一点，主要的负面影响在于，在家里有了母亲的照料，少女妈妈的育儿本领并不能得到提升，而且还会增加其再次怀孕的风险。此外，与自己母亲之间的关系紧张，也会损害少女妈妈的心理健康。与父母同住的正面影响则在于，少女妈妈能继续自己的学业，这会给她们今后的发展带来长远的好处。有趣的是，研究发现，少女妈妈的父亲给予的帮助带来的益处尤为明显。

有一件事是显而易见的，得到社会帮助的少女妈妈的处境要好得多，她们的孩子也能更健康地成长。研究显示，缺少帮助的问题在贫困的拉美裔少女妈妈中尤其突出。综合各项研究的结果，我们发现对少女妈妈来说，最好的安排是让她们离开父母独立生活，但是父母同时能给予她们一定的关怀，并帮助她们一起照看孩子。

由于稳定的工作和足够的收入对少女妈妈来说是十分重要的，因此许多政客开始建议学校和社会团体改善怀孕学生的待遇，并且修改日间托儿所的相关规定。其中最重要的举措包括：一是调整学校的课程设置，并在学校设立幼儿照看中心，这样少女妈妈可以在分娩后继续回到学校上课；二是为校外的少女妈妈提供有补贴的幼儿照看服务，这样她们就不至于入不敷出了；三是将计划生育的理念普及到少女妈妈中，防止她们又过早地怀上第二胎。但是在对旨在提高少女妈妈的就业能力，降低她们对社会福利的依赖性，以及防止她们再次怀孕的各个项目进行评估后，我们发现，结果并不尽如人意。

尽管并不是所有的少女妈妈境遇都很悲惨，但是研究显示，她们大多只是避免了陷入贫困，而并没有在经济上取得巨大的成功。所以，尽管并不是所有青少年父母的境遇都像媒体描绘的那样悲惨，但是专家们还是一致建议要预防青少年过早怀孕和生育。

性教育

每年，政府在预防青少年早孕和性传播疾病上的花费高达数百万美元，青少年通过生理卫生课、生物课等方式接受了性教育。但是，这些性教育究竟有没有起到一定的作用呢？

问题的答案十分复杂，而且取决于这些方式的实质和采取这些方式的初衷。最近的一项综合研究对50个此类项目进行了评估，结果发现精心设计的课程项目可以延迟初次性行为的发生和降低危险性行为发生的概率。总体来说，这些课程在减少危险性行为上见效更明显，但是专家认为外界的干预并不能只停留在提供与避孕和性病相关的信息上。我们必须同时教会青少年如何拒绝非自愿的性行为，避免非故意性行为，以及改变青少年群体中的观念与想法，以上这些被统称为综合性教育。尽管许多成年人担心在教会青少年如何实施安全性行为的同时，也会传递鼓励他们发生性行为的信息，但是对几项成功的综合性教育项目（包括向青少年分发避孕套）进行评估后，我们发现事实并非如此。在学校设立卫生室，为青少年避孕提供更为便捷的服务并没有增加他们的性行为，但是也没有取得预想的避孕效果。

我们也知道有很大一部分项目并没有发挥作用。旨在加强性安全的项目（比如同时强调禁欲和使用安全套）比起单单强调禁欲的项目要更效果。对仅仅强调禁欲的性教育项目进行评估后，我们发现它们在不同程度上存在着不成功的地方，不论是在改变青少年的性行为方面，还是在减少他们怀孕或染上性病的概率方面。我们发现仅仅强调禁欲的性教育反而增加了青少年怀孕和生育的比例。通过减少其他方面的危险行为（比如犯罪和吸毒）来减少青少年危险性行为的项目取得的效果也不是很明显，这也证实了危险性行为虽然与其他危险行为有一定关联，但两者之间不是因果关系。而对于其他一些旨在减少危险性行为的项目，比如间接鼓励安全性行为等，我们目前掌握的证据尚不足以证明它们是否有利于青少年的积极发展。

第12章
成　　就

因为青春期是进入成人社会的准备阶段,近几年越来越多人开始关注成就的发展和表达。广义上说,成就是关于动机、能力、兴趣和行为等需要评估的表现。更具体地说,对青春期期间成就的研究主要关注青少年在教育背景下的表现以及他们对未来的学术和职业生涯的希望和规划。由于很多年轻人在青春期时期形成他们第一个现实的教育和职业规划,研究者们一直对影响一个人未来的因素感兴趣。

现代社会对青春期的研究中,成就是一项特别重要的内容。首先,工业社会非常看重一个人的成就、竞争和成功。在童年和青少年时期,年轻人在学校里一直需要面对同龄人在学习方面的比较。在大多数工业社会里,一个人接受的教育程度和他拥有的工作(成就最重要的两个指标)为个体自我概念和在他人眼中的形象提供依据。

研究青春期成就重要性的第二个原因是,当今社会年轻人面临选择的范围在迅速变化,在他们25岁之前,就面临一系列困难的职业和教育选择。除了一些基本的问题,如选择什么样的职业类型和中学毕业之后是否继续接受教育,青少年必须考虑职业道路中的工作类型,什么样的教育准备最合适,怎样进入就业市场是最好的选择。例如,对于考虑把与青少年打交道的治疗师作为自己职业的大学生,咨询类的专业或选择更普遍的人文学科课程,是不是会更好呢?什么时候选择从事哪一个特定行业是必要的(比如咨询、社会福利工作、心理学或精神病学)?大学毕业之后,有必要马上读研究生吗?还是在获得一些工作经验之后再去申请?这些问题都很难回答,而且会更难回答,这是因为在当代社会,工作的性质,还有为某一职业所做的准备都变化得非常快速。

最后,成就是现代社会研究青春期特别重要的问题,因为个体在教育水平和职业成功上的差异很大。中学毕业时,许多青少年表现出足够高的学术水平,他们可以进入重点学院和大学;另一个极端情况是,相当数量的同龄人进入成年后,甚至看不懂报纸或公交时刻表。尽管现在美国有75%的青少年完成了中学教育并进入了大学,但是仍有10%的高中生辍学(这个数据在许多市中心学区甚至会更高)。

在工作中存在相似的差异:大多数年轻人从学校到工作岗位的过渡并不困难,但是相当多的人经历了令人沮丧的失业。甚至在这些就业的年轻人当中,他们的收入和职业地位也有很大的差距。所以研究青春期成就的许多重要问题都关注区分影响年轻人成功和不成功的因素,不管成功如何定义。

青春期的成就

在成就的领域,青春期发展既没有开始的一天也没有结束的一天。教育机构甚至年轻孩子都看重在知识和能力方面的表现、竞争和成功。关注成就也会持续到成年期。如同比他们更年轻的一代,成年人同样注重成功。在美国社会,一个人的谋生手段是一个人身份象征的重要部分。

然而,青少年时期的成就值得特别注意,原因有以下几点:

第一,青春期是为成年工作角色做准备的一段时期,这对年轻人所做的准备及他们把自己归于哪一种职业角色的过程提出了质疑,这样的过程会影响他们的人生。许多因素使个人的教育和职业选择变得狭隘,在中学和大学期间,这样的影响因素是显著的,如何定义这样的选择和在什么年龄做出教育和职业抉择是重要的。

第二，尽管在一年级的时候，孩子们的学校表现和成就方面的差异就已经很明显，但直到青春期，孩子们才完全理解这些差异对于现在和未来成功的影响。他们做出的职业选择在很大程度上是基于他们的幻想和过往的兴趣，并没有对做出的选择进行实用性和可行性的评估。直到青春期，他们才会根据自己的才华、能力、机会以及他们自己做出的某一选择方面的表现，开始评价自己的职业选择。

第三，相对于儿童时期，青春期做出的教育和职业决定更多，而且影响更为重大。例如，尽管大多数的小学教育体系中，孩子被按照能力分组，但是他们接受的课程一般很相似，几乎无法改变学校教育系统为他们定制的课程，虽然这样的分组对于后来的成就有影响。但是在中学，学生可以选择修多少学分的科学和数学课程，是否喜欢学习一门外语，选择学术或职业道路，甚至在达到离开学校的法定年龄后可以留在学校或离开。（在美国大多数的州，学生只有得到父母的许可才可以在18岁之前离开学校。）而且，正是在青春期时，大多数人决定高中毕业后是否继续高等教育或全职工作。所有这些抉择对于青少年未来要做的选择和计划有重要影响，反过来，这些未来将要做的选择和计划又会影响他们的收入、生活方式、身份和之后的心理发展。

青春期中青少年在生理、认知和社交方面的变化将如何影响他们处理与成就有关情况的方式？

青春期和成就 尽管青少年在生理上的改变，相对于认知的改变及向社会过渡产生的变化，对成就的影响并不非常明显，但是，它们可能会以很重要的方式影响成就的发展。接下来你将会读到，青少年在中学阶段的过渡，通常以追求成就的积极性暂时下降为特征，一个原因可能与青春期有关，因为这段时期青少年所关心的问题又引入了新的内容（如约会和性）。某种程度上，青春期改变了用来维护在同龄人中地位

内在驱动的个体会因为学习和掌握知识时获得的快乐而努力奋斗。一般而言，他们在学校的表现会比外在驱动的孩子更出色。

的因素，它可能使得一些青少年担心过于努力而成绩太好会减少他们对于同班同学的吸引力。另外，青春期使得男女差异性增大，其中一个影响就是使青少年开始思考对于不同性别来讲与成就相关的合适行为。

认知改变和成就 这段时间，智力的提高对成就的影响也很重要。某些课程，如代数可能会需要直到青春期才会成熟的高等认知能力。更重要的是，也许直到青春期他们才能认识到，自己做出的教育和职业选择的长期影响，现实地考虑他们学习和工作的未来和前途。所以，研究青春期与成就相关问题的重要性的第二个原因，是他们即将形成成熟的思维方式。例如，这种假设的思维能力会引起个人新的关于成就的担忧（"我应该去上大学还是先工作一段时间？"）；这种思维能力也使得年轻人以一种逻辑和系统的方式去把问题想清楚（"如果我决定去上大学，然后会……"）。

社会角色与成就 许多与成就有关的方面在青春期的时候都有着新的意义，其中就涉及这一时期

的社会过渡。在所有的社会中，青春期是做出教育和职业选择的关键时期，社会也相应地建设其教育和职业机构。在大多数发达国家，人们在青春期之前不可以选择是否继续或放弃正规教育。同样，在青春期前，人们也不能在公立机构进行劳动，因为禁止童工的政策不允许14岁以下的青少年进行正式劳动。换句话说，从学校到工作的转变过程是青春期成就研究的中心问题，这样一个过程是相当明确的，社会决定了这样一个过程会在青春期时被讨论。

在本章中，我们关注的是青春期成就的本质。你将会看到，青少年从学业到就业所取得的一系列成就都是个人和环境因素相互作用的结果。我们一开始会关注这些因素中的一个方面，那就是将青少年分化为在同龄人中优秀和不优秀的因素，包括他们成就的欲望和对成功与失败的看法。

成就动机和信念

成就动机

毫无疑问，成功部分由能力决定。但是，如许多研究者指出的那样，成功不仅依靠才华，也需要有对成功的渴望和决心。个体渴望成功并为此奋斗的程度有差异，而且这种可测量的且独立于能力的差异有助于解释实际成就的大小。假设两位同学的智力和能力相当，因为其中一个更努力，他们在学校的成绩很有可能不同。对于为本科生和研究生做咨询超过30年的工作者来说，造成他们成功与不成功者之间差异的因素中，追求成功的动力和自我导向的能力对这种差异的影响远比智力大——这个观察结果已被科学研究证实。

近些年，人们开始越来越多地关注社交和个人因素，特别是自我控制力和毅力将如何影响他们在学校和工作岗位中的表现。差不多50年前，在一个经典的研究中，研究者给学龄前儿童两个选择：立刻得到1个棉花糖或者15分钟之后得到2个棉花糖。结果表明，无论在儿童期、青春期还是成年后进入工作岗位，愿意等待的儿童比那些不愿意等待者更有可能成功。

家庭富裕的青少年一般处于很大的压力之下，而且在学校表现良好，有研究表明，这并非父母给予的压力，而是没有达到父母的期望受到了批评，才会使他们产生心理健康问题。事实上，动机对青春期的成功越来越重要，因为青少年越来越需要为自己的受教育生涯做出抉择。在进入大学前，优异成绩的取得不仅受智力的影响，也受认真程度的影响。

对失败的害怕 当然，对成功的渴望仅仅是一方面。即使是很自信的学生，也会害怕失败，以致削弱他们对成功的强烈动机。对失败的害怕常常表现为考试或者其他评估性情境中的紧张，它能够干扰正常发挥。总的来说，适度的焦虑可以提高人们的注意力，有助于水平的发挥。不过，如果这种焦虑非常强烈就会影响正常的发挥。这样的情形常常出现在学习新的事物或者解决复杂的问题当中，就像青少年在学校里面对的许多考试一样。有些学生家境富裕，家长也期望他们在学校有较好的表现，对这些学生的研究发现，造成他们心理障碍的原因并不是家长所给的压力，而是期望没有实现时来自家长的批评。

个体追求成就的动力和他对于失败的恐惧，两者共同作用将青少年吸引到成就情景中或从成就情景中排除出去。一个更加渴望成功同时并不恐惧失败的人，才更有可能积极地解决具有挑战性的成就情景问题，比如修一些更难的课程，而且期待成就情景。相反，那些追求成就的动机相对较弱且更加恐惧失败的人，会惧怕并尽量避免成就情景。许多学生很难坚持完成任务，担心失败，最后成了后进生，成为学习表现低于期望的个体。

自我设障 分析造成学生低成就的原因，焦虑或其他因素都是很重要的。实际上，有些学生故意表现出对学习不感兴趣，因为在某些情景下，这种表现会获得比学术成功更多的尊重和羡慕。有些人希望将此作为自己不良表现的借口，而并非自己缺乏能力。其他人会有意贬低学术的重要性，为自己糟糕的表现找理由。这些学生运用自我设障的各种策略（如在班里和同学们开玩笑，拖延完成任务，上交未完成的作业或在重要考试之前过度参加派对），作为一种自我保护的方式（"我没有通过考试，是因为我没有尽力，不是我笨"）或提高自我呈现的一种方法（"我非常酷，不在乎在学校的表现是否良好"）。尽管自我设障现象在男性和女性中都很常见，但是青春期男女降低自己成功概率的方式不同。自我设障的男孩通常将自己糟糕的表现归因于自己缺少努力，而女孩更可能将此归因于情感问题。许多研究者已经特别关注少数族裔青少年使用自我障碍的现象，这类青少年远离学校和学习，因为他们认为自己的前途受到世俗歧视和偏见的限制。

成就的目标定向性 同样两个立志要有所成就的人，他们的动机却可能很不一样。心理学家区分了掌控动机（与内在动机相似）和行为动机（与外在动机相似）。具有强烈掌控动机的人，他们力求成功，因为能从学习和对掌控任务中获得快乐。而行为导向的人力求成功，因为他们能从良好的表现中得到奖励（通常指好成绩），并且如果表现不好会受到惩罚。通常来说，拥有强大掌控动机的人比行为动机的人成就要高，因为内驱动的个体对自己的能力更加自信，而且即使面对失败也会坚持下去。学生在从小学向初中过渡期间，其掌控动机在减弱，这让人很担忧。

成年人（如父母和老师）会影响青少年成就动机的大小。成年人也会影响青少年成就动机是偏向掌控动机还是行为动机以及其程度大小。当成年人会奖励青少年好的成绩表现（比如给予奖品或金钱），惩罚坏的表现（如通过限制他们的一些权力），或者过度监督他们的表现（比如不停地检查他们的作业），这种试图控制青少年成就行为的做法会使青少年更易形成行为动机导向，结果使青少年在学校表现良好的可能性会降低。

相反，如果父母和老师鼓励青少年的自主性，提供一种认知的、激励性的家庭环境，支持他们在学校的良好表现（但不给予具体的奖励），这样环境下的青少年更容易形成掌控动机导向，结果是他们在学校的表现更加优秀。

信念的重要性

对自己能力和成功机会的信念，也会影响成就情景下表现的好与坏。也许你对成功的渴望很强烈，但是如果你看到自己成功的机会很小，相对于成功概率很大的情况，你会表现得很不一样。因此，研究人员研究了青少年追求成功的信念，不单单是他们的动机。

研究表明，青少年对自己成功的概率进行判断，并付出相应程度的努力。例如，他们对自己能力的信心会影响青少年对课程的选择。那些认为擅长数学的同学相比其他人会选择更多的数学课程。由于课程选择会影响随后成就的大小（选择具有挑战性数学课程的学生在数学成绩上更加优异），反过来，成就的大小会影响学生对自己能力的信心（数学成绩优异的学生常常认为自己更擅长数学），一个人的信念、能力和实际成就形成一个周期，并且相互影响。这种观点的一个非常有意思的应用被心理学家称为刻板印象威胁。

刻板印象威胁　学生对自己能力的信心会影响表现结果，而且他们的表现会受到参加考试时情景因素的影响。当少数族裔青少年被告知他们在某一个测试中往往表现很差（例如，在考试之前，学生被告知先前的研究表明他们这个族裔的青少年没有其他群体得分高），他们的成绩实际会变差；如果他们被告知在某一测试中表现往往比其他群体更优异，其结果是他们的成绩会比实际上提高。假如考试之前，女生被告知男生通常比女生表现得好，这种刻板印象威胁被证实会抑制女生在考试中的表现。种族和性别不同在能力上（例如，男生比女生更擅长数学，亚洲人比其他种族的人更聪明）有差异的刻板印象被广泛认可，青少年相信这种观点的程度会提高或抑制他们的表现。例如，具有同样种族背景的混血学生，认为自己是黑人或西班牙裔（通常被认为表现很差）后代的学生，相比于认为自己是白人或亚裔（通常被认为表现优秀）后代的学生，前者比后者的成绩要低。

因为刻板印象会随时间而变化，刻板印象威胁效应也随之改变。例如，一个研究发现，在贝拉克·奥巴马获得民主党总统候选人和成为美国历史上第一任黑人总统之后，刻板印象威胁对黑人种族学生表现的影响在很大程度上被削弱了，因为奥巴马的成就被世界所关注，从而减弱了黑人被定格为低能民族的刻板印象。

尽管不是每个研究都发现了"奥巴马效应"，但是有理由相信，对男女智力能力观点的变化会影响青春期女孩的表现。专家们多年来对青春期女孩的成就动机和信念表示担忧，特别是担忧她们在数学和科学方面的表现。但是更多的研究发现，许多以前发现的由于性别不同造成的男女在数学和科学方面表现出的差距已经在变小或者消失了。一种可能的解释是，关于性别不同会造成认知能力的差距的刻板印象已经被相当大地减弱了。的确几十年前，评价者认为成功的女性不可爱、没有魅力、不幸福，而最近的类似研究显示，评价者给予成功女性的评价结果与几十年前相反，也许是因为我们已经习惯看到在各种环境下有成功女性的身影。

随着女性在所有学科领域成就的不断上升，男女在数学和科学领域的差距在逐渐缩小。今天，这些领域中由性别引起的成就差异非常小，特别是在美国。的确，如今在学校，男孩不如女孩表现得好，女孩更守纪律，而这样男孩更容易认为老师和学校对他们不公平，这些发现引起很多研究者对男生成就问题关注。更有利于女性获得良好教育的性别差异，在黑人青少年中特别显著。

关于智力的信念　其他研究表明，青少年如何看待智力（除了能力之外）的方式对成就也有影响。智力被看作不变的还是可变的特别关键。这些研究发现，三种因素共同影响着学生在学校的行为表现：学生认为智力是可变还是固定不变的；学生是掌控动机导向还是行为动机导向；对自己的能力是否自信，如一些理论中所述的自我效能。这三种因素组合的方式对实际成就有很大影响。

那些认为智力是固定不变的学生，常常是行为动机导向的，而且很大程度受到自信的影响。如果对自己能力自信，他们倾向于努力工作并寻求挑战。但是，如果不自信，他们倾向于很容易放弃并感觉很无助。换句话说，如果你认为智力是不变的，你最好对自己的能力感到自信。

相反，相信智力是可变的学生会从不同的角度处理成就情景问题。这些学生更可能是内驱动而非外驱动；对于他们来说，满足源于掌握了材料，而非简单的源于获得良好评价。他们受到自信程度的影响较小，因为他们不那么关心自己的表现。无论对自己的能力自信与否，他们都会付出额外的努力并寻求挑战，因为他们受到的激励源于对学习的热爱而非表现结果的好坏。

这些最新的关于成就心理学方面的模型，解释了学生的信念（对于总体能力，尤其是他们自己能力的本质）如何影响他们的动机，进而影响他们的表现。他们的表现反过来影响他们对自己能力的信心（见图12-1）。理解这些因素如何共同作用，对老师有很重要的指示作用，因为接下来你将会读到，青少年受教育的环境会影响他们的动机和信念。也就是说，老师可以采取某些方法以帮助挖掘学生最大的潜能。

尽管也有例外，但总的来说，亚裔学生比其他少数族裔的学生学习成绩更好。

环境的重要性 尽管学生是掌控动机导向还是行为动机导向由心理学因素决定，但是教育环境同样重要。课堂环境的变化使得学生课堂表现比学习更重要，学生的动机和信念随之变化。你也许经历过，自己选修的一门课，讲师更注重成绩而不是对于材料的掌握。这种对于成绩的强调只会使学生反映出最差的一面。在某些情况下，目标导向型的学生会更易于受外在驱动，更可能对自己的能力不确定，而且会犹豫地挑战自己，不大可能寻求帮助以提高自己的表现。如果一个学生不是与自己的同班同学竞争并超越他们（这样会提高自己的表现），而只是试图避免让自己看起来愚笨（这样会使他们的表现打折扣），这样的行为更容易使自己形成目标导向型的人。在一个老师表现为行为导向型（而非掌控导向型）的班级，通常学生更易远离学校和学习，感到较低的自我效能，养成自我设障的行为。

图12-1 个体的自我效能影响他们的学术表现，从而进一步塑造他们的自我效能

资料来源：T. WIlliams & Williams, 2010

学生对自我效能影响的感觉，会受到自己的经历、从父母和老师处得到的信息及他们将自己与同班同学相比较等方式的共同影响。这是一个具有很高自我效能的八年级学生对自己高学分同班同学的描述：

> 史黛诗得了100分，这让我真的很气愤。我并不是真的生气，但是有点羡慕她得了100分，希望我是那个得100分的人。我的意思是，有时那是驱动我前进的动力。它让我坚定要在数学上更加努力，得到像其他人一样的好成绩。

当牙买加遇到挑战性的数学题时，他会讲一些鼓舞自己的话：

> 我会这样告诉自己"加油！"，会考虑处理问题不同的方法；"加油，牙买加，你行的！"诸如此类的话，不知道这样的话起到什么作用，但是它能给予我安慰。

塔尼莎，牙买加的同班同学，有很低的自我效能，下面是她的感想：

> 我的一些朋友告诉我代数考试很难，但是，你知道这样会让我感到自己的代数不会得到很高的分数，因为他们感觉到难，我也很可能不行。

成功和失败的归因 学生怎样看待自己的成功和失败也很重要。对成就归因感兴趣的研究者发现，一个人对成功和失败原因的解释影响自己的表现。根据这些理论家的说法，个人将表现好坏归因于四个因素的共同作用：能力、努力、任务的难易和运气。将成功归因于内部因素如能力和汗水的人，他们在处理未来问题时会更加自信。但是，如果将成功归因于自己无法控制的外部因素，如运气或任务较容易，他们更有可能对自己能力仍然不确信。并不意外的是，成就动机很高的人，通常将自己的成功归因于内部因素。

青少年如何看待他们的失败，也将影响他们随后的行为。面对失败，一些青少年会付出更多的努力，但是其他青少年会退缩并付出更少的努力。将失败归咎于缺乏努力的青少年，处理未来任务时，他们将会付出更多的努力。但是，将失败归咎于无法改变因素（比如运气不好、智力低、任务困难）的人更可能感到无助，并且在随后处境下付出更少的努力。

例如，假如一个学生参加 SAT 考试，并且获得了 1 000 的总分。然后辅导员告诉他，SAT 是测试智力的一种方法，而且智力是固定的，他的得分反映了他的智商。辅导员告诉他，如果愿意，他可以再次参加 SAT 考试，但得分不会超过 1 000 分。现在试想另外一个学生，参加 SAT 考试也获得 1 000 分。但是辅导员告诉她，SAT 考试得分与努力程度有很大关系，而且她可以通过付出更多的努力以提高得分。这两位同学下次参加 SAT 考试，第一位同学十有八九不会比第二位同学付出更多的努力，因为第一位同学更有可能感到无助。

如果学生被告知他们很愚笨或者一份工作对于他们来讲太难，他们就会认为努力对于提高分数没有帮助，这样的学生将养成心理学家所谓的习得性无助：失败是不可避免的观点。作为习得性无助的后果，一些学生付出比同龄人较少的努力，结果比他们本来可以达到的成绩差。

遭受习得性无助伤害和用自我设障策略的学生，通常不仅在学校表现较差，而且比他们的同龄人有更多的整体调整问题。对青少年成功和失败归因的研究发现，与其认为学生低成就的原因是"对成功的渴望低"、"智商低"，老师和学校其他工作人员可以通过教学生将表现好坏归因到自我可控的因素中，来帮助学生取得更多成就。

向初中过渡期间动力的下降 对青少年从小学向初中过渡期间的学术动机进行研究，是与成就相关的信念研究中最有意思的应用之一。如同你在第 6 章读到的那样，研究发现从小学进入初中后，学生的学习动机和学校表现下降了。可能的原因会是什么呢？这种过渡期间发生的重要变化中，老师的教导和评估方式变得更趋向于表现导向型教学。小学老师倾向于强调学生对材料的掌握，但是初中老师更注重学习成绩的好坏。这种侧重点的变化削弱了学生的内在动机和自信，反过来会使他们的表现打折扣。的确，高中的前几年，青少年的自我效能感及掌控动机总体地减弱，而自我障碍策略的应用会增强。另外，研究发现，青春期前及整个青春期，学生对智力的看法在不断变化，年龄越大的学生越有可能认为一个人的智力是不变的，并且赞同障碍性归因（例如，将失败归咎于缺乏能力而不是缺乏努力）。

实验表明，这种下降不是不可避免的。研究人员将七年级数学课的学生随机分成两组：实验组，教授学生智力是可以发展的及经历可以影响一个人的大脑发育两部分课程内容；对照组，教授学生提高记忆力的方法。图 12-2 表明了干预的作用。从图中可以看到，开始时两个小组学生的数学成绩都下滑了，进行干预之后，被教导智力是可变的那个小组成绩提高了，而对照组学生的成绩继续下降。

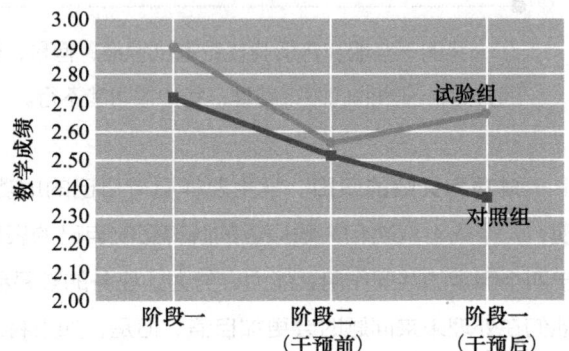

图 12-2 最近的试验发现，告诉学生智力是可以塑造的，能够帮助他们扭转成绩下降的局面，这一现象常常在小学升初中时出现

资料来源：Blackwell et al., 2007

环境对成就的影响

能力、信念和动力在影响个体表现的因素中扮演着重要的角色，但是成就与机遇和情景因素也有很大关系。研究发现，造成青少年学术和职业成就的很多差异，不是源于他们能力、动机或信念的不同，而是与表现自己的能力和动机的学校和班级环境有关。

我们在第 6 章提到，学校环境在实体设备、追求丰富的学术项目的机会、课堂氛围方面都有显著的不同。例如，如果学校尊重学生的个性发展，院系界线不严格划分，不过度关注学生表现的学校，运用协同教学方法，则学生们会更加热爱学习。不幸的是，许多学校受到税收锐减的困扰，学校的建筑破旧、设备过时、教科书及教师匮乏。在一些学校，犯罪和秩序问题非常严重，学校治理这些问题优先于学习和教学。总之，对于许多真正希望成功的年轻人，不是自己的能力或缺乏动力妨碍他们成功，而是不如人意的学校环境使得他们追求学术成功十分渺茫。一个学校，如果贫穷、少数族裔或单亲家庭的学生占有很高的比例，那么在这个学校追求学术成功的学生将处于特别不利的地位。

家庭环境的影响

当然，学校不是影响青少年成就的唯一环境因素。学校应该为不断提高自己能力但没有成功的青少年负全责，几乎没有人对此有异议。但是有证据表明，家庭环境相对于学校环境，能更好地预测未来青少年学术成就的高低。研究者研究了家庭环境中影响他们成就高低的三个方面（见图 12-3）。

父母的价值观和期望 青少年的成就与父母的价值观和对孩子的期望直接相关。父母对孩子学术成功的鼓励可以表现在很多方面，但无论哪种方式的鼓励都已经被证明有益于青少年在学校的表现。首先，鼓励孩子学习成绩的家长，对自己孩子在学校的表现和家庭作业方面会设立更高的标准，而且对自己的孩子抱有很大期望，反过来，这将有助于孩子的学业成功。父母的期望和孩子自己的期望随时间相互影响，所以，对孩子有很大期望的家长，他们的孩子对自己也会有很大的期待。然而，父母对孩子的低期望值将会促成自我应验的预言，导致孩子的低成就。父母的期望对青少年成就可以起到特别重要作用的舞台就是数学领域，在数学方面，对性别的传统观点可能导致青春期男女形成不同的自我概念，这种自我概念会激励男孩对数学更感兴趣。

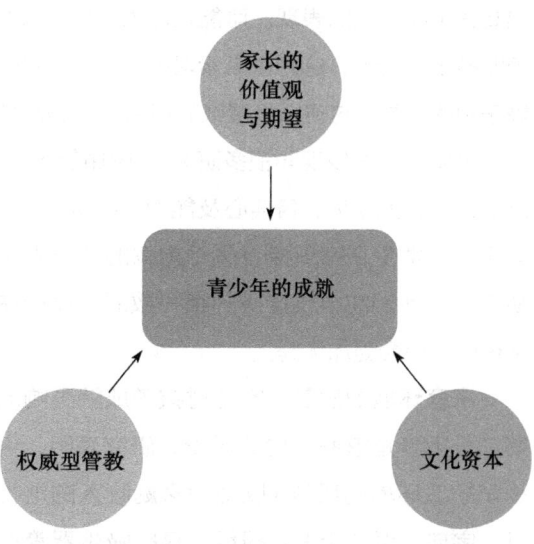

图 12-3　家长通过三种机制影响青少年的成就：他们的价值观和期望、他们管教的方式，还有在家庭环境中提供的文化资本

其次，鼓励孩子学业成功的父母拥有的价值观与孩子在学校表现良好的观念相一致。他们会营造家庭环境以支持孩子追求学术，这样老师传达给学生的信息可以在家里得到共鸣。研究发现，如果父母能够帮助孩子学习更有效的时间管理方法和更健康的工作习惯，他们的孩子，甚至高中生也将受益于拥有这样的父母。

最后，鼓励成功的父母更有可能参与到孩子的教育过程中，帮助孩子选择课程，对学校活动和任务保持兴趣，以及同样的事情——所有的这些将有助于孩子的成功——对于青少年来说，如果父母参与学校教育，将会让学术看起来更重要而且更易克服。相反，如果父母远离学校教育，将会使孩子厌恶学习而表现很差。父母参与学校教育对墨西哥裔美国青年的成就似乎有很强的影响，因为墨西哥文化中家庭具有重要性。但是，父母参与孩子教育的方式很重要，研究表明，鼓励和期待学业成就、参与学校活动都是父母参与学校教育很有效的方式；而帮助孩子做家庭作业则不在其中。有意思的是，当青少年所在的学校里，其他孩子的父母也同样参与孩子的学校教育，那么父母的参与将对孩子的成就有相当大的影响。

权威型教养 父母影响孩子成就的第二种方式相对是间接的，即通过他们教养孩子的方式来影响。很多研究发现，权威型教养方式（是温暖、信任、公平的）和青春期少年学业成功有很大关系，这种教养方式以更好的学习表现、更高的出勤率、更高的期望值、更积极向上的学术自我概念以及更多地参与班级事务为指标。相反，父母的教养方式如果是严厉、惩罚型的、过度控制或不适当的，则将导致孩子对学习的厌恶及低成就。有意思的是，父母过度地放任会导致孩子很高的辍学率。权威型教养方式已被证明可以帮助青少年更好地适应初中，并且能够帮助成绩差的青少年扭转不良的学术表现。

为何源于权威型家庭的孩子能够获得更高的学术成就呢？一个原因是权威型教养方式能够促进孩

子健康的成就导向行为的发展（包括强调掌控动机的学习方式和更健康的归因模式）。反过来，有助于提高孩子在学校的表现。可能是因为权威型父母自己对孩子的成就持有更健康的观念，而且不会过度控制孩子的行为，这两个因素增强了青少年的职业道德和内在动机。工作导向的学生会给老师留下积极乐观的印象，这将以直接或间接的方式提高他们的表现。

通常，这些发现与很多研究结果相符合，始终如一、权威型的教养方式对青少年有益处，能够提高他们的成就动机、自信心及能力。权威型父母会更多地参与学校活动，这与孩子的学业成功有很大关系。当学生在家里接受父母熏陶的价值观和期望值与他们在学校接受的相一致时，他们在学校的表现会更加优秀。

家庭环境的质量 家庭对孩子成就影响的第三个因素是家庭环境的质量。研究表明，青少年家庭环境的质量（以说明家庭收入的电视机、字典、百科全书、报纸、真空吸尘器等指标为衡量标准）相对于学校实体设备的质量、教师的学术背景和培训情况或老师的薪资水平对青少年学术成就高低有更大的影响。很多研究

美国的学校为学生提供了大量的资源。

者发现，除了青少年父母本身的受教育程度，父母为青少年提供的文化资本，比如通过让青少年接触艺术、音乐、文学作品和其他"高层次文化"成分等，也会对青少年的成就产生积极的影响。

一些研究者依然不能确定青少年成就是否会受到基因的影响。有意思的是，关于学业成就的遗传可能性的证据表明，尽管智力和认知成就都有很强的基因成分（通过基因遗传影响成绩），但是家庭和学校环境因素对青少年在学校的表现都有很大影响。知道了这点之后，有必要指出，很多年轻人仍然住在过度拥挤的狭窄房间里，他们的家庭存在很大的经济和社会重压，糟糕的社区环境也危害到了父母对孩子的鼓励和对学校事务的参与。当处于很严重的经济压力时，单亲父亲或母亲很难为儿女提供支持的家庭环境。家庭的压力反过来会影响到青少年的学校生活，导致学习问题和较小的成就。例如，一个最近的研究发现，来自家庭不稳定的青少年，如果在拥有很大优秀学生比例的学校学习，他们不如其他学生表现好；如果学校里优秀学生很少，来自不稳定的家庭环境对学生成绩的影响不大。

简单地说，许多美国青少年的成长环境不利于他们对学术成就的追求。许多社区缺少社会学家所谓的社会资本，即有助于青少年学业成功的成年人必要的支持、鼓励和参与。当一个家庭与社区其他家庭维持良好的关系，社会资本就会增强，而且研究发现，社会资本对青少年学业表现的贡献超越了青少年的家庭收入、父母受教育程度或他们住户结构的贡献。并不让人惊讶的是，缺乏社会资本的家庭，他们的孩子更有可能在学习方面有困难。相反，如果学生拥有家庭、朋友、导师或其他老师提供的资源，他们在学校成功的机会将会大得多。

朋友的影响

也有证据表明，朋友会影响青少年的成就。的确，一些研究发现，朋友是影响青少年学校日常行为最显著的因素，比如做家庭作业及在课堂上的努力。也就是说，尽管父母在孩子长期教育体系中扮演更重要的角色，但是周围朋友对青少年在学校的日常表现影响更大。确实，在贫民区长大的孩子成就较小，其中的一个主要原因是他们身边的同龄人通常都远离学校。

我们大多数人考虑青少年的同龄人对他们学术成就的影响，常常会立刻想到同龄人对他们学术成功的危害。但是，与同龄人的影响总是消极的观点相反，朋友对青少年在学校表现的影响取决于同龄人的学术导向。有取得很高成绩和渴望深造的朋友，能够提高青少年的学校表现；而有取得很低成绩和蔑视学校表现的朋友，将会妨碍青少年的学校表现。如果一个学生周围的同学热爱学习，则他也更有可能是热爱学习的，而且不大可能辍学。朋友也影响青少年的课程选择，似乎对女孩子选修数学及科学课的决定扮演着很重要的角色。

学生的成绩与他们朋友的成绩有关，而且会随时间改变。两个成绩相当的学生，如果其中一个学生的好朋友学习成绩很好，相比另外一个好朋友学习成绩很差的学生，他更有可能将成绩提高。同龄人影响着彼此的大学计划，虽然微小但很重要。

例如，学习成绩很差的青少年，如果他们周围朋友的学习成绩都很好，那么相比那些周围朋友成绩较差的青少年，更有可能选择深造。当青少年的成绩上升，他们倾向于和成绩好的同学成为朋友；但是当他们的成绩下降，他们倾向于与成绩差的同学为伍。

尽管同龄人可以往好的或坏的方向影响青少年的学习成绩，但是很多研究者发现，当代美国，同龄人对青少年学术成就的消极影响比积极影响的程度大得多。或许正因为如此，朋辈导向型的青少年在学校往往表现较差。相反地，被同龄人忽视的青少年相比更受欢迎的学生常常有更强的学术导向性。进入初中后，青少年会越来越介意朋友对自己在学校中成就的反应，例如，一个研究发现，八年级学生不希望同学们知道自己学习很努力，尽管他们知道这样会给老师留下很勤奋的好印象。

但是，在学校成绩好并不意味着就要牺牲适当的社交生活。在一个研究中，青少年被要求坚持写关于时间分配的日记，研究结果揭示了高分与低分学生在如何分配时间上有很大的差异。果然，无论在工作日还是在周末，成绩较好的同学相比自己的同龄人花在学习上的时间更多。但是，如图 12-4 所示，他们之间很大的一个关键区别在于花多少时间以及什么时候和朋友在一起。从图中可以看到，成绩高比成绩低的同学和朋友在一起的时间，工作日时较少周末较多。这表明，成绩好的同学通过在工作日更合理地分配时间，保持周末很活跃的社交生活。如你在第 5 章中读到的，青少年通常与学校表现取向相似的同学成为朋友。成绩高的学生平时和朋友在一起的时间较少，很有可能是因为他们的朋友也在忙于学习。

许多人研究了父母和同龄人是如何共同影响青少年成就的。这些研究表明，家庭环境对青少年选择什么样的朋友有影响，这反过来会影响他们的学校表现。另外，拥有一群重视学校表现的朋友会对青少年，甚至那些来自权威型家庭的孩子在学术成就上产生积极影响；拥有学术导向型的朋辈对来自单亲家庭的青少年特别有好处，因为单亲家庭的父母参与学校教育较少。同样地，一群看不起学校业绩的朋友会给青少年带来坏的影响，这将抵消权威型教养带给青少年的裨益。与其问家庭或朋辈是否会影响孩子的学校表现，不如问这两种因素与学校环境的作用如何共同影响青少年的学术成就。

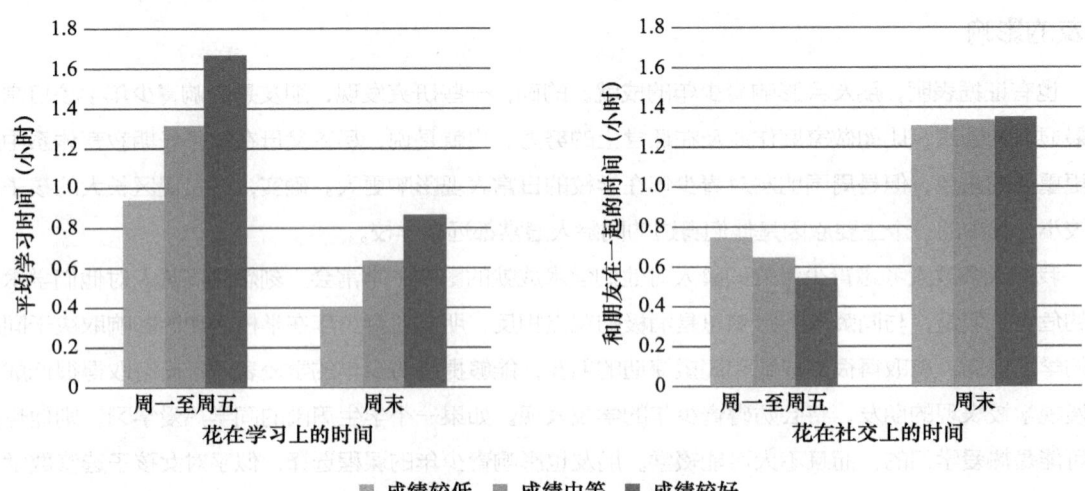

图 12-4　成绩高低不同的学生，花在学习和社交上的时间也是不同的

资料来源：Witkow, 2009

在 12 个国家研究的父母和朋辈对青少年学术成就的影响中，结果表明，青少年接受教育的环境不同，父母和朋辈作用于青少年学术成就的程度也有大小。在一个如美国一样的国家，学校拥有不同种族的学生，朋辈和父母对孩子学术成就有很大的影响。在一个如德国这样的国家，具有不同教育需求的学生选择不同的学校（也就是说，那些打算上大学的学生和没有这样计划的学生将会进入不同的学校），朋辈和父母对青少年学术成就的影响较小。

总之，尽管心理因素对于决定青少年职业和学术成功起关键作用，但是考虑青少年追求教育和职业生涯更广泛的环境因素也很重要。另外，很难辨别动机和环境因素，因为它们一般密切相关。在一个能提供很少成功机会的环境下生活将会引发习得性无助，这将反过来导致青少年认为，就算付出再多努力也是徒劳。在一个成就不受鼓励的学校氛围下，会使学生产生与勤勉奋斗相左的态度和观念。与其说青春期成就只是由一种因素决定，如能力或动力，不如说成就模式是一个长期累积过程，这个过程包括学校、家庭、朋辈和社区中很长的一段人生经历和社交活动。

教育成就

教育成就通常被定义为以下三种方式中的一个：学习成绩（学生们在学校获得的分数）、学业成就（学生们在标准化考试中的表现）或者受教育程度（学生们完成的学校教育的年数）。这些教育成就的不同测量方法是相互关联的，但它们的相互关系没有我们想的那样紧密。

没有任何单一因素可以完全说明青少年教育成就水平的不同原因。总的来说，由 IQ 测试评估得到的智力与成就测试中的表现高度相关（因为 IQ 测试和成就测试就是用来开发这种能力的）。但是学习成绩不单单受青少年智力因素的影响，在更大程度上受教育程度的影响。例如，老师对学生掌握材料的情况进行评判，评判结果会影响他们的分数，而且这些评判受到老师对学生在课堂上付出的努力及其行为评估的影响。青少年的家庭背景、居住环境和学习成绩可能会影响他们的受教育程度。两个平均绩点分数相近的青少年，如果其中一个来自贫穷家庭而无法负担大学学费，他们的受教育程度将会很不同。例如，很多市中心平民区的青少年，甚至在小学的时候，他们的职业期望值就很受限，这些低期望值也影响他们的教育成就和受教育程度。

不论是受什么因素的影响，受教育程度对今后的收入有着重要的影响。高中毕业生和大学毕业生之间的收入差距是相当大的，这对所有的种族都是适用的。当他们进入劳动力市场时，有着大学文凭的个体会比只有高中文凭的工资高2倍。这种状态让很多人都要求制定鼓励所有学生去"摘星星"的教育政策。尽管一些专家认为，鼓励所有学生努力进入大学会对那些抱有不现实期望的学生心理健康造成影响，但是这尚未证实。鼓励青少年进入大学，让他们学习完成计划并实现成功的技巧和知识是非常重要的。

社会经济条件的重要性

富有的孩子起步早 家庭经济条件对青少年的教育发展有着非常大的影响。研究显示，中产阶级家庭中的青少年能在基础学术测试中获得更高的成绩并且比工薪阶层和低收入阶层的孩子在校学习的时间长。来自低社会经济水平家庭的青少年在学术水平测试中的分数比他们的家庭优越的同龄人要低。尽管一些社会经济差距在学校成绩上已经有了缩小，但社会阶层之间的青少年成绩差距依然很大，并且社会经济条件决定教育成就的重要性仍然在种族之间大量存在。社会经济条件同样会在社区中影响青少年的成就。相比那些居住在落后社区的贫困学生来说，在社区中与相对比例较高的中产阶级做邻居，贫困的黑人学生会更加重视教育并在学校努力学习。

因而，社会经济条件会对教育成就和教育程度产生影响，从而对职业成就产生影响。然而，社会经济范畴之内的不同与社会经济阶层之间的不同一样多。不是所有来自富裕家庭的年轻人都会比穷人的孩子接受更多教育，很多来自贫困家庭的孩子也一样会去上大学和读研究生。

家庭背景与教育成就相关联的一个重要原因是来自低社会阶层的孩子小学时在基本学术水平测试上就会得低分。这些初期的不同反映出了基因和环境的因素。中产阶级的成人一般会比低阶层的成人有更高的智商，这种优势会遗传给他们的孩子——不论是通过遗传还是通过中产阶级的孩子从更好的教育环境中熏陶出的。例如，富裕家庭的年轻人能接受更好的医疗和更好的营养，而这两项都会使他们在智商测试中获得高分。而贫困的年轻人在成绩测试中的劣势会从小学一直保持到中学，甚至会有所增加。因为高中的课程更加依赖夯实的基础学术水平，如果青少年进入初中时没有掌握基本的学术技能，那么他们会迅速落后，其中一些人会在高中毕业前离开学校。

早期干预 对此，一项对长期干预进行的评估提供了令人振奋的消息，这种干预是为那些因为家庭贫困而学术成绩较低的年轻人设计的。在这些评估中，研究者对比了参加学前教育强化项目的青少年和只参加学前干预的青少年、只参加小学干预的青少年以及毫无干预的青少年组。干预的目的主要是为了提高儿童的学习技巧、强化父母与学校的联系。

长期的干预显示，参加了学前干预的个体（参加或未参加小学干预）比那些没有参加干预的年轻人明显地表现更好。在其中一项研究中，参加了学前干预和小学干预组的儿童比只参加了学前干预组的儿童表现得更好。然而，有趣的是，曾参加小学干预组而不是学前干预组的青少年没有比那些没有参加过干预组的青少年表现得更好。这些发现表明在防止贫困青少年出现长期的学习问题，事前干预比进入一年级之后干预更重要，参加长期的教育项目比短期参加更有效。与此一致的是，长期研究表明，幼儿园出现学习困难是今后学习困难的先兆。

贫困青少年有不良学习成绩的第一个原因是这些孩子在一开始上学就有着显著的学习问题。第二个原因是压力，不论是青春期之前或正值青春期，来自低阶层背景的青少年会经历更多有压力的人生事件，更多的日常琐事并带着更多负面的情绪上学。有报告显示，压力对青少年的身心健康、学校成绩有负面影响。

父母的加入　一些研究同样显示，来自高社会阶层的父母会更愿意融入子女的教育，尤其是通过正式父母-教师组织，比如家庭教师协会或者家长教师联合会。中上层阶级的父母坦言更愿意了解孩子在学校的表现，对孩子在校的问题承当责任，并帮助孩子选择更加有难度的课程。因为父母的参与会对孩子在学校的表现有更好的作用，来自高社会阶层的年轻人会比家庭情况不如他们且家长不参与的同龄人在校取得更多成就。另外，有更多经济资源的父母可以提供给子女更多文化资本，这也是通向校园成功的重要因素。

因社会经济条件不同而导致的学校成就不同，很明显地反映了多重影响中的累积作用和联合作用，这很容易解释为什么社会阶层不同会导致成绩不同。而也许更有趣的、也更值得科学研究的是，那些经济背景不好的年轻人克服了大量困难之后取得成功是怎么一回事。或者说，来自家庭严重困难却获得成功的大学生克服了难以想象的困难。

融入学校活动的家长，他们的孩子会比家长不这么做的孩子做得更好。来自高社会阶层的孩子比其他人做得更好的原因之一是他们的父母融入了他们的学校生活。

尽管对来自贫困背景的成功学生需要更多研究，但有些发现表明社会支持对学术成就很有帮助：温和并鼓励孩子的父母会用权威的教育方法培养孩子，对子女的学习成绩加以关注，对孩子的教育程度保持很高的期望，以及孩子有同样支撑和鼓励他们的同龄人。换句话说，有积极的家庭关系，有来自重要的人群的鼓励能从某种程度上克服社会阶层较低带来的不利因素。

中学退学

过去，从中学中途辍学没有如今这样的严重后果。但是，随着劳动力市场的变化，人才市场对学生的教育要求也随着变化。当今，受教育程度是长大后职业成功和收入高低的强有力指标。不出意料的是，高中辍学者比高中毕业生更有可能生活在贫困水平中、遭受失业、依赖政府补贴维持生计、少年时期就怀孕甚至参与违法犯罪活动。

由于计算辍学者数量的方法不同，因此不同研究报告的数字不同。例如，许多学生中途退学但是在他们20岁左右时又返回学校，并且拿到高中毕业证书或普通教育发展证书，因此，几年之前作为调查对象的他们，虽然在17岁退学了，但是他们会被归为高中毕业生那一类。根据美国教育部的定义，中学辍学率是指年龄在16～24岁且没有进入中学和获得高中文凭或普通教育发展证书的人数。

在过去的半个世纪，这个概率已经在稳步下降到约8%。但是，不同区域之间的学生的辍学率有很大区别。的确，在一些市区，50%的学生中途辍学。黑人和美国生的西班牙裔青少年的退学率几乎是白人青少年的2倍，是亚裔青少年的5倍，但是外国生的西班牙裔青少年的退学率是美国生的西班牙裔青少年的3倍（见图12-5）。

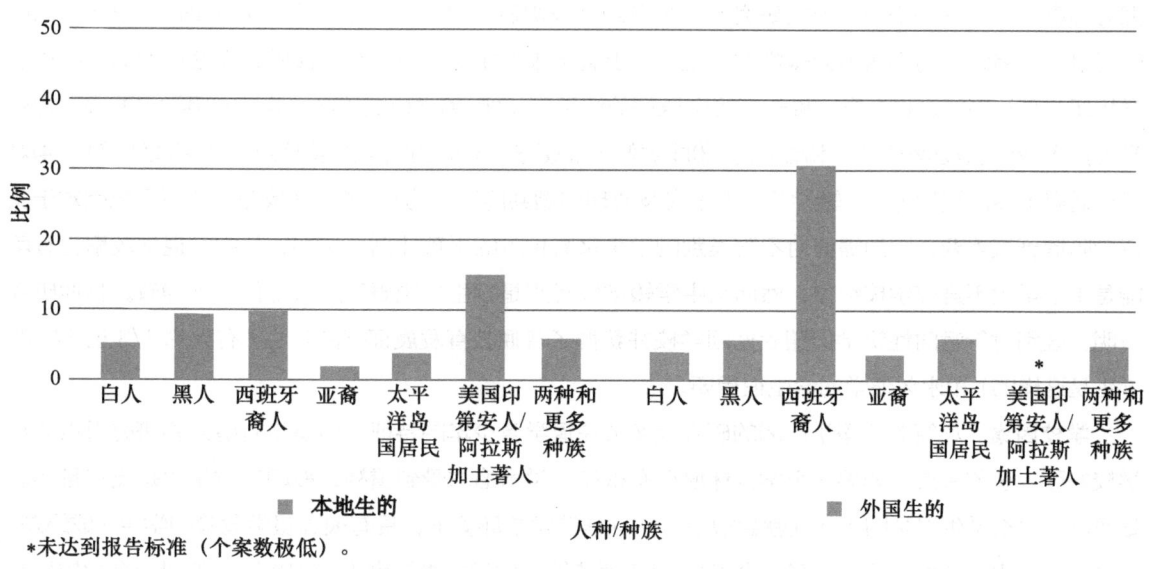

*未达到报告标准（个案数极低）。

图12-5　辍学率由于种族和出生地点的不同而不同

资料来源：National Center for Education Statistics, 2012

辍学的背后原因　如同之前讨论的关于教育成就的发现，辍学的其他原因并不让人感到意外。除了很高比例的外国生的西班牙裔青少年辍学，中学退学的青少年更有可能来自具有较低社会经济水平的家庭、贫穷社区、大家族、单亲家庭、放纵或离异家庭和只有很少的阅读资料的家庭。总之，辍学的青少年的背景更可能是金融资本、社会资本和文化资本有限。

辍学青少年的背景一般处于不利地位，除此之外，他们辍学的原因也很有可能是：学习成绩很差、参与学校事务较少、多次转学、在标准化的成绩测试中表现较差、很多的行为问题，而且这些问题导致学术失败，或者学术失败导致了不良行为。许多高中辍学者在读小学时就必须留级一次或两次；的确，留级是之后高中辍学很重要的一个影响因素。

换句话说，高中辍学并不是青少年的一个偶然决定，它是一个长期积累的过程。有些特定的因素会刺激学生做出退学这样最后的决定，例如对不良行为的处分，一门课程不及格，意外怀孕和工作的诱惑等。但是总的来说，退学是一个过程，它的特点是学生反复的学业失败

在一些城区学校，有超过一半的学生在高中就辍学。

和逐渐对学校的排斥。虽然那些致力于提高青少年学术能力来阻止他们退学的计划大多都失败了，但其中一个课程成功了，它关注有高度退学倾向的学生，引导他们参与服务培训课程和积极讨论自己的人生选择，这能帮助他们认识到获得高中毕业证书是多么重要。

尽管辍学的青少年通常有几个共同的特点（例如，较差的学习成绩），然而他们也有不同之处。根据对加拿大学生的一个更广泛的研究，至少有四个很明显的辍学青少年群体：①安静的辍学者（他们的背景和性格特征与那些不会辍学的学生实际上看起来很相似，但是有点孤僻，即他们看似逐渐淡出学校而非直接辍学，也许是一种长期受到压抑的结果）。②脱离学校式辍学（他们的辍学主要表现为对学习投入较低以及较弱的学术动机）。③成绩低下而辍学（他们的辍学主要是由于学习成绩差）。④对学校适应不良而辍学（他们辍学是行为不良及心理问题共同导致的）。了解导致辍学的不同原因对于实行预防措施很重要，因为需要对不同类别的学生采取相应的干预计划。例如，从中学退学较早更有可能是由于学生不遵守学校纪律，然而从中学辍学较晚则是学生渴望更早加入工作行列导致。其他研究表明，区别对待暂时性辍学但随后返回学校并获得了普通教育发展证书的学生（有大约 1/3 至 1/2 的学生是这样的）和永久退学的学生很重要。

学校因素　尽管关于辍学原因的研究大多关注退学青少年的特征，但是也有些人将研究重点放在学校方面。总的来说，如果一个学校环境很有秩序，学术追求受到重视，教职工对学生是支持且尽职尽责的，那么学生退学的可能性就会很小。在这样的学校环境下，具有很高辍学危险的学生（成绩差、经济上不利、国外生的西班牙裔青少年），有老师能够为他们提供社会支持和教导。如果一个学校按照学生能力大小对其分组，使相对较高比例的学生通不过考试，这样的学校辍学率会很高。与此说法一致的是，有研究表明，允许学习困难的学生转学而不是就此让他们退学，可以降低退学率。尽管有教育工作者对最近提高毕业门槛和结束自动升级的趋势表示担忧，但是如毕业考的评估方法不会提高学生的辍学率或对少数族裔和白人学生有不一致的影响。

职业成就

当代对青春期感兴趣的学者研究学生成就的背景都是在学校而不是工作之后。尽管上一代人在青春期时就开始了自己的职业生涯，但在工业化社会的今天很少见，因为大多数人在开始全职工作之前都接受了某些形式的高等教育。除了在几个欧洲国家很受欢迎的学徒制外，青春期时候的工作与未来的职业生涯几乎没有关系；如我们在第 7 章读到的，这主要是一种挣钱的方式。一般来说，虽然有少部分找到好工作的青少年可能会从工作中发现自己的兴趣，但青春期时的工作经验对他们成年之后的职业计划和抱负很少或没有任何影响，尤其对于非贫困家庭的学生。分析发现，快餐、餐馆和零售业工作对于提高与职业相关的技能没有任何帮助，然而内勤和文职工作是提高工作技能的最好选择。

尽管我们常常认为学校和工作是不同的领域，但是成就是青春期心理发展的一个方面，而且成就将它们联系在一起。一个人的受教育程度是他最终职业成功的最好指标。劳动力市场中，青少年不是简单地受益于高中文凭或大学学位。虽然这些证书重要，但每一年的教育（甚至没有毕业）对于职业的成功都相当重要。换句话说，完成三年大学教育的学生，平均比只完成一年大学教育的学生挣的钱多，即使他们都没有获得大学学位。

对青春期职业成就感兴趣的研究者考查了几个问题，包括青少年做出职业决定的方式及对职业抱负和期望的影响。接下来，我们开始关注青少年职业计划的发展。

职业计划的发展

青春期职业计划的发展被认为是与认同发展过程相平行的或是后者的一部分。与形成连贯的认同感相同，职业计划的发展遵循如下顺序：对自己性格、能力和兴趣的检查；不同工作角色的尝试时期；过去的影响（主要是家庭角色的定位）和对未来希望的融合。与身份发展的情况相同，社会环境深刻影响着职业计划的形成。

在更广泛的环境下，青少年的变化（在这里，变化指的是对更高教育的需求及其可得性）对职业计划的发展过程有强大影响。虽然起初许多关于职业计划的理论重点是青春期，但劳动力市场的变化要求青少年在开始职业生涯之前得完成越来越多的教育，使得青年早期成为青春期更重要的职业计划发展阶段。对于许多人来说，直到大学的最后一年，职业计划的发展才开始，而且直到大学毕业之后才决定从事哪一特定职业。如我们在第3章看到的，许多过去青少年面临的挑战现在延期到20岁左右。

对于职业选择的影响

是什么让一个人选择成为律师，而另一个人选择成为教师？为什么有些学生将心理学作为自己的职业，然而另外一些人将工程学作为自己的专业？很久以来，研究者对人们选择某些特定职业的原因很感兴趣。

工作价值 当选择未来工作时，你期待从工作中得到什么？工作价值指的是个体希望在工作中得到的一种特殊奖励。例如，你更在乎赚更多的钱，一份稳定的工作还是一份有很多假期的工作？根据工作价值的许多理论，七个基本的奖励定义了一个人的工作价值：外在的奖励（取得很高的收入）、安全（享受稳定的工作）、内在的奖励（能够具有创造性或者从工作中有所得）、影响（可以管辖别人或对决策有影响力）、利他（帮助别人）、社会的奖励（与喜欢的人一起工作）和空闲（有自由时间或假期）。一个人会根据这些不同的工作奖励的相对重要性选择工作（见表12-1）。

表12-1 人们对工作的不同期待。对于你来说，你最期待什么类型的回报

回报的方式	例如
外向型	赚取丰厚的薪水
保守型	工作稳定
内向型	发挥创造性的机会
影响型	拥有高于他人的权力
利他型	帮助他人
社交型	乐于与人协作
享乐型	度假和休息的机会

一些研究者发现，当今许多青少年对从未来工作中获得奖励的观点不切实际而且过于雄心壮志。有些研究者注意到，有很大比例的青少年对于工作奖励的期待不可能实现。一个特定的问题是，青少

年倾向于期待过高的工作奖励,盲目乐观地认为他们可以找到同时满足多项奖励的工作。然而,实际上当他们开始第一个全职工作时,他们会很快发现尽管不是不可能,但很难找到一个可以挣很多钱又有创造力,同时可以帮助他人、享受工作稳定而且有很多闲暇时间的工作。在成年早期,职业发展的一个很重要的变化是,他们开始有点幻想破灭了而且更重视能够从工作中得到什么,放弃了可以得到所有工作奖励的不现实观点。青少年在中学高年级时非常重视的工作外在奖励、利他和社会奖励的程度,在进入成年早期的时候会急剧下降,然而,内在奖励和工作稳定性还是一样重要(见图12-6)。

仅仅基于青少年对于工作奖励偏好的职业选择理论存在很重大的缺陷。第一,青少年的兴趣和能力不是固定不变的,在成年之后会不断发展和变化。的确,影响成年人性格发展的其中一个重要因素是工作本身。所以,如果从事的那份工作偏向于某些性格特征的发展,需要某些特定的能力或者可以从工作中得到某些奖励,则工作的人就会开始改变他们的个性、技能和价值观。因此,由于一个人对工作环境的应对在不断成长和变化,成年早期看似不合适的工作随时间也变成了非常适合自己的工作。例如,有些人对涉及社交方面的工作不是很感兴趣,但由于严峻的就业市场,大学毕业后成为一名老师。随时间增长,与学生们交流得越多,教师这份职业的人际方面就越有吸引力。最终,他可能认为一份工作涉及社交是很重要的。

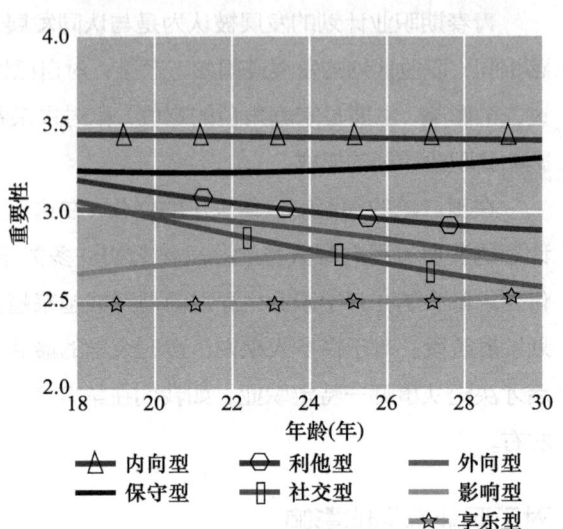

图12-6 当青少年进入成人初期,他们对外向型、利他型和社交型工作回报的要求降低,而对内向型和保守型工作仍然有很高的期望

资料来源:Johnson, 2002

职业选择理论强调青少年工作价值存在的第二个缺点是,它们低估了影响和塑造职业抉择的其他因素,更重要的是青少年职业选择的社会背景。在做职业选择时,一份工作是否可以胜任或合适比对工作的兴趣和偏好影响更大。例如,一个青少年发现自己非常适合药剂师这个职业,但自己的家庭付不起上大学或医学院的费用。又或者,一个青春期女孩通过职业测试发现,自己非常适合建筑这个行业,但她发现自己的父母、朋友、老师和未来雇主都劝阻她从事这个行业,因为他们认为建筑不适合女性。一个研究发现,处于青春期早期的墨西哥裔美国女孩,相比黑人和白人女孩,更有可能选择女性模式化的职业目标。

简单地说,职业选择不仅仅由个人偏好一个因素决定;职业选择会受个人偏好、社会影响和更大的社会环境的一些力量共同影响。接下来我们将阐述这些影响因素。

父母和朋辈的影响 相比其他任何因素,社会经济地位对职业选择起着决定性的影响,因此,青少年的职业抱负和成就与他们周围人的抱负和成就息息相关。出生在中产阶级的青少年比来自更低社会阶层的青少年更可能渴望并进入中产阶级职业。社会经济地位也影响工作价值,来自更高阶层的人更可能会重视工作的内在奖励和影响,而不大可能在乎工作的外在奖励和稳定。社会阶层作为人们工作期待的决定因素,它的影响巨大而且稳定,贯穿青春期和成年早期。

关于青少年抱负和他们周围人群经济社会地位之间的关系,现在已经有了很多解释。第一,也许是非常重要的,表示个人工作威信和地位的职业成就很大程度上依赖于受教育程度。如我们先前读到的那样,社会经济地位极大地影响着受教育程度。所以,中产阶级家庭的青少年的受教育程度要高于低阶层家庭的青少年,经济得天独厚的青少年更有可能追求地位较高的职业。

第二,我们注意到,中产阶级家庭的父母在养育孩子的过程中更有可能促进孩子的成就导向和对职业生涯的探索。成就动机的发展对学习成绩有一定影响,对青少年的职业抱负也有影响,直接地(因为有较强成就动机的青少年会选择能够满足自己地位或财富诉求的职业)和间接地通过成就动机对学术成就起作用(在学校成功的青少年通常会受到激励,因此会追求更高地位的职业和探索自己的身份)。的确,父母主要通过影响孩子的教育成就,从而影响青少年的职业抱负。

个人对职业的选择会被很多因素影响,包括对工作价值的看待。环境因素,比如工作机会,也同样重要。

第三,青少年的家庭经济条件优越,有利于他们更好地接受教育,例如更好的设施条件、生活更加丰富、更容易接受高等教育等,同样有利于中产阶级家庭孩子的工作。因为他们的父母也通常居于领导或有影响力的位置,中产阶级家庭的青少年通常拥有重要的家庭关系,掌握着工作领域的信息资源,而这些对于贫困家庭的孩子较难获得。另外,家庭富裕的青少年拥有更多的时间去探索自己的职业选择,有资本等待第一份自己特别渴望的职位,而不是迫于经济压力不得不接受第一份不大理想的工作。在经济不景气、找到一份工作很难的时候,这个优势显得特别重要。

第四,父母、兄弟姐妹和其他重要的影响人物为青少年的职业选择树立了一个榜样。尽管一些年轻人选择职业时会避免选择父母的职业,但是有相当多证据表明父母和孩子的职业大多是相似的,特别当青少年与家庭关系温暖而亲密以及青少年与家庭成员之间有很深的相互认同感时。

第五,父母以及影响相对较弱的同龄人通过树立一种价值观环境(某些职业选择受到鼓励而其他选择受到劝阻)影响孩子的职业计划。中产阶级家庭和学校鼓励孩子重视自主、自我导向和独立自主,这三种特征更有可能在中产阶级家庭而不是工薪阶层家庭培养出来。家长会含蓄或直白地告诉自己的孩子自由、权力和地位有多么重要。看重中产阶级工作特性的青少年在进行自己的职业生涯规划时,也会寻求从工作中得到相应的奖励。他们会寻找可以提供独立自主和权势的工作。相反,工薪阶层家庭的孩子习惯于重视服从和顺从,这是劳动阶层的工作更看重的两个特征。服从和顺从的工作对来自劳动阶层家庭的青少年更有吸引力。他们从小的环境教导他们倾向于选择稳定的工作,不用为高压环境下的工作抉择而操劳。的确,对于很多工薪阶层的青少年,企业家的高压环境不是他们的职业选择。

职业选择更广泛的背景 当然,青少年是在更广泛的社会背景下做出职业选择的,而且环境深刻影响着职业计划的本质。例如过去女性青少年比男性青少年的教育和职业期望值低,如今男性较女性更低。不同的时期会有不同的工作机会，特别是正式教育处于结束的时期，年轻人常常能意识到不同领域的就业前景。的确，一个关于市中心青少年的研究发现，许多青少年在他们大二的时候对自己未来工作前景开始有些观念。可以理解的是，年轻人经常调整他们的计划，以适应未来劳动力市场的需求以及社区某些职业选择的可获得性。另外，青少年的职业期望实际上能否实现依赖于许多他们不可控的因素（任何在经济低迷时期的毕业生都可以证明）。如今的年轻人没有过去那样以工作为重心。例如，当代的年轻人比过去的一代人更可能说如果他们有足够的钱，他们不会去工作；他们不太愿意为了把工作做得更好而加班；选择工作时会把拥有足够的空余时间作为一个重要的考虑因素。

不幸的是，对于某些特定的社会阶层、种族或性别的青少年，他们会根据是否被社会所"接受"调整自己的职业计划（见图12-7）。例如，尽管不同性别对于外在奖励的重视程度的差异很小，但是个体重视权利（通常被男性所重视）和利他（通常被女性所重视）的差别很大。另外，更多的青少年女孩会比男孩更担忧未来成年之后家庭和工作之间的平衡，这也会进一步影响她们的职业抉择，因为她们不愿意追求自己认为可能干扰家庭生活的职业。也许正因为如此，青少年男孩的职业期望可以预测成年之后他们实际的工作，然而这种情况不适用于青少年女孩。

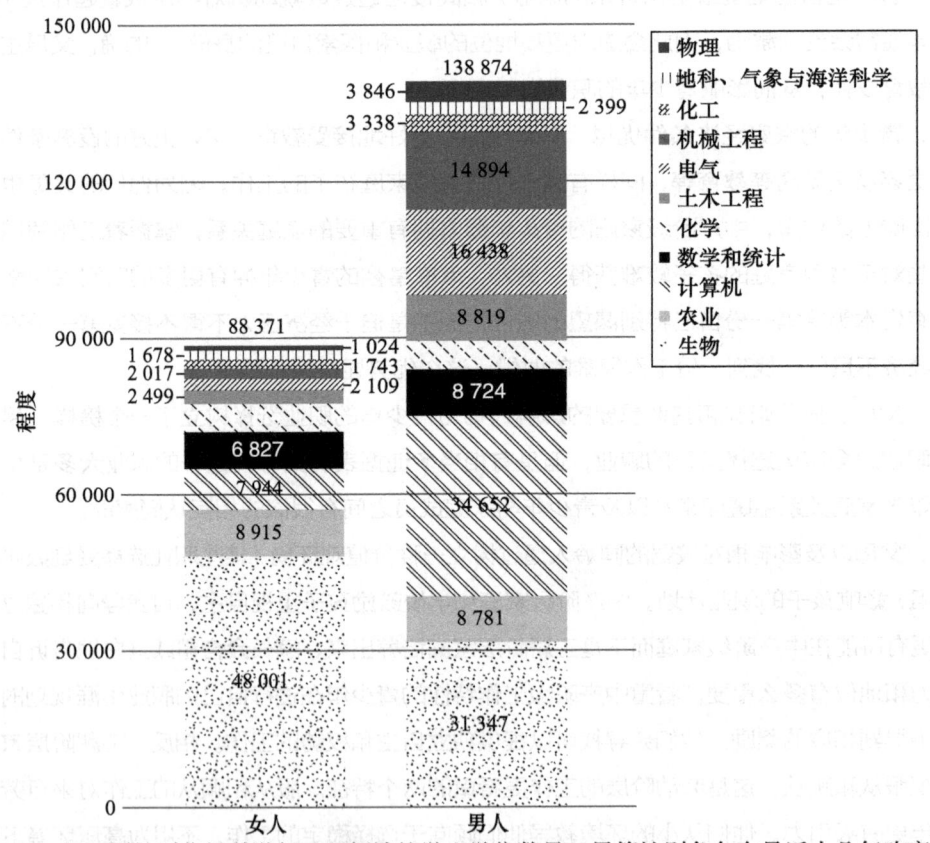

图12-7　2007年不同性别获得科学与工程领域的学士学位数量。尽管性别角色在最近十几年改变很大，但是在职业选择上仍然有很大的差别

资料来源：Hill, Corbett, & Rose, 2010

所有的年轻人在做职业计划时，都会面临的一个问题是获得关于未来劳动力市场的准确信息以及从事不同领域职位的合适方法。大多数年轻人的教育计划与他们预期工作的教育要求不一致，许多青少年对于未来成功的机会过于乐观。职业教育工作者的一个目标是帮助青少年了解更多的信息和对自己的职业做出现实的选择，摆脱限制他们选择的刻板模式。职业咨询师，特别是在大学校园里，在帮助个人的职业抉择方面扮演很重要的角色，因为劳动力市场快速变化的步伐，使得青少年从家庭获得准确信息变得比以往更不大可能。

第13章
青春期心理问题

虽然大多数青少年度过青春期时没有经历重大的障碍，但是有些会遇到严重的心理和行为问题，这些问题不仅会干扰自己的生活，也会干扰周围人的生活，比如药物滥用、违法行为和抑郁。而且，这些问题直接或间接地会影响到我们所有人。在最后一章，我们关注与青少年有关的一些较为严重的心理问题。

大家都知道，"青春期是充满谜题的时期"这一典型的说法并不准确。当然，我们也不应该掩盖许多事实，比如许多很健康的青少年在某一时期内出现自我怀疑、家庭争吵、学习下降或心理创伤问题。不过，在我们关注青春期心理问题时有必要记住，大多数青少年都会遇到的、正常的，而且往往是暂时的问题和少数青少年遇到的较为严重问题之间的区别。

青春期心理问题的一般原则

大众传媒最喜欢描绘我们生存世界中最极端的景象。在青少年问题行为的表现中，夸张的世界观往往会很显著。对行为障碍、心理问题或者吸食毒品的普遍描述往往比现实要夸张：与男朋友分手往往伴随着晚上自杀的企图；放学之后的一个玩笑发展成一辈子的罪恶；周末的酗酒大醉成了广告宣传。而且，当节目再次开播的时候，青少年会在一生中都吸毒成瘾、犯罪以及存在学习障碍。经历过青春期的人都知道，这些所谓的"事实"都很少存在。但我们常常接受问题青少年的形象，所以容易被"忽悠"，认为"青少年"就等同于"各种问题"。

本章的目的之一就是正确地看待这些问题。在我们具体地观察一些特殊问题之前，有必要列出适用于一系列青少年心理问题的一般原则。

有必要将偶尔尝试危险或不健康的活动同持续进行不良行为的方式区别开。

大多数的问题都只是暂时的尝试 首先，我们要区分危险和麻烦行为的偶尔尝试与持续的特征。一般来说，无伤大雅的偶尔尝试的概率要远远高于持续性问题的概率。比如，大多数青少年在高中毕业前有时会尝试喝酒，而且大多数至少都会醉过一次。但是，我们将会看到，很少有青少年会出现饮酒问题或者让酒精影响他们的学业以及人际关系。而且，当他们步入成年，结婚并改变他们社交方式的时候，他们的饮酒行为会减少。同样地，虽然大多数青少年做过违法的事情，但很少有人会走上犯罪道路。在发展的阶段，个体会寻求独立并探索他们自己以及与他人间的关系，这是很正常的，也是可预料的。在这个时期，尝试一些有风险的事情是很正常的。事实上，偶尔尝试危险行为的青少年和常常进行危险行为的青少年相比，其生活质量更加接近于从不尝试危险行为的青少年。

并非所有问题都始于青春期 其次，我们要分清源于青春期的问题以及在青春期前就已出现的问题。比如，确实有部分青少年在青春期时开始违法犯罪行为，由此，我们往往会将违法犯罪和青春期联系起来。但是大多数经常违法的青少年往往之前就存在家庭和学业问题。在一些违法少年的案例中，他们往往在学前班就已出现问题的征兆。

许多在青春期时抑郁的青少年在童年时也会有其他心理疾病，比如过度焦虑。根据一项针对超过一万名美国青少年的研究，尽管在所有的青少年中，1/3 在 18 岁之前有过焦虑障碍，但几乎所有这些人在 12 岁前几乎都有焦虑障碍。同样，在这 20% 的称在某个时段拥有行为障碍的青少年中，有 2/3 在进入青春期前就曾出现此症状（见图 13-1）。换句话说，仅仅因为某个问题在青春期时出现并不代表这就是一种青春期的问题。

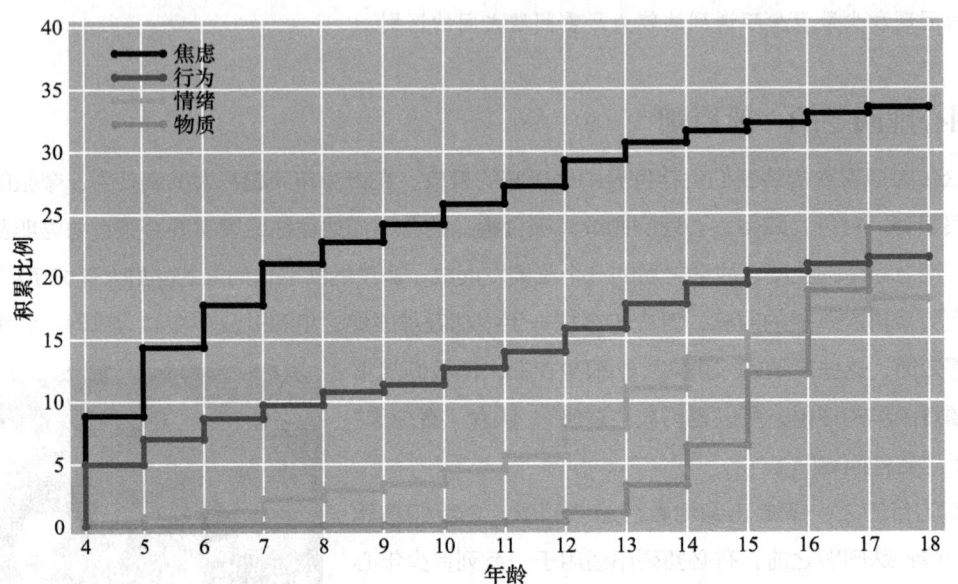

图 13-1　焦虑紊乱和行为紊乱一般开始于儿童，而情绪紊乱和物质滥用则始于青春期

资料来源：Merikangas et al., 2010

大多数问题不会延续到成年　再次，有必要记住，许多（虽然不是全部）青少年问题实际上是暂时的，而且会在成年初期得以解决，只有少数会出现长期的持续。物质滥用、违法行为和饮食障碍是三种典型的符合这种模式的问题：药物使用、饮酒、违法行为和饮食障碍的比例在青少年人群中都比在成年人中要高。但大多数滥用药物和酒精、进行违法行为或者拥有厌食症的青少年会随着成长变得冷静、守法，并且没有饮食障碍。行为问题延续到成年的青少年往往有充满问题的童年和青春期。

青春期时的问题并非由青春期引起　最后，青春期时的问题行为实际上从不是青春期时正常变化本身所直接引起的。比如，流行的关于"愤怒的激素"导致负面或不正常行为的理论没有任何科学的依据，同样，还有人们普遍认为的问题行为是内在的反抗权威的表现，或者奇异的行为是由认同危机引发的。在前面几章也提到，青春期发育时的激素变化仅仅对青少年行为起着并不强烈的直接作用。青春期的叛逆实际上是非典型的，而不是正常的。只有很少的青少年会经历较为严重的认同危机。当一个年轻人表现出一系列严重的心理问题，比如抑郁时，最不好的解释就是，这是成长正常的一部分。这其实很可能表明某些地方出现了问题。

心理问题：本质与相关变异

临床工作者（心理医生、精神科医生、社会工作者和心理顾问）和其他在青春期心理问题专家将这类问题分为三种：物质滥用、外化性障碍和内化性障碍。物质滥用指的是药物的非正常使用，包括合法的药物比如酒精或尼古丁，非法的药物比如大麻、可卡因或迷幻剂等，还有处方药物比如兴奋剂或镇静剂等。外化性障碍是那些青少年问题转向外化并且表现在行为问题中的问题（有些学者使用实践化来指代这类问题）。普通青春期时的外化性问题指的是违法行为、反社会的暴力行为和逃学。内化性障碍是青少年向内转化的并且通过情感和认知障碍表现出来的问题，比如抑郁和焦虑。

虽然我们常常认为青少年的物质滥用是外化性障碍，但研究指出这很可能伴随着抑郁以及其他内化性障碍而作为某种程度的"实践化"行为而存在。同样的物质滥用问题，我们更容易在反社会的青少年身上（比如喝醉酒的暴躁的青少年违法群体），而不是在内化性问题青少年身上察觉到。因为物质滥用问题是伴生的，或者说是与内化性和外化性问题并发的，而且因为许多吸食毒品的青少年没有内化性和外化性的问题，所以我们就将物质滥用当作单独的一类问题行为。

内化性障碍和外化性障碍有助于构建青春期心理问题的信息，所以有必要知道，有些青少年会同时具有这两方面的问题。也就是说，有些具有违法行为或者具有行为问题的青少年也会同时有抑郁症。而且，和前面提到的一样，许多抑郁或焦虑的或者反社会的青少年也会滥用毒品和酒精。许多研究者认为，有必要区分仅仅表现出一种问题（比如，没有内化性和外化性问题，但是抑郁的青少年）和表现出同一个大类中的一种以上问题的（比如暴力的违法青少年或者既焦虑又抑郁的青少年），还有同时表现出内化性和外化性问题（比如既抑郁又违法）的青少年。这些青少年出现异常行为的方式各有不同，而且可能需要不同类型的治疗。总的来说，研究表明，有多种问题的青少年比有一种问题的青少年在家庭经历上更加糟糕。内化性和外化性障碍共生常常更多地在女性身上出现。一种解释是，男性和女性的行为问题可能会有不同的意义。男性的行为问题从某些方面来说，是一种极端的但被认为在男性中"很正常的"行为表现（男性被认为更加具有侵略性和不守规矩）。相比较而言，对于被诊断为具有行为问题的女孩来说，她们的行为与正常行为之间有很大的距离。据此，有外化性问题的女孩常常被各种各样的方式所困扰，包括抑郁或焦虑。相比较而言，许多有行为问题的男孩在其他方面则是"正常的"。

外化性障碍的共患病

区别内化性和外化性障碍的用处之一就是这两类疾病下有很多具体问题是高度关联的。比如，违法行为往往与逃学、蔑视、性乱、学习障碍和暴力联系在一起。所有这些问题都是缺乏自制力的表现，而参与这些行为的青少年却常常被认为是处于控制之中。

问题行为综合征　研究者集中了大量的注意力来研究青春期时外化性障碍的相关变异，提出许多关于问题行为综合症起因的理论。其中引用最为广泛的、有将近40年历史的观点来自于心理学家理查德·杰赛及其同事。根据杰赛的观点，青春期外化性障碍的根本原因既在于青少年的个性也在于社会的环境。非传统的青少年往往对蔑视很有忍耐力，与教育和宗教机构的关系也不是很紧密，而且在观点上也非常自由。在非传统环境中的非传统青少年最有可能参与各种冒险行为，包括尝试非法毒品、危险性行为、违法行为甚至危险驾驶。对美国和中国青少年的对比研究发现在两国存在着能够增加或减少青少年问题行为风险的相同因素。

虽然杰赛的理论并未具体强调非传统的源头，但是举出了许多可能性。其中一组理论强调了支持冒险或非传统的生理基础，并声称造成行为异常的前提因素可能是天生的。第二种理论强调了青少年在唤醒、感觉寻找和无畏等方面由生理原因造成的差异（天生的或是后天获得的）。第三种理论则强调了有异常倾向的儿童生长的家庭环境，并认为家庭环境促进了一种对敌对环境的适应性反应。事实上许多学者认为，许多类型的反社会行为，特别是与冒风险有关的行为，具有很大程度的进化意义。

问题集群　社会学家丹尼斯·坎德尔提出了另一种关于基本特点驱动所有行为的理论观点。她说，不同类型的异常行为有着迥然不同的起因，但是拥有某种问题行为也许会导致拥有另一种。所以，问题行为往往会成群出现，不是因为某种共同的根本原因，而是因为一些问题行为的参与，比如毒品和酒精的使用，从而导致了其他问题，比如违法犯罪的出现。一些研究者还讨论了"串联"效应，也就是一种问题导致另一种问题，进而又产生第三种问题。比如，对一个个体从青春期之前到成年过程的分析发现，儿童时期的外化性障碍导致青春期时的学习障碍，从而又产生成年时的内化性障碍（见图 13-2）。

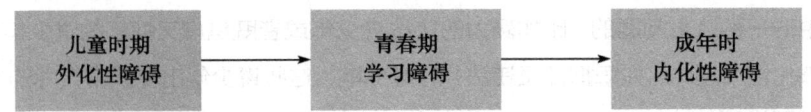

图 13-2　出现共患病的原因之一就是一方面出现问题会造成另一方面也出现问题

资料来源：Masten et al., 2005

社会控制理论　根据第三种观点，也就是社会控制理论，与社会机构（比如家庭、学习或工作场所）没有强烈关联的个体很有可能产生各种非传统的行为。所以，各种问题行为的集群可能不是由于个体"内在"原因（比如先天就喜欢冒险行为）而产生，而是由于根本上的个体与社会联系不够紧密。这种根本问题导致了非传统态度的产生，使个体参与到非传统的同龄人群体中，或是产生一种或多种问题行为，进而又不断导致一连串其他行为问题。社会控制理论解释了为何行为问题不仅成群出现，而且在贫穷、市内以及少数族裔青少年中尤其普遍的原因。

情况有所夸张　最后，许多研究者强调，我们应当注意到对单独问题行为"综合征"案例的过度描述。他们强调说，虽然某种问题行为能够增加其他行为的可能性，但是行为问题的重叠性并非如此显著。事实上，在一项研究中发现，大多数的违法者并不吸食毒品。其他研究指出，有必要将成年人不赞成但是许多青少年觉得很正常的问题行为（比如吸烟、喝酒和性行为）同成年人和青少年都觉得很严重的问题行为（比如暴力犯罪）区分开来。环境也有很大影响。最近一项国际对比研究发现，在北欧和东欧，青少年饮酒往往会产生暴力，但是在地中海国家却不是如此，部分是因为地中海国家的青少年很少喝得烂醉，而且也可能因为他们在成年人在场的情况下才喝酒。

内化性障碍的共患病

内化性障碍同样也会产生许多共患病，这些共患病都会导致思想上的困境。比如，抑郁的青少年要比同龄人更可能觉得焦虑、恐慌、恐惧、思考过度、想要自杀、有饮食紊乱和各种身心上的困扰（也就是说，由心理原因所导致的生理上的问题）。一些专家在思考，在考虑儿童或青少年时，将其中一些问题作为独立的部分看待是否有意义（比如将焦虑和抑郁区别开），因为它们之间的共患率很高。

由于不同的外化性问题被认为是反社会综合征的根本反映，许多内化性问题的征兆也许会被认为是一个共同因素的不同表现。这个因素被称为负面情绪。有着高度负面情绪的个体，也就是容易苦恼的人，他们陷入抑郁、焦虑和一系列内化性障碍的风险较高，这种人的情况和快感缺乏或者低正面情绪的人一样，特别容易陷入抑郁。和外化性障碍一样，内化性障碍被认为同时具有生理和环境上的源头，包括在生理方面特别容易紧张。相同的基础因素也导致内化性障碍倾向的稳定性不断加强。

在本章中，我们研究三种青春期常见问题的本质、普遍程度、后果和改善，这些问题是：物质滥用、反社会行为和其他外化性障碍，以及抑郁和其他内化性障碍。在每种情况中，我们探求四个问题：①青春期发生的这种问题的本质是什么？②有多少青少年有这些问题？③我们知道哪些因素会导致这些问题？④什么样的预防和干预办法最有效？

物质的使用和滥用

我们的社会在毒品和酒精的问题上向年轻人传递着复杂的信息。面向青少年的电视节目告诉观众向这些物质说"不！"，但是这些观众中有许多也看的橄榄球比赛和肥皂剧却毫不委婉地告诉他们和朋友们相聚少不了酒一类的东西。许多青少年崇拜的偶像宣称反对可卡因和大麻，但是还有同样著名的明星承认自己吸食这些药物。烟草公司花大量的钱来向青少年推销香烟，而且有研究显示，青少年尤其容易受到这些针对他们的烟草广告的影响。在音乐电视中，烟草和酒精的使用非常普遍，而且常常和性联系在一起，往往片中主角既抽烟喝酒又寻欢作乐。虽然没有结论性的证据表明接触酒精和香烟广告会导致青少年喝酒和吸烟，但这些广告所传递的信息却在说明这些活动能给人带来乐趣。当然，这并不奇怪，因为广告就是用来说服观众买产品的，而且也是企业形象的一种宣传。

传递给青少年的这些矛盾信号反映出社会看待这些物质的矛盾观点：某些药物（比如酒精或安非他命）是好的，只要不滥用，但是其他的（比如大麻或迷幻剂）是不好的；有些饮酒行为（为了让自己在派对上放松）在社交中是合适的，但是过量（达到伤害汽车司机的程度）是不对的；有些人（21岁以上）的年龄足以把握好这些药品，但是其他人（不足21岁）却不能。我

酒精和大麻是美国青少年服用麻醉品的首选。

们很容易就清楚，为什么青少年在酒精和其他药物问题上不尊崇年长者的教导。那么，在社会一般都会容忍成年人使用这些物质的情况下，我们如何看待青少年的物质使用和滥用问题呢？

和青春期时出现的大部分行为问题一样，对于青少年物质使用问题的探讨常常不够实际。当代青少年的普遍特点是使用和滥用多种药品，种类比以前的青少年用的还多，他们使用药品的主要原因是同龄人压力。美国青少年中物质"滥用"程度低于其他与这个年龄段的群体有关的问题，包括学习成绩不佳、早孕、自杀和犯罪。这些论断非常简单直接，所以吸引人，不管怎样，这些年轻人弊病背后真正的"罪魁祸首"和原因是什么呢？如果我们教年轻人对同龄人说"不"，这些问题就会消失。有什么比这更让人放心呢？

不幸的是，我们对于青少年物质使用的想法并不一定正确。我们将看到，有大量的事实反映出青少年物质使用和滥用的原因、本质和后果，但同时也存在许多这方面的误解。

物质使用和滥用的普遍程度

自 1975 年之后的每一年，一群来自于密歇根大学的研究者对 15 000 名具有全国代表性的美国高中生样本进行调查，涉及他们生活方式和价值观的许多方面，包括对于一些药品的使用和滥用。自 1991 年开始，增加了每年都调查的 8～10 年级的样本。因为这个调查样本的数量和代表性，所以叫作"监测未来"的调查是青少年（起码是辍学青少年）药物和酒精的使用特征的绝佳信息来源。

药品的选择　这个调查始终指出，至少从普遍程度（使用过某种药物的青少年的比例）和最近使用物质（上个月使用某种药物的青少年的比例）的角度来说，酒精是目前最普遍使用和滥用的物质，其次是大麻和烟草。到高三时，70％的学生喝过酒，46％的学生吸过大麻，40％的青少年抽过香烟。在大麻和烟草之后，其他物质的使用率明显较低，只有 9％的青少年在前一个月用过大麻以外的非法药物。而且，尽管近几年所有的媒体都将注意力集中在担心青少年会像专业运动员一样使用类固醇药物，但只有很少的高三学生（2％）曾经使用过它，比尝试过无烟烟草（17％）或为寻求快感而吃处方药，比如扑热息痛或维柯丁的比例（7％）要少得多。虽然在大多数欧洲国家，酒精和烟草在青少年中的使用要比在美国高得多，但是，美国青少年使用非法毒品（主要是大麻）的比例是欧洲的 2 倍。

当下比较普遍的统计数据，尤其是询问个体是否曾经尝试过使用物质，并不能够从青少年的健康和幸福的角度来反应药物使用的本质和程度。喝酒或吸食大麻是一回事，经常使用这两种物质从而对个体的生活及行为造成明显的影响又是另外一回事。

研究这个问题最好的方式之一就是关注那些每天或几乎每天都使用各种物质的青少年比例。每天都使用的例子是比较少的，即使对年长的青年来说也是如此。大约 10％的高三学生每天都吸烟，7％每天都吸食大麻，每天都喝酒的较少（只有 2％）。不过，大约 20％的高三学生、15％的 10 年级学生和 6％的八年级学生具有酗酒行为（连续饮酒超过 5 次），并至少在过去的 2 周内喝过一次酒。同样令人担心的是，14％的高三学生在过去的一个月内有过酒后驾驶的经历。

综合来看，这些调查的结果对一些针对美国青少年药物使用的刻板印象形成了质疑。许多青少都会饮酒过量,大约有 25% 的高三学生和将近 15% 的高二学生在过去的一月内有过一次喝酒过量的经历。但只有很少一部分青少年具有严重的毒品依赖问题(会导致每天都使用),或者完全使用烈性毒品(见图 13-3)。而且,人们普遍指责:药物和酒精的使用促使了各种青少年问题的发生,这种现象表明,大多数的青少年都体验过酒精、大麻和烟草;而且许多人经常使用一种或一种以上的物品;酒精很显然是青少年最常用的(其中,许多人会喝过量);大多数的青少年没有尝试过其他药物。

物质的时代变化 "监测未来"研究也被用来描绘青少年物质使用随时代的变化而变化。而且调查的最新组织者也给专家们提供了释然或更加重视的理由(见图 13-4)。青少年吸食大麻的比例并没有降到之前的水平,而且又出现了回升的趋势。尤其令人担心的是那些每天都使用的学生比例(也许这与第 12 章所谈论的学习成绩差所产生的问题有关)。在 20 世纪 80 年代使用率开始下降的酒精(从高三学生中每月都饮用的超过 70%,降到了 50%),其下降的速度越来越慢。有一个非常好的消息是,在 20 世纪 90 年代开始上升的青少年吸烟数据有了显著下降,(可能是因为在过去的 20 年中烟草的价格有了极大上升)但现今吸烟比例还是在 20% 左右徘徊。尽管有大量的资金投入到了禁烟教育当中,但烟草的高价格对青少年是更具杀伤力的。事实上,接触一些禁烟和禁毒的广告可能会增加青少年的药品使用。

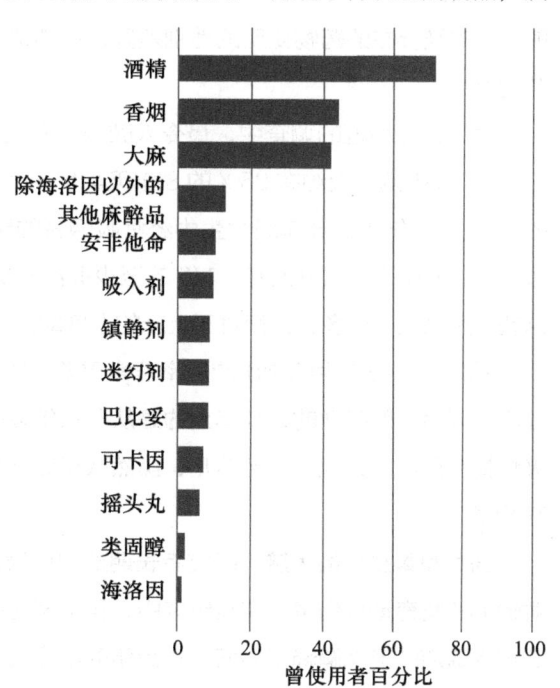

图 13-3 美国高三学生使用药物比例

资料来源:L. D. Johnston et al., 2012a

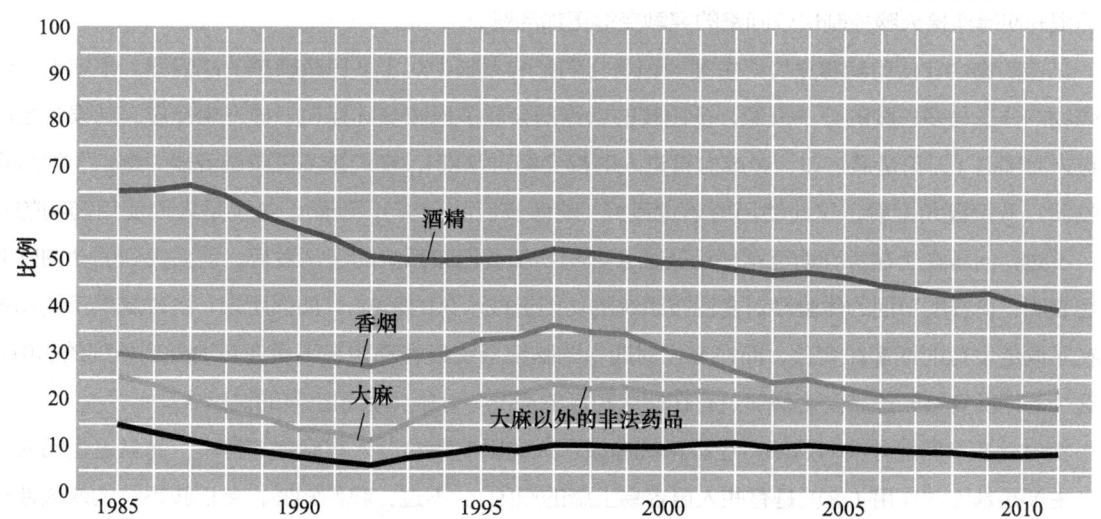

图 13-4 高三学生在调查前 30 天内使用药物比例随时代的变化而变化

资料来源:L. D. Johnston et al., 2012a

虽然评论家常常声称他们发现了青少年物质使用比例变化的"真正"原因，但是没人知道除价格的波动和供求关系的变化外，为何青少年物质使用的比例会随着时间而变化的原因。我们知道，青少年的药品使用会随着他们对于药品的危害和批评了解的程度而变化，但是科学家们未能确定哪些因素会影响这些了解，尽管青少年对于药物的了解非常重要，无论是从父母、老师还是从媒体那里。有趣的是，曾经存在的药物使用的性别差异，在酒精、大麻和香烟的使用上消失了，在其他药品上也有显著的降低。

也许，在最近的调查中，最令人鼓舞的发现是当今青少年对于药物的尝试比过去要少。在20世纪90年代中期，大约有25%的8年级学生一个月至少饮酒一次；到了2011年，这一比例只有过去的一半。90年代的8年级学生中经常吸烟者的比例是今天的3倍。不过，有1/3的8年级学生尝试过酒精，1/6的尝试过大麻，1/6的至少醉酒一次。令人好奇的是，青少年对于饮酒和吸烟的态度在这些年里消极了许多，他们对于大麻的态度却没有变化。

观察八年级学生的物质使用率非常重要，因为对酒精或尼古丁成瘾的概率会在15岁以后极大地提高。因为一般吸烟的青少年大约是从七八年级开始，所以关注八年级吸烟比例的变化是预测成年后吸烟情况很好的方式。幸运的是，虽然八年级学生吸烟比例的下降一度停止，但是在几年后，下降又开始了。

药物和青少年的大脑　研究者长期推测认为，因为大脑在青春期极具可塑性，对于药物的尝试会对他们的发育造成伤害。实验研究中，科学家对比了青春期发育时和完全成熟时动物的大脑，一些特殊神经通道的形态解释了为何在青少年时成瘾的可能性要比成年大得多。为了了解研究的内容，我们需要说一些题外话，然后再重新回到青少年的脑部发育。

第2章也曾提到，青春期时边缘系统的变化会影响到多巴胺感受器，这是一种影响我们快乐体验的神经传递物质。我们体验性、美食等能让我们感到快乐是因为它能够使大脑中的多巴胺提升；水平的提升使得连接大脑控制快乐回路的突触变得更加活跃。

某些药物会让使用者感觉良好主要原因是它们影响大脑中对于多巴胺敏感的感受器。事实上，致瘾药物的分子与多巴胺的分子很像，多巴胺的感受器会像多巴胺实际存在一样产生反应。结果，当药物进入脑部时（无论是通过口、鼻或血管进入时都会经过脑部），它们被多巴胺感受器"解读"为真实的物质。从积极角度看，这让使用者感觉良好（就像多巴胺一样），当然，这也是人们使用药物的原因。不过，问题在于在青春期经常使用药物会影响脑部多巴胺系统的正常发育。前面提到的动物研究已经表明，青春期早期的体验会对多巴胺系统的功能造成永久的影响，（如你所知，各种脑部系统和区域在不同的发育时期都在变化，而在变化时期中的脑部系统最容易也最不可逆转地受到外部的影响。）在这个时期反复接触药品会使脑部只有在使用药品的情况下才能体验到正常的快感。

接触到多少药品才会对脑部多巴胺系统造成永久的影响呢？没人有确定的答案，而且这也因人而异，主要是基因的作用（这就是有些人更容易上瘾的原因）。不过，我们知道，多巴胺系统的永久性转变更有可能在青春期出现，这时候边缘系统比成年期更加活跃，也更易改变。

如果这是真的，我们应该能够发现，青春期比成年时更容易对药品上瘾。事实上，研究表明，与到21岁才开始饮酒的人相比,在青春期就开始饮酒(14岁以前)的人酗酒的可能性要大6倍,且终生具有药物滥用或依赖问题的概率要大4倍。类似的证据表明,在14岁前就经常吸烟的青少年在其成年后患上尼古丁依赖症的风险要大于在青春期末期才开始吸烟的人。同样,较早地使用吸入药物与物质滥用和依赖之间有很强的关联。对青春期和成年接触药品后果的对比研究证实了这点。

青少年较易对酒精成瘾还体现在青少年对于饮酒的不良后果感受没有成年人那么深刻(这点只能对动物进行研究,因为不允许研究者给青少年饮酒)。对幼年和成年啮齿类动物的对比研究发现,幼年组比成年组的酒量更大,一直喝到它们感到疲倦或者反应变慢,而且过量饮酒造成的不良反应也比成年组少得多。更糟糕的是,幼年啮齿动物对酒精的正面反应比成年的要强烈得多,比如,酒精让幼年动物渴望交往,但却让成年动物感到孤独。

虽然酒精对青少年的短期影响比成年人要轻,但是有确凿的证据表明,其对青少年造成的长期影响要比成年人大得多,因为脑部在可塑性较好的阶段更加容易受到伤害。青少年大脑中特别容易受到酒精伤害的部分是海马体,这部分对记忆十分重要,还有前额皮质,这部分用来制止冲动行为。酒精也对脑部中高级认知能力相关部分的发展有所影响,比如有关计划和决策还有自我调节的部分。虽然也有一些证据表明饮酒造成的神经生物学上的损害可以恢复,但是青少年比成年人更易上瘾的事实表明,预防药物滥用的介入手段应当在青春期之前就开始。

药物使用是否有特殊的发展过程 研究者同样也对青少年体验不同麻醉品的顺序感兴趣。总的来看,青少年最先体验啤酒和葡萄酒,再尝试香烟和烈酒,然后是大麻,再后来是其他非法麻醉品。虽然体验的顺序是如此,但这样并不意味着喝酒和吸烟就会导致吸食大麻,或者大麻就必然会导致其他强效毒品的使用。事实上,没有什么证据表明大麻是吸食强效毒品的必经阶段(但是往往和对大麻的依赖程度有关)。

不过,麻醉品使用存在标准的顺序可以表明基本上所有强效毒品的使用者都尝试过酒精、香烟和大麻,而且,防止青少年体验危险毒品的一个方法就是阻止他们尝试喝酒、抽烟和吸食大麻。事实上,研究表明,到20岁还未尝试过酒精或大麻的青少年也不大可能会尝试其他任何麻醉品。由此,烟草、酒精和大麻被认为是诱导性毒品,也就是它们对吸食者尝试强效毒品起到了诱导作用。不过,个体是否会尝试诱导性毒品受许多他之前用药习惯以外因素的影响,包括他们成长的年代。比如,从吸烟、饮酒进入到使用大麻或其他毒品的阶段在出生于1960年左右的人中间要比出生于1950年前和1970年后的人更加普遍。

对于青少年的跟踪研究发现,酒精、烟草和毒品使用有着不同的发展轨迹。有一项研究关注了六个不同的群体。不使用者(大约占样本的1/3)在青春期的任何时期都几乎不尝试这些药物。酒精体验者(占样本的25%)在青春期初期首次体验酒精,然后便偶尔尝试,但不尝试其他麻醉品也不增加饮酒量。低上升者(占样本的5%)在青春期初期开始使用药物,并缓慢但是稳步地增加用量。早开始者(占样本的6%)在青春期早期的药物用量非常大,而且随着时间变化不断上升,所以到了高中结束时他们会频繁地吸烟和酗酒,并尝试使用毒品。晚开始者(占样本的20%)在青春期早期使用药物并不频繁,但是进入高中便迅速增加用量,到了高中结束时,他们的药物用量和早期相当。最后,高上升者（占样本的8%）在青春期初期显示出中等的用量，但在青春期初期和中期之间开始迅速上升，在高中时会继续增长。

物质使用和滥用的原因及后果

在关注青春期物质使用和滥用的原因及后果时，了解偶尔尝试和病态使用之间的区别是非常重要的。

使用者、滥用者和戒断者 因为大多数青少年都尝试过酒精和大麻，所以很可能有许多正常的、健康的青少年至少使用过一次麻醉品。事实上，一些研究指出，尝试过酒精和大麻的青少年并没有比戒断酒精和大麻使用的青少年调节力更差。这项研究的主体很清楚地表明，将四种青少年区分开来很重要：毒品频繁使用者（比如，至少一星期一次）；强效毒品使用者（也是酒精、烟草和大麻以外的麻醉品）；尝试过大麻和酒精但是不经常使用者（一个月在一次一下）；戒断者。尝试者和戒断者在心理调节测试上得分比经常使用者要高。长期跟踪研究表明，青春期时中等的酒精使用并不会产生长期的负面效应。相比之下，青春期时烟草的使用产生的长期有害作用更大，因为尼古丁是更易成瘾的麻醉品，而且更容易延续到成年中期。

当然，这些结果并不意味着青春期时偶尔地尝试麻醉品会产生更高的调节力。事实上，研究表明，尝试酒精和大麻的青少年所表现出来的心理优势在他们儿童时就已经很明显。不过，综合来看，这些研究认为中等量的酒精和烟草使用在当代社会青少年中已经变得很正常了（尽管如此，一些成年人仍对此感到担心）。这些物质在社交场合很普遍，调节力、人际交往能力更强的青少年更有可能参与有酒精和其他麻醉品的社交活动。与尝试者相关，戒断者，特别是"非理性"的戒断者往往会过度控制、兴趣减少、焦虑和压抑。

物质滥用的预兆和后果 物质滥用（过度使用物质，从而导致家庭、学校、工作或法律问题）是不同的问题（见表13-1）。经常使用酒精、烟草和其他药品的青少年在心理调节力量表上得分较低，而且比儿童更有可能产生调节失控。事实上，一个研究者团队跟踪了一组个体样本从学前班到刚成年的整个阶段，结果表明，在7岁的时候，那些后来成为毒品频繁使用者青少年的个体被描述为"与其他儿童相处得不好，对道德问题漠不关心……并没有计划性或预见性，既不可信也不可靠……既无法自我依赖也不自信"。11岁的时候，这些人被描述为不正常的、情绪不稳定的、顽固且怠慢的。换句话说，青春期时毒品和酒精的滥用往往是之前心理问题的一种表现。

对幼鼠的研究让我们对饮酒与青少年脑部发育的影响有了更多的认识。

表 13-1　推荐的 DSM-V 酒精使用障碍诊断标准

A. 一种可以导致重大临床损伤的病态饮酒习惯
B. 在 12 个月的周期内有下列两种（或以上）情况者：
　1. 在很长的时间内，饮酒的量比原定的量要大
　2. 在减少或控制饮酒方面，具有持久的饮酒欲望或者曾有过失败的经历
　3. 大量的时间花在与饮酒、使用物质或从这些行为当中恢复的活动上
　4. 经常出现饮酒导致无法完成工作、学习或家务（比如，因饮酒而导致经常旷工或工作表现差；与物质使用有关的旷课、延学或被开除；忽略子女或家务）
　5. 尽管因物质使用而持续、反复地出现社交或人际交往问题，但仍然继续饮酒
　6. 重要的社交、职业或娱乐活动因酗酒而被迫取消或减少
　7. 反复出现在对身体有害的情况下饮酒的情形（比如，在驾车或操纵机器时使用物质）
　8. 在了解到使用物质可导致生理和心理的危害后依然继续酗酒
　9. 有下面两种或一种耐受性
　　a. 需要显著增加饮酒量以达到醉酒或想要的效果
　　b. 在使用相同量的物质后，效果明显减弱
　10. 有下面两种戒断
　　a. 典型的解酒综合征（根据解酒标准中的 A、B 两条标准）
　　b. 使用相同或相近量的物质以减轻或避免解除后的症状
　11. 有强烈的饮酒愿望

资料来源：American Psychiatric Association, 2013.

青春期时的物质滥用与很多其他问题相关。使用酒精、烟草和其他麻醉品的青少年更可能会遇到学习问题；受到心理问题和抑郁的困扰；参与到危险和不正常的行为中，包括犯罪、违法和逃学；而且会尝试无保护的性行为。成年后，他们患有生理健康问题的可能性更大，可能会经历失业和未婚生子，并会产生物质滥用问题。酒精和其他麻醉品常常会出现在青少年车祸中，这是美国青少年死亡和残疾的首因，还出现在其他致命和非致命的事故中，比如溺水、坠落和失火。青少年物质滥用者也有过量吸食麻醉品的长期健康风险；在香烟、酒精和大麻方面，这些风险非常大，而且有着翔实的记录，比如癌症、心脏疾病和肝肾损伤。同样可以确定的是，青春期时大量抽烟能够加剧情绪问题，并能导致抑郁和焦虑紊乱。

物质滥用的风险因素　什么样的青少年最有可能成为物质滥用者？总的来说，存在四种可识别的因素，即心理、家庭、社会和环境。个体存在的风险因素越多，使用或滥用麻醉品的可能性越大。大量的研究和广泛的族裔与社会经历背景的样本中都发现了相同的风险因素，尽管有证据表明家庭因素在青春期初期影响最大，同龄人因素在青春期中期影响最大。换句话说，让青少年处于物质滥用风险之中的因素，如果不考虑青少年的性别、社会阶层和族裔，差不多是相同的。正如一个研究团队所指出，这是一个好的消息，因为这表明预防性介入不需要特别针对不同的青少年亚群体而制定。

第一，风险因素是心理上的。拥有某种个性特征的青少年，尤其表现在青春期之前的特征，与同龄人相比更有可能产生滥用毒品和酒精问题。这些特征包括愤怒、冲动、注意力不集中和寻求刺激。其中许多特点拥有强烈的遗传因素，尽管基因决定的物质使用倾向在不鼓励吸烟和饮酒的环境中不一定会表现出来（见图 13-5）。而且，对于麻醉品使用的耐受性更强的青少年（而且总体来说比较异常）在麻醉品滥用方面具有很高的风险，认为酒精和其他麻醉品能够增进他们的社交关系的人也是如此。比如，甚至对儿童来说，那些在青春期时成为酗酒者的儿童也认为酒精对他们有着积极的

作用。

第二，具有疏远、敌意或有矛盾的家庭关系的青少年与在亲密、有爱的家庭里成长的同龄人相比，更有可能有物质滥用问题。滥用麻醉品的青少年和其他同龄人相比，有过度悲观、孤僻、马虎及具有排斥性的父母的可能性更高。而且，他们来自有一名或以上家庭成员（父母或兄弟姐妹）吸烟、饮酒或吸食毒品的家庭可能性更大；对于青少年饮酒和吸毒，既有基因的因素也有家庭环境的影响。对富裕的郊区家庭青少年物质使用的比例较高的一种解释是，他们的父母常常容忍这种行为。

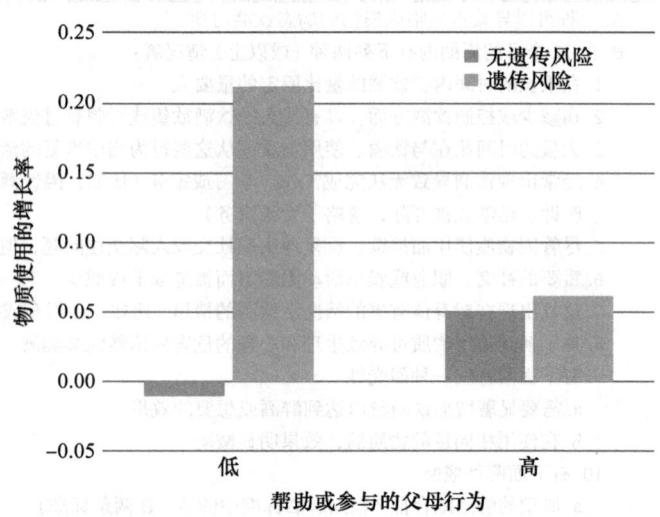

图 13-5　帮助或参与的父母行为能够减轻物质使用的遗传倾向
资料来源：Brody et al., 2009

第三，具有物质滥用问题的青少年更可能有使用或容忍麻醉品使用行为的朋友。第 5 章也说过，青少年使用麻醉品与否及其频率是同龄人团体的根本属性之一，戒断者往往和其他戒断者为友，使用者往往与其他使用者为友。使用麻醉品的青少年寻找同样使用的青少年，他们甚至在朋友中鼓励更多麻醉品的使用。拥有许多使用物质的朋友，自己也使用物质的青少年可能会过高估计物质使用的普遍性，因为他们更可能会看到其他人参与到这种行为当中。

第四，成为物质滥用者的青少年更可能生活在使用麻醉品较为容易的环境中。重要的环境因素包括麻醉品可得性，社区在麻醉品使用方面的准则，管理毒品的法律的执行力度，以及通过大众媒体所展现出来的麻醉品使用方式。比如，新西兰的一项研究发现，降低购买酒精的最低年龄会显著增加年轻人的酒驾事故。酗酒以及酒驾在附近有卖酒商店的年轻人中更为普遍。社区中卖烟商店多，或者学校吸烟学生比例更高，青少年吸烟也会更为普遍。

研究者也发现了能够减少青少年物质滥用的保护性因素。最重要的保护性因素包括积极的精神健康（包括高自尊和无抑郁）、学习好、爱上学、亲密的家庭关系和参与宗教活动。保护性因素的作用似乎比前面提到的危险性因素的作用更大。和那些置青少年于物质滥用风险之中的因素一样，保护性因素对不同种族青少年的作用也类似，这也解释了为什么某些种族青少年服用麻醉品比其他种族要多。比如，黑人青少年的饮酒率较低，原因之一是他们的父母饮酒较少，或者对饮酒的容忍度较低。

物质使用和滥用地预防和治疗

预防青少年物质使用和滥用的措施主要集中在三个方面：麻醉品的提供、青少年所处的可接触到麻醉品的环境以及潜在麻醉品使用者的特点。虽然大量的政府资金和媒体关注都聚焦在第一个方面，也就是管控麻醉品的获得，但是专家们的共识是，改变青少年使用麻醉品的动机以及他们生存的环境要更为现实，因为事实已经证明麻醉品是无法从社会上彻底消除的。事实上，三种最常用的和最被滥用的麻醉品中，香烟和酒精都是合法而且容易得到的，法律对这些物质销售给未成年人的禁令也并没有很好地执行。不过，研究也显示，提高酒精和香烟的价格确实能够减少青少年对它们的使用，而且将法定最低饮酒年龄从 18 岁提升到 21 岁也能够降低青少年酗酒的现象。加强法律对香烟购买的管制似乎效果较差，部分是因为许多青少年会通过在商店购买以外的方式获得香烟（比如，向年长的朋友讨要、从父母那里偷取等）。

有许多预防麻醉品滥用的介入方法都被尝试过，有单独也有混合使用的。在一项为了改变青少年特点的项目里，麻醉品滥用成为间接的打击目标，即通过提升青少年的总体心理发展，帮助青少年发展其他兴趣并参与其他活动，降低使用麻醉品的可能性。这些尝试背后的理念是自尊心高或者感觉自己有用的青少年使用麻醉品的可能性较低。在其他的项目中，介入的手段直接针对麻醉品使用的预防。这些项目包括信息化尝试（青少年接受关于麻醉品危害的教育）、社交技巧训练（青少年学习如何拒绝毒品）和信息与普通心理学相结合的介入手段（青少年接受关于麻醉品滥用的教育，并参与提高他们自尊的项目）。

总的来说，这些手段的效果并不令人满意。比如，对美国实施最广泛的麻醉品教育计划——DARE 计划的详细评价显示，该项计划的效果很差。专家现在非常确信，单独的麻醉品教育，无论是否基于合理的信息或是吓阻手段，都不能防止麻醉品的使用。我们也想到了第 11 章中的对性教育的研究，该研究也显示信息化项目本身并没有多少效果。一般来说，教育项目能改变青少年的知识，但是很少能影响他们的行为。学校麻醉品测试有效性的研究给出了不尽人意的结果。

最令人满意的结果存在于那些不单独针对青少年个体，而是通过社区范围内的介入，结合社会竞争力的训练，针对的不仅仅是个体，而是整个同龄人群体、家长和教师的项目中。这些多层面的尝试对减少青少年的酒精、烟草和其他麻醉品的使用十分有效，尤其当这些计划开始于青春期前并持续到高中时效果更好。总的来说，大多数的专家同意，试图转变潜在青少年麻醉品使用者的措施如果没有包含对青少年生活环境的转变，是不大可能取得成功的。尽管他们的愿望是好的，但是让青少年"说不"的计划其结果非常不理想。

所有预防措施计划的问题之一是它们常常不能区别麻醉品使用和滥用。比如，努力让青少年一点酒精也不碰，这样做既不可能成功，也不是一个明智之举，而防止酗酒或酒驾则更加重要，也更加容易实现。

区别使用和滥用，在治疗中也非常重要。一些专家担心，一些被错误纳入治疗计划的青少年（因为他们的父母对青少年的正常现象或无害的麻醉品尝试反应过度）也许结果会感到更加疏远和难过，而且更有可能成为麻醉品滥用者。对于治疗那些真正的麻醉品滥用者的计划评估指出，如果将青少年的家庭也纳入计划之中，成功率会上升。不幸的是，许多本应当在物质滥用治疗中受益的青少年，尤其是那些来自少数族裔的青少年无法接受治疗，这常常是因为他们无法负担，或者医疗保险不够完善。

外化性障碍

总的来说，专家将青春期外化性障碍分为三类：行为障碍、攻击和违法行为。虽然这三类问题有着高度的内在关联,但是他们的定义是不一样的。

外化性障碍的分类

行为障碍 外化性障碍中的第一类就是行为障碍,临床诊断为一种反复的、持续出现的侵犯他人权利或违反与年龄相适应的行为准则的反社会行为,这种行为的后果往往是个体在社交、学业或工作上遇到问题。(有种相关但是程度更轻的诊断是对立违抗性障碍,这是指一种怀恨的、愤怒的、好辩的,但是并非进攻性的行为。)大约6%~16%的青少年男性和2%~9%青少年女性有行为障碍。行为障碍的普遍程度估计在近年来有所提升,尽管很难知道这种提升是因为行为障碍的儿童真的多了,还是因为越来越多的行为障碍儿童被诊断出来了。行为障碍在儿童和青少年之间非常稳定,儿童时被诊断有行为障碍的人大约有一半在青少年时也会被诊断出来,而且许多人在年龄更小的时候就有对立违抗性障碍。对此的一种解释是,两种障碍背后的风险因素几乎是一样的(见表13-2)。

表 13-2　受推荐的 DSM-V 行为障碍诊断标准

A. 他人的基本权利或与年龄相对的社会准则被侵犯,这样的行为特征反复、持续地出现,表现在下列15条标准中至少3条以上在过去的12个月内反复出现,或者至少有一条标准在过去的6个月内出现:

对人或动物的攻击	1. 经常欺凌、威胁或恐吓他人
	2. 经常主动打架
	3. 曾使用过能够导致严重身体伤害的武器(比如,球棒、砖头、断开的酒瓶、刀、枪)
	4. 曾经在肉体上虐待过别人
	5. 曾经在肉体上虐待过动物
	6. 曾经面对受害者进行偷窃(比如,抢劫、偷钱包、敲诈、持械抢劫)
	7. 迫使某人进行性行为
财产破坏	8. 曾故意为了破坏而纵火
	9. 曾经故意破坏他人的财产(除纵火以外)
欺诈或偷窃	10. 曾闯入别人的房子、建筑或汽车
	11. 经常说谎以获得物品或赞美或逃避责任(比如,赞成别人)
	12. 曾经避开受害者偷窃价值非凡的物品(比如在商店偷窃,但是没有破门而入;伪造物品)
严重违反规范	13. 尽管父母不允许,但是从13岁开始就常常夜不归宿。(在成年,经常违反家庭规则,比如忽略子女的需要。)
	14. 和父母一起居住时,离家出走并在外过夜至少两次,或者至少有一次较长时间离家不回。(在成年时,经常违反社会准则,比如法庭裁决或者假释或缓刑条件或者公共机构或居住场所的规则)
	15. 在13岁之前就常常逃学。(成年或青春期时逃学,经常违反工作场所的规则,比如长期旷工而没有合理的理由)

B. 行为的困扰导致临床上显著的社交、学业或工作能力损害

资料来源:American Psychiatric Association, 2013.

青春期时被诊断为行为障碍的和在18岁以后还持续进行反社会行为的个体会被诊断为反社会型人格障碍,这种病的特点是忽视团体的道德和法律标准,明显难与他人相处,或不遵守社会准则。有些具有反社会型人格障碍的人是精神病患者,这些人不仅在行为上反社会,他们还成熟老练、极具魅力、冲动而且对他人的感觉漠不关心,这种特点的集群被称为冷酷无情的特征。因为"反社会型人格障碍"和"精神病患者"这两个名词隐含着深藏的、不太可能改变的人格问题,专家建议不要用于18

岁以下的人，因为你稍后将会读到，大多数参与反社会行为的人在20岁中期以后就不再继续这种行为。社会学家不认为"青少年精神病患者"是可以确定的，这些人尽管年轻，但却显示出许多与成年精神病患者相同的特点，而且很可能长大也是这样。有些人却认为这样做是可行的，而另外一些人强调说，成年精神病患者的一些明显的特征（冲动、不负责任、恋爱中的不稳定性）可能只是因为不够成熟而反映出的过渡特征，并不是精神病。不过，有些青少年的精神病倾向比其他人更强，不是所有在冷酷无情特征测试中得分高的青少年都会在长大后成为精神病，他们在青春期或成年的时候更有可能犯罪。许多专家认为，心理工作者应当在行为障碍青少年中区别具有冷酷无情特点的和没有这一特点的。

攻击　外化性障碍的第二种类型就是攻击，也就是一种故意伤害他人的行为。"攻击"是一个含义广泛的词，包括肢体打斗、关系攻击和恐吓。它既可能是有蓄谋的，也可能是被动的。估计青春期时的攻击行为是非常困难的，因为这种类型太广泛了。事实上，每个人都在某时做过某种攻击行为，大约有1/3的高中生在过去的一年里打过一次架。大多数的心理学家关心青少年中什么人的攻击是持续性的，并能导致对他人严重的伤害。攻击行为的绝对数量在儿童和青春期时不断下降，成长阶段中最具攻击性的时期是上学之前，那个时期孩子经常打、踢或咬其他人。不过，青少年的攻击行为造成的后果一般要比儿童严重得多。和行为障碍一样，攻击也是十分稳定的，尽管男孩要比女孩频繁得多。这种性别差异的一个可能的原因是，具有攻击性的女孩往往比攻击性的男孩更容易被迫克制自己的行为。

青少年犯罪　第三种外化性障碍就是青少年犯罪，其中包括违法行为（未成年人犯下的适用于青少年司法体系的罪行）和犯罪行为（适用于犯罪司法体系的罪行，不论犯罪者的年龄），还有身份罪错，（一种特殊的违法行为类型，不触犯成人的法律，但是触犯了青少年的行为准则，比如逃学和离家出走）。与用行为来定义的行为障碍或攻击不同，青少年犯罪是依照法律来定义的。相当一部分的青少年犯罪者都有行为障碍，而且大多数都具攻击性，但是并不是所有具有行为障碍或具有攻击性的青少年都是青少年罪犯，因为这需要根据他们是否违反法律来断定。

暴力犯罪（比如侵犯、强奸、抢劫和谋杀）和财产犯罪（比如盗窃、偷窃和纵火）的频率在青春期之前和青春期时都会增加，在高中的末期达到顶峰（财产犯罪比暴力犯罪要稍早一点），在刚成年时开始下降。所谓的基于年龄的犯罪曲线一直保持稳定，并且在全世界都适用。在美国，几乎有1/3的严重犯罪的罪犯是18岁以下的未成年人，暴力犯罪中的1/6的罪犯是18岁以下的未成年人。严重违法行为往往是在13～16岁开始（见图13-6）。

反社会行为的发展过程

反社会行为有多种形式：权威冲突（比如逃学或离家出走）、隐蔽的反社会行为（比如偷窃）和明显的反社会行为（比如用武器攻击别人）。权威冲突常常一开始以顽固行为出现，然后会升级为异常和反抗，再发展成为与权威之间更加严重的冲突，比如逃学和离家出走。隐蔽的反社会行为通常从说谎和在商店里偷窃开始，再发展成物品破坏，然后发展成更加严重的财产犯罪，比如盗窃。明显的反社会行为通常最初从打斗和欺凌开始，然后升级成打群架，最终发展成为暴力犯罪行为。

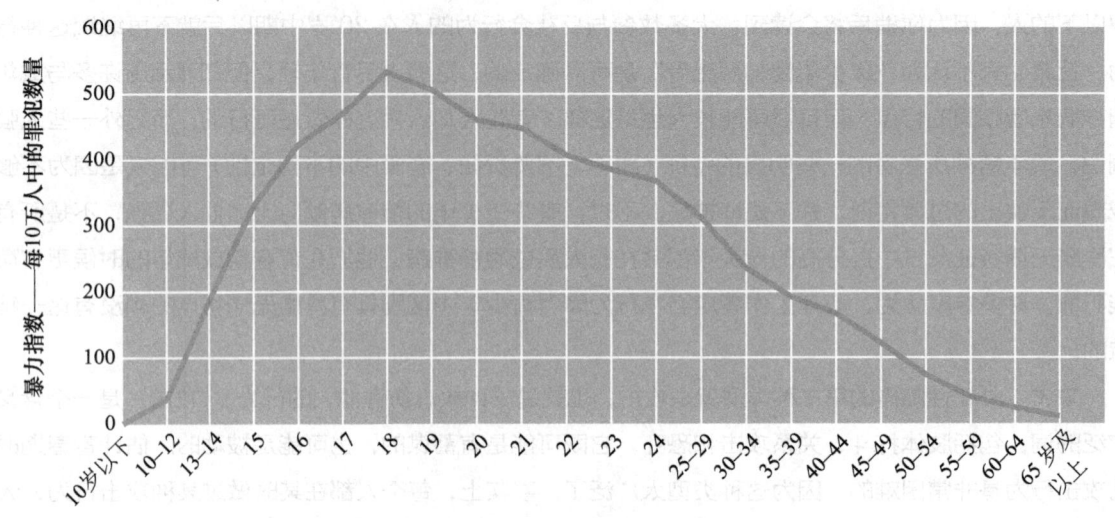

图 13-6　暴力犯罪活动的年龄差别

资料来源：Federal Bureau of Investigation, 2009

这并不意味着所有的欺凌者都会成为暴力犯罪者，或顽固的学前儿童都会成为离家出走的青少年。但是反过来确是正确的：实际上，所有的暴力青少年都有过不断加剧的攻击行为；大多数犯下严重财产犯罪行为的青少年都从较为轻微的隐蔽性行为做起；大多数长期叛逆的青少年都是不听话的孩子。当然，一些青少年三种行为都干过；总的来说，青少年在其中一项行为方面越严重，他越有可能表现出其他的行为。也就是说，大多数有暴力犯罪的青少年也会参与到隐蔽和与权威有关的反社会行为中，但是并不是所有的与权威发生冲突或者参与隐蔽反社会行为的青少年都一定会表现得具有攻击性。权威冲突几乎都是从儿童时期开始的（与传统观念不同，很少有人在青春期时会突然发展出严重的权威冲突）。相比之下，隐蔽的和明显的反社会行为既可以在儿童时也可在青春期时开始，而且你将看到，在儿童时期开始反社会行为的青少年与青春期时才开始反社会行为的青少年有着很大的不同。

青少年犯罪的变化

社会科学家在研究反社会行为随时间而变化时，一般都关注青少年犯罪，每年都对青少年犯罪的数量和罪行做统计。在 1965 ~ 1988 年间，尤其是在 1984 年以后，最严重的暴力罪行，包括谋杀、强奸、武装抢劫和严重的侵犯，在青少年中有了相当程度增长。在 1993 年后，青少年的暴力犯罪显著下降；在 21 世纪头十年的中期，又开始缓慢上升，但在 2006 年又开始下降。到 2009 年，青少年暴力犯罪下降到 1980 年来的最低点。青少年财产犯罪

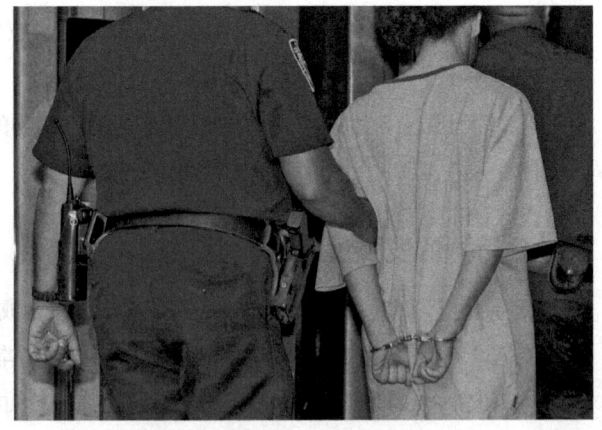

在美国，近 1/3 因恶性犯罪被拘捕的嫌疑人中，会涉及一名 18 岁以下的未成年人。

如今也比 1980 年程度更低（见图 13-7）。

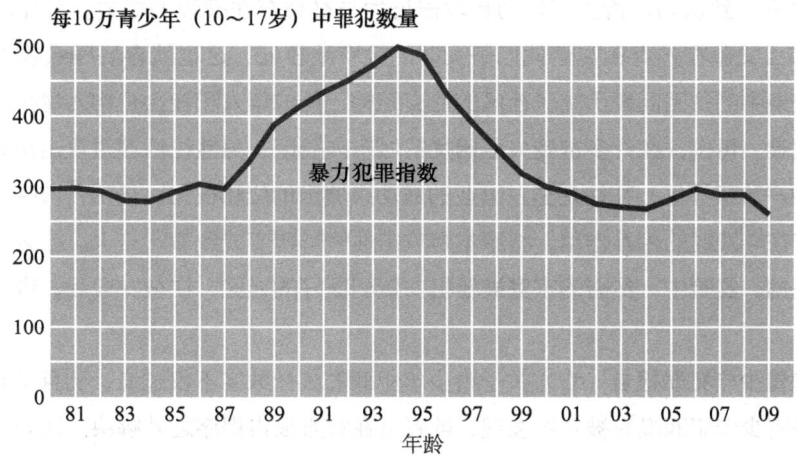

图 13-7　美国青少年犯罪比例比过去的 30 年中的任何时候都有所降低

资料来源：Office of Juvenile Justice and Delinquency Prevention, 2011

坏女孩　目前有相当多的注意力都集中到了过去几十年里严重犯罪中不断下降的性别差异。虽然反社会行为在男性中比女性更常见，但是青少年男性罪犯与女性罪犯的比例（对暴力犯罪来说，大约是 4 : 1）已经下降到了 1980 年水平的一半。不过，尚不清楚这种变化是因为犯罪行为本身还是执法行为的变化。罪犯的比例可以在犯罪行为没有变化的情况下发生变化（比如，如果警方打击犯罪，会有更多的人被逮捕，即便实施犯罪行为的人数没有增加），而且根据官方统计进行的研究往往与根据警方或法庭记录进行的研究在结果上有差异。实际上，对于实际犯罪行为数据的分析发现，青少年女性犯下的暴力罪行并没有增长；而且，女性被逮捕的概率也增加，同样的事情，以前不会被逮捕，但现在却不同。对于未成年女性饮酒的研究也得出同样的结论，也就是虽然女性饮酒的比例没有上升，但是因小于法定饮酒年龄而被抓的女性比例在逐年上升。

同样，在罪犯中，男性与女性比例的变化并不是因为女性罪犯有所增加，而是因为 1993 年后青少年男性犯罪的比例有显著下降。如果女性犯罪率保持平稳，但是男性犯罪下降了 50%，那么男性对女性罪犯的比例就会减半。不论罪犯中性别差距的大小或原因，有充分的证据表明女性暴力罪犯有精神问题的比例明显要高，也有人认为，这可能是女性有更严重的心理失调反应。有充分的证据表明，女性的反社会行为会特别受到其男性朋友或者男朋友的影响。

作为暴力犯罪受害者的青少年　诚然，青少年的犯罪行为是成年人担心的重要问题之一。但是，它同样也是青少年自身最担心的重要问题，他们的同龄人群体最有可能成为偷窃、抢劫、强奸和攻击行为的受害者。事实上，青少年成为非致命犯罪行为受害者的概率要比成年人高 1.5 倍。暴力犯罪的受害者比其他人更容易产生一系列的问题，比如创伤后应激障碍、抑郁情绪、失眠和学习障碍，而且他们参与攻击和反社会行为的可能性也更大。住在城市里单亲家庭的青少年尤其容易成为暴力行为的受害者；黑人和西班牙裔青少年比白人青少年更容易受到伤害，是因为住在贫穷社区单亲家庭里的非白人比例更高。实际上，对住在城市里的许多青少年来说，帮派暴力和受害是一个长久的问题。比如，15 ~ 19 岁青少年中，黑人的死亡中有 40% 是因为自杀，西班牙裔这一比例为 23%，但是白人只有 4%。

　　大多数的研究一致认为，青少年暴力和攻击行为与贫穷存在很强的相关。首先，如果家庭位于贫穷的社区，那么父母在养育和监督他们子女时的效率就较低，这也就容易导致攻击和犯罪行为增加。其次，比较集中的贫困问题扰乱了社区的社交结构，让成年人和社会机构为青少年提供需要的指导和监督变得更难。再次，在许多饱受失业困扰的城市内社区，男性往往通过攻击来展示他们的地位和权力，而在中产阶级社区，往往是通过事业的成功来展示地位和权力。最后，市中心社区的枪支泛滥改变了青少年在斗殴时的相互作用，将原本是攻击性争辩转变成致命的交火。社区对暴力的影响已经有了明确的证据。实验中，贫穷的家庭被随机安置到更好的社区，在被安置后，青少年的犯罪率显著下降。

　　官方统计和青少年犯罪报告　官方关于青少年犯罪的统计数字不仅过低，而且具有选择性。数字低估是因为许多青少年犯罪没有被政府发现，或者是在官方报告程序之外解决。比如，青少年在商店偷窃后被店主训斥，但没有报警。有限的报告显示，贫穷的和少数族裔的青少年更有可能被捕，而且如果认罪，判决也比犯有同样罪行的其他少年更加严重。所以，官方统计可能夸大了贫穷和少数族裔青少年犯罪的比例。一项实验发现，人们对黑人持有偏见，当人们得到一个犯罪的信息，并被要求对行凶者进行评价时，人们不自觉地认为行凶者是黑人的可能性明显高于认为罪犯会再次犯案和认为罪犯应当得到严惩的可能性。不论任何种族，得到的结果都是一致的。在处理较轻微的案件中，种族偏见尤其严重；当案件非常严重时，比如武装抢劫，不同种族的青少年得到的判决相对平等。

　　在依据官方记录以外，直接接触青少年并询问他们有关各种犯罪或地位侵犯的经历也是一种选择。有些研究者已经这么做了，并且保证让反馈者匿名并对其保密。这些调查的成果并没有更清晰地展现青少年犯罪，但的确反映出不同的东西。有两个结论的确有趣：

　　第一，有相当大比例的青少年（根据样本的不同，在 60%~80% 之间）在某些时候参与过违法行为；将近 1/3 的 17 岁美国男性在过去的一年中参与过犯罪行为，大约有一半的男性在青春期时进行过殴打行为。第二，实际犯罪行为中，不同种族间犯罪比例的差异比你根据官方数据所做的预想要小得多。犯有严重罪行的少数族裔青少年比白人青少年要多，但是自我报告罪行中的种族差异要比被逮捕罪犯中的种族差异小得多。在严重的犯罪行为中，也存在着社会阶层和社区的差异，但因为少数族裔的比例要比穷人大得多，所以他们同样在罪犯中的比例也更大。不过，违法行为并非仅限于未成年人。富裕社区中的青少年有 1/3 涉及暴力和严重违法行为。

　　虽然研究表明，不论社会背景如何，大多数青少年都做过违法的事情，而且大多只做过一次非暴力的事情。事实上，大多数严重犯罪行为都是由少数青少年实施的，根据研究，这一比例大约在 5%~10%。

　　所以，在思考青少年暴力的原因时，有必要区分严重、长期的行为和不太令人担心的行为。接下来你将会看到，这两种违法行为有着不同的背景。

反社会行为发生的原因

　　总的来说，青少年犯罪生涯开始得越早，他后来长期实施严重、暴力犯罪以及在成年后继续犯罪的概率就越大,尤其是那些在青春期开始前犯罪的人。相反,青少年初次违法的年龄越晚,行为出现问题的概率就越小。所以,为了讨论方便,有必要将青春期之前违法的人和在青春期之后违法的人区分开来。

两种罪犯 在描述这两种违法者的方式中,最有影响力的当属心理学家特里·墨菲特的方法。他将罪犯分为终生持续型罪犯和局限于青春期的罪犯。前一种人在青春期之前就出现反社会行为,青春期时参与违法行为,青春期之后继续犯罪的可能性很大。后一种人只在青春期时参与过反社会行为;有些局限于青春期的罪犯在青春期早期犯罪,而有些在中期犯罪。有些研究者指出,同样也存在其他类型(比如,在青春期开始犯罪行为,但是在成年后还继续,以及在儿童时有反社会行为,但在成年之前就不再出现了)。还有人指出,几乎所有人在中年之前都会摆脱犯罪行为,所以所谓"终生持续性罪犯"没有太大意义。不过,专家们同意,在童年和青春期之前出现的违法行为,在成因和后果上与青春期时出现的违法行为(往往也会在青春期结束)有很大的不同。虽然有许多男女都是终生持续型罪犯,但是两性间较早的反社会行为的风险因素是相似的。

墨菲特理论的一项重要衍生就是,仅仅依靠青春期时的行为很难预测什么样的反社会青少年会保持他们的不良行为。事实上,那些试图计算青少年罪犯重新犯罪概率的社会学家并没有完善的跟踪记录。根据墨菲特的模型,为了预测青少年罪犯今后成为终生持续性罪犯或者局限于青春期的罪犯,掌握青少年青春期之前的历史和行为非常必要,因为预测成年犯罪最好的根据就是儿童时期的反社会行为。

终生持续型罪犯 许多研究表明,在青春期前就有违法行为的青少年往往心理上有问题。大多数这样的违法者是男性,很多都是穷人,而且来自离婚家庭的比例相当高。更重要的是,一项大规模、长期的研究表明,长期的违法行为往往与混乱的家庭有关。青少年的父母常恶声恶气、冷漠或非常粗心大意。这些父母往往不能善待子女,而且没能给子女灌输正确的行为准则或者自我控制的心理基础。有证据表明,严厉的父母教育会对儿童大脑化学反应起到负面影响,尤其会影响羟色胺受体,也就会增加反社会行为的概率。

图 13-8 显示,青少年严重暴力往往来自小时候各种事情的积累。在上一章关于家庭和同龄人关系的内容中,你已经了解了这个关系链中的许多部分。小时候家庭经济状况不佳会导致严厉与不稳定的家庭教育,这也就导致了认知和社交的缺陷。这些缺陷反过来又会导致行为问题,行为问题又导致同龄人排斥和小学里的学习低下,也导致长期的父母监管缺失。一旦监管不够,青少年容易混入反社会同龄人团体,这也就增加了他们参与暴力的机会。

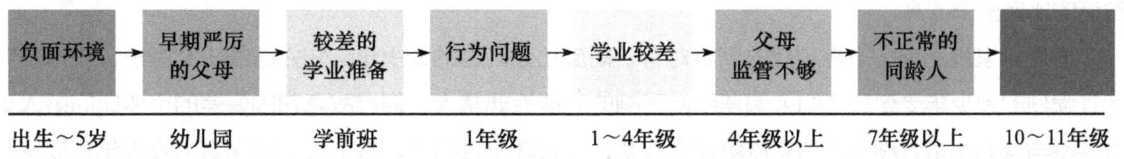

图 13-8 青少年犯罪往往是一个从小就开始的长期过程的后果

资料来源:Dodge et al., 2008

观察得知,青春期前的违法行为往往发生在家里,这也说明了家庭因素是长期违法行为的基础，其中有基因或环境的影响，或者两者兼而有之。许多年幼时就违法的青少年，他们的兄弟姐妹或父母也会有同样的问题。虽然研究发现基因会影响所有的反社会行为，但攻击行为受遗传的影响特别大。

除了家庭因素之外，还有大量的证据表明，长期违法的青少年在很小的时候就和其他同龄人在某些方面不一样。首先，最重要的是，有违法行为的青少年，尤其是参与暴力违法的青少年，早在8岁时就会有攻击和反社会的行为。虽然，这已经被数百项研究所证实，但有必要记住，大多数在攻击行为历史的儿童后来不会成为违法者。（如果这难以理解，可以这么想：大多数违法者都在童年时的某个时间在快餐店吃过快餐，但是大多数在快餐店吃快餐的儿童都不会成为违法者。）

其次，研究表明，大多数后来成为罪犯的儿童在自我控制上都存在问题，他们更加冲动，不太能克制自己的愤怒，比同龄人更容易受到注意力缺陷或多动症的困扰。多动症主要是生理上的原因，受基因的影响特别大，特点是冲动、注意力不集中、不停歇和不正常的活跃度，尤其是在学习的情境下。虽然多动症不会直接导致反社会行为，但它的确会提升家庭和学业问题的概率，反过来又会提升外化性障碍发生的概率。目前的观点是，具有长期行为问题的青少年天生就具有反社会行为的生理因素，有些人的基因就决定如此，包括5-羟色胺水平过低（能够削减他们延迟满足的能力），容易激动和难以控制情绪。最近的一项脑部研究发现，青少年罪犯脑部控制冲动区域之间的连接发育不良。

许多研究者检测了长期反社会行为的生理基础。大量的证据表明，反社会的青少年，尤其是那些冷酷无情的，有着比其他青少年低得多的安静心率，这可能就显示出他们在生理上的无惧性。而且，冷酷无情的青少年对情感和痛苦刺激的生理反应十分麻木，神经影像学和对紧张反应的研究也证实了这点。在对后者的研究中，研究者测量了促生肾上腺皮质素的变化，以作为个体不适感的指标。当个体感觉紧张时，促肾上腺皮质激素就上升。有结果表明，因为冷酷无情的个体不像其他人那样感到难受，他们不大可能从社会交往的角度重视别人或他们的行为。当然，不是所有冷酷无情的青少年都会成为违法者；需要有参加反社会活动的意愿，或被称为"道德脱离"。而且，有必要强调一下，发现问题行为的生理基础不代表这就是天生的。比如，儿童虐待就显示出能够影响儿童的紧张反应力，这是那些被虐待或忽视的儿童很容易发展成后续行为问题的原因之一。

最后，也许是这些生理倾向的后果之一，有长期违法行为的儿童往往智商和神经功能比较低下，学习成绩较差。有些是因为基因因素，而有些是因为出生和父母照料的条件。在有长期暴力倾向的青少年中，怀孕期间滥用麻醉品的贫穷母亲以及在分娩时有医学并发症而影响到婴儿的神经精神和智力发育的比例出奇的高。

心理学家肯尼斯·道奇和他的同事对有长期反社会问题的青少年认知方面的研究指出，攻击倾向尤其强烈的青少年受到敌意归因偏差倾向影响的可能性非常大。拥有敌意归因偏差的个体比同龄人更可能将与其他儿童含糊不清的交流解读为敌意，并表现出攻击性。看上去正常无辜的青少年和篮球场上无意的碰撞可能就会被怀有偏见的人认为是有意的撞击，于是引发一场斗殴。有敌意归因偏差的青少年也比其他人更不值得信任，也有证据显示，有些青少年对使用攻击作为手段来解决问题有着更积极的态度，这种倾向与敌意归因偏差结合起来使攻击行为几乎成为本能。不幸的是，通过提高个体社交能力来防止破坏行为的"快速通道"计划的评估显示,这项计划在小学时期的积极效应到了青春期就荡然无存。

因为攻击、冲动、过度活跃和智力是相对稳定的特征,所以这些问题随时间延续的可能性很大。从儿童期到青春期一直到成年阶段跟踪个体的研究发现,某个时间出现的行为问题和后来出现的反社会行为具有高度关联性。正如前面强调的一样,这不意味着所有具有反社会行为的个体都会在后来显示出行为问题。事实上,大多数人都不会这样。不过,许多有长期反社会行为的青少年在长大后依然具有反社会行为而且很可能也具有其他问题,比如物质滥用和抑郁。

局限于青春期的罪犯　与那些在青春期之前就出现违法行为的青少年(还有那些在成年后还经常进行反社会行为的青少年)相比,在青春期才开始违法行为的青少年并没有显示出严重的心理异常或家庭病态。不过,一些在基因上有此倾向的个体会在青春期早期经历比常人更明显的感觉寻求刺激过程,这也会增加违法行为。一般来说,这些青少年犯下的罪行不会特别严重,在青春期过后也不会犯下严重暴力罪行,

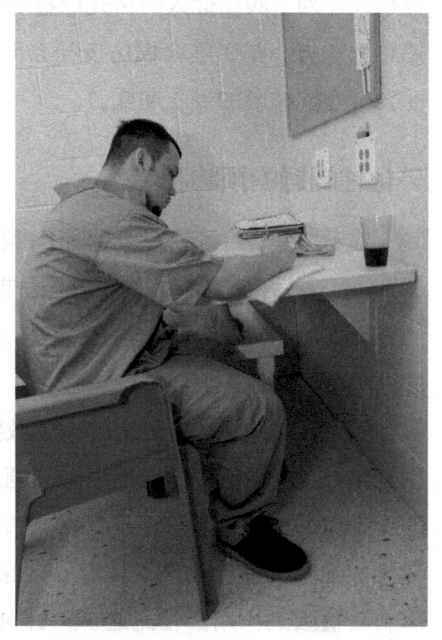

有些攻击性青少年有敌意归隐偏差,他们更可能将模糊的交流理解成潜在的敌意。

尽管他们也许更容易有服用药物和酒精等后续问题。总的来说,涉及局限于青春期反社会行为的青少年已经了解了社会的准则,而且比持续终生型反社会个体在社交方面更好。局限于青春期的罪犯也没有显示出持续终生型罪犯那样情绪上的问题和精神问题。有趣的是,与持续终生型罪犯中男性比例较大的情形(男女比为10∶1)相比,在青春期才开始违法行为的男女比例要小得多。

虽然局限于青春期的罪犯没有显示出和持续终生型罪犯那样程度的病态,但他们比从未有过违法行为的青少年相比,无论在青春期还是在成年早期都有更多的问题。事实上,对被之前认为是持续终生型罪犯、局限于青春期的罪犯和两者皆不是的青少年的长期跟踪调查发现,在成年早期,局限于青春期时的罪犯比在青春期从未有过违法行为的人有着更多的心理健康、物质滥用和经济问题。所以,认为局限于青春期的罪犯没有任何问题的观点是不对的。这些人的严重犯罪行为也许局限于青春期,但是他们的问题也可能会持续到成年初期。

局限于青春期的犯罪,其主要风险因素很明确:失败的父母教育(尤其是疏于监督)和与反社会同龄人的联系。因为失败的父母教育往往会导致学业问题,所以它也是导致青少年与反社会同龄人产生联系的原因。学业有问题的青少年开始和反社会同龄人在一起,这也就导致暴力和其他形式的反社会行为。局限于青春期的犯罪对男性、女性和不同种族的影响几乎是相同的。

第7章也说到,预测违法及其他行为最有力的一个指标就是青少年在无监督的情况下与同龄人进行无组织行为的范围,这些活动包括出去逛逛、开车游荡和参加聚会。拘捕统计显示,大多数的违法行为发生在群体压力的情况下。对同龄人压力的敏感度最高的年级与违法行为发生最频

繁的年级相吻合的情况并非是巧合。事实上，墨菲特理论的基本思想是局限于青春期的犯罪大多数都只是为了吸引他人的目光而壮着胆子去做的，同时也是青少年缺乏成年人监管缺失的结果；没违过法的青少年可能会模仿反社会同龄人来提升他们的地位和受欢迎度。（如第5章所述，一些反社会行为能够增加受欢迎度。）

外化性问题的预防和治疗

鉴于持续终生型犯罪和局限于青春期的犯罪在成因上的不同，所以有必要给予这两种青少年不同的预防和事后介入措施。为了降低长期反社会行为，专家建议应当主要预防早期家庭关系的破裂以及通过家庭和学前班的介入阻止早期学习障碍。有证据表明，促进入学过渡以及成年早期工作角色转变的介入办法是有益处的。

不过，这些预防策略说起来比做要容易。我们的社会在介入防止家庭问题上并不积极，而且我们通常都是在看到家庭已经出现问题后才开始行动。不幸的是，研究显示，对很早就开始犯罪行为的青少年的展望不是很乐观，尽管最近对于循证实践（也就是有跟踪记录证明的项目）介入方法的评价已经有了积极的结果。对一项家庭介入计划的评价显示，该项目对先天具有问题行为的青少年有着最强的作用。相比之下，针对反社会青少年团体的介入效果要差一点，因为这反而可能培养了违法同龄人之间的关系，而且反社会较强的青少年可能会教给反社会较弱的青少年一些"混世门道"。

对于局限于青春期犯罪的青少年的预后要好得多。许多青少年罪犯随着年龄增长而摆脱犯罪；当他们进入成人角色时，犯罪的生活方式变得更加困难且缺乏吸引力。同时因为青少年已经将基本规范基础和道德准则内化于心，随意让他们控制自己的行为并停止不良活动要更加容易。有四种策略值得推荐：第一，我们可以帮助青少年抵抗同龄人压力，并不用暴力来解决冲突。第二，通过培训父母如何更积极地监督他们的子女，我们可以将青少年参与同龄人不良行为的概率减少到最小。第三，通过介入到教室、学校和社区，我们可以采用反对反社会行为和鼓励有益社会行为的方式来改变大环境。第四，通过严肃地对待已发生的违法行为，比如确定让青少年知道不良的行为会引起具体的后果，我们可以阻止他们在未来犯下同样的错误。不过，严肃对待青少年犯罪并不代表长时间监禁他们，而是要有效地减少未来的犯罪行为。

内化性障碍

大多数的个体都会因青春期的自信而崭露头角，他们对自己是谁和以后将做什么有很好的了解。但在一些案例中，青春期的改变和欲望也会让人感到无助、混乱和对未来悲观。虽然青春期时微小的自尊波动很正常，正如你在第8章了解到的一样，但如果青少年（或者与此相关的成年人）在较长的时间内或特别强烈地感到无助和失落那就算不正常了。这些年轻人很有可能会在精神上抑郁，并且需要专业帮助。抑郁是迄今最严重的内化性障碍，这种状况起源于青春期。许多青少年也同样经历偶尔发作的严重焦虑，但是这些通常都会在儿童时期首次出现。

抑郁的本质和普遍程度

抑郁是青少年最为普遍的心理困扰。虽然我们一般将抑郁与悲伤联系起来，但还有其他症状属于较严重的困扰，单就悲伤本身如果没有其他症状的配合并不能代表临床上的抑郁症。抑郁症有情绪上的症状，包括沮丧、快乐行为的减少和低自尊。它同样也有认知症状，比如悲观和无助。还有动机症状，包括冷漠和厌烦。此外，它也有生理症状，比如食欲下降、睡眠障碍和活力减退等。抑郁的症状在青少年和成人间，以及在男性和女性间是一样的，但是其普遍程度却存在较大的两性差异。

情绪、症状和失调　许多人并没有准确地使用抑郁一词，他们用这个词来指代许许多多的情感问题。心理学家认为，将抑郁情绪（感觉悲伤）、抑郁症状（有许多抑郁的症状）和抑郁失调（有足够的症状来确诊为疾病）区别开来非常重要。根据一项大规模的调查，有30%的高中生经常感到悲伤和无助，以致不再参加曾经经常参加的活动。而且，每年该年龄段有16%的人认真考虑过自杀问题。

患有多重抑郁症状的人比单独有悲伤症状的人要少。大约8%的美国青少年在过去的一年里达到了DSM抑郁失调诊断标准。有些研究估计，至少有15%的人在18岁之前会经历至少一次的抑郁（见表13-3）。

表 13-3　受推荐的 DSM-V 轻度抑郁症诊断标准

A. 一天中大部分时间抑郁，无论是自己感觉或者别人发觉，至少有2年历史（儿童或青少年中，情绪易过敏，持续时间至少1年）
B. 有下列2种（或以上）抑郁表现
　1. 食欲不佳或过盛
　2. 失眠或嗜睡
　3. 低活力或易疲劳
　4. 低自尊
　5. 注意力差、决策力差
　6. 感觉无望
C. 在2年时间（儿童和青少年是1年）的困扰中，个体从未摆脱A、B标准长达2个月时间
D. 在过去2年时间里，至少有一段2个月或更长的时间未达到抑郁症发作的全部标准
E. 从未有过狂躁发作、混合发作或轻度狂躁发作，而且未出现符合循环性精神病的情况
F. 困扰从未在长期精神紊乱中单独出现（比如精神分裂症或妄想症）
G. 症状并未因为药物的精神作用而好转（比如，滥用药物，或治疗药），或其他医疗情形（比如甲状腺功能减退）
H. 症状导致临床上显著不适或社交、职业或其他重要方面的功能损害

资料来源：American Psychiatric Association, 2013.

抑郁情绪、抑郁症状和抑郁失调在青春期时都会变得普遍，部分是因为青春期时压力事件的增多，另外对于青春期变化的认知导致的反省与沉思也常常伴随着抑郁。在青春期，积极的情绪也会显著地减少。

在青春期发育时，抑郁感的普遍程度会极大上升；儿童时期抑郁的普遍程度只有青春期的1/3。一个有趣的想法是将抑郁的增加与大脑多巴胺系统的变化联系起来，多巴胺系统能让人对酒精和其他麻醉品显得更加脆弱。根据这种观点，脑部变化导致的奖励寻求的增加与青春期社交世界的同时间变化导致了青春期对亲密关系和浪漫爱情的强烈渴望。当这些渴望无法实现时，青少年可能会变得灰心丧气和抑郁。抑郁的症状在青春期时会稳步上升，然后便开始下降，这让青春期成为人一生中最容易

发生紊乱的时期。青春期后抑郁下降的一个原因就是青少年在这个时期紧张程度的下降。

一些研究也显示，抑郁的普遍程度和内化性障碍的其他标识在历史上有上升趋势，特别是青少年，比例一代比一代高。事实上，一项分析发现，20世纪80年代的普通美国儿童比20世纪50年代患有精神病的儿童还要焦虑；离婚和犯罪等紧张刺激似乎起到了主要作用。一些研究也显示，青春期抑郁也存在种族差异，西班牙裔的抑郁比例要比白人、黑人或亚裔同龄人要高得多，尤其在女性样本中间。

青少年女性比男性更容易抑郁的原因之一是，面对应激时，女性更容易陷入反思并感到无助。

抑郁的性别差异

对于青少年抑郁的研究中，最一致的一项发现与青春期初期抑郁比例的巨大性别差异有关。如图13-9所示，青春期之前，男性在某种程度上比女性表现出更多抑郁症状，但是在青春发育期过后，抑郁的性别差异又会减少。从青春期初期到成年的末期，患有抑郁失调的女性是男性的2倍，女性在某种程度上比男性更容易有抑郁情绪。女性抑郁风险的增加在青春期开始，而不是在某个年龄或年级。虽然抑郁症的性别差异会延续到青春期后，抑郁症状会在刚成年时减退，但这种减退在女性中尤其显著，也许因为在青春期后，她们的压力会显著减小。

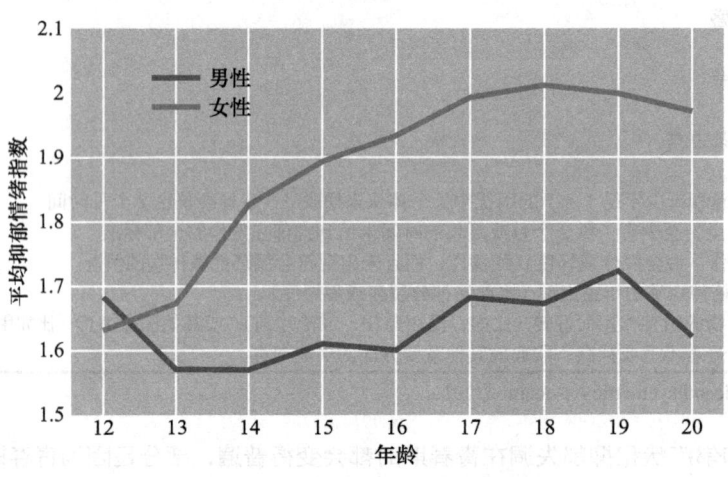

图13-9 各年龄男女的抑郁情绪

资料来源：Wichstrøm, 1999

心理学家对青春期抑郁失调的两性差异没有具体的解释。一些证据表明，女性比男性更可能受到抑郁基因的影响，比如即便男性和女性从父母那里继承了相同的抑郁基因，这种基因在女性中表现得更加明显，不过，这个现象的原因还不清楚。而且青春发育期时社会关系的变化也许让女性比男性更容易受到各种心理问题的伤害（一些人也拥有更强烈的抑郁基因），抑郁也可能是女性典型的表现方式之一。

性别角色 更具体来说，社会学家推测，抑郁的性别差异与女性意识到自己在男女关系中的社会地位有一些关系。正如你在前面章节中读到的一样，这种角色可能会增加在自身外形上的自我意识，以及增加对在同龄人中受欢迎程度的关注。由于许多这样的感觉会激发出无助、无望和焦虑的情绪，所以青少年女性可能更易受到抑郁情绪的影响。更糟的是，按照性别固有方式去表现的压力可能会让女性出现一些行为和性情，比如被动、依赖和脆弱，这已经成为人们对女性角色认识的一部分，可能是导致她们抑郁情绪的原因之一。与此相同，研究显示，女性的抑郁与较差的身体想象和缺乏男子之气有很大关系。

性别角色假说仅仅是对青春期抑郁普遍程度的性别差异的一种解释。还有另外三种因素也与这种性别差异有关：青少年的紧张程度、处理紧张的方式和对不同类型紧张的脆弱程度。

紧张、反思和对他人的敏感度 青春期时男性和女性紧张与抑郁间的关系都已有翔实的记录；紧张体验更多的个体更容易受到抑郁以及其他内化性障碍的伤害。第一种解释是，有证据表明，青春期初期对女性来说是个更易紧张的时期。因为青春期发育的身体变化，尤其是在青春期初期的变化，对女孩来说更容易导致紧张；女性比男性更容易在同一时期体会到多种的紧张刺激（比如，一边进入青春期，一边进入高中）；而且女性比男性要经历更多的令人紧张的生活事件。

第二种解释是，有证据表明，女性比男性更可能用内化的方式来对待压力，比如，反思问题（有时是与朋友间的问题）和感到无助。而男性则更可能用转移注意力或外化的方式解决，比如用攻击行为或滥用麻醉品和酒精。正如我们在第 10 章注意到的，女性爱反思的特点导致她们更可能陷入抑郁。结果，即使是面对相同程度的紧张，女性也更可能变得抑郁。女性和男性在面对紧张时的这种差异有助于解释为什么外化性障碍在男性中更普遍，而内化性障碍在女性中更普遍。在个人关系中对冲突容忍力更强的女性产生内化性障碍的可能性更小。

第三种解释是，强调女性对人际关系的整体倾向和敏感度。催产素在两性中的差异也许既鼓励女性在亲密关系中投入得更多，也让她们容易受到关系破裂和人际关系障碍的负面影响。与此相一致的是，研究指出，女性更易因家庭紊乱或与同龄人之间出现问题而产生情绪问题。因为青春期是许多关系变化的时期，比如在家庭、朋友和恋人之间，女性在关系中大量地投入可能就是她们易受伤害的原因。

自杀

自杀的普遍程度 根据最近的全国调查显示，在任何年份，接近 10% 的美国女性高中生和 6% 的男性高中生尝试自杀；接近 1/3 的尝试严重到需要进行医治的程度。青少年考虑过自杀的比试图自杀的多一倍，后者叫作自杀意念，但是大多数者仅仅停留在计划而已。自杀意念在青春期早期会上升，到 15 岁达到最高，然后便下降。试图自杀的青少年常常有发出过帮助的请求，而且没能从家庭和朋友那里得到成功的情感帮助。他们感到陷入困境、孤独、没有价值和绝望（见图 13-10）。

从 1950～1990 年，15～19 岁青少年自杀率有显著增加，这种增加受到了毒品和酒精使用的增加和武器更加容易获得的影响。在 20 世纪 90 年代期间，自杀率达到顶峰，然后下降，此时正值抗抑郁治疗法在青少年中推广。你已经读到，自杀排在青少年死亡原因之首，但这主要是因为很少有青少年死于其他原因，比如疾病。虽然自杀率在青春期中期快速上升，但它在整个成年期都是上升的，而且自杀在成人中比在青少年中要普遍得多，很大程度上是因为青少年自杀很少有成功的。青少年中最常见的自杀办法是使用武器，然后是上吊。毒品吸食过量以及一氧化碳中毒也很普遍。

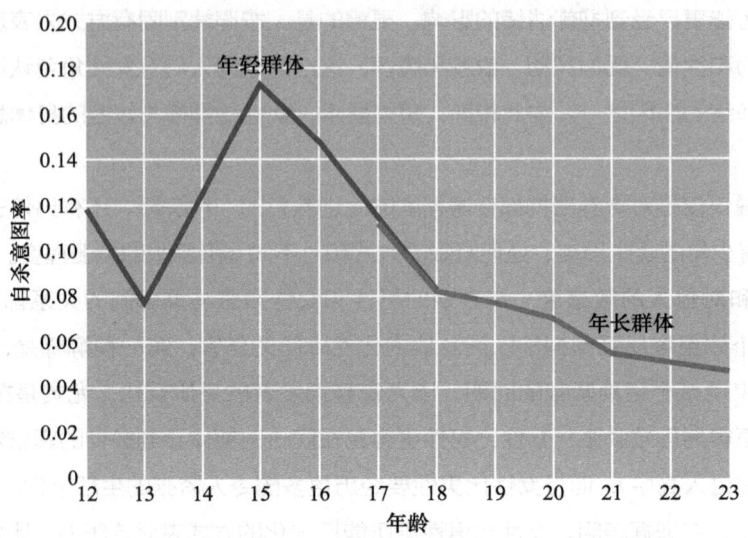

图 13-10　自杀意图在青春期中期达到最高，然后减退

资料来源：Rueter & Kwon, 2005

非自杀性自残　许多青少年并不试图自杀，但是他们却进行非自杀性自残，比如故意烧伤或割伤自己。有些研究显示，将近 25% 的青少年至少有过一次非自杀性自残，而且普遍程度在近年也有上升趋势。这种行为最普遍的理由是为了减少紧张、愤怒、焦虑或抑郁的感觉，或者是没有任何感觉而给自己找感觉。相比对自杀群体的了解，我们对非自杀性自残群体的了解较少，但是至少有一项研究发现这些人抑郁症状以及抑郁风险因素的程度要比自杀青少年小，但比没有自残行为的青少年高。

自杀的风险因素　系统性研究发现了青少年自杀中四种既定的危险因素，而且无论是男性还是女性、黑人、西班牙裔还是白人，因素都是相似的：拥有精神疾病，尤其是抑郁或物质滥用；家族中有自杀史；处于压力之下，尤其是在学习和性方面；经历父母分离、家庭破裂或全面的家庭冲突。这些风险因素多于同龄人的和拥有一种以上风险因素的青少年自杀的可能性更大。曾经试图自杀的青少年存在着再一次尝试的可能性。朋友或社区中有人自杀，青少年自杀的可能性也相对较大。

抑郁和内化性障碍的原因

很多理论都提出青春期的抑郁和其他内化性障碍的原因，目前的共识是内化性障碍更有可能源自交流环境条件和个体本身的倾向，而不仅仅是各种风险因素本身。今天，大多数专家都支持一种抑郁的素质－应激模型，该模型认为当具有内化性障碍倾向（素质指的就是这种倾向）的个体遇到长期或紧急的应激源时会加速抑郁的发生。比如，没有抑郁倾向的个体能够抵御大量的压力，而不会产生心理问题。相比之下，有强烈内化性障碍倾向的个体在面对大多数人都认为正常的中等压力环境时，会产生抑郁。素质和应激都是研究的重点，关注于发现个人的抑郁倾向和发现容易引起障碍的环境因素。

素质 最受关注的有两种倾向。因为抑郁具有很强的遗传决定性，所以通常认为至少某些素质是天生的，而且可能与神经内分泌功能（神经内分泌指的是脑部的激素活动）障碍模式有关。尤其，研究者认为一条或多条下丘脑轴的活动具有调节严重障碍的倾向，包括肾上腺素、甲状腺、性腺和生长激素轴。这种生理倾向可能让个体难以控制自己的情绪，反过来又让他们容易受到抑郁和其他心理问题的伤害。下丘脑-脑垂体-肾上腺轴活动频繁的个体比其他人更加容易产生应激反应，他们更容易产生抑郁和其他内化性障碍。科学家最近发现，某个基因的异常会导致个体面对压力时容易产生抑郁。不出意料的是，鉴于基因在抑郁产生上起着很大的作用，容易产生抑郁往往具有家族性，父母中有抑郁的青少年比其他青少年抑郁的可能性大 2 倍。

其他研究者关注抑郁者的认知方式，指出绝望、悲观和自责最能展现让他们患上抑郁的生活中的事件。这些认知模式可能与儿童一开始认为父母以及后来的同龄人是怎么看他的有关，它们产生于儿童时代，被认为对青少年抑郁的产生有很大的作用。在与压力有关的活动中，证据表明，个体的认知模式是稳固而且可适度继承的。

应激 研究者关注素质-应激模式中的应激部分，也就是影响抑郁的环境部分，主要集中在三种应激元。大体上，这些因素被发现与不同文化背景的青少年抑郁有关。首先，来自冲突激烈和低凝聚力家庭的青少年，抑郁更加普遍。而且来自离异家庭的青少年抑郁比例更高。其次，不太受欢迎、与同龄人关系较差或朋友患抑郁症的青少年中，抑郁更加普遍。最后，抑郁青少年比不抑郁青少年有更多长期和紧急压力。这些社会心理因素既能导致也能加速认知方式的消极发展。也有证据表明，学习障碍与抑郁有关，尤其是对于亚裔青少年来说，他们相对更加在乎学习成绩。对于美国富裕郊区青少年学习压力和抑郁之间关系的研究也显示出相似的结果。虽然各种应激源都与心理问题的出现有关，但是最能够诱发抑郁第一期症状的应激源要算是恋爱关系的破裂了。

前面你读到抑郁的普遍程度在青春期会有上升。那么，抑郁的素质-应激模型可以解释这种增加吗？大多数情况下是可以的。生物理论学家指出，青春期的激素变化很可能对神经内分泌活动有所影响；第 1 章也说过，青春期激素变化的一种效应就是导致青少年对压力更加敏感。影响男孩和女孩的抑郁和负面效应与青春期时变化的多种激素有关。许多研究显示，青春期时抑郁的增加与青春期发育的关系比与年龄的关系更紧密，尽管很难将青春期发育确定为这种问题的原因，因为与此同时还有其他很多因素也在变化（比如从小学升入到中学）。认知理论学家指出青春期是假设思维的开始，这会让人以新的方式看待世界。不过，这也许会是一种更加让人抑郁的方式。强调环境因素作用的理论学家将注意力集中到了青春期新的环境需要中，比如更换学校、开始约会或应对家庭关系的

与传说相反，青少年的自杀尝试很少是特殊事件的冲动反应。反而，青少年试图自杀往往是因为较长时间的抑郁和无法获得家庭与朋友的情感帮助。

变化,所有这些都让人感到压力。所以,很多理论都可以预料到,从儿童进入青春期时抑郁的普遍性会有所增加。有着内化性障碍(比如青春期的抑郁、焦虑)的个体,在成年的时候因这些障碍而困扰的风险要更高。

内化性障碍的治疗和预防

青春期时抑郁的治疗和其他年龄抑郁的治疗非常相似。临床医生会采用非常广泛的治疗方法,包括运用抗抑郁药物的生物疗法(抗抑郁药物能够解决神经内分泌问题,如果存在的话);精神疗法,用来帮助抑郁青少年了解抑郁的根源,用来增加每天活动中体验帮助的程度或改变认知方式的本质;家庭疗法,注重可能会导致青少年抑郁的家庭关系中的变化特征。普遍的观察发现,针对抑郁和焦虑青少年的精神疗法有着明显且适度的效果;虽然大多数治疗研究采用了认知行为疗法,但观察发现,其他循证疗法(比如人际关系疗法)也具有同样的效果。不过,更重要的是,研究者发现,循证疗法比没有科学依据的疗法更好,但是后者运用更加普遍。针对抗抑郁药物,研究证实了选择性5-羟色胺再摄取抑制剂这种经典药物在治疗抑郁中的效果。这种药物对治疗内化性障碍,比如焦虑紊乱和社交恐惧症时同样有效,尤其是与认知行为疗法结合使用时。

压力及其应对

将近一半的青少年在应对学校和家庭中的压力情形时会遇到困难。这些应急源包括重大生活变故(比如父母的离异、换学校或家庭成员突发重病),长期处于压力中(比如贫穷、残疾或长期家庭冲突)和日常的麻烦(比如考试、和朋友打架以及与兄弟姐妹、父母争吵)。

研究指出,压力可以通过不同的方式来影响个体。对青少年来说,压力可以导致内化性障碍,比如焦虑、抑郁、头疼和消化不良,甚至影响到免疫系统的功能。对其他人来说,压力的后果是外化的,体现在行为问题中。还有一些人,压力的影响通过毒品和酒精体现出来。这些压力与心理问题的关系被记录在对各个族裔和家庭背景的青少年的研究中,还包括青少年中相对普遍的应急源(比如和恋人分手)和相对严重的情形(比如面对战争创伤、恐怖主义或自然灾害)。

不过,对一些青少年来说,同样的应急源或压力程度却完全不会导致心理或生理问题。所以,虽然我们倾向于认为压力对我们的幸福来说是负面因素,但压力和功能紊乱间的关系却并非那么确定。有些青少年在面对艰难的逆境时会显示出极大的恢复力。是什么让一些青少年在面对压力时比其他人更脆弱?心理学家列出了三点因素:

第一,任何应急源的作用在有其他应急源配合时会增大。研究显示,应急源有着倍增效应:面对两个应急源的青少年(比如,父母离婚和转学)比仅仅经历其中一项应急源的青少年发生心理问题的概率要大一倍以上。

第二,有着其他心理资源的青少年(既包括内部资源,比如高自尊、健康的认知发展、高智力或很强的竞争感,也包括外部资源,比如其他人的社会支持)比同龄人受到压力的负面影响要小。

有好朋友和社交能力强的青少年,比缺乏好朋友或社交技巧的青少年,要更善于处理应急源,比如父母离婚或进入高中学习。更重要的是和缺乏家庭支持的青少年相比,拥有温暖、亲密家庭关系的青少年在面对压力经历时更加不容易感到困扰。事实上，研究一致表明，亲密的父母和子女之间的关系是保护青少年免受心理伤害最重要的因素。社会支持是应对压力负面效应的缓冲，这个重要的方面已经被全世界青少年研究所证实。

第三，一些青少年能采用更好的方式来应对压力。研究压力应对的专家将采取措施改变压力源的策略（一级控制策略）与努力适应问题的策略（二级控制策略）区分开来。比如，如果你很担心将要来的课程考试，主要控制策略就是与其他学生组织一个学习小组来复习材料，而二级控制策略就是去看电影来放松自己。

在一些情况下，二级控制策略更加有效。有些情况是明显无法控制的，比如被诊断患有严重疾病，或者知道父母离婚。在这些情况下，努力转移注意力和冷静下来可能会帮助减轻一些压力，而尝试去控制无法控制的局面往往会让情况更糟。但是总的来说，研究显示，采用一级控制策略的青少年受到压力的伤害更小，特别是在压力局面可控制的时候。针对广泛的不同族裔的男女青少年的研究显示，和那些采用退出和逃避的青少年相比，采用一级和二级控制策略的青少年调节能力更强，更不容易抑郁，也更不容易出现行为问题。

儿 童 期

《自驱型成长：如何科学有效地培养孩子的自律》
作者：[美] 威廉·斯蒂克斯鲁德 等　译者：叶壮

樊登读书解读，当代父母的科学教养参考书。所有父母都希望自己的孩子能够取得成功，唯有孩子的自主动机，才能使这种愿望成真

《聪明却混乱的孩子：利用"执行技能训练"提升孩子学习力和专注力》
作者：[美] 佩格·道森 等　译者：王正林

聪明却混乱的孩子缺乏一种关键能力——执行技能，它决定了孩子的学习力、专注力和行动力。通过执行技能训练计划，提升孩子的执行技能，不但可以提高他的学习成绩，还能为其青春期和成年期的独立生活打下良好基础。美国学校心理学家协会终身成就奖得主作品，促进孩子关键期大脑发育，造就聪明又专注的孩子

《有条理的孩子更成功：如何让孩子学会整理物品、管理时间和制订计划》
作者：[美] 理查德·加拉格尔　译者：王正林

管好自己的物品和时间，是孩子学业成功的重要影响因素。孩子难以保持整洁有序，并非"懒惰"或"缺乏学生品德"，而是缺乏相应的技能。本书由纽约大学三位儿童临床心理学家共同撰写，主要针对父母，帮助他们成为孩子的培训教练，向孩子传授保持整洁有序的技能

《边游戏，边成长：科学管理，让电子游戏为孩子助力》
作者：叶壮

探索电子游戏可能给孩子带来的成长红利；了解科学实用的电子游戏管理方案；解决因电子游戏引发的亲子冲突；学会选择对孩子有益的优质游戏

《超实用儿童心理学：儿童心理和行为背后的真相》
作者：托德老师

喜马拉雅爆款育儿课程精华，包含儿童语言、认知、个性、情绪、行为、社交六大模块，精益父母、老师的实操手册；3年内改变了300万个家庭对儿童心理学的认知；中南大学临床心理学博士、国内知名儿童心理专家托德老师新作

更多>>>　《正念亲子游戏：让孩子更专注、更聪明、更友善的60个游戏》　作者：[美] 苏珊·凯瑟·葛凌兰　译者：周玥 朱莉
　　　　　《正念亲子游戏卡》　作者：[美] 苏珊·凯瑟·葛凌兰 等　译者：周玥 朱莉
　　　　　《女孩养育指南：心理学家给父母的12条建议》　作者：[美] 凯蒂·赫尔利 等　译者：赵菁

青春期

《欢迎来到青春期：9~18岁孩子正向教养指南》

作者：[美]卡尔·皮克哈特　译者：凌春秀

一份专门为从青春期到成年这段艰难旅程绘制的简明地图；从比较积极正面的角度告诉父母这个时期的重要性、关键性和独特性，为父母提供了青春期4个阶段常见问题的有效解决方法

《女孩，你已足够好：如何帮助被"好"标准困住的女孩》

作者：[美]蕾切尔·西蒙斯　译者：汪幼枫 陈舒

过度的自我苛责正在伤害女孩，她们内心既焦虑又不知所措，永远觉得自己不够好。任何女孩和女孩父母的必读书。让女孩自由活出自己、不被定义

《青少年心理学（原书第10版）》

作者：[美]劳伦斯·斯坦伯格　译者：梁君英 董策 王宇

本书是研究青少年的心理学名著。在美国有47个州、280多所学校采用该书作为教材，其中包括康奈尔、威斯康星等著名高校。在这本令人信服的教材中，世界闻名的青少年研究专家劳伦斯·斯坦伯格以清晰、易懂的写作风格，展现了对青春期的科学研究

《青春期心理学：青少年的成长、发展和面临的问题（原书第14版）》

作者：[美]金·盖尔·多金　译者：王晓丽 周晓平

青春期心理学领域经典著作
自1975年出版以来，不断再版，畅销不衰
已成为青春期心理学相关图书的参考标准

《读懂青春期孩子的心》

作者：马志国

资深心理咨询师写给父母的建议
解读青春期孩子真实的心灵
解开父母心中最深的谜

全年龄段

《叛逆不是孩子的错：不打、不骂、不动气的温暖教养术（原书第2版）》
作者：[美] 杰弗里·伯恩斯坦 译者：陶志琼

放弃对孩子的控制，才能获得更多的掌控权；不再强迫孩子听话。孩子才会开始听你的话，樊登读书倾力推荐，十天搞定叛逆孩子

《硅谷超级家长课：教出硅谷三女杰的TRICK教养法》
作者：[美] 埃丝特·沃西基 译者：姜帆

"硅谷教母"埃丝特·沃西基养育了三个卓越的女儿，分别是YouTube的CEO、基因公司创始人和名校教授。她的秘诀就在本书中

《学会自我接纳：帮孩子超越自卑，走向自信》
作者：[美] 艾琳·肯尼迪-穆尔 译者：张海龙 郭霞 张俊林

为什么我们提高孩子自信心的方法往往适得其反？
解决孩子自卑的深层次根源问题，帮助孩子形成真正的自信；
满足孩子在联结、能力和选择三个方面的心理需求；
引导孩子摆脱不健康的自我关注状态，帮助孩子提升自我接纳水平

《去情绪化管教，帮助孩子养成高情商、有教养的大脑！》
作者：[美] 丹尼尔·J.西格尔 等 译者：吴蒙琦

无须和孩子产生冲突，也无须愤怒、哭泣和沮丧！用爱与尊重的方式让孩子守规矩，使孩子朝着成功和幸福的人生方向前进

《爱的管教：将亲子冲突变为合作的7种技巧》
作者：[美] 贝基·A.贝利 译者：温旻

美国亚马逊畅销书。只有家长先学会自律，才能成功指导孩子的行为。自我控制的七种力量和由此而生的七种管教技巧，让父母和孩子共同改变。在过去15年中，成千上万的家庭因这7种力量变得更加亲密和幸福

更多>>>

《儿童教育心理学》 作者：[奥地利] 阿尔弗雷德·阿德勒 译者：杜秀敏
《我不是坏孩子，我只是压力大：帮助孩子学会调节压力、管理情绪》 作者：[加] 斯图尔特·尚卡尔 等 译者：黄镇华
《如何让孩子爱上阅读》 作者：[澳] 梅根·戴利 译者：卫妮